科学版研究生教学丛书

一维不定常流体动力学
(第二版)

卢芳云　陈　荣　李翔宇　编著

科学出版社

北　京

内 容 简 介

本书主要介绍一维不定常流体动力学的基本概念和系统理论,着重分析一维流体运动中波的产生、传播及相互作用,介绍一维流场问题的求解方法、重要结论及其在实际问题中的应用,为研究流体动力学和冲击波问题提供基础理论. 本书内容包括基本控制方程组、特征线方法、一维不定常连续流动、冲击波、波的相互作用、自模拟运动等.

本书可作为高等学校爆炸力学、流体动力学、应用数学和兵器科学等相关专业的研究生教材,也可为相关领域工作的科研人员和工程技术人员提供理论参考.

图书在版编目(CIP)数据

一维不定常流体动力学/卢芳云, 陈荣, 李翔宇编著. —2 版. —北京:科学出版社, 2023.6

科学版研究生教学丛书

ISBN 978-7-03-075863-7

Ⅰ. ①一⋯ Ⅱ. ①卢⋯ ②陈⋯ ③李⋯ Ⅲ. ①一维流动–流体动力学–研究生–教材 Ⅳ. ①O351.2

中国国家版本馆 CIP 数据核字(2023)第 108974 号

责任编辑:王 静 崔慧娴 / 责任校对:杨聪敏
责任印制:张 伟 / 封面设计:陈 敬

斜 学 虫 版 社 出版
北京东黄城根北街 16 号
邮政编码:100717
http://www.sciencep.com
北京建宏印刷有限公司 印刷
科学出版社发行 各地新华书店经销
*
2006 年 7 月第 一 版 开本:720 × 1000 1/16
2023 年 6 月第 二 版 印张:20 1/4
2023 年 6 月第三次印刷 字数:408 000
定价:98.00 元
(如有印装质量问题, 我社负责调换)

前　　言

　　本书主要介绍一维不定常流体动力学的基本概念和理论方法, 重点介绍研究一维不定常可压缩等熵流动和冲击波所需的基本知识. 本书分析了一维流体运动中各种非线性波的产生、传播等特性以及它们之间的相互作用, 并介绍这些流动问题的一些精确解和近似解的求解方法及其在实际问题中的应用.

　　正如作者在第一版教材的前言中所言, "一维不定常流体动力学" 是本学科专业的核心基础理论课程. 作为研究生教材, 《一维不定常流体动力学教程》已使用了十多年, 其间从未间断教学. 随着应用拓展的需求和本人认识的深入, 教材的不足已有所显现, 虽在教学中进行了充实完善, 但在教材中尚未体现, 实为憾事. 为此, 一直想对原教材进行修订. 终于在年届退休之际沉下心来好好梳理一下教学经验, 完善教材内容, 修订不足, 为后人延续教学提供一些经验和参考.

　　由于 "一维不定常流体动力学" 的研究思想和方法比较独特, 专业性和学术性较强, 一些概念比较抽象, 初学者不易理解, 所以在教学过程中学生们一直反映学习的起点较高, 接受过程比较艰难. 本书综合考虑学生反映的情况, 参考国内外同类教材和专著, 在保证学术性的前提下, 强调夯实基础和培养解决实际问题的能力. 在论述上力图把物理与数学有机结合起来, 把理论与应用紧密结合起来, 使读者掌握流体动力学应用研究与理论研究所需的知识和方法. 重点突出了一维不定常流体动力学问题的基本理论、方法, 以及一些重要结论的物理思想和工程意义, 希望有利于读者理解基本现象, 掌握问题实质. 同时结合具有实际应用背景的示例分析, 使读者加深理解和学会运用一维不定常流体动力学的方法论, 解决相关领域的实际问题. 为了帮助读者更好地理解和掌握课程内容和相关概念, 本书还为每章编制了习题.

　　本书内容分为 7 个部分.

　　第 1 章绪论部分, 以联系的眼光论述本书内容在相关研究领域的作用、地位, 并引出教学目的. 从连续介质力学、流体力学到非定常流体动力学, 再到一维非定常流体动力学, 从大到小、从宽到窄地引出本书的内容. 以基本理论框架的构成和学科应用背景为牵引, 从学科之间、课程之间的横向联系, 学科内部、课程主线各知识点的纵向联系, 来展示本课程的作用、地位和教学目的, 使读者了解本书的概貌及其与实际问题的关联, 并通过 "为什么" 引出 "是什么". 作为铺垫, 绪论中给出了流体力学相关的基本概念, 旨在平缓学习梯度, 使初学者也能点到为止地理解相关名词, 以利于对后续内容的及时掌握.

第 2 章围绕基本控制方程组的相关知识展开, 包括流体本构关系和热力学的基本知识、各种类型基本方程组的建立, 使读者能由此及彼地理解基本方程组整个体系. 在内容上不局限于一维方程, 这样有利于读者日后在实际工作中进行拓宽运用; 也不过分强调数学推导, 有助于读者理解基本方程组的物理思想.

第 3 章将特征线基本理论从原连续流动的内容中独立出来, 主要是让读者充分理解特征线方法及其在流体动力学中的意义. 对特征线方法的描述, 采用从数学意义到物理意义、从个别情形到一般情形、从理论概念到实际应用的方式, 以帮助读者理解特征线问题.

第 4 章和第 5 章分别介绍不定常连续流动稀疏波 (压缩波) 和带间断面的流动冲击波等流动问题的求解和应用, 是本书的重点内容. 书中对简单波的定义、性质、物理图像和求解过程进行了系统论述, 对连续流动的一般情形也给出了典型的应用分析. 特别对冲击波的本质进行了较深入的分析, 有助于读者以联系的眼光理解波的概念, 理解从连续波到间断波的发展. 建立了凝聚介质和多方气体的冲击波关系式, 对冲击波的应用给出了多方面的分析.

综合历届学生的反映, 为了帮助读者理解问题、掌握方法, 第 4 章 (一维不定常连续流动) 和第 5 章 (冲击波) 中都增加了有关理论应用的分析示例. 选择了基础性较强、类型覆盖较全面的例题, 突出物理图像和求解思路. 同时, 针对同一个问题采用不同的分析方法, 运用联系和发展的思想求解具体问题, 以拓宽读者的思维, 促进灵活运用.

第 6 章专门介绍波的相互作用问题, 其目的是突出波相互作用的分析方法 (p-u 曲线分析方法), 以及不同波系结构的融合, 集中展示贴近实际应用的问题, 包括波与波相互作用和波与界面相互作用的问题、层裂现象、初始间断的分解等. 作者根据自己对问题的理解过程和多年的教学经验, 总结了一种新的思路来分析波的相互作用问题和引出 p-u 曲线分析方法, 对不同的问题强调共性, 以帮助读者抓住问题的本质.

第 7 章介绍一种特殊的解析求解方法: 自模拟解法及其理论依据. 虽然目前自模拟解法的应用减少, 但作为一种解析分析方法, 其在核爆研究初期的计算工作中发挥了不可替代的作用, 因此对一维不定常流动问题的意义也是不可低估的. 本书在内容上强调自模拟运动的相关概念、分析思路和求解结果, 淡化了许多求解过程和数学方法的描述, 突出了一些结论性的东西, 后者在实际应用中是很有价值的.

本书的每章后面都配有习题, 有利于读者自习和复习, 进行学习效果的自我检查. 作者希望读者能通过习题理解本书的知识点, 掌握研究方法, 同时将所学知识与实际应用联系起来, 培养解决实际问题, 尤其是爆炸力学领域相关问题的能力. 二十多年的教学实践表明, 这些课后练习对学生掌握所学知识起到了显著的作用.

本次修订主要是在之前的版本上调整了内容的板块组成, 规范了前后用词和符号的一致性, 新增了一些求解和应用示例, 并扩充了习题, 在整体上加强了内容的逻辑性, 强化了理论方法支撑工程应用的思维定位.

作为研究生教材, 本书旨在为高等学校爆炸力学、流体动力学、应用数学和兵器科学等相关专业的研究生学习专业基础理论提供指导. 希望本书能为相关课程的教学提供一个有用的工具, 为不定常流体动力学的学习者提供有益的帮助, 能为从事流体动力学、爆炸力学等专业的理论研究者和工程技术人员提供理论参考.

特别感谢不定常流体动力学领域的前辈周毓麟院士和李维新老师. 虽然从未谋面, 但正是他们的专著首先把我带到不定常流体动力学这个殿堂, 然后为我展开了教学的舞台. 我们的教学最先就是以两位前辈的专著为教材开始的, 后来的讲稿从他们专著中吸取了很多养分和精华, 也成就了本书的雏形. 因此, 没有他们的引导是难以想象的. 在此, 特向两位前辈表示感谢和致敬.

十六年前我出版了人生第一本书《一维不定常流体动力学教程》, 之后以第一二作者陆续出版了九部教材和专著. 修订版的《一维不定常流体动力学》是我出版的第十部著作, 如果说《一维不定常流体动力学教程》是我开始出版著作的结缘之作, 那么修订版的《一维不定常流体动力学》应该是我成就教学生涯的收官之作. 十分幸运的是, 在本书即将付梓之际, 对应课程获评首批军队级精品课程, 甚是欣慰.

感谢 "一维不定常流体动力学" 给了我进入爆炸力学领域的敲门之砖, 大学时期我学了两遍 "流体力学", 全新的理念让我一度困惑不堪; 而本科毕业留校第一次担任助教的工作居然也是 "流体力学", 深度的不自信让我在几乎同龄的学生面前未语先脸红. 还要感谢 "一维不定常流体动力学" 给了我成为教授、导师的进阶之梯, 老师前辈们的指引和学校各方面的支持, 让我能潜心并醉心于流体力学的理论教学, 多年以后很多选课学生还没忘记我和这门课程. 要特别感谢我的学生们 (所有) 给予我的信任、肯定和激励, "教学相长" 于我是实实在在的成长经历!

感谢历年来选修本门课程的学生们, 是你们对知识的渴求, 在学习过程中指出了原版中的不足, 促进了新版教材的诞生. 本书的修订得到了王硕、郑监、田浩成、马荣、梁文、郭宝月、唐正鹏等同学的无私帮助, 在此深表谢意!

本书的出版要感谢科学出版社王静编辑, 从第一版的出版就尽心尽责帮助本书, 时隔十六年再版时帮助我们找齐了当年的图片源文件, 大大提高了再版工作效率, 在此由衷地表示最诚挚的谢意和敬意!

感谢国防科技大学研究生精品课程培育项目的支持和经费资助.

尽管编著者倾注了极大的精力和努力, 但由于水平所限, 书中仍难免存在不妥之处, 敬请读者批评指正. 衷心感谢读者的不吝赐教, 以使得本书在使用过程中得到不断完善!

卢芳云

2022 年 10 月于长沙

符 号 说 明

除特殊说明外, 下列符号的意义全书通用.

符号	意义
$x_i(x, y, z)$	空间坐标 (欧拉)
$X_i(X, Y, Z)$	空间坐标 (拉格朗日)
$u_i(u, v, w)$	质点速度
t	时间
$\boldsymbol{\sigma}[\sigma_{ij}]$	应力
$\boldsymbol{\Sigma}[\Sigma_{ij}]$	剪应力
$\boldsymbol{\Phi}[\dot{\varepsilon}_{ij}]$	应变率
p	压力
ρ	密度
τ	比容
T	温度
R	气体常数
c_V	定容比热
c_p	定压比热
D	冲击波速度
e	比内能
S	熵
F	体力
q	热流密度
c_0	声速
c_L	纵波波速
c_T	横波波速
E, G	材料弹性常数

目　　录

第 1 章 绪 论

连续介质力学提供了经典力学的基础理论框架, 流体力学作为其中一个重要分支, 在相当多的领域发挥着不可或缺的作用. 在爆炸与冲击相关的强动载过程中, 因为材料的塑性流动和大变形以及非线性瞬态波过程的存在, 不定常可压缩流体动力学理论被特别用于描述强动载问题. 因此, 流体力学相关的一些基本概念、方法和重要结果都是研究爆炸与冲击现象必须掌握的基本知识.

本章首先从连续介质力学、流体力学、非定常流体动力学到一维非定常流体动力学, 从大到小、从宽到窄地引出本书的基本内容, 其核心是以基本理论框架构成和学科应用背景为牵引, 以联系的眼光理解非定常流体动力学的作用和地位. 作为后续内容的铺垫, 本章还给出了所涉及的流体力学相关概念, 旨在减小学习梯度, 使初学者点到为止地理解相关名词, 以利于对后续内容的及时掌握.

1.1 流体力学基本框架

1. 连续介质力学

固体力学、流体力学和空气动力学是我们已熟知的名词, 也是力学学科的主要方向, 各自有着鲜明的应用背景. 由于研究对象的形态各异, 力学特征不同, 固体力学、流体力学和空气动力学对物质的研究各有侧重. 通常把流体定义为在剪力作用下连续变形的物质. 当剪力作用于固体时, 固体产生一定程度的变形. 通常, 只要作用力不变, 变形也不变. 流体则不同, 对于静止流体, 无论是黏性流体还是无黏性流体, 只要受到剪力的作用, 其各微元之间必表现出相对运动, 可能产生任意大变形. 所以常说 "流体不能抵抗剪应力". 气体和液体同属于流体, 两者的差别在于可压缩性的大小. 由于固体的特征是具有强度效应, 能抵抗变形, 故固体力学的研究范畴侧重于材料和结构的受力与变形状况、刚体运动和弹性波问题等. 运动流体表现出黏性和可压缩性, 因此流体力学关心流动过程的黏性效应和波传播现象等, 并由此提出了诸如雷诺数、马赫数、层流、湍流等相关概念. 作为流体力学的内容之一, 空气动力学更注重气体的可压缩性和声波的传播, 一个直接的应用背景是航空设计的需求.

物质的存在形式是相对的, 三种形态在一定条件下可以转换. 例如, 在理想流体的假定下可以忽略流体的黏性; 在加热软化或熔化和受力发生塑性变形的情况下, 固体丧失承载能力, 呈流体特性. 物质形态变化后, 介质的力学特征随之发生变化, 不变的是物质本身宏观上的连续性, 共有的是自然界的基本守恒律. 基于这个认识, 连续介质力学为固体力学、流体力学提供了共同的理论基础.

连续介质假定认为, 介质在空间是连续分布的, 介质中的任一微元, 其体积与物体体积相比足够小, 而线度与分子间的距离相比却足够大, 大到足以包含为数极多的分子. 在这种理想化情形下, 一个微元体上的平均性质, 如平均质量密度、平均位移、平均相互作用力等随其在介质中的位置连续变化. 连续介质概念中常用到 "质点" 这一术语, 它代表的就是介质的最小微元, 这个微元包含了为数极多的分子, 但几何上只把它当作一个点看待. 质点速度就是指整个微元的速度, 它是微元中各分子状态的统计平均, 而非各分子的速度. 从统计物理的知识可知, 这种平均效果是对物体宏观性质的描述. 虽然实际材料的微观结构与连续介质的概念并不一致, 大多数表征材料微观结构的尺度一般要比介质变形的尺度小得多, 但即使在某些情况下微结构产生了一些重要现象, 这些现象也可以通过连续介质的宏观特性反映出来.

连续介质力学的任务是研究连续体物质对外力的响应特性. 连续介质力学的理论建立在力、运动和变形的基本概念基础上, 同时也建立在质量、动量和能量三大守恒定律以及本构关系 (状态方程) 的基础上. 三个守恒定律反映了介质运动的普遍规律, 本构关系则体现了某种介质的物理特性和力学特性, 两者结合共同演绎出丰富的力学现象. 不论本构关系如何, 基本的守恒定律概括了一切宏观力学现象的共同特性, 我们称之为基本控制方程组.

2. 流体动力学

连续介质力学是一门经典学科, 流体动力学是其中的一个部分. 连续介质力学基本控制方程组就是流体动力学的理论基础. 介质三维运动的基本控制方程组是一组非线性偏微分方程, 由这个方程组求解介质动力学问题将涉及大量的数学分析, 只有少数简单 (但仍然重要) 的问题 (例如一维问题) 可以从基本控制方程组求得解析解, 这便是本书要解决的主要问题.

为了求得解析解, 在一定条件下, 运用基于特征线的数学方法可以有效地获得流场物理量的时间空间分布; 对于瞬态波, 包括强间断波和弱间断波, 可以将坐标系建立在波阵面上, 用相当直接和简单的方式得到流场物理量之间的关系式; 如果问题具有动力学相似性, 如自模拟问题, 还可以用简单方便的量纲分析方法求得流场的解.

更多的问题难以用纯数学分析的方法得到直观的解析解. 对一般的流体力学问题, 数值求解已经成为一个应用普遍又行之有效的研究手段, 由此产生的计算流体动力学 (computational fluid dynamics, CFD) 已成为一门比较成熟的学科,许多商业软件都具备处理流体运动过程动态波传播问题的功能. 这个进展得益于计算机科学的迅猛发展和广泛应用.

流体动力学是一门古老而又年轻的学科. 随着现代科学技术的迅速发展, 流体动力学的研究领域已远远超出了它的奠基者牛顿、欧拉、伯努利等人两个世纪以前创立这门学科时所研究的范围. 今天, 流体动力学已演化出许多分支, 除了基本的航空、水利应用以外, 诸如航天、核物理、武器研制、高速列车等现代高科技领域, 都与流体动力学的研究密切相关. 从运载器爆炸分离、武器毁伤效应、结构抗撞防护到人体内血液流动, 从微小的等离子体运动到宏大的超新星大爆发, 都可能需要用到流体动力学的理论进行研究.

3. 不定常流体动力学

在描述爆炸、爆轰和冲击波等现象时, 流体动力学的理论显得卓有成效. 爆炸与冲击的作用对象不外乎两类: 固体和流体 (液体和气体). 对于固体介质, 当忽略其剪切强度时, 强动载下应作为可压缩流体处理. 对于爆炸和冲击等强动载过程, 除了过程的瞬时性、变形的高应变率和局部化效应等特征以外, 还伴随有材料的大变形、塑性流动和破坏等现象. 在强动载作用下, 固体介质将发生从固体力学特征向流体力学特征的转变, 由此, 流体动力学理论成为描述强动载问题的有力工具. 同时, 在这个过程中, 与一般固体力学中波传播问题不同的是材料的非线性, 与流体动力学其他问题不同之处在于过程的非线性. 因为材料的塑性流动和大变形以及非线性瞬态波过程的存在, 不定常可压缩流体动力学理论被特别用于描述强动载问题. 因此, 流体动力学相关的一些基本概念、方法和重要结果都是研究爆炸与冲击波现象必须掌握的基本知识.

流体动力学的研究包括理论研究、实验研究和数值计算三个方面. 实验研究的重要性是不言而喻的, 它是整个流体动力学的本源. 由于流体动力学问题的复杂性和计算机科学的发展, 数值计算手段越来越不可或缺, 计算流体动力学已成为一个独立分支得到迅速发展. 流体动力学的理论研究则对流体运动过程中的状态量建立数学描述, 通过合理近似获得解析解. 从这些解可以了解模型流场的现象和规律, 为实际流体运动的深入研究提供必要和基本的论据, 并指导进一步的实验研究. 对于数值方法, 问题的解析解可以用来指导计算格式和计算参数等的选取, 也可以用来检验计算方法的精度, 比较方法的优劣等. 因此, 了解和掌握理论研究的基本方法和重要结论, 对实验工作和数值计算都是必要的和有益的, 这也是本书的内容与目的所在.

对所有流体动力学问题获得解析解是不现实的. 当涉及材料非线性、几何非线性和过程非线性等复杂分析时, 情况尤其如此. 爆轰与冲击波问题集中体现了这些非线性响应, 而这正是本书的应用背景. 因此, 本书的思路是从流体动力学方程组出发, 对模型问题给出解析解, 从而建立对非线性波问题的物理认识, 并推而广之. 具体说来是, 以一维不定常流体动力学问题为模型, 重点以多方气体为研究对象, 兼顾凝聚介质的应用, 通过简单可行的数学处理获得直观合理的物理图像, 进而对非线性波的现象与研究方法建立全面的认识.

4. 一维不定常流体动力学

所谓一维不定常流体运动, 是指流场的物理状态参量除依赖于时间 t 以外, 只依赖于一个空间变量. 之所以研究一维问题, 一是因为一维不定常问题具有很强的应用背景, 如平面撞击、空中点爆炸、一维管道中的流动和内弹道问题等, 更重要的是一维问题常常为流体动力学解析研究方法的实现提供了可能, 从而为揭示和认识可压缩流的典型现象和物理本质提供了一个很好的理解途径. 本书将以流体动力学基本理论和研究方法为主要内容, 重点研究一维不定常可压缩流动问题.

在对流体动力学问题进行理论研究时, 首先需要建立波传播的有关概念. 例如, 力学扰动源造成的影响以声波形式向四周传播, 瞬时能量释放和外来冲撞等化学或物理过程将在介质中引起爆轰波、冲击波, 流体运动中存在压缩波和稀疏波传播等. 许多复杂的流动问题可分解成两个或几个波的相互作用来研究. 借助于各种形式波的运动传播, 可以对流动过程给出清晰的物理图像, 进行有效的数学描述.

其次, 讨论流体动力学问题, 需要掌握一定的热力学基础知识, 并对流体的本构关系有所了解. 运动流体的状态由运动量 (速度 u) 及一些状态量 (如压力 p、密度 ρ、比内能 e 和温度 T 等) 来描述. 基于连续介质假定, 这些量都是对连续介质状态的宏观描述, 我们称这些宏观状态量为热力学量. 流体动力学的任务就是研究流体运动过程中这些热力学量的变化规律, 流体的变形性质和热力学状态方程是影响流体运动特征的内在因素.

在不定常流体动力学中, 线性化方法、特征线方法、速度图法、量纲分析方法等都是流体动力学熟知而有效的分析方法. 其中, 特征线方法是求解流体动力学问题的一个重要数学方法, 原则上可以用它求解各种流动问题.

特征线的概念在流体动力学中具有特别的意义, 上述连续流场中波的运动图像可以通过运用特征线方法建立起来. 它提供了诸如依赖区、影响域和简单波区等概念, 使我们可以清楚地看出问题的初始条件、边界条件是如何影响流动过程的. 另外, 它还把流场划分为不同的流动区域进行分区求解, 能清楚地揭示流体运动的物理过程.

流体动力学中一个重要内容是冲击波. 冲击波不仅是现实应用中存在的现象, 在数学上它是流体动力学方程组非线性发展的产物. 作为间断面, 它还为求解间断两边区域中的流动问题提供了边界条件. 研究冲击波的传播规律具有显然的实用价值和学术意义.

作为研究生教材, 本书旨在为兵器科学、工程力学、流体力学、应用数学和航天工程等相关专业的研究生学习专业基础理论提供指导, 着重分析一维流体运动中非线性波的结构、传播等特性及波与波之间的相互作用, 介绍流体运动问题的一些精确解和近似解及求解方法, 并通过对典型问题的详细求解来描述这些解法在实际问题中的应用. 希望读者通过本书的学习, 能理解相关的物理问题, 同时掌握基本理论的应用技巧.

1.2 可压缩流与波

1.2.1 可压缩流相关概念

1. 流体力学相关概念

设想一个能够把其中的介质看作连续介质的最小体积 $\delta V'$, 其中的质量为 δm, 定义一点的密度 ρ 为

$$\rho = \lim_{\delta V \to \delta V'} \frac{\delta m}{\delta V}. \tag{1.2.1}$$

一点的流体速度 u 是指某瞬时通过该点的流体微团的瞬时速度. 流体微团指尺寸可以与 $\delta V'$ 相比拟的最小流体质团, 有时候也简称为质点.

可以定义, 流线是不同质点运动在同一时刻构成的曲线, 迹线是同一质点运动在不同时刻形成的轨迹. 某一时刻, 流线上的每一点与当地速度矢量相切. 定常流是指在空间某一点的任何状态量都不随时间变化的流动. 如果流动是定常的, 流线将不随时间变化, 这时流线与流体质点的运动轨迹——迹线重合. 另外两个延伸的概念是流面与流管. 流面是指通过流场中任意一条曲线 (非流线) 的所有流线组成的曲面; 流管是通过流场中一条封闭曲线 (非流线) 的所有流线组成的封闭曲面. 流管/面表面与当地速度矢量相切.

可以用两种方法来描述流体的运动. 一种是拉格朗日方法, 它研究的是单个流体微团或质点的经历, 确定某个指定流体微团在每一瞬时的位置、密度、应力状态等物理量, 以及从一个质点到另一个质点物理量的变化. 另一种是欧拉方法, 它着眼于空间固定点, 确定在每一瞬时通过该点的流体微团的密度、压力等物理量, 以及从一个空间点到另一个空间点物理量的变化.

系统定义为确定物质的任意组合, 系统之外的一切都称为环境或外界; 系统的边界定义为将系统和环境分开的假想表面. 利用系统这个概念可以把注意力集中于感兴趣的物体或物质上, 并观察系统与环境的相互关系.

流体有极大的可流动性, 对于运动着的流体, 很难确定流体系统的边界, 这时利用一个有流体通过的给定空间体积来分析问题会更简单些, 由此引出了控制体

的概念. 控制体定义为流体流过的、固定在空间的一个任意体积, 占据控制体的流体本身是随时间改变的. 控制体的边界面称为控制面, 它总是封闭的表面, 但可以是单连通的也可以是多连通的.

2. 一点的应力

体力或质量力是指与物体体积或质量成正比的力, 这类力由力场产生, 例如重力、磁力和电动力等, 对于加速坐标系, 也包括惯性力 (如离心力). 表面力是在控制面上由控制体外物质施加给控制体内物质的作用力. 设想流体中有一个平面, 面积为 δA, 此平面一侧的流体必作用于另一侧的流体, 这种作用力称为表面力. 作用在面积 δA 上的表面力可以分解成垂直于平面 δA 的分量 $F_{垂直}$ 和位于 δA 平面内的分量 $F_{切向}$. 正应力 σ 定义为单位面积上表面力的垂直分量取极限; 剪应力 Σ 定义为单位面积上表面力的切向分量取极限, 如式 (1.2.2) 和式 (1.2.3) 所示.

$$\sigma = \lim_{\delta A \to \delta A'} \frac{\delta F_{垂直}}{\delta A}, \tag{1.2.2}$$

$$\Sigma = \lim_{\delta A \to \delta A'} \frac{\delta F_{切向}}{\delta A}, \tag{1.2.3}$$

式中面积 $\delta A'$ 与体积 $\delta V'$ 有可比拟的尺度.

剪应力正比于剪应变率的流体称为牛顿流体, 其比例系数称为黏性系数. 黏性系数为零的流体定义为理想流体. 理想流体和静止流体不承受剪应力, 运动黏性流体的应力状态需用 9 个应力分量描述.

3. 系统的状态与过程

系统的状态就是系统的一种情况或外貌. 通过详细的物理参量描述, 可以把一种状态与其他状态区别开来. 系统的状态量是系统的任何一个可观察到的特性, 如位置、速度、压力、密度等物理量. 足够数量的独立状态量就能完全确定一个系统的状态.

过程是状态的变化, 它部分地由系统所经历的一系列状态来描述. 在一个过程中, 系统与环境之间可能发生某种相互作用, 过程的描述就是要说明这种相互作用. 例如, 绝热过程是系统与环境不发生热交换的过程, 但这时, 系统内部的质点之间可以有热交换. 循环是系统的起始状态与终末状态相同的过程, 即初始和终末状态的所有状态量的数值都相同. 经过一个过程后描述状态的所有物理量又恢复原状, 即可以消除过程的效应, 则此过程是可逆的. 如果没有办法使系统和环境恢复到起始状态, 则过程是不可逆的. 任何实际过程都是不可逆的, 这也是热力学第二定律的一个内容. 造成不可逆的原因有黏性、热传导、质量扩散等. 可逆的绝热过程为等熵过程, 等熵过程中每一步的熵相同. 定义比热比为 $\gamma = c_p/c_V$, 其中 c_p 和 c_V 分别是定压比热和定容比热. 在等熵过程中, γ 起着很重要的作用.

4. 扰动的传播速度

如图 1.2.1 所示, 假定在理想流体一维流场中有一个扰动沿 x 方向传播, 传播速度为 c. 围绕扰动阵面取控制体, 建立与扰动阵面一起运动的坐标系, 忽略作用于控制体上的剪力和体力, 对 x 方向控制面写出扰动前后的动量守恒关系式为

$$A\left[p-(p+\mathrm{d}p)\right] = A\rho c\left[(c-\mathrm{d}u)-c\right] \quad \text{或} \quad \mathrm{d}p = \rho c\mathrm{d}u, \tag{1.2.4}$$

式中, A 为横截面积, u 为流体运动速度. 同时写出质量守恒关系式为

$$A\rho c = A\left(\rho+\mathrm{d}\rho\right)\left(c-\mathrm{d}u\right) \quad \text{或} \quad \mathrm{d}\rho/\rho = \mathrm{d}u/c. \tag{1.2.5}$$

由式 (1.2.4) 和式 (1.2.5) 解出扰动的传播速度 c 为

$$c^2 = \frac{\mathrm{d}p}{\mathrm{d}\rho}. \tag{1.2.6}$$

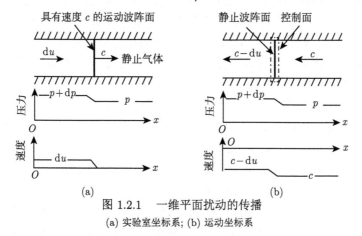

图 1.2.1 一维平面扰动的传播

(a) 实验室坐标系; (b) 运动坐标系

由于上述过程未考虑不可逆因素, 因此过程是等熵的, 式 (1.2.6) 即声速定义式

$$c_0^2 = \left(\frac{\mathrm{d}p}{\mathrm{d}\rho}\right)_S, \tag{1.2.7}$$

式中下标 S 表示等熵. 由此可见, 扰动是以声速传播的. 空气的声速可表示成 $c = \sqrt{\dfrac{\gamma p}{\rho}} = \sqrt{\gamma RT}$, 其中 $R = R_0/M$, 气体常数 $R_0 = 8.31\mathrm{J}/(\mathrm{mol}\cdot\mathrm{K})$, M 为气体摩尔质量, 对于空气, $M = 28.96\mathrm{g/mol}$. 采用国际单位制时, 常态下空气中的声速为 $c = 20.1\sqrt{T}$.

将式 (1.2.7) 与压缩模量 K 的定义式 $\left(\dfrac{1}{K}\right) = -\left(\dfrac{1}{\tau}\right)\left(\dfrac{\mathrm{d}\tau}{\mathrm{d}p}\right)$ (其中 $\tau=1/\rho$ 为比容) 比较知, 声速是流体可压缩性的表现. 按照定义式 (1.2.7), 不可压缩流体密

度不变, 因此声速为无限大, 这时, 流体中任何一点发出的扰动将在其他地方被同时感知到. 不可压缩流体只是一种理想情况, 对于实际流体, 当密度的相对变化很小时也被当作不可压缩流体处理.

5. 流体力学领域的划分

不可压缩流体力学的范围是指, 流体速度小于声速, 密度的相对变化不大, 但压力、温度的相对变化可以非常大. 根据钱学森公式估算, 由于略去可压缩性引起的误差大约等于流速与声速比值平方的四分之一, 因此, 用不可压缩流体处理流体力学的许多亚声速问题引起的误差很小.

可压缩流体力学的范围是指流体速度与声速的大小可比拟, 且压力、温度、密度的相对变化都比较大.

不可压缩流、亚声速流和超声速流之间的物理差别在于介质的可压缩性. 考察在可压缩介质中做匀速直线运动的点源扰动形成的波传播效应, 此点源在每一瞬间都发出一束扰动波, 此波相对于介质以球面形式从点源传播出去. 在任何瞬时, 波传播造成的流场压力是全部发出波引起的压力变化的叠加. 图 1.2.2 给出了匀速运动的点源扰动引起的波传播图像. 图中 0 点代表扰动点源的现时位置, −1 点代表点源前一时刻的位置, 其他以此类推. 相应于每一时刻扰动点源的位置作一个圆, 该圆表示相应的扰动波传播的距离, 或扰动传过的区域.

当扰动点源静止或者其运动速度相对于声速小得多时, 扰动引起的压力变化均匀地向各个方向传播, 如图 1.2.2(a) 所示.

当扰动点源以亚声速运动时, 扰动引起的压力变化波形不再呈对称分布, 出现了典型的多普勒效应, 如图 1.2.2(b) 所示.

当扰动点源以超声速运动时, 扰动点源上游感觉不到扰动的影响, 所有压力变化被包围在一个圆锥内, 圆锥的顶点就是扰动点源, 如图 1.2.2(d) 所示. 这个将扰动封闭在其内的锥体称为马赫锥, 其表面为扰动波阵面, 也称作马赫波, 这是可压缩流的典型图像. 图 1.2.3 示出了超声速飞行子弹的实验照片, 从中可清晰地看出马赫波的图像, 区分出扰动边界. 图 1.2.2(c) 是临界状况, 此时点源运动速度等于声速, 波阵面是一个平面.

这些规律说明了为什么以超声速飞行的物体未闻其声, 先见其人, 当听到声响的时候噪声已汇集形成了一个 "爆裂声".

6. 重要的无量纲参数

马赫数的定义式为 $M = \dfrac{u}{c}$, 是从速度角度区分流场特性的重要参数. $M>1$ 或 $M<1$ 分别对应超声速流和亚声速流. 此处 u 指速度的绝对值.

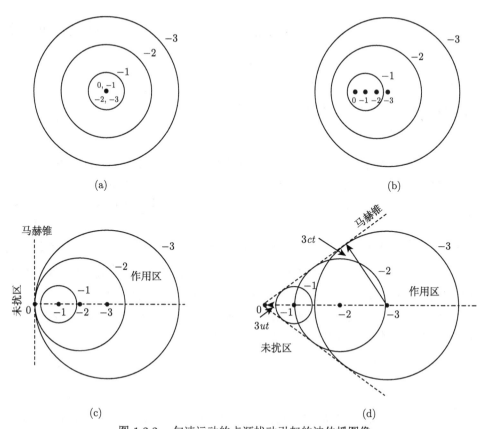

(a) (b)

(c) (d)

图 1.2.2 匀速运动的点源扰动引起的波传播图像

(a) 扰动点源静止; (b) 扰动点源以亚声速运动; (c) 扰动点源以声速运动; (d) 扰动点源以超声速运动

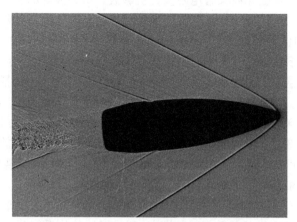

图 1.2.3 超声速飞行中的子弹和马赫波

雷诺数定义为 $Re = \dfrac{\rho u L}{\mu}$, 是考察流场惯性效应和黏性效应相互关系的重要参数, 其中 μ 是黏性系数, L 是物体的特征长度.

普朗特数定义为 $Pr = \dfrac{c_p \mu}{\lambda}$, 是考察流场黏性效应和热传导效应相互关系的重要参数, 其中 c_p 是定压比热, λ 是热传导系数.

7. 连续介质概念适用的范围

连续介质的判别标准是分子自由程比物体的最小特征长度要小得多. 由分子动力学理论知, 就数量级而言, μ 与 $\rho a l$ 相当, a 与 c 相当, 其中 a 为分子平均速度, l 是分子平均自由程. 由此可以将雷诺数表示成 $Re = \dfrac{\rho u L}{\mu} = \dfrac{\rho a l}{\mu} \cdot \dfrac{u}{c} \cdot \dfrac{c}{a} \cdot \dfrac{L}{l} \sim \dfrac{u}{c} \cdot \dfrac{L}{l}$.
这个关系式可以改写成 $\dfrac{L}{l} \sim \dfrac{Re}{M}$, 此关系表明, 雷诺数与马赫数之比是考察问题是否符合连续介质假定的一个无量纲参数. 由此可见, 在极高的马赫数或者在极低的雷诺数下, 连续介质概念是无效的. 因为雷诺数和马赫数与具体过程有关, 一般不用雷诺数和马赫数之比来判断连续介质概念的有效程度, 但可以用此来考察问题所涉及的最小有效物体的尺寸与其特征尺寸的关系.

1.2.2　介质中的波传播

1. 波的概念

关于波的一般定义认为: 波是以一定的速度从介质的一部分传播到另一部分的任何可识别的信号. 这里的信号可以是光信号、电信号和机械扰动信号, 还可以是宇宙能量信号等, 因此波又有电磁波、机械波、引力波等的区别.

波的本质是扰动的传播, 扰动从其激励源传播到其他位置需要时间, 在离开激励源一定距离的位置上, 扰动并不能被同时感知, 这就是波产生和传播的现象. 例如, 地震或者地下核爆炸在发生之后很久才能在另一个大陆记录到, 这个延迟时间是由地震波在地层中的传播速度决定的. 不同的波在不同介质中传播的速度不同. 电磁波以光速传播, 远大于声音在空气中传播的速度, 因此雷雨天气, 我们总是先看到闪电, 后听到雷声. 倾听铁轨中的声响可以更早地判断火车的到来, 因为金属中的波速大于空气中声音的传播速度. 空气中声音的传播速度一般比炮弹的运动速度小, 因而远程炮的发射声在炮弹到达之后才能听到. 广为熟知的扰动传播现象还有绳索的抖动和水面上的涟漪等. 后面这些例子说明了机械波的运动与传播.

机械波产生于可变形介质的强迫运动或扰动. 当介质单元变形时, 扰动从一点传到下一点, 使得扰动在介质中层层推进, 形成了波的传播. 机械波的特点在于通过质点在平衡位置附近的运动来传递能量, 能量传输的实现是由于一个质点到下一个质点的传递运动, 而不是通过整个介质持久的总体运动. 当扰动在介质内传播时, 它携带着一定的动能和势能, 通过波动将能量传播很远的距离. 因此, 介质中的波动过程具有时间和空间的分布特性. 从能量传播的角度还可以理解引力波的现象, 但引力波不是机械波, 不存在传统意义上的传播介质.

对于机械波而言, 在波动过程中, 介质的可变形性和惯性是介质得以传递波运动的最根本性质. 一方面, 波的传播必须克服由于介质的致密性造成的对变形的阻抗及介质惯性对运动的阻抗. 起初, 介质的惯性阻止运动, 但一旦介质进入运动, 介质的惯性和弹性将一起促进运动的继续. 因此, 另一方面, 这些阻抗使得运动以波的形式传播. 如果介质不能变形, 则局部扰动将立即传播到介质的任何部分, 不存在波的传播现象, 如刚体. 同样, 如果介质没有惯性, 就没有不同质点运动的滞后, 也没有运动的传递, 亦不存在波的传播现象. 因此, 机械波的传播速度总是表示成描述变形抗力的参数与描述介质惯性的参数之比的平方根形式. 例如, 根据式 (1.2.7), 一维弹性应力波传播速度 c 的表达式为

$$c = \sqrt{\frac{E}{\rho}},\tag{1.2.8}$$

式中, E 是介质的弹性模量, 反映了介质的变形刚度; ρ 是介质密度, 是介质惯性的反映. 气体中的声速 c_0 如式 (1.2.7) 所定义, 它反映了气体在等熵状态下的可压缩性. 对于不可压缩气体, 声速将是无穷大, 即介质中不存在波传播效应. 一般说来, 一切实际材料都是可变形的, 并且具有质量, 因而一切实际材料都能传递机械波. 表 1.2.1 列出了一些典型介质在常态下的声速值.

表 1.2.1 典型介质在常态下的声速值

介质	空气	氢气	氟利昂	水	液态 TNT	铁	铝	铜	三氧化二铝
声速 c_0/(m/s)	335	1280	91.5	1700	1370	5289	5103	3813	9674

* 注: 表中固体声速为一维弹性纵波波速.

在研究机械波的传播时, 一个很有用的组合量是声阻抗, 定义声阻抗为 ρc 或 $A\rho c$. ρc 大则表示介质硬, 反之则表示介质软, 因此 ρc 也反映了物质变形的难易程度. 在难变形的介质中, 扰动传播的速度要高一些.

2. 动力学效应

强动载以加载的快速性、过程的瞬时性和载荷的高强度为显著特征, 强动载下的动力学效应表现为材料的大变形、塑性流动和破坏、变形的高应变率和局部化现象等. 正是因为波传播的力学原理, 所以动力学效应显著区别于静态力学现象. 动力学效应是否凸显取决于两个特征时间, 即外部扰动作用的特征时间和扰动在物体中传播的特征时间的相对大小.

如图 1.2.4 所示, 考虑一物体, 它在点 P 处受到外部扰动 $F(t)$ 的作用, 分析其受力与变形的空间和时间分布. 如果外部扰动始于 $t=0$ 时刻, 扰动传播的最大速度为 c, 则在 $t = t_1$ 时刻, 扰动影响到的区域为以 P 点为圆心, ct_1 为半径的球面. 整个物体将在 $t = r/c$ 时被全部扰动, 其中 r 是物体上的点离开 P 点最远的距离. 假定 $F(t)$ 的显著变化发生在 t_a 时间内. 如果 $t_a \gg r/c$, 说明激励源的变化比扰动传遍整个介质的时间长得多, 介质中的运动先达到了平衡状态, 从本质上说这样的问题是准静态的. 如果 t_a 与 r/c 是同一数量级, 或小于 r/c, 则介质中的状态来不及达到平衡时, 新的扰动又产生了, 介质中的状态始终处于动态过程, 这时动力学效应是重要的, 应进行波传播分析.

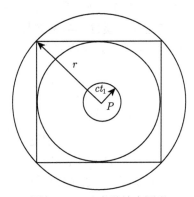

图 1.2.4   动力学效应图示

典型的动力学效应的例子是外部扰动作用后又被撤去的情况. 如果扰动作用的时间与扰动在物体中传播的特征时间为同一数量级或更小, 波动效应是重要的. 有限尺寸的物体承受爆炸载荷和冲击载荷时就属于这种情况. 这种波动效应的后果, 也就是动力学效应的后果便是局部变形. 如果载荷强度高于介质的破坏强度, 将造成局部破坏现象. 局部化响应是动态过程的一个重要特征. 例如, 子弹穿过窗户上的玻璃时留下一个小孔, 而拳击玻璃会造成整个玻璃破碎, 这是由于两种加载的作用时间长短不同造成了扰动影响区的大小不同引起的. 用同样的原理可以解释锤击木桌可能造成木桌的局部破坏, 而整体位移较小; 而手推木桌可使木桌整体移动, 但木桌完好无损. 前一种情况下扰动作用的特征时间 t_a 特别短, 远小于波传遍整个介质的时间; 后者属于准静态过程. 由此可见, 动态过程的另一特征是加载速率. 不难理解, 加载速率或变形速率的大小直接决定了扰动作用的特征时间 t_a. 动态过程中 t_a 小, 对应了高速率的加载条件和变形过程, 因此, 变形速度大或应变率高成为动态过程的又一标识.

从下面的举例可以看出对应动态过程 t_a 的量级. 金属中的声波速度约为5000m/s, 扰动作用时间 t_a 为 1s 时, 在 t_a 时间内扰动区可及 5000m 的范围;

t_a 为 1ms 时, t_a 内扰动范围为 5m; t_a 为 1μs 时, t_a 内扰动的范围只要 5mm. 子弹穿过玻璃的作用时间以 μs 计, 因此只能造成毫米量级的破坏区域, 这就是动态过程的特征. 正因为对应了小的 t_a 值, 在许多处理方法中称动态过程为瞬态响应过程. 对于持续的外部扰动, 如果扰动随时间迅速变化, 也需考虑波动效应, 例如地震波的传播, 弹性介质中的谐波分析等. 由于波的传播, 动力学效应的特征表现为状态量的空间分布性和时间分布性.

3. 波的传播

根据扰动通过时介质中质点的运动模式, 可以把波分为脉冲波 (或瞬态波) 和周期性波 (如简谐波). 简谐波使每一质点的位移随时间作正弦变化, 一般的周期性波甚至单一的脉冲波都可以用简谐波的叠加来表示. 因此, 在一般的波动理论中, 简谐波是研究的重点. 本书的重点是瞬态波, 包括冲击波和简单波.

分析波在空间传播时, 将某一时刻发生相同扰动的所有点连成一个曲面, 定义这个曲面为波阵面, 波阵面随时间的变化取决于波的空间传播规律. 波的传播方向总是与波阵面相垂直. 如果波传播只限于单一方向, 则称之为平面波. 其他简单情形还有球面波和柱面波, 其波阵面分别是球面和柱面形状.

根据波引起的质点运动方向不同分为两类波: 横波和纵波. 在横波作用下, 质点运动方向与波传播方向垂直; 对于纵波, 质点运动方向与波传播方向一致. 生活中所见到的波动, 如水面上的涟漪、绳索中的波动都是典型的横波; 声音在空气中的传播、平面正撞击在各向同性材料中引起的平面应力波和冲击波都是纵波. 纵波可以引起介质的拉伸变形, 也可以引起介质的压缩变形, 分别称为拉伸波和压缩波. 由于边界条件不同, 介质中的纵向扰动波可以是一维应变波, 如在半无限空间介质中平面撞击引起的波传播, 也可以是一维应力波, 如在细长杆中传播的应力波. 由于介质的各向异性或由于斜撞击, 撞击还会同时引起介质中纵波和横波的传播, 如对 y-切石英晶体进行正撞击时和在平行斜碰撞加载条件下, 都可以造成横波和纵波的联合传播, 即所谓压缩剪切复合加载.

波传播问题的一个重要方面是波的反射和透射. 当波遇到具有不同物理性质的两种介质界面时, 一部分扰动被反射, 另一部分扰动则透过界面传入第二种介质. 如果第二种介质是真空 (称之为自由面), 不能传输机械扰动, 则入射波被完全反射. 这时反射波脉冲与入射波脉冲有相同的形状, 但应力符号相反, 即拉伸波在自由面上被反射成压缩波, 压缩波在自由面上被反射成拉伸波. 当波长足够短的强压缩脉冲在自由面反射时, 产生的拉应力可以引起介质断裂. 汽车的挡风玻璃上常常出现由飞溅的小石子打出的小孔就是这种原理, 这时玻璃的碎化脱落常常出现在挡风玻璃的内侧, 而不是外侧. 这类动态压力加载下引起的拉伸破坏现象源于典型的波传播效应, 称为剥裂或层裂. 霍普金森率先用一块炸药对一块金属板直接爆炸加载的实验阐明了这个效应, 爆炸加载造成了大块圆帽形金属片从原金属板的自由面 (即背面) 破裂飞出. 一类反坦克武器正是利用这种原理, 而不是通过直接穿透装甲来实现其作战目的, 这种武器称为碎甲弹. 当今许多动力学分析软件中, 拉伸破坏判据已成为处理结构破坏问题的一种基本算法.

关于界面上波的反射与透射最基本的结论是: 透射波与入射波总是属于同一类型的波, 与界面相邻的两种材料的声阻抗之比决定了反射波的类型. 对于一维波问题, 当波从第 I 种介质传入第 II 种介质时,

若 $\rho^{II}c_L^{II}/\rho^I c_L^I = 1$, 入射波完全透射, 无反射波;

若 $\rho^{II}c_L^{II}/\rho^I c_L^I < 1$, 反射波与入射波的应力反号;

若 $\rho^{II}c_L^{II}/\rho^I c_L^I > 1$, 反射波与入射波的应力同号;

若 $\rho^{II}c_L^{II}/\rho^I c_L^I = 0$, 入射波完全反射, 即自由面情况.

其中, ρc_L 为声阻抗. 由此可见, 一组不同声阻抗的材料巧妙地组合起来可能会产生意想不到的波传播效果. 这种思想在材料和结构的设计与应用中已有所采用, 如梯度阻抗材料, 这种材料可以用于高科技科学研究, 也可以用于结构材料的应用设计.

当波在弹性介质中传播遇到如孔隙或杂质之类不规则的掺杂时将被散射. 波的散射问题需要采用适合于混合边值问题的数学方法进行分析. 当波遇到裂缝时, 在裂缝前缘产生应力奇异性, 可以引起裂缝的延伸, 从而导致物体断裂. 由于裂口可以看成介质中的一个裂缝型缺口, 因此裂口附近的散射问题尤为重要. 这类问题在断裂力学和地球物理中有直接的应用, 详情可参考相关专业书籍和文献, 本书中不涉及.

就工程应用而言, 对波传播效应的关注始于 20 世纪 40 年代初. 当时, 特殊的工程要求需要高速载荷作用下结构性能方面的知识, 如核武器效应、高速金属加工、超声压电现象、土木工程实践 (如打桩) 等. 动态力学在此阶段得到了比较快的发展, 波传播效应研究逐渐成为应用力学领域一个独立的方向. 关于固体中波传播的专著首推 Kolsky 的著作 *Stress Waves in Solids*(1963), 后来被翻译出版的 Achenbach 的著作《弹性固体中波的传播》(1992) 也是关于固体中弹性波传播问题的著名专著之一. 在研究弹性固体中波的同时, 在应用数学、电磁理论和声学、流体力学范畴内, 波的传播问题也得到了广泛研究. 例如, Rayleigh 的经典著作 *The Theory of Sound*(Vols.I and II, 1945), 表明声学方面的工作与波传播研究密切相关.

1.2.3 一维纵向波运动

1. 一维纵向应变波

半无限空间受表面力作用的情况如图 1.2.5 所示. 当 $t > 0$ 时, $x \geqslant 0$ 的半无限空间受到的作用力 $\sigma_x(t) = p(t)$, 平行于 x 轴的平面为对称面. 不存在横向位移,

半无限空间的运动只由 x 方向的位移描述, 记作 $\delta(x, t)$, 它只是 x, t 的函数. 半无限空间处于一维变形状态, 即只存在非零应变 $\varepsilon_x = \dfrac{\partial \delta}{\partial x}$, 称之为一维纵向应变状态. 根据波动理论, 这个过程的线弹性解为

$$\delta(x,t) = f\left(t - \frac{x}{c_L}\right) + g\left(t + \frac{x}{c_L}\right), \tag{1.2.9}$$

考虑边界条件 (当 $t=0$ 时, $x>0$, $\delta = \dot{\delta} \equiv 0$), 可得

$$\delta(x,t) = \begin{cases} f\left(t - \dfrac{x}{c_L}\right) + \text{const}, & t > \dfrac{x}{c_L}, \\ 0, & t \leqslant \dfrac{x}{c_L}. \end{cases} \tag{1.2.10}$$

$\delta(x, t)$ 的解在 x-t 平面上表示出来, 如图 1.2.6 所示. 结合式 (1.2.10) 分析表明, 位于 x 处的质点在 $t > \dfrac{x}{c_L}$ 以后才感知到初始发源于 $x=0$ 处的扰动作用.

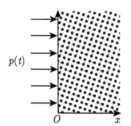

图 1.2.5 半无限空间受表面力 $p(t)$ 作用

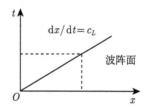

图 1.2.6 一维应变波的传播

x-t 平面是描述一维波动过程的有力工具. 在 x-t 平面上, 波阵面由斜率为 $\dfrac{\mathrm{d}x}{\mathrm{d}t} = c_L$ 的轨迹线表示, 其中 c_L 是扰动波的传播速度, 即一维应变纵波速度, 其定义式为

$$c_L = \sqrt{\frac{E_L}{\rho}} = \sqrt{\frac{\lambda + 2\mu}{\rho}}, \tag{1.2.11}$$

式中, E_L 为纵向弹性模量, λ 和 μ 是弹性理论中的 Lamé 系数. 典型平面一维应变问题的实际应用是平板碰撞实验, 在一定情况下平板碰撞实验近似为一维应变问题.

2. 一维纵向应力波

除了一维纵向应变波以外, 还有一维纵向应力波. 这时, σ_x 是唯一非零应力分量, 它仅是 x 和 t 的函数, 与一维应变情形不同的是, 一维应力条件下微元可以有

横向变形. 图 1.2.7 给出了一维应力下介质微元的变形示意, 基于线弹性应力–应变关系 $\sigma_x = E\varepsilon_x$, 其中 E 是杨氏模量, 微元运动方程写出为

$$\frac{\partial \sigma_x}{\partial x} = \rho \frac{\partial^2 \delta}{\partial t^2}, \quad \frac{\partial^2 \delta}{\partial x^2} = \frac{1}{c_0^2} \cdot \frac{\partial^2 \delta}{\partial t^2}, \tag{1.2.12}$$

其中, $c_0 = \sqrt{\dfrac{E}{\rho}}$, 是一维应力波的传播速度. 细杆中的波动可近似为一维应力波, 因此 c_0 通常又称为杆中波速. 如果半无限长细杆在 $x=0$ 处受压力 $p(t)$, 则从式 (1.2.12) 解出杆中 $(x \geqslant 0)$ 产生的应力波为

$$\sigma_x = -p\left(t - \frac{x}{c_0}\right). \tag{1.2.13}$$

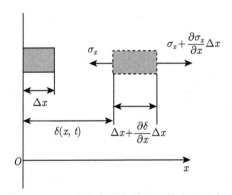

图 1.2.7   一维应力下介质微元的变形示意

此处应力 σ_x 以拉为正, 压力 $p(t)$ 以压为正. 必须指出, 上述解只适用于很细的杆. 如果杆很粗, 变形将向一维应变状态过渡. 如果杆既不是很细也不是很粗, 两种近似均不合理, 这时需考虑应力、应变的二维或三维复杂处理. 对于长杆问题, 一维应力近似一般是令人满意的.

1.3   物体的运动和变形

引入连续介质的概念可以方便地对物体的运动和变形问题进行数学分析, 分析可分两个阶段. 第一阶段, 将物体理想化为连续介质, 用宏观物理量来表征物理状态, 用数学方法来描述物理现象, 基于质量、动量和能量三大守恒定律, 建立起一个带有边界条件和初始条件的偏微分控制方程组. 第二阶段, 利用数学的方法求解控制方程组, 获得用位置、时间及几何参数和材料参数表示的变形场物理量的

表达式. 当物理量的变化只与一个空间变量有关时, 问题是一维的. 这时连续介质力学的概念和原理可以用来揭示连续介质运动的基本性质, 导出非线性控制方程组, 同时避免几何上的复杂性. 例如, 连续介质中波动的一些特有性质可以通过一维问题的分析来阐明, 基于一维弹性波传播问题的认识可以建立起许多相关的物理概念.

1.3.1 运动与变形的描述

连续介质的一维运动用一个空间坐标和一个时间参量来描述. 设在某时刻, 如 $t = 0$, 质点 P 的位置用坐标 X 表示, 在下一时刻 t, 该质点的位置可以表示成

$$x = P(X, t), \tag{1.3.1}$$

表示方式 $x = P(X, t)$ 叫做运动的物质描述, 又称为拉格朗日描述, 其中 X 和 t 为自变量. 在方程 (1.3.1) 中, 自变量 X 的一个值标志了某个质点, 其值等于该质点的一个参考位置, 如 $X = P(X, 0)$, 因变量 x 的值给出了参考位置为 X 的质点的当前位置.

运动也可用空间描述法来描述. 在这种描述中, 自变量是时间 t 和位置 x, 所以也常被称为欧拉描述. x 和 X 通过方程

$$X = p(x, t) \tag{1.3.2}$$

来确立转换关系. 方程 (1.3.2) 中, 自变量 x 的一个值规定了一个位置, 因变量 X 即是当前处在位置 x 处的质点的原参考位置. 两种描述方法可以等同地描述一个运动, 并互相转换. 方程 (1.3.2) 可以通过解出方程 (1.3.1) 中的 X 而得到, 反之亦然.

为了标识与自变量有关的其他场变量, 此处用大写字母表示物质变量 X 和 t 描述的量, 小写字母用于空间描述法. 例如, 在物质描述中, 位移记作 $\Lambda(X, t)$, 而在空间描述中则记为 $\delta(x, t)$, 因此有

$$\Lambda(X, t) = P(X, t) - X \tag{1.3.3}$$

和

$$\delta(x, t) = x - p(x, t). \tag{1.3.4}$$

图 1.3.1 是一个微元的纯一维运动图示. 由于在运动方向上位移的不均匀性, 该微元发生了变形. 对于一维情形, 变形的最简单度量就是微元的长度变化量除以它的原始长度, 即可以用 $(\Delta x - \Delta X)/\Delta X$ 表示. 在取极限情况下得到物质坐标系中的位移梯度或应变如下:

$$\frac{\partial \Lambda}{\partial X} = \lim_{\Delta X \to 0} \frac{\Delta x - \Delta X}{\Delta X}. \tag{1.3.5}$$

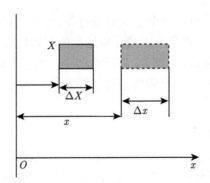

图 1.3.1　微元的纯一维运动和变形

1.3.2　时间变化率

物体中质点的速度是位置坐标 $x = P(X, t)$ 的时间变化率 $u(x, t) = \dfrac{\mathrm{d}x}{\mathrm{d}t}$. 质点速度是对固定质点 X 定义的, 对于不变的参考位置 X, 质点速度表示为

$$U(X, t) = \frac{\partial P(X, t)}{\partial t}, \tag{1.3.6}$$

方程 (1.3.6) 给出了质点速度的物质描述, 即给出了某质点的速度作为时间的函数. 在空间描述中, 质点速度为

$$u(x, t) = U\left[p(x, t), t\right], \tag{1.3.7}$$

对于固定的空间位置, 式 (1.3.7) 定义了恰好在 t 时刻经过位置 x 的质点速度.

利用式 (1.3.4), 连续介质的瞬时运动还可以用当时位于位置 x 的质点的位移 $\delta(x, t)$ 来描述

$$u = \frac{\mathrm{d}\delta}{\mathrm{d}t} = \frac{\partial \delta}{\partial t} + \frac{\partial \delta}{\partial x}\frac{\mathrm{d}x}{\mathrm{d}t} = \frac{\partial \delta}{\partial t} + u\frac{\partial \delta}{\partial x}, \tag{1.3.8}$$

方程 (1.3.8) 表示了 $\delta(x, t)$ 的全导数, 或称为物质导数. 式 (1.3.8) 表示的算子通常记为 $\mathrm{D}/\mathrm{D}t$, 即为

$$\frac{\mathrm{D}}{\mathrm{D}t} = \frac{\partial}{\partial t} + u\frac{\partial}{\partial x}. \tag{1.3.9}$$

在物质描述中, 加速度定义为

$$A = \frac{\partial U(X, t)}{\partial t}, \tag{1.3.10}$$

若已知质点速度是位置和时间的函数, 则在空间描述中加速度为

$$a = \frac{\mathrm{D}u}{\mathrm{D}t} = \frac{\partial u}{\partial t} + u\frac{\partial u}{\partial x}, \tag{1.3.11}$$

式 (1.3.11) 右边第二项称为加速度的迁移项.

在空间描述中, 考虑固定区域 $x_1 \leqslant x \leqslant x_2$, 它在某一瞬时包含了一个运动的物质系统, 该系统中某物理量 $f(x, t)$ 的空间积分为 $\int_{x_1}^{x_2} f(x,t)\mathrm{d}x$. 这一积分的时间变化率由两项组成: 瞬时位于区域内的 $f(x, t)$ 的增长率和 $f(x,t)$ 向外流通量的净增值, 可表示为

$$\frac{\mathrm{d}}{\mathrm{d}t} \int_{x_1}^{x_2} f(x,t)\mathrm{d}x = \int_{x_1}^{x_2} \frac{\partial f}{\partial t}\mathrm{d}x + f(x,t)u(x,t)\Big|_{x=x_1}^{x=x_2}, \quad (1.3.12)$$

式 (1.3.12) 的左端代表瞬时位于空间区域 $x_1 \leqslant x \leqslant x_2$ 内部的物理量 $f(x, t)$ 总量的时间变化率; 右端的物理解释是: $\int_{x_1}^{x_2} \frac{\partial f}{\partial t}\mathrm{d}x$ 为区域内部的增长速率, $f(x,t)u(x,t)\big|_{x=x_1}^{x=x_2}$ 为向外流通量的净增值.

式 (1.3.12) 也可表示为

$$\frac{\mathrm{d}}{\mathrm{d}t} \int_{x_1}^{x_2} f(x,t)\mathrm{d}x = \int_{x_1}^{x_2} \left[\frac{\partial f}{\partial t} + \frac{\partial}{\partial x}(fu)\right]\mathrm{d}x. \quad (1.3.13)$$

1.3.3 张量基础

对于非一维问题, 一些物理量, 如位移和速度、应力和应变等, 都是与坐标方向的选择有关的, 这时, 一个仅有数值的量已不能表示出物理量的全部含义. 各类物理量在数学上可用不同阶的张量来表示, 不与任何特殊方向发生关系且只以一个数字来计量的量, 用标量或零阶张量来表示. 一阶张量是矢量 (或向量), 代表需用大小和方向来描述的量, 更加复杂的物理量需用高于一阶的张量来表示.

1. 张量表示法

本书所有矢量和张量均用黑体表示. 在直角笛卡儿坐标中, 坐标分量用 x_j 表示, 三个基本方向矢量用 i_j 表示 (下标 j 取 1, 2, 3 中的任何一个值). 如果一个矢量 u 的分量表示成 u_j, 则有

$$u = u_1 i_1 + u_2 i_2 + u_3 i_3, \quad (1.3.14)$$

由于在连续介质力学的数学描述中经常出现式 (1.3.14) 形式的求和, 我们引入爱因斯坦求和约定, 即重复下标意指求和. 于是式 (1.3.14) 可写为

$$u = u_j i_j, \quad (1.3.15)$$

作为应用求和约定的另一个例子, 两个矢量 $\boldsymbol{u}$ 和 $\boldsymbol{v}$ 的标量积 (点乘) 可表示为

$$\boldsymbol{u} \cdot \boldsymbol{v} = u_j v_j = u_1 v_1 + u_2 v_2 + u_3 v_3, \tag{1.3.16}$$

式 (1.3.15) 和式 (1.3.16) 中的下标 j 是约束下标或哑下标, 它们必须取全 1, 2, 3 三个数值.

具有两个自由下标的量, 如 σ_{ij} 表示二阶张量 $\boldsymbol{\sigma}$ 的分量. 类似地, 三个自由下标定义了三阶张量. 本节涉及的张量有: 位置矢量 $\boldsymbol{x}$(坐标 x_i), 速度矢量 $\boldsymbol{u}$(分量 u_i), 应变率张量 $\dot{\boldsymbol{\varepsilon}}$(分量 $\dot{\varepsilon}_{ij}$), 应力张量 $\boldsymbol{\sigma}$(分量 σ_{ij}) 等.

克罗内克符号是一个著名的二阶张量, 它的分量定义为

$$\delta_{ij} = \begin{cases} 1, & i = j, \\ 0, & i \neq j, \end{cases} \tag{1.3.17}$$

置换张量 $\boldsymbol{e}$ 是一个常用的三阶张量, 它的分量定义如下:

$$e_{ijk} = \begin{cases} +1, & \text{如果 } i, j, k \text{ 表示 1,2,3 的一个偶置换,} \\ 0, & \text{如果 } i, j, k \text{ 中任何两个或三个指标相同,} \\ -1, & \text{如果 } i, j, k \text{ 表示 1,2,3 的一个奇置换.} \end{cases} \tag{1.3.18}$$

其中可以表示成偶数个对换的乘积称为偶置换, 否则称为奇置换. 应用置换张量和求和约定, 两个矢量 $\boldsymbol{u}$ 和 $\boldsymbol{v}$ 的矢量积 (叉乘)$\boldsymbol{h} = \boldsymbol{u} \times \boldsymbol{v}$ 的分量可表示为

$$h_i = e_{ijk} u_j v_k, \tag{1.3.19}$$

展开矢量 $\boldsymbol{h}$, 其分量为

$$h_1 = u_2 v_3 - u_3 v_2,$$
$$h_2 = u_3 v_1 - u_1 v_3,$$
$$h_3 = u_1 v_2 - u_2 v_1.$$

2. 矢量算符

在矢量运算中有特别意义的是以 ∇ 表示的矢量算符 (又称微分算符, 梯度算符), 其定义式为

$$\nabla = \boldsymbol{i}_1 \frac{\partial}{\partial x_1} + \boldsymbol{i}_2 \frac{\partial}{\partial x_2} + \boldsymbol{i}_3 \frac{\partial}{\partial x_3}, \tag{1.3.20}$$

当矢量算符 ∇ 作用于标量 $f(x_1, x_2, x_3)$ 时, 它给出该标量的梯度矢量

$$\mathbf{grad}\, f = \nabla f = \boldsymbol{i}_1 \frac{\partial f}{\partial x_1} + \boldsymbol{i}_2 \frac{\partial f}{\partial x_2} + \boldsymbol{i}_3 \frac{\partial f}{\partial x_3},$$

在符号标记中, 偏导数通常用下标 ", " 表示, 上式因而可写为

$$\operatorname{\mathbf{grad}} f = \nabla f = \boldsymbol{i}_p f_{,p}, \tag{1.3.21}$$

出现在 $f_{,p}$ 中的单一下标表明 $f_{,p}$ 是一个一阶张量, 即矢量的分量.

在一个标记为 $\boldsymbol{u}(\boldsymbol{x})$ 的矢量场中, 矢量的分量是空间坐标的函数, 用 $u_i(x_1, x_2, x_3)$ 表示. 假定函数 $u_i(x_1, x_2, x_3)$ 是可微的, 可写出 9 个偏导数 $\partial u_i(x_1, x_2, x_3)/\partial x_j$ 或 $u_{i,j}$. $u_{i,j}$ 是一个二阶张量的分量.

当矢量算符 ∇ 点乘作用于矢量 $\boldsymbol{u}(\boldsymbol{x})$ 时, 其结果为一标量场, 称作矢量场 $\boldsymbol{u}(\boldsymbol{x})$ 的散度, 表示为

$$\operatorname{div} \boldsymbol{u} = \nabla \cdot \boldsymbol{u} = u_{i,i}. \tag{1.3.22}$$

取 ∇ 和 $\boldsymbol{u}$ 的矢量积或叉乘得到 $\boldsymbol{u}$ 的旋度矢量 $\operatorname{\mathbf{curl}} \boldsymbol{u}$ 或 $\operatorname{\mathbf{rot}} \boldsymbol{u}$, $\nabla \times \boldsymbol{u}$. 如果令 $\boldsymbol{q} = \nabla \times \boldsymbol{u}$, 则 $\boldsymbol{q}$ 的分量为

$$q_i = e_{ijk} u_{k,j}. \tag{1.3.23}$$

取梯度算符的散度得到拉普拉斯算符 ∇^2, 或记作 Δ. 拉普拉斯算符作用于一个两阶可微的标量场 f 时, 得到另一个标量场 $\nabla^2 f = \Delta f$,

$$\operatorname{div}(\operatorname{\mathbf{grad}} f) = \nabla \cdot \nabla f = \Delta f = f_{,ii}, \tag{1.3.24}$$

拉普拉斯算符作用于一个矢量场时得到另一个矢量场, 记作 $\nabla^2 \boldsymbol{u}$ 或 $\Delta \boldsymbol{u}$.

$$\operatorname{div}(\operatorname{\mathbf{grad}} \boldsymbol{u}) = \nabla \cdot \nabla \boldsymbol{u} = \nabla^2 \boldsymbol{u} = u_{p,jj} \boldsymbol{i}_p. \tag{1.3.25}$$

3. 高斯定理

高斯定理把体积分与包围该体积边界的面积分联系起来. 考虑体积 Ω 的凸域, 此域被一个具有分片连续的曲面 s 所包围. 考虑张量场 $\tau_{jkl\cdots p}$, 且设 $\tau_{jkl\cdots p}$ 的每一个分量在 Ω 内连续可微, 则在直角笛卡儿坐标系下高斯定理表述为

$$\int_\Omega \tau_{jkl\cdots p,i} \mathrm{d}V = \int_s n_i \tau_{jkl\cdots p} \mathrm{d}s, \tag{1.3.26}$$

这里, n_i 为曲面 s 外法线方向单位向量 $\boldsymbol{n}$ 的分量. 如果用矢量 $\boldsymbol{u}$ 的三个分量依次代替 $\tau_{jkl\cdots p}$ 重写出式 (1.3.26), 并将由此得出的三个方程相加, 其结果为

$$\int_\Omega u_{i,i} \mathrm{d}V = \int_s n_i u_i \mathrm{d}s. \tag{1.3.27}$$

式 (1.3.27) 是著名的散度定理. 这一定理指出, 一个矢量在闭曲面上沿外法线方向的积分等于该矢量的散度在该闭曲面所包围的体积内的积分. 式 (1.3.27) 的向量形式如下:

$$\int_\Omega \nabla \cdot \boldsymbol{u} \mathrm{d}V = \int_s \boldsymbol{u} \cdot \boldsymbol{n} \mathrm{d}s. \tag{1.3.28}$$

1.3.4 典型运动与变形问题

1. 一维运动与变形

如果体力和应力张量的分量等物理量只依赖于一个空间变量, 定义为一维问题. 如考虑 x_1 为该空间变量, 则有三种不同的一维运动和变形情况.

(a) 一维应变. 所有位移分量中只有纵向位移 $\delta_1(x_1,t)$ 不为零, 唯一的非零应变分量是 $\varepsilon_{11} = \partial\delta_1/\partial x_1$.

(b) 一维应力. 纵向正应力 σ_{11} 是唯一的非零应力分量, 且仅是 x_1 和 t 的函数.

(c) 纯剪切. 位移只发生在垂直于 x_1 轴的平面内, 此时有 $\boldsymbol{\delta} = \delta_2(x_1,t)\boldsymbol{i}_2 + \delta_3(x_1,t)\boldsymbol{i}_3$.

2. 二维运动与变形

在二维运动与变形问题中, 体力和应力张量的分量等物理量与一个坐标 (如 x_3) 无关.

(a) 反平面剪切. 由位移分布 $\delta_3(x_1,x_2,t)$ 描述的变形.

(b) 平面内运动. 平面内位移 δ_α 只取决于 x_1, x_2 和 t (α 只取值 1 和 2), 从 δ_3 与空间坐标及时间的依赖关系不同, 又分为两种情况: 平面应变和平面应力.

平面应变是指在变形中所有场变量与 x_3 无关, 且在 x_3 方向的位移恒为零. 平面应力是指 σ_{33}, σ_{23}, σ_{13} 恒为零的二维应力场, 常用于近似描述薄片的平面内运动.

习 题 1

1.1 连续介质的基本内涵是什么? 冲击波的细观本质可否用流体力学基本方程组来描述?

1.2 试比较流线和迹线的概念与联系.

1.3 控制体是怎样定义的? 在流体力学中有何作用?

1.4 请说明欧拉方法和拉格朗日方法各自的特点.

1.5 举例说明绝热流动与等熵流动的关系.

1.6 流体的可压缩性通常用体积压缩模量来表示, 即 $\dfrac{1}{K} = -\left(\dfrac{1}{\tau}\right)\left(\dfrac{\mathrm{d}\tau}{\mathrm{d}p}\right)$, 试证声速可表示为 $c = \sqrt{K/\rho}$.

1.7 说说你所理解的波动现象. 机械波传播有何特点?

1.8 介质的声速是一个什么概念? 试问气体中的声速与固体中弹性波的传播速度有何异同?

1.9 如何理解结构在冲击载荷作用下的局部化变形现象?

1.10 冲击动载下结构响应区别于静态加载情况的最重要特征是什么? 在什么情况下这个特征是凸显的?

第 2 章　基本控制方程组

研究流体运动问题是要获得在一定初始条件和边界条件下, 流体质点的热力学状态量, 比如压力 p、比容 τ(或密度 ρ)、温度或比内能 e 及运动速度 u 等, 随时间 t 和空间 x, y, z 变化的规律. 流体在运动过程中遵守自然界三大守恒定律, 即质量守恒定律、动量守恒定律、能量守恒定律. 三个守恒定律反映了介质运动的普遍规律, 概括了一切宏观力学现象的共同特性. 三个守恒定律的数学表达式构成了流体力学基本方程组, 称之为基本控制方程组, 成为研究流体运动问题的出发点.

力学建立在力、运动和变形的基本概念之上, 本构关系则体现了某种介质的力学特性, 而流体力学的研究目的使得介质热力学物理特性也成为核心关注的内容. 因此, 完备的力学理论是同时建立在三大守恒定律和本构关系/状态方程基础上的. 描述力学过程的控制方程组与描述物质特性的本构关系/状态方程一起, 构成封闭方程组, 原则上可以解出任何力学问题, 共同演绎出丰富的力学现象.

本章首先介绍流体本构关系的相关知识, 然后介绍物质状态方程相关热力学原理, 最后基于物理和数学的思想建立起各种形式的基本控制方程组.

2.1　流体本构关系

本节讨论流体运动引起的变形与应力, 以及应力与应变率之间的本构关系.

2.1.1　流体质团的变形

如图 2.1.1 所示, 设在流体质团中有两个质点初始位置分别为 r_0 和 r, 两点间的距离为 $\zeta = r - r_0$. 经过 $\mathrm{d}t$ 时间后, 这两点位置已分别变为 r_0' 和 r', 距离为 $\zeta' = r' - r_0'$. 在此期间, 两点间变形为 $\mathrm{d}\zeta = \zeta' - \zeta$, 应变为 $\mathrm{d}\zeta/\zeta = (\zeta' - \zeta)/\zeta$, 现在求 $\mathrm{d}\zeta$.

$$\mathrm{d}\zeta = \zeta' - \zeta = r' - r_0' - (r - r_0) = (r' - r) - (r_0' - r_0) = \mathrm{d}r - \mathrm{d}r_0,$$

式中, $\mathrm{d}r$, $\mathrm{d}r_0$ 分别为两质点各自的位移. 如果两质点的速度分别为 u 和 u_0, 则 $\mathrm{d}r = u\mathrm{d}t$, $\mathrm{d}r_0 = u_0\mathrm{d}t$, 于是有

$$\mathrm{d}\zeta = (u - u_0)\mathrm{d}t. \tag{2.1.1}$$

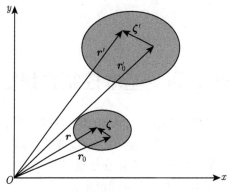

图 2.1.1　流体质团的变形示意图

又 $\boldsymbol{r} = \boldsymbol{r}_0 + \boldsymbol{\zeta}$, 则 $\boldsymbol{u} = \boldsymbol{u}(\boldsymbol{r}_0 + \boldsymbol{\zeta})$, $\boldsymbol{u}_0 = \boldsymbol{u}(\boldsymbol{r}_0)$, 所以

$$(\boldsymbol{u} - \boldsymbol{u}_0) = \boldsymbol{u}(\boldsymbol{r}_0 + \boldsymbol{\zeta}) - \boldsymbol{u}(\boldsymbol{r}_0). \tag{2.1.2}$$

将 $\boldsymbol{u}$ 在 $\boldsymbol{r}_0$ 处作泰勒展开, 考虑到 $\boldsymbol{\zeta}$ 为小量, 取一阶近似得

$$u_i = u_{i0} + \frac{\partial u_i}{\partial x_j}\zeta_j + \cdots \approx u_{i0} + (\boldsymbol{\zeta} \cdot \nabla)u_i,$$

所以有 $\boldsymbol{u} - \boldsymbol{u}_0 = (\boldsymbol{\zeta} \cdot \nabla)\boldsymbol{u}$. 于是

$$\mathrm{d}\boldsymbol{\zeta} = (\boldsymbol{\zeta} \cdot \nabla)\boldsymbol{u}\mathrm{d}t. \tag{2.1.3}$$

在直角坐标系下, 若令 $\boldsymbol{\zeta} = (\xi, \eta, \varsigma)$, $\boldsymbol{u} = (u, v, w)$, $\boldsymbol{r} = (x, y, z)$, 展开式 (2.1.3) 得 $\mathrm{d}\zeta_j = \zeta_i \dfrac{\partial u_j}{\partial x_i}\mathrm{d}t$, 或写成分量方程组和矩阵形式, 分别为

$$\begin{cases} \mathrm{d}\xi = \left(\xi\dfrac{\partial u}{\partial x} + \eta\dfrac{\partial u}{\partial y} + \varsigma\dfrac{\partial u}{\partial z}\right)\mathrm{d}t \\[2mm] \mathrm{d}\eta = \left(\xi\dfrac{\partial v}{\partial x} + \eta\dfrac{\partial v}{\partial y} + \varsigma\dfrac{\partial v}{\partial z}\right)\mathrm{d}t \\[2mm] \mathrm{d}\varsigma = \left(\xi\dfrac{\partial w}{\partial x} + \eta\dfrac{\partial w}{\partial y} + \varsigma\dfrac{\partial w}{\partial z}\right)\mathrm{d}t \end{cases} \text{和} \begin{pmatrix} \mathrm{d}\xi \\ \mathrm{d}\eta \\ \mathrm{d}\varsigma \end{pmatrix} = \begin{pmatrix} \dfrac{\partial u}{\partial x} & \dfrac{\partial u}{\partial y} & \dfrac{\partial u}{\partial z} \\[2mm] \dfrac{\partial v}{\partial x} & \dfrac{\partial v}{\partial y} & \dfrac{\partial v}{\partial z} \\[2mm] \dfrac{\partial w}{\partial x} & \dfrac{\partial w}{\partial y} & \dfrac{\partial w}{\partial z} \end{pmatrix} \begin{pmatrix} \xi \\ \eta \\ \varsigma \end{pmatrix}\mathrm{d}t.$$

$$\tag{2.1.4}$$

式 (2.1.4) 可以写成矢量形式 $\mathrm{d}\boldsymbol{\zeta} = \boldsymbol{A} \cdot \boldsymbol{\zeta}\mathrm{d}t$, 其中 $\boldsymbol{A}$ 为系数矩阵

$$
\boldsymbol{A} = \begin{pmatrix}
\dfrac{\partial u}{\partial x} & \dfrac{\partial u}{\partial y} & \dfrac{\partial u}{\partial z} \\[2mm]
\dfrac{\partial v}{\partial x} & \dfrac{\partial v}{\partial y} & \dfrac{\partial v}{\partial z} \\[2mm]
\dfrac{\partial w}{\partial x} & \dfrac{\partial w}{\partial y} & \dfrac{\partial w}{\partial z}
\end{pmatrix}.
$$

将矩阵 $\boldsymbol{A}$ 分解成对称矩阵和反对称矩阵两个部分: $\boldsymbol{A} = \boldsymbol{\Phi} + \boldsymbol{R}$, 则方程组 (2.1.4) 分解成两个部分

$$
\mathrm{d}\boldsymbol{\zeta} = \boldsymbol{\Phi}\mathrm{d}t \cdot \boldsymbol{\zeta} + \boldsymbol{R}\mathrm{d}t \cdot \boldsymbol{\zeta}, \tag{2.1.5}
$$

其中对称矩阵部分为

$$
\boldsymbol{\Phi} = \begin{pmatrix}
\dfrac{\partial u}{\partial x} & \dfrac{1}{2}\left(\dfrac{\partial u}{\partial y} + \dfrac{\partial v}{\partial x}\right) & \dfrac{1}{2}\left(\dfrac{\partial u}{\partial z} + \dfrac{\partial w}{\partial x}\right) \\[3mm]
\dfrac{1}{2}\left(\dfrac{\partial u}{\partial y} + \dfrac{\partial v}{\partial x}\right) & \dfrac{\partial v}{\partial y} & \dfrac{1}{2}\left(\dfrac{\partial v}{\partial z} + \dfrac{\partial w}{\partial y}\right) \\[3mm]
\dfrac{1}{2}\left(\dfrac{\partial w}{\partial x} + \dfrac{\partial u}{\partial z}\right) & \dfrac{1}{2}\left(\dfrac{\partial w}{\partial y} + \dfrac{\partial v}{\partial z}\right) & \dfrac{\partial w}{\partial z}
\end{pmatrix}
$$

$$
= [\dot{\varepsilon}_{ij}] = \left[\dfrac{1}{2}\left(\dfrac{\partial u_i}{\partial x_j} + \dfrac{\partial u_j}{\partial x_i}\right)\right],
$$

反对称部分为

$$
\boldsymbol{R} = \begin{pmatrix}
0 & -\dfrac{1}{2}\left(\dfrac{\partial v}{\partial x} - \dfrac{\partial u}{\partial y}\right) & \dfrac{1}{2}\left(\dfrac{\partial u}{\partial z} - \dfrac{\partial w}{\partial x}\right) \\[3mm]
\dfrac{1}{2}\left(\dfrac{\partial v}{\partial x} - \dfrac{\partial u}{\partial y}\right) & 0 & -\dfrac{1}{2}\left(\dfrac{\partial w}{\partial y} - \dfrac{\partial v}{\partial z}\right) \\[3mm]
-\left(\dfrac{\partial u}{\partial z} - \dfrac{\partial w}{\partial x}\right) & \dfrac{1}{2}\left(\dfrac{\partial w}{\partial y} - \dfrac{\partial v}{\partial z}\right) & 0
\end{pmatrix}
$$

$$
= \left[\dfrac{1}{2}\left(\dfrac{\partial u_i}{\partial x_j} - \dfrac{\partial u_j}{\partial x_i}\right)\right].
$$

因此, 式 (2.1.5) 的右边两项可分别写成 $\boldsymbol{\Phi}\cdot\boldsymbol{\zeta} = [\dot{\varepsilon}_{ij}\zeta_j]$ 和 $\boldsymbol{R}\cdot\boldsymbol{\zeta} = \dfrac{1}{2}\mathrm{rot}\ \boldsymbol{u} \times \boldsymbol{\zeta}$(或写成 $\boldsymbol{R}\cdot\boldsymbol{\zeta} = \dfrac{1}{2}(\nabla \times \boldsymbol{u}) \times \boldsymbol{\zeta}$). 式 (2.1.5) 说明, 流体变形可分为两个部分, 即对称张量描述的部分和反对称张量描述的部分. 根据应变率的定义, 应变率可表示成 $\mathrm{d}\boldsymbol{\zeta}/\boldsymbol{\zeta}\mathrm{d}t$. 根据矩阵不变量的概念, 张量 $\boldsymbol{R}$ 的第一不变量为 0, 张量 $\boldsymbol{\Phi}$ 的

第一不变量为 $\partial u_i/\partial x_i \equiv \text{div } \boldsymbol{u}$(或写成 $\partial u_i/\partial x_i \equiv \nabla \cdot \boldsymbol{u}$). 下面的推导将发现 $|\mathrm{d}\boldsymbol{\zeta}/(\boldsymbol{\zeta}\mathrm{d}t)| = \partial u_i/\partial x_i$, 流体不可压时 $|\mathrm{d}\boldsymbol{\zeta}/(\boldsymbol{\zeta}\mathrm{d}t)| = 0$, 则有 $\partial u_i/\partial x_i = 0$, 因此对体积变形有贡献的只有对称张量 $\boldsymbol{\Phi}$. 于是, 张量 $\boldsymbol{\Phi}$ 又称为变形速度张量或应变率张量. 此处已用 $\dot{\varepsilon}_{ij}$ 表示应变率张量的分量.

又因为 $\mathrm{d}\boldsymbol{r} = \mathrm{d}\boldsymbol{r}_0 + \mathrm{d}\boldsymbol{\zeta}$, 所以有

$$\boldsymbol{u} = \mathrm{d}\boldsymbol{r}/\mathrm{d}t = \mathrm{d}\boldsymbol{r}_0/\mathrm{d}t + \mathrm{d}\boldsymbol{\zeta}/\mathrm{d}t = \boldsymbol{u}_0 + \mathrm{d}\boldsymbol{\zeta}/\mathrm{d}t = \boldsymbol{u}_0 + \boldsymbol{\Phi}\cdot\boldsymbol{\zeta} + \boldsymbol{R}\cdot\boldsymbol{\zeta}.$$

说明流体运动速度将由三项组成: 平移速度 $\boldsymbol{u}_0$, 变形速度 $\boldsymbol{\Phi}\cdot\boldsymbol{\zeta}$ 和旋转引起的线速度 $\boldsymbol{R}\cdot\boldsymbol{\zeta}$, 旋转运动角速度为 $\boldsymbol{\omega} = \dfrac{1}{2}\mathbf{rot }\,\boldsymbol{u}$ $\left(\text{或写成 } \boldsymbol{\omega} = \dfrac{1}{2}\nabla\times\boldsymbol{u}\right)$.

下面来证明 $\boldsymbol{\Phi}$ 是变形速度 (或应变率) 张量.

证明   先求流体质点间距离的变化.

初始距离为 $\boldsymbol{\zeta}$, $|\boldsymbol{\zeta}|^2 = \boldsymbol{\zeta}\cdot\boldsymbol{\zeta} = (\boldsymbol{\zeta}' - \mathrm{d}\boldsymbol{\zeta})\cdot(\boldsymbol{\zeta}' - \mathrm{d}\boldsymbol{\zeta})$, $\mathrm{d}t$ 时间以后的距离为 $\boldsymbol{\zeta}'$, $|\boldsymbol{\zeta}'|^2$.

由 $|\boldsymbol{\zeta}|^2 = \boldsymbol{\zeta}'\cdot\boldsymbol{\zeta}' - 2\boldsymbol{\zeta}'\cdot\mathrm{d}\boldsymbol{\zeta} + \mathrm{d}\boldsymbol{\zeta}\cdot\mathrm{d}\boldsymbol{\zeta}$, 取质点间初始距离 $\mathrm{d}\boldsymbol{\zeta}$ 无限小, 忽略二阶小量得

$$|\boldsymbol{\zeta}|^2 = \boldsymbol{\zeta}'\cdot(\boldsymbol{\zeta}' - 2\mathrm{d}\boldsymbol{\zeta}) = \boldsymbol{\zeta}'\cdot\left(1 - 2\frac{\mathrm{d}\boldsymbol{\zeta}}{\boldsymbol{\zeta}'}\right)\cdot\boldsymbol{\zeta}'.$$

因为 $\dfrac{\mathrm{d}\boldsymbol{\zeta}}{\boldsymbol{\zeta}'} \xrightarrow[\mathrm{d}t\to 0]{} \dfrac{\mathrm{d}\boldsymbol{\zeta}}{\boldsymbol{\zeta}} = \boldsymbol{\Phi}\mathrm{d}t + \boldsymbol{R}\mathrm{d}t = (\boldsymbol{\Phi} + \boldsymbol{R})\mathrm{d}t$, 于是有

$$|\boldsymbol{\zeta}|^2 = \boldsymbol{\zeta}'\cdot[1 - 2(\boldsymbol{\Phi} + \boldsymbol{R})\mathrm{d}t]\cdot\boldsymbol{\zeta}'.$$

又因为 $\boldsymbol{R}\cdot\boldsymbol{\zeta}' = \dfrac{1}{2}\mathbf{rot }\,\boldsymbol{u}\times\boldsymbol{\zeta}'$ 垂直于 $\boldsymbol{\zeta}'$, 所以 $\boldsymbol{\zeta}'\cdot(\boldsymbol{R}\cdot\boldsymbol{\zeta}') = 0$, 从而

$$|\boldsymbol{\zeta}|^2 = \boldsymbol{\zeta}'\cdot(1 - 2\boldsymbol{\Phi}\mathrm{d}t)\cdot\boldsymbol{\zeta}'.$$

若初始有 $|\boldsymbol{\zeta}|^2 \equiv R_0^2$, R_0 为质团初始半径, 由上式导出流体形变的椭球体方程为

$$\boldsymbol{\zeta}'\cdot(1 - 2\boldsymbol{\Phi}\mathrm{d}t)\cdot\boldsymbol{\zeta}' = R_0^2. \tag{2.1.6}$$

定义 $\dot{\varepsilon}_1 = \dfrac{\partial u_1}{\partial x_1}, \dot{\varepsilon}_2 = \dfrac{\partial u_2}{\partial x_2}, \dot{\varepsilon}_3 = \dfrac{\partial u_3}{\partial x_3}, \dot{\theta}_1 = \left(\dfrac{\partial u_2}{\partial x_3} + \dfrac{\partial u_3}{\partial x_2}\right), \dot{\theta}_2 = \left(\dfrac{\partial u_1}{\partial x_3} + \dfrac{\partial u_3}{\partial x_1}\right),$ $\dot{\theta}_3 = \left(\dfrac{\partial u_1}{\partial x_2} + \dfrac{\partial u_2}{\partial x_1}\right)$, 此处 (x_1, x_2, x_3) 分别对应了三个空间坐标 (x, y, z), 则张

量 $\boldsymbol{\Phi}$ 写成

$$\boldsymbol{\Phi} = \begin{pmatrix} \dot{\varepsilon}_1 & \frac{1}{2}\dot{\theta}_3 & \frac{1}{2}\dot{\theta}_2 \\ \frac{1}{2}\dot{\theta}_3 & \dot{\varepsilon}_2 & \frac{1}{2}\dot{\theta}_1 \\ \frac{1}{2}\dot{\theta}_2 & \frac{1}{2}\dot{\theta}_1 & \dot{\varepsilon}_3 \end{pmatrix}, \tag{2.1.7}$$

式 (2.1.6) 的展开式为

$$(\xi', \eta', \varsigma') \begin{pmatrix} 1 - 2\dot{\varepsilon}_1 \mathrm{d}t & -\dot{\theta}_3 \mathrm{d}t & -\dot{\theta}_2 \mathrm{d}t \\ -\dot{\theta}_3 \mathrm{d}t & 1 - 2\dot{\varepsilon}_2 \mathrm{d}t & -\dot{\theta}_1 \mathrm{d}t \\ -\dot{\theta}_2 \mathrm{d}t & -\dot{\theta}_1 \mathrm{d}t & 1 - 2\dot{\varepsilon}_3 \mathrm{d}t \end{pmatrix} \begin{pmatrix} \xi' \\ \eta' \\ \varsigma' \end{pmatrix} = R_0^2.$$

定义 $\mu = \dfrac{R_0^2}{|\boldsymbol{\zeta}'|^2}$ 为距离的相对比, 则 $|\boldsymbol{\zeta}|^2 = \boldsymbol{\zeta}' \cdot (1 - 2\boldsymbol{\Phi}\mathrm{d}t) \cdot \boldsymbol{\zeta}' = \mu |\boldsymbol{\zeta}'|^2 = \mu \boldsymbol{\zeta}' \cdot \boldsymbol{\zeta}'$,

有

$$\boldsymbol{\zeta}' \cdot [(1 - 2\boldsymbol{\Phi}\mathrm{d}t) - \mu] \cdot \boldsymbol{\zeta}' = 0. \tag{2.1.8}$$

由 $\boldsymbol{\zeta}'$ 的任意性可知, 只有 $|(\boldsymbol{I} - 2\boldsymbol{\Phi}\mathrm{d}t) - \mu\boldsymbol{I}| = 0$, 才能使得式 (2.1.8) 恒成立. 所以 μ 是矩阵 $\boldsymbol{I} - 2\boldsymbol{\Phi}\mathrm{d}t$ 的特征值. 特征值所对应的矩阵为主轴方向的矩阵, 这时对应的 $\boldsymbol{\zeta}'$ 为特征向量或主轴.

又由 μ 的定义式知, $\mu = \dfrac{R_0^2}{|\boldsymbol{\zeta}'|^2}$, 从而 $\sqrt{\mu} = \dfrac{R_0}{|\boldsymbol{\zeta}'|} = \dfrac{|\boldsymbol{\zeta}|}{|\boldsymbol{\zeta}'|}$, 则主轴的相对伸长率为

$$\frac{|\boldsymbol{\zeta}'| - |\boldsymbol{\zeta}|}{\mathrm{d}t\,|\boldsymbol{\zeta}|} = \frac{1}{\mathrm{d}t}\left(\frac{|\boldsymbol{\zeta}'|}{|\boldsymbol{\zeta}|} - 1\right) = \frac{1}{\mathrm{d}t}\left(\frac{1}{\sqrt{\mu}} - 1\right) \triangleq \dot{e}.$$

由上式解得 $|\boldsymbol{\zeta}'| = (1 + \dot{e}\mathrm{d}t)\,|\boldsymbol{\zeta}|$ 和

$$\mu = \frac{1}{(1 + \dot{e}\mathrm{d}t)^2} = 1 - 2\dot{e}\mathrm{d}t + o(\mathrm{d}t^2) \approx 1 - 2\dot{e}\mathrm{d}t. \tag{2.1.9}$$

将式 (2.1.9) 代入式 (2.1.8) 得

$$|\boldsymbol{\Phi} - \dot{e}\boldsymbol{I}| = 0, \tag{2.1.10}$$

即 $\dot{e}$ 是张量矩阵 $\boldsymbol{\Phi}$ 的特征值.

根据张量第一不变量的定义知, $\boldsymbol{\Phi}$ 的第一不变量为 $\dot{\varepsilon}_1 + \dot{\varepsilon}_2 + \dot{\varepsilon}_3 = \mathrm{div}\,\boldsymbol{u}$, 主轴上

$$\boldsymbol{\Phi} = \begin{pmatrix} \dot{e}_1 & & \boldsymbol{O} \\ & \dot{e}_2 & \\ \boldsymbol{O} & & \dot{e}_3 \end{pmatrix},$$

于是, $\boldsymbol{\Phi}$ 的第一不变量表示为

$$\dot{e}_1 + \dot{e}_2 + \dot{e}_3 = \dot{\varepsilon}_1 + \dot{\varepsilon}_2 + \dot{\varepsilon}_3 = \frac{\partial u_i}{\partial x_i} = \text{div } \boldsymbol{u}. \tag{2.1.11}$$

运用式 (2.1.6), 流体变形后的质团椭球体方程可表示为

$$(1 - 2\dot{e}_1 \mathrm{d}t)\xi'^2 + (1 - 2\dot{e}_2 \mathrm{d}t)\eta'^2 + (1 - 2\dot{e}_3 \mathrm{d}t)\varsigma'^2 = R_0^2,$$

这时流体椭球体主轴长度变为 $a_i = (1 + \dot{e}_i \mathrm{d}t)R_0$, 分别写为

$$a^2 = \frac{R_0^2}{1 - 2\dot{e}_1 \mathrm{d}t}, \quad a = R_0(1 + \dot{e}_1 \mathrm{d}t),$$

$$b^2 = \frac{R_0^2}{1 - 2\dot{e}_2 \mathrm{d}t}, \quad b = R_0(1 + \dot{e}_2 \mathrm{d}t),$$

$$c^2 = \frac{R_0^2}{1 - 2\dot{e}_3 \mathrm{d}t}, \quad c = R_0(1 + \dot{e}_3 \mathrm{d}t),$$

则体积 τ 的相对变化率为

$$\frac{\tau' - \tau}{\tau \mathrm{d}t} = \frac{\frac{4}{3}\pi abc - \frac{4}{3}\pi R_0^3}{\frac{4}{3}\pi R_0^3 \mathrm{d}t} = \frac{(1 + \dot{e}_1 \mathrm{d}t)(1 + \dot{e}_2 \mathrm{d}t)(1 + \dot{e}_3 \mathrm{d}t) - 1}{\mathrm{d}t} = \dot{e}_1 + \dot{e}_2 + \dot{e}_3.$$

上式与式 (2.1.11) 比较知

$$\frac{\tau' - \tau}{\tau \mathrm{d}t} = \dot{\varepsilon}_1 + \dot{\varepsilon}_2 + \dot{\varepsilon}_3 = \text{div } \boldsymbol{u} = \frac{\partial u_1}{\partial x} + \frac{\partial u_2}{\partial y} + \frac{\partial u_3}{\partial z}, \tag{2.1.12}$$

或写成密度 ρ 的表示形式

$$\frac{\mathrm{d}\rho}{\rho \mathrm{d}t} = -\text{div } \boldsymbol{u},$$

即流体密度 (或体积) 的相对变化率等于张量 $\boldsymbol{\Phi}$ 的第一不变量, 说明运动过程中流体体积变化率只与张量 $\boldsymbol{\Phi}$ 有关, 这正是张量 $\boldsymbol{\Phi}$ 的物理本质. 所以 $\boldsymbol{\Phi}$ 被称为变形速度张量或应变率张量.

对于不可压流体, 因为 $\dfrac{\mathrm{d}\rho}{\mathrm{d}t} = 0$, 所以 div $\boldsymbol{u} = 0$, 反之亦然, 说明流体的可压缩性与流体运动状态相关.

2.1.2 应力张量

流体所受之力有体力或质量力 (如重力、惯性力) 和表面力 (如黏性力). 考虑一个四面体流体微团, 体积元为 $\mathrm{d}V$, 面积元为 $\mathrm{d}s$, 受质量力 $\boldsymbol{F}$ 和表面力 $\boldsymbol{\sigma}$ 作用.

四面体上的受力和面元分别如图 2.1.2 中所标注. 首先从力的平衡来考虑应力张量的构成.

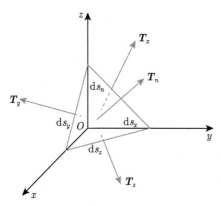

图 2.1.2　四面体受力分析

四面体的力平衡关系式为

$$\int_\Omega \boldsymbol{F}\rho \mathrm{d}V + \int_s \boldsymbol{\sigma} \cdot \mathrm{d}\boldsymbol{s} = 0. \qquad (2.1.13)$$

用 $\boldsymbol{r}$ 表示各面的重心与原点的距离, 不考虑力偶矩, 则绕原点的力矩平衡为

$$\int_\Omega (\boldsymbol{r} \times \boldsymbol{F})\rho \mathrm{d}V + \int_S (\boldsymbol{r} \times \boldsymbol{\sigma}) \cdot \mathrm{d}\boldsymbol{s} = 0. \qquad (2.1.14)$$

由式 (2.1.13) 得出 $\boldsymbol{F}\mathrm{d}m + \boldsymbol{T}_n\mathrm{d}s_n + \boldsymbol{T}_x\mathrm{d}s_x + \boldsymbol{T}_y\mathrm{d}s_y + \boldsymbol{T}_z\mathrm{d}s_z = 0$, 其中 $\boldsymbol{T}_n$, $\boldsymbol{T}_x$, $\boldsymbol{T}_y$, $\boldsymbol{T}_z$ 分别是作用在四面体的四个对应面上表面力的合力. 质量微元为 $\mathrm{d}m = \rho \mathrm{d}x\mathrm{d}y\mathrm{d}z/6$, 面积微元的典型表示形式是 $\mathrm{d}s_x = \mathrm{d}y\mathrm{d}z/2$, 相比之下 $\mathrm{d}m$ 是高阶小量, 因此力平衡关系式 (2.1.13) 可写成

$$\boldsymbol{T}_n\mathrm{d}s_n + \boldsymbol{T}_x\mathrm{d}s_x + \boldsymbol{T}_y\mathrm{d}s_y + \boldsymbol{T}_z\mathrm{d}s_z = 0.$$

考虑到面积微元的投影关系, 例如 $\mathrm{d}s_x = \mathrm{d}s_n \cos(\boldsymbol{n}, \boldsymbol{x})$, 力平衡关系重写为

$$\boldsymbol{T}_n = \boldsymbol{T}_x \cos(\boldsymbol{n}, \boldsymbol{x}) + \boldsymbol{T}_y \cos(\boldsymbol{n}, \boldsymbol{y}) + \boldsymbol{T}_z \cos(\boldsymbol{n}, \boldsymbol{z}). \qquad (2.1.15)$$

显然, $\boldsymbol{T}_x$, $\boldsymbol{T}_y$, $\boldsymbol{T}_z$ 分别是在垂直于 x, y, z 轴的面上的合力, 但力的方向并不一定垂直于这个面, 这些面的法向分别为 $-\boldsymbol{i}, -\boldsymbol{j}, -\boldsymbol{k}$. $\boldsymbol{T}_n$ 的法向为 $\boldsymbol{n}$, 且 $\cos(\boldsymbol{n}, -\boldsymbol{i}) = \cos(\boldsymbol{n}, -\boldsymbol{x}) = -\cos(\boldsymbol{n}, \boldsymbol{x})$, 这里 $\boldsymbol{x} = x\boldsymbol{i}$ 为 x 坐标的矢量表示, 其他方向以此类推. 例如, 在垂直于 x 轴的面上作用力为 $\boldsymbol{T}_x$, 但 $\boldsymbol{T}_x$ 并不一定平行于 x 轴, 它分解为

三个分量 $T_x = (\sigma_{xx}, \sigma_{xy}, \sigma_{xz})$, 其中 σ_{xx} 是 T_x 沿该面法向 x 轴的纵向应力 (正应力) 分量, σ_{xy} 是 T_x 沿 y 轴的切向应力 (剪应力) 分量, σ_{xz} 是 T_x 沿 z 轴的切向应力分量. 在其他两个面上同样有 $T_y = (\sigma_{yx}, \sigma_{yy}, \sigma_{yz})$, $T_z = (\sigma_{zx}, \sigma_{zy}, \sigma_{zz})$. 于是, 由式 (2.1.15) 可将 T_n 分解成沿三个坐标轴方向的分量为

$$T_{nx} = \sigma_{xx} \cos(n, x) + \sigma_{yx} \cos(n, y) + \sigma_{zx} \cos(n, z),$$

$$T_{ny} = \sigma_{xy} \cos(n, x) + \sigma_{yy} \cos(n, y) + \sigma_{zy} \cos(n, z),$$

$$T_{nz} = \sigma_{xz} \cos(n, x) + \sigma_{yz} \cos(n, y) + \sigma_{zz} \cos(n, z).$$

写成矩阵形式为 $T_n = \boldsymbol{\sigma} \cdot \boldsymbol{n}$, 其展开式如下:

$$\begin{pmatrix} T_{nx} \\ T_{ny} \\ T_{nz} \end{pmatrix} = \begin{pmatrix} \sigma_{xx} & \sigma_{yx} & \sigma_{zx} \\ \sigma_{xy} & \sigma_{yy} & \sigma_{zy} \\ \sigma_{xz} & \sigma_{yz} & \sigma_{zz} \end{pmatrix} \begin{pmatrix} \cos(\boldsymbol{n}, \boldsymbol{x}) \\ \cos(\boldsymbol{n}, \boldsymbol{y}) \\ \cos(\boldsymbol{n}, \boldsymbol{z}) \end{pmatrix}. \tag{2.1.16}$$

定义 $\boldsymbol{\sigma}$ 为应力张量, 由上式知 $\boldsymbol{\sigma}$ 有 9 个分量, 展开形式为

$$\boldsymbol{\sigma} = \begin{pmatrix} \sigma_{xx} & \sigma_{yx} & \sigma_{zx} \\ \sigma_{xy} & \sigma_{yy} & \sigma_{zy} \\ \sigma_{xz} & \sigma_{yz} & \sigma_{zz} \end{pmatrix}. \tag{2.1.17}$$

合力 T_n 在任意方向 l 上的投影可写成 $T_{nl} = T_n \cdot l = l \cdot T_n = l \cdot \boldsymbol{\sigma} \cdot \boldsymbol{n}$, 展开式为一个二次式.

下面证明应力张量 $\boldsymbol{\sigma}$ 是对称张量.

证明　对于四面体流体微团, 力矩平衡方程 (2.1.14) 写成微元形式为

$$\frac{3}{4} \boldsymbol{r} \times \boldsymbol{F} \mathrm{d}m + \boldsymbol{r} \times \boldsymbol{T}_n \mathrm{d}s_n + \boldsymbol{r}_1 \times \boldsymbol{T}_x \mathrm{d}s_x + \boldsymbol{r}_2 \times \boldsymbol{T}_y \mathrm{d}s_y + \boldsymbol{r}_3 \times \boldsymbol{T}_z \mathrm{d}s_z = 0, \tag{2.1.18}$$

其中, $|\boldsymbol{r}_i|$ 是各对应面上重心与坐标原点的距离, $|\boldsymbol{r}|$ 是 s_n 面的重心与原点的距离, 四面体的重心为 $\frac{3}{4} \boldsymbol{r}$. 同样忽略高阶小量 $\mathrm{d}m$, 消去相同因子 $\mathrm{d}s_n$, 式 (2.1.18) 写为

$$\boldsymbol{r} \times \boldsymbol{T}_n = \boldsymbol{r}_1 \times \boldsymbol{T}_x \cos(\boldsymbol{n}, \boldsymbol{x}) + \boldsymbol{r}_2 \times \boldsymbol{T}_y \cos(\boldsymbol{n}, \boldsymbol{y}) + \boldsymbol{r}_3 \times \boldsymbol{T}_z \cos(\boldsymbol{n}, \boldsymbol{z}).$$

应用式 (2.1.15), 上式写为

$$(\boldsymbol{r} - \boldsymbol{r}_1) \times \boldsymbol{T}_x \cos(\boldsymbol{n}, \boldsymbol{x}) + (\boldsymbol{r} - \boldsymbol{r}_2) \times \boldsymbol{T}_y \cos(\boldsymbol{n}, \boldsymbol{y}) + (\boldsymbol{r} - \boldsymbol{r}_3) \times \boldsymbol{T}_z \cos(\boldsymbol{n}, \boldsymbol{z}) = 0. \tag{2.1.19}$$

若 s_n 面的重心 N 的坐标为 $N(x, y, z)$, 则按照投影原理有如下关系:

$$\boldsymbol{r_1} = (0, y, z), \quad \boldsymbol{r_2} = (x, 0, z), \quad \boldsymbol{r_3} = (x, y, 0),$$

所以

$$\boldsymbol{r} - \boldsymbol{r_1} = x\boldsymbol{i}, \quad \boldsymbol{r} - \boldsymbol{r_2} = y\boldsymbol{j}, \quad \boldsymbol{r} - \boldsymbol{r_3} = z\boldsymbol{k},$$

式 (2.1.19) 变为

$$x\cos(\boldsymbol{n}, \boldsymbol{x})\boldsymbol{i} \times \boldsymbol{T_x} + y\cos(\boldsymbol{n}, \boldsymbol{y})\boldsymbol{j} \times \boldsymbol{T_y} + z\cos(\boldsymbol{n}, \boldsymbol{z})\boldsymbol{k} \times \boldsymbol{T_z} = 0. \tag{2.1.20}$$

设各投影平面 s_i 上的重心分别为 N_1, N_2, N_3, 三点连成 $N_1N_2N_3$ 平面. 根据几何关系, 该平面按相同比例划分四面体母线, 按照平行角原理可推知, $N_1N_2N_3$ 平面与 s_n 平面平行, 因此有相同的法向 $\boldsymbol{n}$.

平面 s_n 的方程可写成 $(\boldsymbol{r'} - \boldsymbol{r}) \cdot \boldsymbol{n} = 0$, 展开为

$$(x' - x)\cos(\boldsymbol{n}, \boldsymbol{x}) + (y' - y)\cos(\boldsymbol{n}, \boldsymbol{y}) + (z' - z)\cos(\boldsymbol{n}, \boldsymbol{z}) = 0. \tag{2.1.21}$$

同样, $N_1N_2N_3$ 平面的方程也可写成 $(\boldsymbol{r'} - \boldsymbol{r_1}) \cdot \boldsymbol{n} = 0$, 或 $(\boldsymbol{r'} - \boldsymbol{r_2}) \cdot \boldsymbol{n} = 0$, 或 $(\boldsymbol{r'} - \boldsymbol{r_3}) \cdot \boldsymbol{n} = 0$, 展开第一式有

$$(x' - 0)\cos(\boldsymbol{n}, \boldsymbol{x}) + (y' - y)\cos(\boldsymbol{n}, \boldsymbol{y}) + (z' - z)\cos(\boldsymbol{n}, \boldsymbol{z}) = 0. \tag{2.1.22}$$

式 (2.1.21) 与式 (2.1.22) 之差得到两平面的距离为 $x\cos(\boldsymbol{n}, \boldsymbol{x})$. 展开 $N_1N_2N_3$ 平面的另外两个平面方程, 可得到两平面距离的不同表达式, 分别为 $y\cos(\boldsymbol{n}, \boldsymbol{y})$ 和 $z\cos(\boldsymbol{n}, \boldsymbol{z})$. 由于同为 $N_1N_2N_3$ 平面, 故与平面 s_n 之间的距离应该相等, 所以有

$$x\cos(\boldsymbol{n}, \boldsymbol{x}) = y\cos(\boldsymbol{n}, \boldsymbol{y}) = z\cos(\boldsymbol{n}, \boldsymbol{z}). \tag{2.1.23}$$

将式 (2.1.23) 代入式 (2.1.20), 且其中各项均不为零, 则式 (2.1.20) 变为

$$\boldsymbol{i} \times \boldsymbol{T_x} + \boldsymbol{j} \times \boldsymbol{T_y} + \boldsymbol{k} \times \boldsymbol{T_z} = 0.$$

利用应力张量 $\boldsymbol{\sigma}$ 的定义将上式展开得

$$(\sigma_{yz} - \sigma_{zy})\boldsymbol{i} + (\sigma_{zx} - \sigma_{xz})\boldsymbol{j} + (\sigma_{xy} - \sigma_{yx})\boldsymbol{k} = 0.$$

由于矢量等于零只能是各分量为 0, 所以由上式得出

$$\sigma_{yz} = \sigma_{zy}, \quad \sigma_{xz} = \sigma_{zx}, \quad \sigma_{xy} = \sigma_{yx}. \tag{2.1.24}$$

即应力张量是对称张量, 因此张量 $\boldsymbol{\sigma}$ 只有 6 个分量是独立的.

在主轴下, 应力张量 $\boldsymbol{\sigma}$ 可转化成主应力 σ_1, σ_2, σ_3 的对角阵列, 即

$$\boldsymbol{\sigma} = \begin{pmatrix} \sigma_{xx} & \sigma_{xy} & \sigma_{xz} \\ \sigma_{xy} & \sigma_{yy} & \sigma_{yz} \\ \sigma_{xz} & \sigma_{yz} & \sigma_{zz} \end{pmatrix} \Rightarrow \begin{pmatrix} \sigma_1 & & 0 \\ & \sigma_2 & \\ 0 & & \sigma_3 \end{pmatrix}.$$

2.1.3　流体应力–应变率关系

现在考虑应力张量与变形速度张量 (即应变率张量) 之间的关系. 假设:

(a) 由于在没有黏性时, 应力张量变为理想流体对应的应力分量, 故可将应力张量 $\boldsymbol{\sigma}$ 分解为

$$\boldsymbol{\sigma} = \begin{pmatrix} -p + \varSigma_{xx} & \varSigma_{xy} & \varSigma_{xz} \\ \varSigma_{xy} & -p + \varSigma_{yy} & \varSigma_{yz} \\ \varSigma_{xz} & \varSigma_{yz} & -p + \varSigma_{zz} \end{pmatrix}, \tag{2.1.25}$$

式中, p 为无黏性理想流体的压力, 也称为静水压力, 与热力学压力意义相同; 应力分量 $\varSigma_{ij}$ 为 (剪) 切应力, 是由流体黏性引起的. 规定应力以拉伸为正.

(b) 基于流体应力–应变率之间具有线性函数关系的实验基础, 假定剪切应力 $\varSigma_{ij}$ 只与变形速度有关, 且与变形速度张量呈齐次线性函数关系.

(c) 在各向同性均匀流体中, 这个函数的系数与坐标系的选择无关, 遵循张量不变性原理.

式 (2.1.25) 中压力 p 遵循热力学状态方程, 将在 2.2 节讨论, 本节只考虑应力张量中黏性力 $\boldsymbol{\varSigma}$ 的应力–应变率关系. 将黏性应力张量 $\boldsymbol{\varSigma}$ 表示为

$$\boldsymbol{\varSigma} = \begin{pmatrix} \varSigma_{xx} & \varSigma_{xy} & \varSigma_{xz} \\ \varSigma_{xy} & \varSigma_{yy} & \varSigma_{yz} \\ \varSigma_{xz} & \varSigma_{yz} & \varSigma_{zz} \end{pmatrix}. \tag{2.1.26}$$

应变率张量 $\boldsymbol{\varPhi}$ 如式 (2.1.7) 所示. 由前面的假设, 令两者的关系表示为

$$\varSigma_{ij} = C_{ijkl}\varPhi_{kl}, \tag{2.1.27}$$

其中 i, j, k, l 均取 1, 2, 3. 考虑到 $\boldsymbol{\varSigma}$ 和 $\boldsymbol{\varPhi}$ 的对称性, 每个张量都只有 6 个独立分量. 为了简便起见, 对张量下标进行缩减处理, 将各张量的 6 个独立分量重新定义如下:

$$\boldsymbol{\varSigma} = (\varSigma_{xx}, \varSigma_{yy}, \varSigma_{zz}, \varSigma_{yz}, \varSigma_{xz}, \varSigma_{xy}), \quad \boldsymbol{\varPhi} = (\dot{\varepsilon}_1, \dot{\varepsilon}_2, \dot{\varepsilon}_3, \dot{\theta}_1, \dot{\theta}_2, \dot{\theta}_3),$$

使得原二阶张量转换为矢量表示. 重写关系式 (2.1.27) 为

$$\varSigma_i = a_{ij}\varPhi_j, \qquad i, j = 1, 2, \cdots, 6. \tag{2.1.28}$$

这样, 原 81 个分量的系数矩阵 C_{ijkl} 可以化为 36 个分量的二阶张量 a_{ij}. 展开式 (2.1.28) 中的两个关系式有如下形式:

$$\varSigma_{xx} = a_{11}\dot{\varepsilon}_1 + a_{12}\dot{\varepsilon}_2 + a_{13}\dot{\varepsilon}_3 + a_{14}\dot{\theta}_1 + a_{15}\dot{\theta}_2 + a_{16}\dot{\theta}_3,$$

$$\Sigma_{yz} = a_{41}\dot{e}_1 + a_{42}\dot{e}_2 + a_{43}\dot{e}_3 + a_{44}\dot{\theta}_1 + a_{45}\dot{\theta}_2 + a_{46}\dot{\theta}_3.$$

下面证明, 对于各向同性均匀流体, 系数张量 a_{ij} 只有两个分量是独立的.

证明 (1) 对 $\boldsymbol{\Phi}$ 进行主轴方向的变换 (图 2.1.3). 设主轴方向为 ξ, η, ς, 在主轴方向下, 张量 $\boldsymbol{\Phi}$ 变成对角阵如下:

$$\boldsymbol{\Phi} = \begin{pmatrix} \dot{e}_1 & & \boldsymbol{O} \\ & \dot{e}_2 & \\ \boldsymbol{O} & & \dot{e}_3 \end{pmatrix}.$$

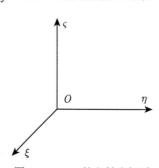

图 2.1.3　$\boldsymbol{\Phi}$ 的主轴坐标系

这时, 沿主轴有关系式

$$\Sigma_{\xi\xi} = a_{11}\dot{e}_1 + a_{12}\dot{e}_2 + a_{13}\dot{e}_3, \qquad (2.1.29)$$

a_{11}, a_{12}, a_{13} 为变换到主轴下的 a_{ij} 矩阵的分量.

如果在主轴下作如图 2.1.4 所示的坐标变换, 即 $\xi \to \bar{\eta}$, $\eta \to \bar{\varsigma}$, $\varsigma \to \bar{\xi}$, 相应的速度分量变换是 $u = \bar{v}$, $v = \bar{w}$, $w = \bar{u}$, 应变率张量分量转换是 $\dot{e}_1 = \dot{\bar{e}}_2$, $\dot{e}_2 = \dot{\bar{e}}_3$, $\dot{e}_3 = \dot{\bar{e}}_1$. 于是有

$$\Sigma_{\bar{\eta}\bar{\eta}} = a_{21}\dot{\bar{e}}_1 + a_{22}\dot{\bar{e}}_2 + a_{23}\dot{\bar{e}}_3$$

$$= a_{21}\dot{e}_3 + a_{22}\dot{e}_1 + a_{23}\dot{e}_2, \qquad (2.1.30)$$

而且 $\Sigma_{\xi\xi} = \Sigma_{\bar{\eta}\bar{\eta}}$. 由于式 (2.1.29) 和式 (2.1.30) 相等, 比较各项可得

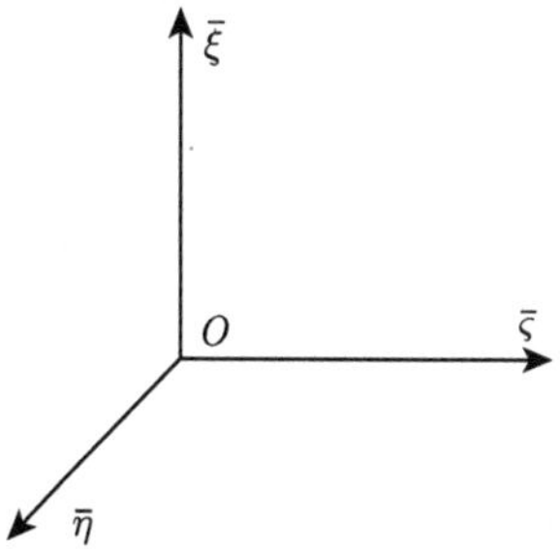

图 2.1.4　$\boldsymbol{\Phi}$ 的主轴坐标系变换 (1)

$$a_{21} = a_{13}, \quad a_{22} = a_{11}, \quad a_{23} = a_{12}, \qquad (2.1.31)$$

为了方便, 令 $a_{11} = a_1, a_{12} = a_2, a_{13} = a_3$, 于是两个轴向应力分量可写为

$$\Sigma_{\xi\xi} = a_1\dot{e}_1 + a_2\dot{e}_2 + a_3\dot{e}_3, \qquad (2.1.32)$$

$$\Sigma_{\eta\eta} = a_{21}\dot{e}_1 + a_{22}\dot{e}_2 + a_{23}\dot{e}_3 = a_3\dot{e}_1 + a_1\dot{e}_2 + a_2\dot{e}_3. \qquad (2.1.33)$$

如果如图 2.1.5 所示作变换: $\xi \to \bar{\varsigma}$, $\eta \to \bar{\xi}$, $\varsigma \to \bar{\eta}$, 则有

$$\dot{e}_1 = \dot{\bar{e}}_3, \quad \dot{e}_2 = \dot{\bar{e}}_1, \quad \dot{e}_3 = \dot{\bar{e}}_2$$

和

$$\Sigma_{\bar{\varsigma}\bar{\varsigma}} = a_{31}\dot{\bar{e}}_1 + a_{32}\dot{\bar{e}}_2 + a_{33}\dot{\bar{e}}_3 = a_{31}\dot{e}_2 + a_{32}\dot{e}_3 + a_{33}\dot{e}_1.$$

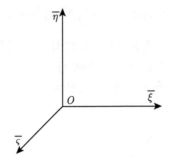

图 2.1.5　$\boldsymbol{\Phi}$ 的主轴坐标系变换 (2)

这时, 因 $\Sigma_{\xi\xi} = \Sigma_{\bar{\varsigma}\bar{\varsigma}}$, 上式与式 (2.1.29) 和式 (2.1.32) 比较可得

$$a_{33} = a_{11} = a_1, \quad a_{31} = a_{12} = a_2, \quad a_{32} = a_{13} = a_3. \tag{2.1.34}$$

所以第三个轴向应力分量可写为

$$\Sigma_{\varsigma\varsigma} = a_2\dot{e}_1 + a_3\dot{e}_2 + a_1\dot{e}_3, \tag{2.1.35}$$

这样, 系数矩阵 a_{ij} 中与张量 $\boldsymbol{\Phi}$ 对角线分量有关的原 9 个分量就变成了 3 个.

(2) 证明 $a_2 = a_3$. 再考虑坐标系变换, 如图 2.1.6 所示: $\bar{\xi} = \xi, \bar{\eta} = \varsigma, \bar{\varsigma} = -\eta$, 新坐标系下有 $\bar{u} = u, \bar{v} = \omega, \bar{\omega} = -v$ 和 $\dot{\bar{e}}_1 = \dot{e}_1, \dot{\bar{e}}_2 = \dot{e}_3, \dot{\bar{e}}_3 = \dot{e}_2$ 以及 $\tau_{\bar{\xi}\bar{\xi}} = \tau_{\xi\xi}$, 于是 $\Sigma_{\bar{\xi}\bar{\xi}} = a_1\dot{\bar{e}}_1 + a_2\dot{\bar{e}}_2 + a_3\dot{\bar{e}}_3 = a_1\dot{e}_1 + a_2\dot{e}_3 + a_3\dot{e}_2$, 该式与式 (2.1.32) 比较后知 $a_2 = a_3$.

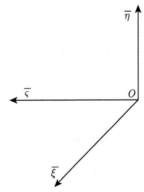

图 2.1.6　$\boldsymbol{\Phi}$ 的主轴坐标系变换 (3)

如果记 $a_1 = \lambda + 2\mu, a_2 = a_3 = \lambda$, μ 和 λ 称为 Lamé 系数, 则主轴下的应力张量分量可表示为

$$\begin{cases} \Sigma_{\xi\xi} = \lambda(\dot{e}_1 + \dot{e}_2 + \dot{e}_3) + 2\mu\dot{e}_1, \\ \Sigma_{\eta\eta} = \lambda(\dot{e}_1 + \dot{e}_2 + \dot{e}_3) + 2\mu\dot{e}_2, \\ \Sigma_{\varsigma\varsigma} = \lambda(\dot{e}_1 + \dot{e}_2 + \dot{e}_3) + 2\mu\dot{e}_3. \end{cases} \tag{2.1.36}$$

这样, 又将系数矩阵 a_{ij} 的前 3 个分量变成了两个独立分量.

(3) 证明主轴下 $a_4 = a_5 = a_6 = 0$. 令 $a_4 = a_{41}, a_5 = a_{42}, a_6 = a_{43}$, 由 $\Sigma_{ij}(i \neq j)$ 的表达式可知, 在主轴 ξ, η, ς 下有表达式

$$\Sigma_{\xi\eta} = a_4\dot{e}_1 + a_5\dot{e}_2 + a_6\dot{e}_3. \tag{2.1.37}$$

如图 2.1.7 所示作变换: $\bar{\xi} \to \xi$, $\bar{\eta} \to -\eta$, $\bar{\varsigma} \to -\varsigma$, 则有 $\bar{u} = u, \bar{v} = -v, \bar{\omega} = -\omega$ 和 $\dot{\bar{e}}_1 = \dot{e}_1, \dot{\bar{e}}_2 = \dot{e}_2, \dot{\bar{e}}_3 = \dot{e}_3$ 以及 $\Sigma_{\xi\eta} = -\Sigma_{\bar{\xi}\bar{\eta}}$.

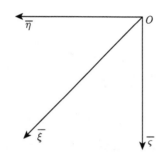

图 2.1.7　$\boldsymbol{\Phi}$ 的主轴坐标系变换 (4)

由 $\Sigma_{\bar{\xi}\bar{\eta}} = a_4\dot{\bar{e}}_1 + a_5\dot{\bar{e}}_2 + a_6\dot{\bar{e}}_3 = a_4\dot{e}_1 + a_5\dot{e}_2 + a_6\dot{e}_3$, 并与式 (2.1.37) 和 $\Sigma_{\xi\eta} = -\Sigma_{\bar{\xi}\bar{\eta}}$ 进行比较后得出各系数 $a_i = -a_i$, 这只有当 $a_i = 0$ 时才能成立, 故证明 $a_4 = a_5 = a_6 = 0$, 并由此得出 $\Sigma_{\xi\eta} = 0$.

依此类推还可证明 $\Sigma_{\eta\varsigma} = \Sigma_{\varsigma\xi} = 0$. 说明在应变率张量 $\boldsymbol{\Phi}$ 的主轴下, $\Sigma_{ij} = 0$ ($i \neq j$ 时), 表明应力张量 $\boldsymbol{\Sigma}_{ij}$ 的主轴与应变率张量的主轴一致. 于是, 综合式 (2.1.36) 和式 (2.1.25), 主轴下流体应力–应变率关系可表达为

$$\begin{cases} \boldsymbol{\sigma}_{ii} = -p + \lambda \ \mathrm{div} \ \boldsymbol{u} + 2\mu\dot{e}_i, & i\text{不求和,} \\ \sigma_{ij} = 0, & i \neq j. \end{cases} \tag{2.1.38}$$

此处已作了替换, $\mathrm{div} \ \boldsymbol{u} = \displaystyle\sum_i \dot{e}_i (i = 1, 2, 3)$, 式 (2.1.38) 写成张量形式为

$$\boldsymbol{\sigma} = (-p + \lambda\mathrm{div} \ \boldsymbol{u})\boldsymbol{I} + 2\mu\boldsymbol{\Phi}, \tag{2.1.39}$$

于是, 主轴下应力–应变关系 (2.1.39) 的矩阵形式为

$$\begin{pmatrix} \sigma_{\xi\xi} & \sigma_{\xi\eta} & \sigma_{\xi\varsigma} \\ \sigma_{\eta\xi} & \sigma_{\eta\eta} & \sigma_{\eta\varsigma} \\ \sigma_{\varsigma\xi} & \sigma_{\varsigma\eta} & \sigma_{\varsigma\varsigma} \end{pmatrix} = (-p + \lambda \ \mathrm{div} \ \boldsymbol{u}) \begin{pmatrix} 1 & 0 & 0 \\ 0 & 1 & 0 \\ 0 & 0 & 1 \end{pmatrix} + 2\mu \begin{pmatrix} \dot{e}_1 & 0 & 0 \\ 0 & \dot{e}_2 & 0 \\ 0 & 0 & \dot{e}_3 \end{pmatrix}. \tag{2.1.40}$$

由应力张量和应变率张量的主轴一致性, 以及张量的不变性原理, 可以将主轴 (ξ, η, ς) 变换到任意直角坐标系 (x,y,z) 下, 从式 (2.1.39) 和式 (2.1.7) 直接写出任意直角坐标系 (x,y,z) 下的应力–应变率关系为

$$\begin{pmatrix} \sigma_{xx} & \sigma_{xy} & \sigma_{xz} \\ \sigma_{yx} & \sigma_{yy} & \sigma_{yz} \\ \sigma_{zx} & \sigma_{zy} & \sigma_{zz} \end{pmatrix} = (-p + \lambda\,\mathrm{div}\,\boldsymbol{u})\begin{pmatrix} 1 & 0 & 0 \\ 0 & 1 & 0 \\ 0 & 0 & 1 \end{pmatrix} + 2\mu\begin{pmatrix} \dot{\varepsilon}_1 & \dfrac{1}{2}\dot{\theta}_3 & \dfrac{1}{2}\dot{\theta}_2 \\ \dfrac{1}{2}\dot{\theta}_3 & \dot{\varepsilon}_2 & \dfrac{1}{2}\dot{\theta}_1 \\ \dfrac{1}{2}\dot{\theta}_2 & \dfrac{1}{2}\dot{\theta}_1 & \dot{\varepsilon}_3 \end{pmatrix}.$$

$$\text{(2.1.41)}$$

应力张量第一不变量 $\sigma_{xx} + \sigma_{yy} + \sigma_{zz} = -3p + (3\lambda + 2\mu)\mathrm{div}\,\boldsymbol{u}$, 其中 μ 又称为 (第一) 黏性系数, 定义 $\nu = \dfrac{\mu}{\rho}$ 为动力系数, $\zeta = \lambda + \dfrac{2}{3}\mu$ 为第二黏性系数. 对于黏性流体, 一般假定 $\zeta = 0$ 或 $\lambda = -\dfrac{2}{3}\mu$, 这时 $p = -\dfrac{1}{3}(\sigma_{xx} + \sigma_{yy} + \sigma_{zz})$, 流体压力等于静水压力, 一般情况下常用这个前提. 经验表明: 静止的或均匀流动的流体不能承受剪应力, 因此, 这时的应力状态为纯粹的静水压力. 理想 (无黏性) 流体是一种即使在运动中也不能承受剪力的流体.

2.2   热力学与状态方程

热力学参量 p, τ (或 ρ), T, e 等不是完全独立的, 只要已知其中的两个热力学参量, 其他热力学参量都可以由这两个量导出. 这是热力学原理的基本推论之一, 也是建立物质状态方程的出发点.

2.2.1   流体状态参量及其变化

如图 2.2.1 所示, 设 t_1 时刻某质点的位置为 (x_1, y_1, z_1), 密度为 $\rho(x_1, y_1, z_1, t_1)$; t_2 时刻该质点的位置为 (x_2, y_2, z_2), 密度为 $\rho(x_2, y_2, z_2, t_2)$, 定义

$$\frac{\mathrm{D}\rho}{\mathrm{D}t} = \frac{\mathrm{d}\rho}{\mathrm{d}t} = \lim_{t_2 \to t_1} \frac{\rho(x_2, y_2, z_2, t_2) - \rho(x_1, y_1, z_1, t_1)}{t_2 - t_1} \tag{2.2.1}$$

为质点密度的物质导数 (或全导数). 在流体运动过程中, 如果每个质点的密度 ρ(或比容 τ) 不变, 则称该流体为不可压缩流体, 否则称之为可压缩流体. 对于不可压缩流体 $\dfrac{\mathrm{d}\rho}{\mathrm{d}t} = 0$, 否则 $\dfrac{\mathrm{d}\rho}{\mathrm{d}t} \neq 0$.

如果考虑固定位置 (x, y, z) 处, 在不同时刻 t_1 和 t_2 质点是不同的, 因此有

$$\frac{\partial \rho}{\partial t} = \lim_{t_2 \to t_1} \frac{\rho(x, y, z, t_2) - \rho(x, y, z, t_1)}{t_2 - t_1}, \tag{2.2.2}$$

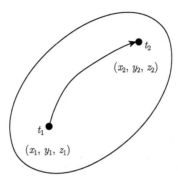

图 2.2.1 不同时刻质点的位置

称其为密度的时间偏导数. 时间偏导数与物质导数之间的关系为

$$\frac{\mathrm{d}\rho}{\mathrm{d}t} = \frac{\partial \rho}{\partial t} + u\frac{\partial \rho}{\partial x} + v\frac{\partial \rho}{\partial y} + w\frac{\partial \rho}{\partial z}, \tag{2.2.3}$$

其中, $u = \frac{\partial x}{\partial t}, v = \frac{\partial y}{\partial t}, w = \frac{\partial z}{\partial t}$ 分别为速度向量 $\boldsymbol{u}$ 在 x, y, z 方向上的分量. 如果所有物理参量的时间偏导数都等于零, 则流动为定常流动, 否则为非定常流动. 当 $\frac{\mathrm{d}\rho}{\mathrm{d}t} = 0$ 时, ρ 对 x, y, z, t 的偏导数可以不为零.

如果所考虑的运动系统在热力学意义下是封闭的, 与系统的外界环境不发生热交换, 那么称这个系统的运动过程为绝热过程. 可逆过程是指: 一个运动系统从一个热力学状态变到另一个热力学状态, 在变化中的每一步都可以向反方向进行, 把系统变回原来状态, 而外界不发生任何变化, 例如外界对系统没有发生热交换和做功等. 一个没有黏性与热交换的绝热过程是可逆的绝热过程, 在运动过程中, 每个质量团没有损失能量来做功. 有黏性或有热交换, 或者既有黏性又有热传导的绝热过程是不可逆的绝热过程.

2.2.2 热力学定律

1. 热力学第一定律

能量有不同的形式, 而且可以从一种形式转化为另一种形式. 平衡状态下物质的比内能 e 可以定义为: 当单位质量的物质系统从一个状态经过绝热过程变化到另一个状态后, 系统内能的增加等于在这个过程中外界对系统所做的功, 即 $\mathrm{d}e = \mathrm{d}w$. 对于非绝热过程, 系统从外界吸收的热量为 $\mathrm{d}Q$, 则内能的改变为

$$\mathrm{d}e = \mathrm{d}Q + \mathrm{d}w, \tag{2.2.4}$$

即系统内能的增加等于系统从外界吸收的热量与外界对系统所做的功之和. 这就是热力学第一定律.

这里先用绝热过程定义了比内能, 说明从一个状态到另一个状态, 不管经过什么绝热过程, 得到系统温度的上升是一样的, 所以比内能是一个状态函数. 状态量与过程量的区别在于: 状态量与其发生改变的过程无关, 过程量则与变化的路径相关. 例如, 比内能从 e_1 到 e_2 与其变化过程中获得的总能量有关, 而与用哪种方式或路径获得能量无关, 只要外界输入的总能量相同, 无论是用电、热、力等不同方式输入能量, 还是能量输入过程的时间长短不同, 总效果仍是从 e_1 变化到 e_2. 这样, 功能转换可写成 $e_2 - e_1 = w$, 其中 w 为外界所做的功, 而 e_2, e_1 分别为外界做功后与做功前系统的比内能. 如果把系统从原来状态变到最后状态不是通过绝热过程, 而是除做功 w 以外, 外界还向系统输送了热量 Q, 则式 (2.2.4) 可写成 $e_2 - e_1 = Q + w$. 热力学第一定律实际上反映了能量守恒.

物质系统温度升高所需要的热量称为物质的热容量, 单位质量物质的热容量称为物质的比热. 热量 Q 是与运动过程有关的, 常压过程中的比热称为定压比热, 常容过程中的比热称为定容比热, 分别用 c_p 和 c_V 表示. 一般来说, c_p 和 c_V 随温度而变, 也略随压力而变. 为不使数学问题过于复杂, 以下讨论 c_p 和 c_V 为常数的简化情况. 定义比热比 $\gamma = c_p/c_V$, 在等熵过程中, γ 起着很重要的作用. 在气体常数 R, 比热 c_p, c_V 和比热比 γ 四个量中只有两个是独立的, 对于完全气体, 它们的关系是

$$c_p = \frac{\gamma}{\gamma - 1} R, \quad c_V = \frac{1}{\gamma - 1} R. \tag{2.2.5}$$

对于最简单的分子模型, 可以证明 $\gamma = \dfrac{n+2}{n}$, 其中 n 是分子的自由度数. 对于单原子分子, $n=3$, $\gamma = 5/3$; 对于双原子气体, 如氧、氮等, $n=5$, $\gamma = 7/5$. 一些非常复杂的分子, 例如氟利昂等气体化合物, n 值很大, γ 仅稍大于 1. 对于爆轰产物气体, 大量实验结果表明 $\gamma \approx 3$.

2. 热力学第二定律

在自然界的运动过程中, 物质系统的状态随时间而变化, 并且状态的变化具有方向性. 一般而言, 自然界的运动过程都是不可逆过程, 因为物质之间不能没有类似于摩擦之类的耗散, 所以可逆过程只是一种理想情况. 可逆过程中的每一步都可以向反方向进行, 系统和外界环境的状态都是原来正方向进行时的状态的重演, 不引起外界条件的任何变化, 否则就是不可逆过程. 另外, 不可逆过程的每一步并不是不能向反方向变化, 只是在向反方向进行变化时, 需要外界有一定的改变.

不可逆过程的例子很多. 当两个温度不同的物体接触时, 热量总是从高温物体流到低温物体, 不可能自动从低温物体流到高温物体. 这就是说, 热传导过程是不

可逆的. 摩擦生热也是不可逆过程, 还有各种爆炸过程、气体扩散过程等也都是不可逆过程.

从很多自然界的现象归结出一个重要的定律, 称为热力学第二定律. 热力学第二定律可以有多种表述, 如:

不可能把热从低温物体传到高温物体而不引起其他变化;

不可能从单一热源取热使之完全转变为有用的功, 而不产生其他影响.

这些提法都是等价的, 它们从无数自然现象中归纳出来, 其推论都在实践中得到了证实, 说明了热力学第二定律的正确性.

从这些事实可推论出两点:

(a) 应该建立一个表示过程方向的状态函数;

(b) 自然界的不可逆过程都是互相关联的. 可以把两个不可逆过程联系起来, 从某一过程的不可逆性推断出另一过程的不可逆性.

为此引进一个状态函数熵 S, 利用热力学第一定律, 同时把功写成表达式 $\mathrm{d}w = -p\mathrm{d}\tau$, 可将熵 S 表示成

$$S - S_0 = \int_{(p_0,\tau_0)}^{(p,\tau)} \frac{\mathrm{d}e + p\mathrm{d}\tau}{T} = \int_{(p_0,\tau_0)}^{(p,\tau)} \frac{\mathrm{d}e - \mathrm{d}w}{T} = \int_{(p_0,\tau_0)}^{(p,\tau)} \frac{\mathrm{d}Q}{T}. \tag{2.2.6}$$

这个函数与从 (p_0, τ_0) 变化到 (p, τ) 的过程是无关的, 它只依赖于初始态的热力学状态. 对于可逆过程, $\dfrac{\mathrm{d}Q}{T}$ 为全微分; 对于不可逆过程, $\dfrac{\mathrm{d}Q}{T}$ 不是全微分. 于是, 在没有内耗 (如内摩擦等) 的情况下 (即可逆过程), 热力学第一定律可写为如下微分形式:

$$T\mathrm{d}S = \mathrm{d}e + p\mathrm{d}\tau, \tag{2.2.7}$$

式 (2.2.7) 为熵的微分定义式. 熵 S 与 e, τ, p 等都是状态量, 利用熵的定义可以证明热力学第二定律有如下数学表达式:

$$\oint \frac{\mathrm{d}Q}{T} \leqslant 0. \tag{2.2.8}$$

如图 2.2.2 所示, 考虑一个任意的不可逆过程, 其物质系统从初始状态 P_0 变化到最终状态 P. 假设一个任意的可逆过程, 正好能使物质系统从最终状态 P 回到初始状态 P_0, 这样就构成了一个不可逆循环. 按照式 (2.2.8), 对于这一循环有

$$\int_{P_0}^{P} \frac{\mathrm{d}Q}{T} + \int_{P}^{*P_0} \frac{\mathrm{d}Q}{T} < 0, \tag{2.2.9}$$

其中有 $*$ 号的积分表示可逆过程. 对于可逆过程有

$$\int_P^{*P_0} \frac{\mathrm{d}Q}{T} = S_0 - S,$$

即 P 到 P_0 两个状态之间的熵值变化为 $S_0 - S$, 这也是相应不可逆过程熵值的变化, 但利用式 (2.2.9) 知, 不可逆过程的相应表达式为

$$\int_{P_0}^{P} \frac{\mathrm{d}Q}{T} < S - S_0.$$

如果该不可逆过程是绝热的, 即 $\mathrm{d}Q=0$, 则有

$$S - S_0 > 0, \qquad\qquad\qquad (2.2.10)$$

即经过一个不可逆的绝热过程, 熵增加了.

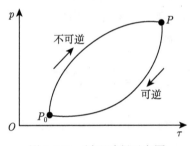

图 2.2.2   循环过程示意图

由此导出熵增原理: 当自然界一个孤立系统由一个热力学平衡态经任何热力学过程到达另一个平衡态时, 熵值不减少. 如果过程是可逆的, 则熵值不变; 如果过程是不可逆的, 则熵值增加. 熵增原理的微分表达式为

$$\mathrm{d}S \geqslant 0. \qquad\qquad\qquad (2.2.11)$$

它也是热力学第二定律的推论.

对于完全气体, 利用热力学第一定律和第二定律可解出熵的变化如下:

$$\mathrm{d}S = \frac{\mathrm{d}e}{T} + \frac{p\mathrm{d}\tau}{T} = c_V \frac{\mathrm{d}T}{T} + R \frac{\mathrm{d}\tau}{\tau},$$

$$S_2 - S_1 = c_V \ln \frac{T_2}{T_1} + R \ln \frac{\tau_2}{\tau_1} = c_V \ln \left(\frac{T_2}{T_1} \right) \left(\frac{\tau_2}{\tau_1} \right)^{\gamma-1}.$$

利用完全气体的状态方程 $p\tau=RT$, 可写出熵变化的其他形式

$$S_2 - S_1 = c_V \ln \frac{p_2}{p_1} + c_p \ln \frac{\tau_2}{\tau_1} = c_V \ln \left(\frac{p_2}{p_1} \right) \left(\frac{\tau_2}{\tau_1} \right)^{\gamma},$$

$$S_2 - S_1 = c_p \ln \frac{T_2}{T_1} - R \ln \frac{p_2}{p_1} = c_p \ln \left(\frac{T_2}{T_1} \right)^\gamma \left(\frac{p_2}{p_1} \right)^{-(\gamma-1)}.$$

于是, 等熵方程的不同表达形式有

$$T\tau^{\gamma-1} = \text{const}, \quad p\tau^\gamma = \text{const}, \quad T^{\frac{\gamma}{\gamma-1}}/p = \text{const}. \tag{2.2.12}$$

2.2.3 热力学状态函数和热力学关系式

参量压力 p、比容 $\tau \left(= \dfrac{1}{\rho} \right)$、密度 ρ、温度 T 以及状态函数比内能 e 与熵 S 都可以用来描述物质系统所处的热力学状态, 但它们不是互相独立的, 当其中两个已知时, 其他参量都可由这两个参量来决定. 例如, 以 p 和 ρ 为独立变量, 已知物质的压力 p 和密度 ρ, 其他参量 τ, T, e, S 都可以由 p 和 ρ 来表示, 这样, 参量 τ, T, e, S 对于 p, ρ 的函数关系也就给定了. 这些函数关系称为状态方程.

这些函数关系或状态方程与独立变量的选取有关. 由于各状态量是相互关联的, 不同函数关系的状态方程之间也存在一定的联系. 例如, 选取 τ 与 S 为独立变量, 若已知状态方程的形式是比内能 e 关于 τ 和 S 的函数 $e = g(S, \tau)$, 从热力学第一定律知 $\mathrm{d}e = T\mathrm{d}S - p\mathrm{d}\tau$, 则有

$$\left(\frac{\partial e}{\partial S} \right)_\tau = T, \quad \left(\frac{\partial e}{\partial \tau} \right)_S = -p, \tag{2.2.13}$$

这样就知道了 T 和 p 对 τ, S 的函数关系. 从 $T(S, \tau)$ 和 $p(S, \tau)$ 中消掉 S, 就得到常见的物质状态方程表达形式: $f(p, \tau, T) = 0$, 所有状态量均可依此求出. 由此可见, 已知 $e(S, \tau)$ 时, 所有其他参量的函数关系都可推知, 称这类状态方程为完全状态方程. 把能表示成完全状态方程的热力学状态量 (或状态函数) 称为热力学特性函数.

如果最初只知道 $T(S, \tau)$, 那么利用式 (2.2.13) 可导出

$$e = \int_{S_0}^{S} T(S, \tau)\mathrm{d}S + e_0(\tau),$$

$$p = -\int_{S_0}^{S} \frac{\partial T(S, \tau)}{\partial \tau}\mathrm{d}S - p_0(\tau),$$

这时在 $e(S, \tau)$ 与 $p(S, \tau)$ 的表达式中都含有一个未知函数, 即 $e_0(\tau) = e(S_0, \tau)$, $p_0(\tau) = p(S_0, \tau)$. 所以已知 $T(S, \tau)$, 还不能导出所有其他参量的函数关系, 这类状态方程称为不完全状态方程.

从热力学的基本知识知, 当分别取独立变量组为 (p, S), (τ, T) 和 (p, T) 时, 有相应的微分关系式如下:

$$\begin{cases} \mathrm{d}(e + \tau p) = \mathrm{d}i = T\mathrm{d}S + \tau\mathrm{d}p, \\ \mathrm{d}(e - TS) = \mathrm{d}F = -S\mathrm{d}T - p\mathrm{d}\tau, \\ \mathrm{d}(e + \tau p - TS) = \mathrm{d}G = -S\mathrm{d}T + \tau\mathrm{d}p, \end{cases} \tag{2.2.14}$$

其中, $i = e + \tau p$, 称为焓; $F = e - TS$, 称为自由能; $G = e + p\tau - TS = i - ST = F + \tau p$, 称为 Gibbs 函数. 这些函数都是热力学特性函数, 它们也像 e 对于 τ, S 那样, 能表示成相应独立变量组的完全状态方程. 例如, 若已知 $i(p, S)$, 则有

$$T = \left(\frac{\partial i}{\partial S}\right)_p, \quad \tau = \left(\frac{\partial i}{\partial p}\right)_S. \tag{2.2.15}$$

由于 $e = i - \tau p, F = i - \tau p - TS, G = i - TS$, 所以 e, F, G 也可写成 p, S 的已知函数, 并且通过运用消去法还可得到所有物理参量 τ, ρ, p, T, S, e, i, F, G 中任意三个之间的关系式.

利用热力学定律的微分式, 可以得到以下系列关系式:

$$\begin{cases} p = -\left(\dfrac{\partial e}{\partial \tau}\right)_S, & T = \left(\dfrac{\partial e}{\partial S}\right)_\tau, & \left(\dfrac{\partial T}{\partial \tau}\right)_S = -\left(\dfrac{\partial p}{\partial S}\right)_\tau, \\ T = \left(\dfrac{\partial i}{\partial S}\right)_p, & \tau = \left(\dfrac{\partial i}{\partial p}\right)_S, & \left(\dfrac{\partial T}{\partial p}\right)_S = \left(\dfrac{\partial \tau}{\partial S}\right)_p, \\ S = -\left(\dfrac{\partial F}{\partial T}\right)_\tau, & p = -\left(\dfrac{\partial F}{\partial \tau}\right)_T, & \left(\dfrac{\partial S}{\partial \tau}\right)_T = \left(\dfrac{\partial p}{\partial T}\right)_\tau, \\ S = -\left(\dfrac{\partial G}{\partial T}\right)_p, & \tau = \left(\dfrac{\partial G}{\partial p}\right)_T, & \left(\dfrac{\partial S}{\partial p}\right)_T = -\left(\dfrac{\partial \tau}{\partial T}\right)_p. \end{cases} \tag{2.2.16}$$

这些微分关系式不是相互独立的, 其中的任意一个都能从其他关系式推出.

以此类推, 还可以写出一系列其他类型的微分关系. 例如, 取 τ, T 为独立变量, 有

$$\mathrm{d}e = T\left(\frac{\partial S}{\partial T}\right)_\tau \mathrm{d}T + \left[T\left(\frac{\partial S}{\partial \tau}\right)_T - p\right]\mathrm{d}\tau,$$

因此

$$\left(\frac{\partial e}{\partial T}\right)_\tau = T\left(\frac{\partial S}{\partial T}\right)_\tau, \quad \left(\frac{\partial e}{\partial \tau}\right)_T = T\left(\frac{\partial p}{\partial T}\right)_\tau - p. \tag{2.2.17}$$

取 p, T 为独立变量, 因为

$$\mathrm{d}i = T\mathrm{d}S + \tau\mathrm{d}p = T\left(\frac{\partial S}{\partial T}\right)_p \mathrm{d}T + T\left(\frac{\partial S}{\partial p}\right)_T \mathrm{d}p + \tau\mathrm{d}p$$

$$= T\left(\frac{\partial S}{\partial T}\right)_p \mathrm{d}T + \left[-T\left(\frac{\partial \tau}{\partial T}\right)_p + \tau\right]\mathrm{d}p,$$

因此有

$$\left(\frac{\partial i}{\partial T}\right)_p = T\left(\frac{\partial S}{\partial T}\right)_p, \quad \left(\frac{\partial i}{\partial p}\right)_T = \tau - T\left(\frac{\partial \tau}{\partial T}\right)_p. \tag{2.2.18}$$

对于函数 e, 考虑到

$$\mathrm{d}e = T\mathrm{d}S - p\mathrm{d}\tau = T\left[\left(\frac{\partial S}{\partial p}\right)_T \mathrm{d}p + \left(\frac{\partial S}{\partial T}\right)_p \mathrm{d}T\right] - p\left[\left(\frac{\partial \tau}{\partial p}\right)_T \mathrm{d}p + \left(\frac{\partial \tau}{\partial T}\right)_p \mathrm{d}T\right]$$

$$= \left[T\left(\frac{\partial S}{\partial p}\right)_T - p\left(\frac{\partial \tau}{\partial p}\right)_T\right]\mathrm{d}p + \left[T\left(\frac{\partial S}{\partial T}\right)_p - p\left(\frac{\partial \tau}{\partial T}\right)_p\right]\mathrm{d}T$$

$$= \left[-T\left(\frac{\partial \tau}{\partial T}\right)_p - p\left(\frac{\partial \tau}{\partial p}\right)_T\right]\mathrm{d}p + \left[T\left(\frac{\partial S}{\partial T}\right)_p - p\left(\frac{\partial \tau}{\partial T}\right)_p\right]\mathrm{d}T,$$

因此有

$$\begin{cases} \left(\dfrac{\partial e}{\partial p}\right)_T = -T\left(\dfrac{\partial \tau}{\partial T}\right)_p - p\left(\dfrac{\partial \tau}{\partial p}\right)_T, \\ \left(\dfrac{\partial e}{\partial T}\right)_p = T\left(\dfrac{\partial S}{\partial T}\right)_p - p\left(\dfrac{\partial \tau}{\partial T}\right)_p. \end{cases} \tag{2.2.19}$$

利用式 (2.2.18) 和式 (2.2.19) 可解出状态方程 $i(p, T)$ 和 $e(p, T)$.

对于以 p, S 为独立变量的情况, 考虑到

$$\mathrm{d}e = T\mathrm{d}S - p\mathrm{d}\tau = T\mathrm{d}S - p\left[\left(\frac{\partial \tau}{\partial p}\right)_S \mathrm{d}p + \left(\frac{\partial \tau}{\partial S}\right)_p \mathrm{d}S\right],$$

得到关系式

$$\left(\frac{\partial e}{\partial S}\right)_p = T - p\left(\frac{\partial \tau}{\partial S}\right)_p, \quad \left(\frac{\partial e}{\partial p}\right)_S = -p\left(\frac{\partial \tau}{\partial p}\right)_S. \tag{2.2.20}$$

利用以上所得到的一些公式, 从定容比热和定压比热的定义知

$$c_V = \left(\frac{\mathrm{d}Q}{\mathrm{d}T}\right)_\tau = \left(\frac{\partial e}{\partial T}\right)_\tau, \quad c_p = \left(\frac{\mathrm{d}Q}{\mathrm{d}T}\right)_p = \left(\frac{\partial i}{\partial T}\right)_p. \tag{2.2.21}$$

把 S 看成 $S[T, \tau(p,T)]$, 根据式 (2.2.19) 和式 (2.2.20) 求出定压比热与定容比热之差为

$$c_p - c_V = T \left(\frac{\partial p}{\partial T}\right)_\tau \left(\frac{\partial \tau}{\partial T}\right)_p, \tag{2.2.22}$$

对于完全气体, 满足 $p\tau = RT$, 上式化为

$$c_p - c_V = R, \tag{2.2.23}$$

式中 R 为气体常数. 利用式 (2.2.23) 可以导出式 (2.2.5).

2.2.4　流体状态方程

1. 基本假定

设流体状态方程可以把 p 表示成 S, ρ 或 S, τ 的函数

$$p = f(S, \rho) \quad 或 \quad p = g(S, \tau), \tag{2.2.24}$$

流体的声速 c 因此表示为

$$c^2 = \left(\frac{\partial p}{\partial \rho}\right)_S = f_\rho(S, \rho), \quad \rho^2 c^2 = -g_\tau(S, \tau), \tag{2.2.25}$$

其中, ρc 为介质的声阻抗, 下标表示求偏导数. 对于一般的常见流体和气体, 都有以下一些性质, 这些性质也是构造物质状态方程的基本假定.

(a) 熵不变时, 随着密度增加 (或比容减小), 压力总是增加的, 所以

$$f_\rho(S, \rho) > 0, \quad g_\tau(S, \tau) < 0. \tag{2.2.26}$$

$\rho = 0$ 时, $f_\rho = 0$, 即 $c = 0$.

(b) 熵不变时, 随着密度增加, 声速也增加, 即 $\left(\frac{\partial c^2}{\partial \rho}\right)_S > 0$, 所以

$$f_{\rho\rho}(S, \rho) > 0. \tag{2.2.27}$$

又因为 $\left(\dfrac{\partial^2 p}{\partial \tau^2}\right)_S = \rho^4 \left(\dfrac{\partial^2 p}{\partial \rho^2}\right)_S + 2\rho^3 \left(\dfrac{\partial p}{\partial \rho}\right)_S$, 所以

$$g_{\tau\tau}(S, \tau) > 0. \tag{2.2.28}$$

(c) 比容不变时, 随着熵增加, 压力也增加, 即

$$g_S(S, \tau) > 0, \tag{2.2.29}$$

这一性质等价于, 熵不变时, 随着密度增加, 温度也增加. 这是因为

$$\left(\frac{\partial p}{\partial S}\right)_\tau = -\left(\frac{\partial T}{\partial \tau}\right)_S = \rho^2 \left(\frac{\partial T}{\partial \rho}\right)_S.$$

(d) 对于气体, 再增加以下假定: 当 $\rho \to 0$ 时,

$$e \to 0, \ \tau p \to 0, \ T \to 0, \ c \to 0. \tag{2.2.30}$$

状态参量之间满足上述性质的物质常常称为正常物质, 在 p-τ 平面上, 这些性质保证了状态参量的变化有如图 2.2.3 中等熵线 S_i 所示的规律. 图 2.2.3 还给出了等熵线随熵增加的变化趋势.

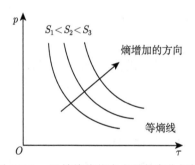

图 2.2.3　沿等熵线状态参量的变化规律

2. 流体声速

前面已提到, 对于已知状态方程 $p(S, \rho)$, 声速定义为 $c^2 = \left(\dfrac{\partial p}{\partial \rho}\right)_S$, 如果状态方程取其他形式, 则声速的表达式也要改变. 例如, 若已知 $e = e(p, \rho)$, 则利用

$$T\mathrm{d}S = \left(\frac{\partial e}{\partial p}\right)_\rho \mathrm{d}p + \left[\left(\frac{\partial e}{\partial \rho}\right)_p - \frac{p}{\rho^2}\right]\mathrm{d}\rho = 0,$$

得到

$$c^2 = \left(\frac{\partial p}{\partial \rho}\right)_S = \frac{\dfrac{p}{\rho^2} - \left(\dfrac{\partial e}{\partial \rho}\right)_p}{\left(\dfrac{\partial e}{\partial p}\right)_\rho}. \tag{2.2.31}$$

如果已知 $p = p(\rho, T)$, 那么有

$$\mathrm{d}p = \left(\frac{\partial p}{\partial \rho}\right)_T \mathrm{d}\rho + \left(\frac{\partial p}{\partial T}\right)_\rho \mathrm{d}T.$$

要求声速 c^2 就是要求出 $\left(\frac{\partial p}{\partial \rho}\right)_S$, 也就是要计算在 $\mathrm{d}S=0$ 时的 $\frac{\mathrm{d}p}{\mathrm{d}\rho}$. 利用热力学关系式

$$c^2 = \left(\frac{\partial p}{\partial \rho}\right)_S = \left(\frac{\partial p}{\partial \rho}\right)_T + \left(\frac{\partial p}{\partial T}\right)_\rho \left(\frac{\partial T}{\partial \rho}\right)_S,$$

同时利用热力学第一定律在等熵情况下解出 $\left(\frac{\partial T}{\partial \rho}\right)_S = \frac{T}{\rho^2 c_V}\left(\frac{\partial p}{\partial T}\right)_\rho$. 这样, 当把 ρ, T 看作独立自变量时的声速表达式为

$$c^2 = \left(\frac{\partial p}{\partial \rho}\right)_S = \left(\frac{\partial p}{\partial \rho}\right)_T + \frac{T}{\rho^2 c_V}\left(\frac{\partial p}{\partial T}\right)_\rho^2. \tag{2.2.32}$$

由此可见, 在给定一定形式的状态方程以后, 可以利用热力学关系式求出声速.

3. 几种常用的状态方程

1) 理想气体、完全气体、多方气体

没有黏性的气体称为理想气体, 或无黏性气体, 状态方程为 $p\tau=RT$ 的气体称为完全气体, 状态方程为 $p = A(S)\rho^\gamma$ 的气体称为多方气体.

多方气体包括比内能 e 与温度成比例的完全气体, 即满足条件 $e = c_V T$ 的完全气体. 这时比热 c_V, c_p 和比热比 $\gamma = c_p/c_V$ 都是常数, 因此又叫做常比热气体, 且有关系式 $R = c_p - c_V$. 当具有常比热性质时, 完全气体绝热变化应满足微分方程 $\mathrm{d}Q=\mathrm{d}e+p\mathrm{d}\tau=0$, 由此导出

$$\mathrm{d}e + p\mathrm{d}\tau = \frac{c_V}{R}\mathrm{d}(p\tau) + p\mathrm{d}\tau = \frac{1}{\gamma - 1}\tau\mathrm{d}p + \frac{\gamma}{\gamma - 1}p\mathrm{d}\tau = 0,$$

对上式积分得到绝热方程

$$p\tau^\gamma = \mathrm{const.}$$

A. 完全气体

对于无黏性完全气体, 状态方程可写为

$$p\tau = RT \quad 或 \quad p = \rho RT, \tag{2.2.33}$$

比内能 e 只是温度的函数, 因为

$$T\mathrm{d}S = \mathrm{d}e + p\mathrm{d}\tau = \mathrm{d}e + \frac{RT}{\tau}\mathrm{d}\tau,$$

$$\frac{\mathrm{d}e}{T} = \mathrm{d}S - R\frac{\mathrm{d}\tau}{\tau},$$

上式右边是全微分, 所以左边也应该是全微分, 因此 e 是温度 T 的函数, 可写成 $e(T)$. c_p 和 c_V 亦是温度 T 的函数, 因为

$$c_V = \frac{\mathrm{d}e}{\mathrm{d}T} = e'(T) = c_V(T),$$

$$c_p = R + c_V = c_p(T),$$

比热比 γ 与焓 i 都只是温度的函数, 因此有

$$\gamma = c_p(T)/c_V(T) = \gamma(T),$$

$$i = e(T) + RT = i(T).$$

声速计算为

$$c^2 = \left(\frac{\partial p}{\partial \rho}\right)_S = \left(\frac{\partial p}{\partial \rho}\right)_T + \frac{T}{\rho^2 c_V}\left(\frac{\partial p}{\partial T}\right)_\rho^2$$

$$= RT + \frac{T}{\rho^2 c_V(T)}(R_\rho)^2 = RT\left[1 + \frac{R}{c_V(T)}\right],$$

可见, 声速也只是温度的函数.

B. 多方气体

对于多方气体, c_p, c_V 和 γ 都是常数. 因有关系式 $e = c_V T$, 所以有 $c_V\dfrac{\mathrm{d}T}{T} + R\dfrac{\mathrm{d}\tau}{\tau} = \mathrm{d}S$, 可写为

$$c_V\mathrm{d}\left(\ln\frac{p\tau^\gamma}{R}\right) = \mathrm{d}S,$$

上式积分得状态方程

$$p = A(S)\rho^\gamma, \tag{2.2.34}$$

其中, $A(S) = Be^{\frac{s-s_0}{c_V}}$, B 为积分常数. γ 又称为多方指数, 且总大于 1, 典型的取值有: 空气 $\gamma=1.4$, 氦气 $\gamma=1.67$, 二氧化碳 $\gamma=1.3$.

对于多方气体, 还有以下重要关系式:

$$e = \frac{p\tau}{\gamma - 1},$$

$$c^2 = \frac{\gamma p}{\rho} = \gamma p\tau = \gamma RT,$$

$$i = \frac{c^2}{\gamma - 1} = \frac{\gamma p\tau}{\gamma - 1}.$$

这些关系式在流体力学中应用很广, 是典型模型问题的常用关系式.

2) 凝聚介质

金属、水、固体炸药等都可归属为凝聚介质. 对于它们, 热力学函数的计算是非常困难的, 且许多问题尚未解决. 目前对这类介质的热力学性质研究仍然以实验方法为主.

凝聚介质从微观结构到宏观行为均有不同于气体的特别之处. 气体中的压力是分子热运动动量传输的宏观表现, 因此它正比于温度. 例如, 理想气体的状态方程具有 $p\tau = RT$ 的形式. 使气体压缩无需很大的压力, 例如, 冲击波后压力为几十到几百个大气压时, 空气压缩便达到极限压缩比. 凝聚介质的情况则不同. 固体和流体中的原子或分子靠得很近并强烈地相互作用着. 一方面距离较远的粒子相互吸引, 另一方面靠得近的粒子又相互排斥, 为了压缩介质必须克服排斥力, 此排斥力随原子之间的接近而迅速增大. 一般为了将金属压缩 10% 的体积, 需施加 10 万大气压量级以上的压力.

凝聚介质中这种由于原子间的相互排斥所产生的压力是气体所没有的, 它决定着凝聚介质受冲击压缩时的基本特性, 通常把它称为 "冷压". 当凝聚介质被强烈加热而运动时 (如强冲击波后), 还将出现与原子 (或电子) 的热运动有关的压力, 这称为 "热压". 随着冲击波强度不断增强, 热压的作用也相对增强, 在极限情况下, 热压变得远远大于冷压, 这时凝聚介质就可作为气体处理. 在几十万大气压时, 冷压起主要作用; 在几百万大气压时, 冷压与热压大小相当.

由此, 把凝聚介质的压力和比内能分为两个部分, 写出状态方程的一般形式如下:

$$p = p_x(\tau) + p_T(\tau, T), \tag{2.2.35}$$

$$e = e_x(\tau) + e_T(\tau, T), \tag{2.2.36}$$

式中, p_x 及 e_x 分别是冷压和冷能, 它们只是比容的函数; p_T 及 e_T 分别是热压和热能, 它们同时依赖于比容和温度. 当温度高达几万摄氏度以上时, 还应考虑电子热激发的贡献, 这时, 以上各式的右边要加上相应的电子贡献项. 在有关状态方程的参考书中, 对凝聚介质状态方程的理论与构造都有详细讨论, 相关内容可参考汤文辉等著的《物态方程理论及计算概论》(2008). 本书只从应用角度对此作简单表述.

在我们将要讨论的问题中, 电子热激发的贡献很小, 可以忽略. 当温度不太高时, 可以取 $e_T=3NkT$, 其中 N 为 1g 原子的原子数, k 为玻尔兹曼常量. 冷能与冷压有如下关系:

$$p_x = -\frac{\mathrm{d}e_x}{\mathrm{d}\tau}, \tag{2.2.37}$$

其物理意义为: 能量的增加等于压缩时做的功. 此式可看作冷压绝热线或冷压等温线. 因为 $T\mathrm{d}S=\mathrm{d}e+p\mathrm{d}\tau$, 考虑冷压时有 $T=0$, 这就是式 (2.2.37). 另外, 当 $T=0$ 时, $S=0$, 所以等温线 $T=0$ 同时也是绝热线 $S=0$.

热压对温度的依赖关系可借助热力学关系式得到. 因式 (2.2.17) 中 $\left(\frac{\partial e}{\partial \tau}\right)_T =$

$T\left(\frac{\partial p}{\partial T}\right)_\tau - p$, 考虑到冷能关系式 (2.2.37) 以及 $e_T=3NkT$, 上式化为 $-p_x =$

$T\left(\frac{\partial p_T}{\partial T}\right)_\tau - p$, 即 $T\left(\frac{\partial p_T}{\partial T}\right)_\tau = p - p_x = p_T$. 于是得到热压正比于温度的关系为

$$p_T = \phi(\tau) \cdot T. \tag{2.2.38}$$

最后还要指出, 凝聚介质中小扰动的传播速度即声速, 也与气体中的声速有所不同, 它由介质的弹性压缩率决定.

A. Grüneisen 状态方程

将热压表达式 (2.2.38) 表示为

$$p_T = \Gamma(\tau)\frac{c_V T}{\tau} = \Gamma(\tau)\frac{e_T}{\tau}, \tag{2.2.39}$$

从而, 状态方程 (2.2.35) 和 (2.2.36) 的一种具体表达式可写为

$$p = p_x + \frac{\Gamma}{\tau}(e - e_x), \tag{2.2.40}$$

这就是著名的 Grüneisen 状态方程, 它是对凝聚介质普遍适用的一种状态方程.

以上两式中 $\Gamma(\tau)$ 称为 Grüneisen 系数. 利用热力学相关理论, 可求得常态下的 Γ_0 为

$$\Gamma_0 = \Gamma(\tau_0) = \frac{\alpha c_0^2}{c_V}, \tag{2.2.41}$$

其中, α 是物质的体膨胀系数, c_0 是常态时的声速. 当物质的密度偏离正常密度不远时, 可认为 $\Gamma(\tau)\approx\Gamma_0$ 取常数. 在实际应用时, 可近似取

$$\Gamma\rho = \Gamma_0\rho_0. \tag{2.2.42}$$

在实际应用中, 常利用冲击波 Hugoniot 关系来标定 Grüneisen 状态方程, 其过程简述如下. 冲击波 Hugoniot 参数也服从状态方程 (2.2.40), 因此可写为

$$p_{\mathrm{H}} = p_x + \frac{\Gamma}{\tau}(e_{\mathrm{H}} - e_x). \tag{2.2.43}$$

将式 (2.2.40) 与式 (2.2.43) 相减, 便得到了用宏观 Hugoniot 参数表征的 Grüneisen 状态方程

$$p = p_{\mathrm{H}} + \frac{\Gamma}{\tau}(e - e_{\mathrm{H}}), \tag{2.2.44}$$

其中

$$p_{\mathrm{H}} = \frac{c_0^2(\tau_0 - \tau)}{[\tau_0 - \lambda(\tau_0 - \tau)]^2}, \quad e_{\mathrm{H}} = \frac{1}{2}p_{\mathrm{H}}(\tau - \tau_0) \tag{2.2.45}$$

是冲击波阵面上的 Hugoniot 参数. 这里的 λ 和 c_0 是常数, 由冲击波的实验关系式 $D = c_0 + \lambda u$(又称为冲击绝热线) 给出. 冲击波实验的一个重要方面就是确定这个冲击绝热线.

这样就消去了原公式中的 p_x 和 e_x. 式 (2.2.44) 是一个 $p = p(\tau, e)$ 形式的状态方程, 它很好地描述了大多数金属的性质, 在现有动力学计算商业软件中, Grüneisen 状态方程是一个基本配置.

B. "稠密气体" 状态方程

当偏离正常密度不多时, 可对 Grüneisen 方程作线性化近似, 给出如下形式的简化状态方程:

$$p = c_0^2(\rho - \rho_0) + (\gamma - 1)\rho e, \tag{2.2.46}$$

其中, ρ_0 和 c_0 分别是常态时的密度和声速, γ 是参数. 这种状态方程也称为 "稠密气体" 状态方程. 它形式简单, 使用方便, 并保持着凝聚介质物质的许多基本特性. 特别是, 它所对应的等熵方程、声速等能写成类似于多方气体的解析表达式, 这对进行解析研究工作是非常有意义的.

系数 γ 不是前述的多方指数 (或比热比), 它是 ρ 的函数, 利用冲击波 Hugoniot 关系可推导得

$$\gamma = 4\lambda - 2\left(1 - \frac{\rho_0}{\rho}\right)\lambda^2 - 1,$$

在 $\rho \to \rho_0$ 的极限情况下, $\gamma = 4\lambda - 1$; 在强冲击波情况下 $\rho_{\max} = \rho_0(\gamma+1)/(\gamma-1)$, $\gamma = 2\lambda - 1$. 一般弱冲击波情况可近似取

$$\lambda = \frac{(\gamma+1)^2}{4\gamma},$$

即有

$$\gamma = 2\lambda - 1 + \sqrt{(2\lambda - 1)^2 - 1}. \tag{2.2.47}$$

实践表明, 对一些常用的金属, 此 γ 值给出的结果是令人满意的. 与此状态方程对应的等熵方程为

$$p = A(S)\rho^\gamma - \frac{\rho_0 c_0^2}{\gamma}. \tag{2.2.48}$$

声速表达式为

$$c^2 = \frac{\gamma p}{\rho} + \frac{\rho_0 c_0^2}{\rho} = \gamma A(S)\rho^{\gamma-1}. \tag{2.2.49}$$

C. 其他状态方程

根据介质的不同特点, 状态方程还可以取不同的形式. 状态方程的构造一方面来自理论的指导, 另一方面还要基于实验的验证. 例如, 对于凝聚炸药及其爆轰产物, 常采用的状态方程有 JWL (Jones-Wilkins-Lee) 方程、BKW(Becker-Kistia kowsky-Wilson) 方程等, JWL 方程的形式为

$$p = A\left(1 - \frac{\omega}{R_1\tau}\right)\exp(-R_1\tau) + B\left(1 - \frac{\omega}{R_2\tau}\right)\exp(-R_2\tau) + \frac{\omega E}{\tau}, \tag{2.2.50}$$

BKW 方程的形式是

$$p = (1 - x\rho^{\beta x})\frac{RT}{\tau}, \tag{2.2.51}$$

其中 $x = k/(\tau T^\alpha)$. 还有其他形式的状态方程, 如 $p = A\tau^a - B\tau^b + \frac{DT}{\tau}$. 这些方程中的参数一般由实验数据拟合得到, 因此是一种经验公式.

在实际工作中, 视具体情况可采用不同形式的状态方程. 例如, 在进行数值计算时, 多项式形式的状态方程也是常用的, 其系数由实验数据拟合得到. 在现有许多商业软件中都建立了状态方程 (equation of state, EOS) 材料模型库, 提供了多种状态方程的可选形式, 但状态方程的研究仍存在很大的发展空间.

2.3 流体动力学基本方程组微分形式

2.3.1 守恒方程的一般形式

对于一般的流动, 如果在流体中任取一封闭控制体, 则质量、动量、能量守恒可以表述如下:

质量守恒是指控制体内的质量增加率等于质量通过该控制体的净流入量.

动量守恒是指控制体内的动量增加率等于单位时间通过该控制体的动量净流入量, 加上作用在控制体内流体上的质量力和作用在控制体上的一切作用力之合力.

能量守恒是指控制体内所包含的动能及内能的增加率等于单位时间内通过该控制体滞止焓的净流入量, 加上单位时间内供给控制体内流体的热量、单位时间内质量力对控制体内流体所做的功以及作用在控制体上的力在单位时间内所做的功.

1. 微分方程组的建立

对于热力学状态量, 根据其是否对体积有可加性, 分为两类: 强度量和广延量. 强度量是单位体积或单位质量的量, 如密度 ρ、压力 p 和比能量 e 等, 这类量不随体积的增加而增加. 广延量则是强度量对体积积分的结果, 如质量、动量、能量和熵等, 它们对体积是可加的. 取流体中任意控制体 Ω, s 是包围该控制体 Ω 的封闭控制曲面, 如图 2.3.1 所示. 设 $A(t, x, y, z)$ 或 $A(t, P)$ 是 Ω 内所要研究的某一强度量, 它是空间坐标 $P(x, y, z)$ 和时间 t 的函数, 其广延量可表示为

$$\int_{\Omega} A(t, x, y, z)\mathrm{d}V \triangleq J(t). \tag{2.3.1}$$

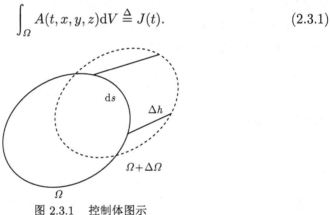

图 2.3.1　控制体图示

$A(t, P)$ 可以是前面所提到的流体运动过程中的任一守恒物理量, 如密度 ρ、动量 ρu、能量 $\rho(e+u^2/2)$. 在 Δt 时间内控制体从 Ω 变化到 $\Omega+\Delta\Omega$, 广延量 $J(t)$ 对时间的变化率 $\dfrac{\mathrm{d}J(t)}{\mathrm{d}t}$ 可表示为

$$\begin{aligned}
\frac{\mathrm{d}J(t)}{\mathrm{d}t} &= \lim_{\Delta t\to 0}\frac{J(t+\Delta t, P)-J(t, P)}{\Delta t} \\
&= \lim_{\Delta t\to 0}\frac{1}{\Delta t}\left[\int_{\Omega(t+\Delta t)}A(t+\Delta t, P)\mathrm{d}V - \int_{\Omega(t)}A(t, P)\mathrm{d}V\right] \\
&= \lim_{\Delta t\to 0}\frac{1}{\Delta t}\left\{\int_{\Omega(t)}[A(t+\Delta t, P)-A(t, P)]\mathrm{d}V - \int_{\Delta\Omega(t)}A(t+\Delta t, P)\mathrm{d}V\right\} \\
&= \int_{\Omega(t)}\frac{\partial A}{\partial t}\mathrm{d}V + \lim_{\Delta t\to 0}\frac{1}{\Delta t}\int_{\Delta\Omega(t)}A(t+\Delta t, P)\Delta h\mathrm{d}s
\end{aligned}$$

$$= \int_{\Omega(t)} \frac{\partial A}{\partial t} \mathrm{d}V + \lim_{\Delta t \to 0} \frac{1}{\Delta t} \int_s A(t + \Delta t, P)\boldsymbol{u}\Delta t \cdot \boldsymbol{n}\mathrm{d}s$$

$$= \int_{\Omega} \frac{\partial A}{\partial t} \mathrm{d}V + \int_s A\boldsymbol{u} \cdot \boldsymbol{n}\mathrm{d}s.$$

由此得到公式

$$\frac{\mathrm{d}}{\mathrm{d}t} \int_{\Omega} A\mathrm{d}V = \int_{\Omega} \frac{\partial A}{\partial t} \mathrm{d}V + \int_s A\boldsymbol{u} \cdot \boldsymbol{n}\mathrm{d}s, \tag{2.3.2}$$

式中, $\boldsymbol{n}$ 是面积微元 $\mathrm{d}s$ 的外法向. 运用面积分与体积分转换的高斯定理 (1.3.28)

$$\int \nabla \cdot A\mathrm{d}V = \int A \cdot \boldsymbol{n}\mathrm{d}s, \tag{2.3.3}$$

式 (2.3.2) 变为

$$\frac{\mathrm{d}}{\mathrm{d}t} \int_{\Omega} A\mathrm{d}V = \int_{\Omega} \left(\frac{\partial A}{\partial t} + \nabla \cdot A\boldsymbol{u} \right) \mathrm{d}V. \tag{2.3.4}$$

当物理量 A 分别取质量密度、动量密度和能量密度时, 由式 (2.3.4) 将导出三大守恒定律的数学表达式. 注意到, 这里对物理量的描述都是基于欧拉分析方法, 即物理量作为欧拉坐标和时间的函数, 因此将导出欧拉形式的基本方程组.

2. 质量守恒方程

令物理量 A 代表质量密度, 即有 $A=\rho$, 则 $J = \int_{\Omega} \rho\mathrm{d}V$ 表示体积 Ω 内的总质量. 由控制体积 Ω 内质量守恒, 将式 (2.3.4) 写成质量守恒方程

$$\frac{\mathrm{d}}{\mathrm{d}t} \int_{\Omega} \rho\mathrm{d}V = \int_{\Omega} \left(\frac{\partial \rho}{\partial t} + \nabla \cdot \rho\boldsymbol{u} \right) \mathrm{d}V = 0.$$

由于控制体 Ω 的选择是任意的, 只要被积函数是连续的, 由上式导得质量守恒微分方程如下:

$$\frac{\partial \rho}{\partial t} + \nabla \cdot \rho\boldsymbol{u} = 0. \tag{2.3.5}$$

或写成

$$\frac{\partial \rho}{\partial t} + \boldsymbol{u} \cdot \nabla\rho + \rho\nabla \cdot \boldsymbol{u} = 0.$$

直角坐标系下式 (2.3.5) 的展开式为

$$\frac{\partial \rho}{\partial t} + u\frac{\partial \rho}{\partial x} + v\frac{\partial \rho}{\partial y} + w\frac{\partial \rho}{\partial z} + \rho \cdot \mathrm{div}\ \boldsymbol{u} = 0, \tag{2.3.6}$$

运用时间全导数的表达式 $\dfrac{\mathrm{d}}{\mathrm{d}t} = \dfrac{\partial}{\partial t} + \boldsymbol{u} \cdot \nabla = \dfrac{\partial}{\partial t} + u_i \dfrac{\partial}{\partial x_i}$, 上式写为

$$\frac{\mathrm{d}\rho}{\mathrm{d}t} + \rho \nabla \cdot \boldsymbol{u} = 0,$$

或写为

$$\frac{\mathrm{d}\rho}{\rho \mathrm{d}t} + \operatorname{div} \boldsymbol{u} = 0. \tag{2.3.7}$$

回忆 2.1.1 节中求体积变化率的公式 $\dfrac{\mathrm{d}\tau}{\tau \mathrm{d}t} = \operatorname{div} \boldsymbol{u} = \dot{\varepsilon}_1 + \dot{\varepsilon}_2 + \dot{\varepsilon}_3$, 比较从质量守恒方程 (2.3.7) 导出的关系式 $\dfrac{\mathrm{d}\rho}{\rho \mathrm{d}t} = -\operatorname{div} \boldsymbol{u} = -\dfrac{\mathrm{d}\tau}{\tau \mathrm{d}t}$, 质量守恒方程导出的结果与 2.1.1 节中运用应变率分量求解的结果完全一致. 再次说明, 流体变形可压缩性只与变形速度张量分量有关.

3. 动量守恒方程

令物理量 A 代表动量密度, 即 A 为 $\rho \boldsymbol{u}$, 则流体体积 Ω 中的总动量为 $J = \displaystyle\int_{\Omega} \rho \boldsymbol{u} \mathrm{d}V$, 所受外力有质量力 $\rho \boldsymbol{F}$ 和表面力张量 $\boldsymbol{\sigma}$. 由动量守恒定律知, 动量的改变率等于外力作用的总和, 于是动量守恒方程写为

$$\frac{\mathrm{d}}{\mathrm{d}t} \int_{\Omega} \rho \boldsymbol{u} \mathrm{d}V = \int_{\Omega} \rho \boldsymbol{F} \mathrm{d}V + \int_{s} \boldsymbol{\sigma} \cdot \boldsymbol{n} \mathrm{d}s. \tag{2.3.8}$$

运用式 (2.3.4) 和质量守恒方程 (2.3.7), 式 (2.3.8) 的左边改写为

$$\begin{aligned}
\frac{\mathrm{d}}{\mathrm{d}t} \int_{\Omega} \rho \boldsymbol{u} \mathrm{d}V &= \int_{\Omega} \left(\frac{\partial \rho \boldsymbol{u}}{\partial t} + \nabla \cdot \rho \boldsymbol{u} \boldsymbol{u} \right) \mathrm{d}V \\
&= \int_{\Omega} \left(\rho \frac{\partial \boldsymbol{u}}{\partial t} + \boldsymbol{u} \frac{\partial \rho}{\partial t} + \boldsymbol{u} \nabla \cdot \rho \boldsymbol{u} + \rho \boldsymbol{u} \cdot \nabla \boldsymbol{u} \right) \mathrm{d}V \\
&= \int_{\Omega} \left(\rho \frac{\partial \boldsymbol{u}}{\partial t} + \rho \boldsymbol{u} \cdot \nabla \boldsymbol{u} \right) \mathrm{d}V = \int_{\Omega} \rho \frac{\mathrm{d}\boldsymbol{u}}{\mathrm{d}t} \mathrm{d}V,
\end{aligned}$$

即有

$$\frac{\mathrm{d}}{\mathrm{d}t} \int \rho \boldsymbol{u} \mathrm{d}V = \int \rho \frac{\mathrm{d}\boldsymbol{u}}{\mathrm{d}t} \mathrm{d}V. \tag{2.3.9}$$

由于有质量守恒关系, 所以存在通式

$$\frac{\mathrm{d}}{\mathrm{d}t} \int \rho A \mathrm{d}V = \int \rho \frac{\mathrm{d}A}{\mathrm{d}t} \mathrm{d}V, \tag{2.3.10}$$

恒成立. 式 (2.3.8) 的右边运用公式 (2.3.3) 写成体积分有

$$\int_\Omega \rho \frac{\mathrm{d}\boldsymbol{u}}{\mathrm{d}t}\mathrm{d}V = \int_\Omega \rho \boldsymbol{F}\mathrm{d}V + \int_\Omega \nabla\cdot\boldsymbol{\sigma}\mathrm{d}V,$$

考虑到控制体 Ω 的选取是任意的, 只要被积函数是连续的, 由上式导出动量守恒微分方程如下:

$$\rho \frac{\mathrm{d}\boldsymbol{u}}{\mathrm{d}t} = \rho \boldsymbol{F} + \nabla\cdot\boldsymbol{\sigma}, \qquad (2.3.11)$$

其等价形式为

$$\rho \frac{\partial \boldsymbol{u}}{\partial t} + \rho \boldsymbol{u}\cdot\nabla \boldsymbol{u} = \rho \boldsymbol{F} + \nabla\cdot\boldsymbol{\sigma}. \qquad (2.3.12)$$

式 (2.3.11) 即为流体力学动量守恒方程. 若计及运动的三个方向的分量, 式 (2.3.11) 实际上是三个方程. 若考虑材料本构关系: $\sigma_{ij} = -p\delta_{ij} + \Sigma_{ij}$ 或 $\boldsymbol{\sigma} = -p\boldsymbol{I} + \boldsymbol{\Sigma}$, 式 (2.3.11) 变成动量方程的不同表达形式

$$\frac{\partial \boldsymbol{u}}{\partial t} + \boldsymbol{u}\cdot\nabla \boldsymbol{u} = \boldsymbol{F} - \frac{1}{\rho}\nabla p + \frac{1}{\rho}\nabla\cdot\boldsymbol{\Sigma} \ \text{或} \ \frac{\mathrm{d}\boldsymbol{u}}{\mathrm{d}t} = \boldsymbol{F} - \frac{1}{\rho}\nabla p + \frac{1}{\rho}\nabla\cdot\boldsymbol{\Sigma}, \quad (2.3.13)$$

式 (2.3.13) 的常用形式是 $\rho \frac{\mathrm{d}\boldsymbol{u}}{\mathrm{d}t} + \nabla p = \rho \boldsymbol{F} + \nabla\cdot\boldsymbol{\Sigma}$ 或展开式 $\rho \frac{\mathrm{d}u_j}{\mathrm{d}t} + \frac{\partial p}{\partial x_j} =$ $\rho F_j + \frac{\partial \Sigma_{ij}}{\partial x_i}$. 其中从 2.1.3 节已经得到黏性应力和变形速度张量之间的关系式为 $\Sigma_{ij} = \lambda \mathrm{div}\,\boldsymbol{u}\delta_{ij} + 2\mu\dot{\varepsilon}_{ij}$, 以及 $\dot{\varepsilon}_{ij} = \left(\frac{\partial u_i}{\partial x_j} + \frac{\partial u_j}{\partial x_i}\right)/2$.

4. 能量守恒方程

系统的能量由内能和动能两部分组成, 令物理量 A 代表能量密度, 则有 $A = \rho\left(e + \frac{1}{2}u^2\right)$, $J = \int_\Omega \rho\left(e + \frac{1}{2}\boldsymbol{u}\cdot\boldsymbol{u}\right)\mathrm{d}V$ 为流体体积 Ω 中的总能量. 忽略源项, 总能量的变化率等于外界向体积 Ω 内流入的热量和所做的功之和. 设热流 $\boldsymbol{q} = \kappa\nabla T$, 体力做功 $\rho \boldsymbol{F}\cdot\boldsymbol{u}$, 表面力做功 $\boldsymbol{\sigma}\cdot\boldsymbol{u}$, 能量守恒方程写为

$$\frac{\mathrm{d}}{\mathrm{d}t}\int_\Omega \rho\left(e + \frac{1}{2}\boldsymbol{u}\cdot\boldsymbol{u}\right)\mathrm{d}V = \int_s \kappa\nabla T\cdot\boldsymbol{n}\mathrm{d}s + \int_\Omega \rho \boldsymbol{F}\cdot\boldsymbol{u}\mathrm{d}V + \int_s \boldsymbol{u}\cdot\boldsymbol{\sigma}\cdot\boldsymbol{n}\mathrm{d}s. \ (2.3.14)$$

由通式 (2.3.10) 知

$$\text{上式左边} = \int_\Omega \rho \frac{\mathrm{d}}{\mathrm{d}t}\left(e + \frac{1}{2}\boldsymbol{u}\cdot\boldsymbol{u}\right)\mathrm{d}V = \int_\Omega \left(\rho \frac{\mathrm{d}e}{\mathrm{d}t} + \frac{1}{2}\rho \frac{\mathrm{d}\boldsymbol{u}\cdot\boldsymbol{u}}{\mathrm{d}t}\right)\mathrm{d}V,$$

式中动能部分分析如下:

$$\int_{\Omega} \frac{1}{2}\rho\frac{\mathrm{d}\boldsymbol{u}\cdot\boldsymbol{u}}{\mathrm{d}t}\mathrm{d}V = \int \rho u_i\left(\frac{\mathrm{d}u_i}{\mathrm{d}t}\right)\mathrm{d}V \xrightarrow{\text{运用动量守恒方程}} \int u_i\left(\rho F_i + \frac{\partial \sigma_{ji}}{\partial x_j}\right)\mathrm{d}V$$

$$= \int (\rho\boldsymbol{F}\cdot\boldsymbol{u} + \boldsymbol{u}\cdot\nabla\cdot\boldsymbol{\sigma})\mathrm{d}V = \int \rho\boldsymbol{F}\cdot\boldsymbol{u}\mathrm{d}V + \int \boldsymbol{u}\cdot(\nabla\cdot\boldsymbol{\sigma})\mathrm{d}V$$

$$= \int_{\Omega} \rho\boldsymbol{F}\cdot\boldsymbol{u}\mathrm{d}V + \int_{s} \boldsymbol{u}\cdot\boldsymbol{\sigma}\cdot\boldsymbol{n}\mathrm{d}s - \int_{\Omega} \boldsymbol{\sigma}:\nabla\boldsymbol{u}\mathrm{d}V.$$

此处已运用了张量计算 $\dfrac{\partial}{\partial x_i}u_j\sigma_{ij} = u_j\dfrac{\partial \sigma_{ij}}{\partial x_i} + \sigma_{ij}\dfrac{\partial u_j}{\partial x_i}$, 即 $\nabla\cdot(\boldsymbol{u}\cdot\boldsymbol{\sigma}) = \boldsymbol{u}\cdot\nabla\cdot\boldsymbol{\sigma}$ $+\boldsymbol{\sigma}:\nabla\boldsymbol{u}$, 所以有 $\boldsymbol{u}\cdot\nabla\cdot\boldsymbol{\sigma} = \nabla\cdot(\boldsymbol{u}\cdot\boldsymbol{\sigma}) - \boldsymbol{\sigma}:\nabla\boldsymbol{u}$. 利用 $\displaystyle\int\boldsymbol{u}\cdot\nabla\cdot\boldsymbol{\sigma}\mathrm{d}V = \int[\nabla\cdot(\boldsymbol{u}\cdot\boldsymbol{\sigma})$ $-\boldsymbol{\sigma}:\nabla\boldsymbol{u}]\mathrm{d}V$ 和公式 (2.3.3) 得

$$\int \boldsymbol{u}\cdot\nabla\cdot\boldsymbol{\sigma}\mathrm{d}V = \int \boldsymbol{u}\cdot\boldsymbol{\sigma}\cdot\boldsymbol{n}\mathrm{d}s - \int \boldsymbol{\sigma}:\nabla\boldsymbol{u}\mathrm{d}V,$$

于是式 (2.3.14) 左边写为

$$\frac{\mathrm{d}}{\mathrm{d}t}\int_{\Omega}\rho\left(e + \frac{1}{2}\boldsymbol{u}\cdot\boldsymbol{u}\right)\mathrm{d}V$$

$$= \int_{\Omega}\rho\frac{\mathrm{d}e}{\mathrm{d}t}\mathrm{d}V + \int_{\Omega}\rho\boldsymbol{F}\cdot\boldsymbol{u}\mathrm{d}V + \int_{s}\boldsymbol{u}\cdot\boldsymbol{\sigma}\cdot\boldsymbol{n}\mathrm{d}s - \int_{\Omega}\boldsymbol{\sigma}:\nabla\boldsymbol{u}\mathrm{d}V. \qquad (2.3.15)$$

比较式 (2.3.14) 和式 (2.3.15), 并运用公式 (2.3.3) 和被积函数连续的条件, 写出能量守恒微分方程如下:

$$\rho\frac{\mathrm{d}e}{\mathrm{d}t} = \nabla\cdot(\kappa\nabla T) + \boldsymbol{\sigma}:\nabla\boldsymbol{u}, \qquad (2.3.16)$$

上式中 $\boldsymbol{\sigma}:\nabla\boldsymbol{u}$ 表示双点积, 分量形式为 $\sigma_{ij}\dfrac{\partial u_i}{\partial x_j}$. 式 (2.3.16) 的展开形式为

$$\rho\frac{\mathrm{d}e}{\mathrm{d}t} = \frac{\partial}{\partial x_i}\kappa\frac{\partial T}{\partial x_i} + \sigma_{ij}\frac{\partial u_i}{\partial x_j}. \qquad (2.3.17)$$

若将应力张量写成流体本构的形式, 并运用质量守恒方程, 上式变为

$$\rho\frac{\mathrm{d}e}{\mathrm{d}t} = \nabla\cdot(\kappa\nabla T) + p\frac{\mathrm{d}\rho}{\rho\mathrm{d}t} + \boldsymbol{\Sigma}:\nabla\boldsymbol{u}. \qquad (2.3.18)$$

定义比容 $\tau = 1/\rho$, 上式写为

$$\rho\left(\frac{\mathrm{d}e}{\mathrm{d}t} + p\frac{\mathrm{d}\tau}{\mathrm{d}t}\right) = \nabla \cdot (\kappa\nabla T) + \boldsymbol{\Sigma} : \nabla\boldsymbol{u}. \tag{2.3.19}$$

式 (2.3.19) 与热力学第一定律 $de + pd\tau = TdS$ 比较表明, 对于孤立系统, 熵增的原因是热传导和黏性力的存在.

至此已建立了以三大守恒定律为基础的流体运动基本守恒方程, 即式 (2.3.5) ~ 式 (2.3.7)、式 (2.3.11)~ 式 (2.3.13) 和式 (2.3.16)~ 式 (2.3.19), 若计及流体运动的三维情况, 实际上共有 5 个方程, 构成了流体动力学的基本方程组. 未知数 7 个 (e, p, T, ρ, u, v, w), $\boldsymbol{\Sigma}$ 通过本构关系与 u, v, w 相关联, 3 个系数 μ, λ, κ 与材料有关, 故还需有两个反映流体热力学状态量之间关系的状态方程 $e(\rho, T)$, $p(\rho, T)$, 即可形成封闭方程组, 从理论上可求出任何时刻、任何位置的流体热、力学状态参量, 于是流场得以求解. 这也从另一个角度说明, 对于求解具体问题, 仅有基本控制方程组, 而没有描述流体物质特性的本构关系和状态方程, 在数学上是不完备的.

5. 讨论

(a) 对于理想流体的绝热流动过程, 黏性力 $\boldsymbol{\Sigma} = 0$, 不计体力和热传导, 则基本方程组变为

$$\begin{cases} \dfrac{\partial\rho}{\partial t} + \nabla \cdot \rho\boldsymbol{u} = 0, \\[2mm] \dfrac{\partial\boldsymbol{u}}{\partial t} + \boldsymbol{u} \cdot \nabla\boldsymbol{u} + \dfrac{1}{\rho}\nabla p = 0, \\[2mm] \dfrac{\mathrm{d}e}{\mathrm{d}t} + p\dfrac{\mathrm{d}}{\mathrm{d}t}\left(\dfrac{1}{\rho}\right) = 0, \end{cases} \tag{2.3.20}$$

此处能量方程等价于 $\dfrac{\mathrm{d}S}{\mathrm{d}t} = 0$ 或 $TdS = 0$, 即等熵过程. 这时只需再加一个状态方程如 $e = e(p, \rho)$, 便可解出全部物理量 ρ, p, e, $\boldsymbol{u}$.

(b) 对于定常绝热流动, 定常意味着 $\dfrac{\partial}{\partial t} = 0$, 整个流场不随时间变化, 但可能仍存在空间分布, 即 $\dfrac{\mathrm{d}\rho}{\mathrm{d}t} \neq 0$. 这时有

$$\nabla \cdot \rho\boldsymbol{u} = 0 \quad (\text{从质量守恒方程}), \tag{2.3.21}$$

$$(\boldsymbol{u} \cdot \nabla)\boldsymbol{u} + \frac{1}{\rho}\nabla p = 0 \quad (\text{从动量守恒方程}). \tag{2.3.22}$$

定义热力学函数焓 $i = e + \dfrac{p}{\rho}$, 并有热力学关系式 $\mathrm{d}i = T\mathrm{d}S + \dfrac{1}{\rho}\mathrm{d}p$, 对于等熵流动 $\mathrm{d}S = 0$, 代入式 (2.3.22) 得

$$(\boldsymbol{u} \cdot \nabla)\boldsymbol{u} + \nabla i = 0, \tag{2.3.23}$$

又因为 $(\boldsymbol{u} \cdot \nabla)\boldsymbol{u} = \dfrac{1}{2}\nabla \boldsymbol{u}^2 - (\boldsymbol{u} \times \nabla \times \boldsymbol{u})$ 和 $\boldsymbol{u} \perp (\boldsymbol{u} \times \nabla \times \boldsymbol{u})$, 流场中的流线是与速度矢量 $\boldsymbol{u}$ 平行的点的连线, 所以沿流线 $\boldsymbol{u} \times \nabla \times \boldsymbol{u} = 0$. 于是, 沿流线有下式成立:

$$\nabla \left(\frac{1}{2}\boldsymbol{u}^2 + i \right) = 0. \tag{2.3.24}$$

由式 (2.3.24) 导出沿流线成立的著名伯努利方程如下:

$$\frac{1}{2}\boldsymbol{u}^2 + i = \text{ const} \equiv \frac{1}{2}\hat{u}^2, \tag{2.3.25}$$

式中定义极限速度 $\hat{u}$ 为当流体声速等于零 (如向真空飞散) 时的质点速度. 式 (2.3.25) 实际上表示了流体定常等熵运动过程中的总能量 (动能和内能之和) 守恒.

另一种情况下也能导出伯努利方程, 但具有不同的物理意义.

由理想流体的动量方程, 并忽略体力, 将导出

$$\frac{\partial \boldsymbol{u}}{\partial t} - \boldsymbol{u} \times (\nabla \times \boldsymbol{u}) = -\nabla \left(i + \frac{1}{2}\boldsymbol{u}^2 \right).$$

对于无旋流动 $\nabla \times \boldsymbol{u} = 0$, 可令 $\nabla \phi = \boldsymbol{u}$, 则上式变为

$$\frac{\partial \phi}{\partial t} + \frac{\boldsymbol{u}^2}{2} + i = \text{ const.} \tag{2.3.26}$$

式 (2.3.26) 全流场成立, 为无旋流动的伯努利方程, 但式中的常数在不同时刻可以不同.

对于多方气体 $i = \dfrac{c^2}{\gamma - 1}$, 伯努利方程 (2.3.25) 可写为

$$\boldsymbol{u}^2 + \frac{2}{\gamma - 1}c^2 = \hat{u}^2, \tag{2.3.27}$$

临界速度定义为等于声速的质点速度, 即 $|\boldsymbol{u}| = c = \sqrt{\dfrac{\gamma - 1}{\gamma + 1}}\hat{u}$.

(c) 对于不可压流体, 意味着 $\rho = \text{const}$ 或 $\dfrac{\mathrm{d}\rho}{\mathrm{d}t} = 0$, 则质量和动量方程变为

$$\begin{cases} \nabla \cdot \boldsymbol{u} = 0, \\ \dfrac{\mathrm{d}\boldsymbol{u}}{\mathrm{d}t} + \dfrac{1}{\rho_0}\nabla p = 0. \end{cases} \tag{2.3.28}$$

当 $u \ll c$ 时可认为声速很大, 流动过程当作不可压过程处理, 如亚声速流. 由于 $\rho=$const 时, 有声速 $c = \infty$. 这时, 扰动传播瞬间完成, 流动过程的特征时间一般远大于波传播特征时间 l/c, 可看作准静态过程或稳态过程.

综上, 黏性流体的可压缩流动可用欧拉基本方程组的一般形式描述; 理想流体的定常绝热流动可运用伯努利方程求解; 理想无旋不可压流体存在速度势, 也可用伯努利方程求解; 黏性不可压流体由 Navier-Stokes 方程描述. 导出上述微分形式基本方程组的前提是流场是连续的, 如果流场中出现冲击波和其他间断, 需采用基本方程组的间断解进行描述. 基本方程组除了写成上述直角坐标系的表达形式以外, 还可在曲线坐标系中表示出来.

2.3.2 正交坐标系下方程组的一般形式

常见的方程组形式为直角坐标系下的表达式, 根据实际应用中的不同需要, 还可以将方程组写成不同坐标系下表达的形式. 若流场为轴对称和中心对称流动, 则运用柱坐标系和球坐标系描述, 方程组的形式会更加简单, 物理意义也更加直观. 常用的坐标系为正交坐标系, 在不同坐标系下, 用向量表示的方程组的形式没有差别, 但由于矢量和算符等的分量表达形式差异很大, 分量形式的方程组在表现形式上差异也很大. 为了拓宽认识, 便于实际应用, 本节给出正交坐标系下方程组的一般形式及其推导思路.

1. 直角坐标系下的一般形式

2.3.1 节已建立基本方程组, 即 (2.3.5)∼ 式 (2.3.7), 式 (2.3.11)∼ 式 (2.3.13) 和式 (2.3.16)∼ 式 (2.3.19), 方程组的向量形式在此集中表示如下:

$$
\begin{cases}
\dfrac{\mathrm{d}\rho}{\mathrm{d}t} + \rho \nabla \cdot \boldsymbol{u} = 0, \\[2mm]
\rho \dfrac{\mathrm{d}\boldsymbol{u}}{\mathrm{d}t} + \nabla p = \rho \boldsymbol{F} + \nabla \cdot \boldsymbol{\Sigma}, \\[2mm]
\rho \dfrac{\mathrm{d}e}{\mathrm{d}t} + p \dfrac{\mathrm{d}\tau}{\tau \mathrm{d}t} = \nabla \cdot (\kappa \nabla T) + \boldsymbol{\Sigma} : \nabla \boldsymbol{u}.
\end{cases} \tag{2.3.29}
$$

展开式 (2.3.29) 中的时间全导数得

$$
\begin{cases}
\dfrac{\partial \rho}{\partial t} + \nabla \cdot (\rho \boldsymbol{u}) = 0, \\[2mm]
\rho \dfrac{\partial \boldsymbol{u}}{\partial t} + \rho (\boldsymbol{u} \cdot \nabla) \boldsymbol{u} = \rho \boldsymbol{F} + \nabla \cdot \boldsymbol{\Sigma} - \nabla p, \\[2mm]
\rho \dfrac{\partial e}{\partial t} + \rho \boldsymbol{u} \cdot \nabla e = \nabla \cdot (\kappa \nabla T) + \boldsymbol{\Sigma} : \nabla \boldsymbol{u} - p \nabla \cdot \boldsymbol{u},
\end{cases} \tag{2.3.30}
$$

式中, $\rho(\boldsymbol{u} \cdot \nabla)\boldsymbol{u} = \rho \left[\dfrac{1}{2} \nabla(\boldsymbol{u} \cdot \boldsymbol{u}) - \boldsymbol{u} \times \nabla \times \boldsymbol{u} \right]$.

在直角坐标系下展开式 (2.3.29) 中矢量及矢量算符, 得到方程组的分量形式如下:

$$\begin{cases} \dfrac{\partial \rho}{\partial t} + \dfrac{\partial}{\partial x_i}(\rho u_i) = 0, \\[3mm] \rho \dfrac{\partial u_j}{\partial t} + \rho u_i \dfrac{\partial u_j}{\partial x_i} = \rho F_j + \dfrac{\partial \Sigma_{ij}}{\partial x_i} - \dfrac{\partial p}{\partial x_j}, \\[3mm] \rho \dfrac{\partial e}{\partial t} + \rho u_i \dfrac{\partial e}{\partial x_i} = \dfrac{\partial}{\partial x_i}\left(\kappa \dfrac{\partial T}{\partial x_i} \right) + \Sigma_{ij}\dfrac{\partial u_i}{\partial x_j} - p\dfrac{\partial u_i}{\partial x_i}, \end{cases} \tag{2.3.31}$$

式中, 本构关系为 $\Sigma_{ij} = \left(-p + \lambda \dfrac{\partial u_k}{\partial x_k} \right)\delta_{ij} + \mu\left(\dfrac{\partial u_i}{\partial x_j} + \dfrac{\partial u_j}{\partial x_i} \right)$, 或 $\boldsymbol{\Sigma} = (-p + \lambda \nabla \cdot \boldsymbol{u})I + 2\mu\boldsymbol{\Phi}$. 此处重复下标遵循爱因斯坦求和约定, i, j 取 1, 2, 3, 比如, $\dfrac{\partial u_i}{\partial x_i} = \dfrac{\partial u_1}{\partial x_1} + \dfrac{\partial u_2}{\partial x_2} + \dfrac{\partial u_3}{\partial x_3}$. 运用上述本构关系, 式 (2.3.31) 还可展开写为

$$\dfrac{\partial \rho}{\partial t} + \dfrac{\partial}{\partial x_i}(\rho u_i) = 0,$$

$$\rho \dfrac{\mathrm{d}u_i}{\mathrm{d}t} = \rho F_i - \dfrac{\partial p}{\partial x_i} + \mu \nabla^2 u_i + (\lambda + \mu)\dfrac{\partial^2 u_j}{\partial x_i \partial x_j} + \dfrac{\partial \lambda}{\partial x_i}\dfrac{\partial u_i}{\partial x_j} + \dfrac{\partial \mu}{\partial x_j}\left(\dfrac{\partial u_i}{\partial x_j} + \dfrac{\partial u_j}{\partial x_i} \right), \tag{2.3.32}$$

$$\rho \dfrac{\mathrm{d}e}{\mathrm{d}t} = \dfrac{\partial}{\partial x_i}\left(\kappa \dfrac{\partial T}{\partial x_i} \right) - p\dfrac{\partial u_i}{\partial x_i} + \lambda\left(\dfrac{\partial u_i}{\partial x_i} \right)^2 + \mu\dfrac{\partial u_j}{\partial x_i}\dfrac{\partial u_j}{\partial x_i} + \mu\dfrac{\partial u_i}{\partial x_j}\dfrac{\partial u_j}{\partial x_i}.$$

2. 正交坐标系下方程组的一般形式

从式 (2.3.29) 的向量形式出发, 可以导出一般正交坐标系的分量表达形式. 运用本构关系后, 式 (2.3.32) 写成向量形式为

$$\dfrac{\partial \rho}{\partial t} + \nabla \cdot (\rho \boldsymbol{u}) = 0,$$

$$\rho \left[\dfrac{\partial \boldsymbol{u}}{\partial t} - \boldsymbol{u} \times \nabla \times \boldsymbol{u} + \dfrac{1}{2}\nabla(\boldsymbol{u} \cdot \boldsymbol{u}) \right]$$

$$= \rho \boldsymbol{F} - \nabla p + \nabla[(\lambda + 2\mu)\nabla \cdot \boldsymbol{u}] + \nabla(\boldsymbol{u} \cdot \nabla \mu) - \boldsymbol{u}\nabla^2 \mu \tag{2.3.33}$$

$$+ \nabla \mu \times \nabla \times \boldsymbol{u} - \nabla \cdot \boldsymbol{u}\nabla \mu - \nabla \times \nabla \times \mu\boldsymbol{u},$$

$$\rho \dfrac{\partial e}{\partial t} + \rho \boldsymbol{u} \cdot \nabla e = \nabla \cdot (\kappa \nabla T) - p\nabla \cdot \boldsymbol{u} + \lambda(\nabla \cdot \boldsymbol{u})^2 + \mu\phi.$$

其中, $\phi = 2\left[\left(\dfrac{\partial u}{\partial x}\right)^2 + \left(\dfrac{\partial v}{\partial y}\right)^2 + \left(\dfrac{\partial w}{\partial z}\right)^2\right] + \left(\dfrac{\partial u}{\partial y} + \dfrac{\partial v}{\partial x}\right)^2 + \left(\dfrac{\partial v}{\partial z} + \dfrac{\partial w}{\partial y}\right)^2 +$

$\left(\dfrac{\partial w}{\partial x} + \dfrac{\partial u}{\partial z}\right)^2$.

　　在不同坐标系下, 用向量表示的方程组的形式没有差别, 式 (2.3.33) 可作为推导一般正交坐标系下分量形式的出发点. 从向量形式推广到曲线坐标系下分量表达式, 总的思路是由直角坐标系的分量形式, 经过坐标变换 (从直角坐标系转换到一般曲线坐标系: x_1, x_2, $x_3 \to \xi_1$, ξ_2, ξ_3), 转变为一般正交坐标系下的分量形式, 关键在于所涉及的各种张量、矢量和标量的运算. 例如, 式 (2.3.33) 中需替代的量和需进行的相应运算有:

　　$\nabla \cdot (\rho \boldsymbol{u})$, 相当于 $\nabla \cdot \boldsymbol{a}$ 的运算, 需进行矢量运算、点积.

　　$\rho(\boldsymbol{u} \cdot \nabla)\boldsymbol{u} = \rho\left[\dfrac{1}{2}\nabla(\boldsymbol{u} \cdot \boldsymbol{u}) - \boldsymbol{u} \times \nabla \times \boldsymbol{u}\right]$, 相当于 $\nabla\varphi$ 和 $\boldsymbol{a} \times \boldsymbol{b}$ 的运算, 需进行标量运算、梯度运算、叉乘等.

　　$\nabla \cdot \boldsymbol{\sigma} \begin{cases} \nabla \cdot \sigma_{1i} \to f_1 \\ \nabla \cdot \sigma_{2i} \to f_2, \quad \text{需进行张量运算、点积等.} \\ \nabla \cdot \sigma_{3i} \to f_3 \end{cases}$

　　$\nabla \cdot (\kappa\nabla T)$, 相当于 $\nabla \cdot \boldsymbol{a}$ 和 $\Delta\varphi$ 的运算, 需进行矢量运算和拉普拉斯算子等运算.

　　本构关系中应变率分量的表示在 x_j 系下为 $\dot{\varepsilon}_{ij} \sim \dfrac{\partial u_i}{\partial x_j}$, 在 ξ_j 系下为 $\dot{\varepsilon}'_{ij} \sim \dfrac{\partial u'_i}{\partial \xi_j}$, ξ_j 系下应力与应变率的关系为 $\sigma'_{ij} \sim \dot{\varepsilon}'_{ij}$.

　　这里需要进行表达形式变换的项目有:

　　(a) 算子在不同坐标系下 (x_1, x_2, $x_3 \to \xi_1$, ξ_2, ξ_3) 的表示形式不同;

　　(b) 梯度、散度、旋度的运算变化;

　　(c) 单位方向矢量 ($\boldsymbol{i}$, $\boldsymbol{j}$, $\boldsymbol{k} \to \boldsymbol{J}_1$, $\boldsymbol{J}_2$, $\boldsymbol{J}_3$) 参与运算;

　　(d) 雅可比变换系数参与运算;

　　(e) 重点考察柱、球对称坐标系下的表达形式.

　　1) 两坐标系之间的转换

　　直角坐标系的坐标分量为 x_1, x_2, x_3, 正交曲线坐标系分量为 ξ_1, ξ_2, ξ_3, 相应的方向矢量分别为 $\boldsymbol{i}$, $\boldsymbol{j}$, $\boldsymbol{k}$ 和 $\boldsymbol{J}_1$, $\boldsymbol{J}_2$, $\boldsymbol{J}_3$. 需要同时进行坐标分量和方向矢量的转换, 即 x_1, x_2, $x_3 \to \xi_1$, ξ_2, ξ_3, $\boldsymbol{i}$, $\boldsymbol{j}$, $\boldsymbol{k} \to \boldsymbol{J}_1$, $\boldsymbol{J}_2$, $\boldsymbol{J}_3$.

　　从直角系向曲线正交系转换 $(x_1, x_2, x_3) \to (\xi_1, \xi_2, \xi_3)$, 只要雅可比转换行列

式的值不为零, 即 $J = \dfrac{\partial(x_1, x_2, x_3)}{\partial(\xi_1, \xi_2, \xi_3)} \neq 0$, 一定有

$$\mathrm{d}x_i = \frac{\partial x_i}{\partial \xi_j}\mathrm{d}\xi_j = \frac{\partial x_i}{\partial \xi_1}\mathrm{d}\xi_1 + \frac{\partial x_i}{\partial \xi_2}\mathrm{d}\xi_2 + \frac{\partial x_i}{\partial \xi_3}\mathrm{d}\xi_3 \tag{2.3.34}$$

存在, 即坐标分量的转换遵循 $\mathrm{d}x_i = \dfrac{\partial x_i}{\partial \xi_j}\mathrm{d}\xi_j$(对 j 求和) 的规律. 曲线正交系下的长度遵循不变性原理, 表示为

$$\mathrm{d}s^2 = \mathrm{d}s_1^2 + \mathrm{d}s_2^2 + \mathrm{d}s_3^2 = \mathrm{d}x_i \cdot \mathrm{d}x_i = (h_1\mathrm{d}\xi_1)^2 + (h_2\mathrm{d}\xi_2)^2 + (h_3\mathrm{d}\xi_3)^2, \tag{2.3.35}$$

其中 $h_i^2 = \left(\dfrac{\partial x_1}{\partial \xi_i}\right)^2 + \left(\dfrac{\partial x_2}{\partial \xi_i}\right)^2 + \left(\dfrac{\partial x_3}{\partial \xi_i}\right)^2 = \displaystyle\sum_{j=1}^{3}\left(\dfrac{\partial x_j}{\partial \xi_i}\right)^2$, 说明长度 $\mathrm{d}s$ 在 ξ_i 方向上的投影为 $\mathrm{d}s_i = h_i\mathrm{d}\xi_i(i$ 不求和$)$.

新坐标系中相关算子和物理量的运算如下 (其中 φ 为标量, $\boldsymbol{a}$, $\boldsymbol{b}$ 为矢量, $\boldsymbol{\Sigma}$ 为二阶张量):

$$\nabla\varphi = \frac{1}{h_i}\frac{\partial \varphi}{\partial \xi_i}\boldsymbol{J}_i,$$

$$\nabla \cdot \boldsymbol{a} = \nabla \cdot (a_i\boldsymbol{J}_i),$$

$$\nabla \cdot \boldsymbol{\Sigma} = \nabla \cdot (\Sigma_{ij}\boldsymbol{J}_i\boldsymbol{J}_j) \text{ 或 } \nabla \cdot \boldsymbol{\sigma} = \nabla \cdot (\sigma_{ij}\boldsymbol{J}_i\boldsymbol{J}_j), \tag{2.3.36}$$

$$\Delta\phi = \nabla \cdot \nabla\phi = \nabla^2\phi,$$

$$\Delta\boldsymbol{a} = \nabla^2\boldsymbol{a} = \nabla^2(a_i\boldsymbol{J}_i),$$

$$\boldsymbol{a} \times \boldsymbol{b} = \begin{vmatrix} \boldsymbol{J}_1 & \boldsymbol{J}_2 & \boldsymbol{J}_3 \\ a_1 & a_2 & a_3 \\ b_1 & b_2 & b_3 \end{vmatrix}.$$

由于是正交系, 新坐标系中相关算子和物理量的运算有如下特征:

$$\nabla \times \nabla\phi = 0,$$

$$\nabla \times (\varphi\boldsymbol{a}) = \varphi\nabla \times \boldsymbol{a} + \nabla\varphi \times \boldsymbol{a},$$

$$\nabla \cdot (\boldsymbol{a} \times \boldsymbol{b}) = \boldsymbol{b} \cdot \nabla \times \boldsymbol{a} - \boldsymbol{a} \cdot \nabla \times \boldsymbol{b}, \tag{2.3.37}$$

$$\Delta\phi = \nabla \cdot (\nabla\phi) = \nabla^2\phi,$$

$$\Delta\boldsymbol{a} = \nabla(\nabla \cdot \boldsymbol{a}) - \nabla \times (\nabla \times \boldsymbol{a}) = \nabla \cdot \nabla\boldsymbol{a}.$$

在曲线系下方向矢量 $\boldsymbol{J}_i$ 都要参与算子的运算, 下面导出 $\boldsymbol{J}_i$ 的相互关系. 按照式 (2.3.36), 标量 φ 的方向导数为

$$\nabla\varphi = \frac{\partial\varphi}{h_1\partial\xi_1}\boldsymbol{J}_1 + \frac{\partial\varphi}{h_2\partial\xi_2}\boldsymbol{J}_2 + \frac{\partial\varphi}{h_3\partial\xi_3}\boldsymbol{J}_3 = \frac{\partial\varphi}{h_i\partial\xi_i}\boldsymbol{J}_i.$$

令 $\varphi = \xi_1$, 则 $\nabla\xi_1 = \dfrac{1}{h_1}\boldsymbol{J}_1$. 由式 (2.3.37) 的第一式 $\nabla\times\nabla\xi_1 = 0$, 有 $\nabla\times\left(\dfrac{1}{h_1}\boldsymbol{J}_1\right) = 0$. 展开后有

$$\frac{1}{h_1}\nabla\times\boldsymbol{J}_1 - \frac{1}{h_1^2}\nabla h_1 \times \boldsymbol{J}_1 = 0,$$

所以有 $\nabla\times\boldsymbol{J}_1 = \dfrac{1}{h_1}\nabla h_1 \times \boldsymbol{J}_1$.

注意到曲线系下 $\nabla h_1 = \left(\dfrac{\partial h_1}{h_1\partial\xi_1}, \dfrac{\partial h_1}{h_2\partial\xi_2}, \dfrac{\partial h_1}{h_3\partial\xi_3}\right)$ 和 $\boldsymbol{J}_1 = (1,0,0)$, 则

$$\nabla h_1 \times \boldsymbol{J}_1 = \begin{vmatrix} \boldsymbol{J}_1 & \boldsymbol{J}_2 & \boldsymbol{J}_3 \\ \dfrac{\partial h_1}{h_1\partial\xi_1} & \dfrac{\partial h_1}{h_2\partial\xi_2} & \dfrac{\partial h_1}{h_3\partial\xi_3} \\ 1 & 0 & 0 \end{vmatrix} = \frac{\partial h_1}{h_3\partial\xi_3}\boldsymbol{J}_2 - \frac{\partial h_1}{h_2\partial\xi_2}\boldsymbol{J}_3,$$

所以

$$\nabla\times\boldsymbol{J}_1 = \frac{1}{h_1 h_3}\frac{\partial h_1}{\partial\xi_3}\boldsymbol{J}_2 - \frac{1}{h_1 h_2}\frac{\partial h_1}{\partial\xi_2}\boldsymbol{J}_3. \tag{2.3.38}$$

同理, 令 $\phi = \xi_2$ 和 $\phi = \xi_3$, 可分别求出 $\nabla\times\boldsymbol{J}_2$ 和 $\nabla\times\boldsymbol{J}_3$ 如下:

$$\nabla\times\boldsymbol{J}_2 = \frac{1}{h_1 h_2}\frac{\partial h_2}{\partial\xi_1}\boldsymbol{J}_3 - \frac{1}{h_3 h_2}\frac{\partial h_2}{\partial\xi_3}\boldsymbol{J}_1, \tag{2.3.39}$$

$$\nabla\times\boldsymbol{J}_3 = \frac{1}{h_2 h_3}\frac{\partial h_3}{\partial\xi_2}\boldsymbol{J}_1 - \frac{1}{h_1 h_3}\frac{\partial h_3}{\partial\xi_1}\boldsymbol{J}_2, \tag{2.3.40}$$

$\boldsymbol{J}_1$, $\boldsymbol{J}_2$, $\boldsymbol{J}_3$ 为正交系, 所以有 $\boldsymbol{J}_i = \boldsymbol{J}_j \times \boldsymbol{J}_k$, 且 $\boldsymbol{J}_i \cdot \boldsymbol{J}_j = 0$(当 $i \neq j$ 时). 由 $\boldsymbol{J}_1 = \boldsymbol{J}_2 \times \boldsymbol{J}_3$ 知

$$\nabla\cdot\boldsymbol{J}_1 = \nabla\cdot(\boldsymbol{J}_2 \times \boldsymbol{J}_3) = \boldsymbol{J}_3\cdot\nabla\times\boldsymbol{J}_2 - \boldsymbol{J}_2\cdot\nabla\times\boldsymbol{J}_3 = \frac{1}{h_2 h_1}\frac{\partial h_2}{\partial\xi_1} + \frac{1}{h_3 h_1}\frac{\partial h_3}{\partial\xi_1}. \tag{2.3.41}$$

同理, 由 $\boldsymbol{J}_2 = \boldsymbol{J}_3 \times \boldsymbol{J}_1$ 和 $\boldsymbol{J}_3 = \boldsymbol{J}_1 \times \boldsymbol{J}_2$ 可分别推出

$$\nabla\cdot\boldsymbol{J}_2 = \frac{1}{h_3 h_2}\frac{\partial h_3}{\partial\xi_2} + \frac{1}{h_1 h_2}\frac{\partial h_1}{\partial\xi_2}, \tag{2.3.42}$$

$$\nabla \cdot \boldsymbol{J}_3 = \frac{1}{h_1 h_3} \frac{\partial h_1}{\partial \xi_3} + \frac{1}{h_2 h_3} \frac{\partial h_2}{\partial \xi_3}. \tag{2.3.43}$$

对于一般向量 $\boldsymbol{a} = a_1 \boldsymbol{J}_1 + a_2 \boldsymbol{J}_2 + a_3 \boldsymbol{J}_3$, 有

$$\begin{aligned}
\nabla \cdot \boldsymbol{a} &= \nabla \cdot (a_i \boldsymbol{J}_i) = a_i \nabla \cdot \boldsymbol{J}_i + \boldsymbol{J}_i \cdot \nabla a_i \\
&= \frac{a_1}{h_2 h_1} \frac{\partial h_2}{\partial \xi_1} + \frac{a_1}{h_3 h_1} \frac{\partial h_3}{\partial \xi_1} + \frac{a_2}{h_3 h_2} \frac{\partial h_3}{\partial \xi_2} + \frac{a_2}{h_1 h_2} \frac{\partial h_1}{\partial \xi_2} \\
&\quad + \frac{a_3}{h_1 h_3} \frac{\partial h_1}{\partial \xi_3} + \frac{a_3}{h_2 h_3} \frac{\partial h_2}{\partial \xi_3} + \frac{1}{h_1} \frac{\partial a_1}{\partial \xi_1} + \frac{1}{h_2} \frac{\partial a_2}{\partial \xi_2} + \frac{1}{h_3} \frac{\partial a_3}{\partial \xi_3} \\
&= \frac{1}{h_1 h_2 h_3} \left[\frac{\partial (a_1 h_2 h_3)}{\partial \xi_1} + \frac{\partial (a_2 h_3 h_1)}{\partial \xi_2} + \frac{\partial (a_3 h_1 h_2)}{\partial \xi_3} \right]. \tag{2.3.44}
\end{aligned}$$

若 $\boldsymbol{a} = \nabla \varphi$, 则

$$\nabla \cdot \nabla \varphi = \Delta \varphi = \frac{1}{h_1 h_2 h_3} \left[\frac{\partial \left(\dfrac{h_2 h_3}{h_1} \dfrac{\partial \varphi}{\partial \xi_1} \right)}{\partial \xi_1} + \frac{\partial \left(\dfrac{h_1 h_3}{h_2} \dfrac{\partial \varphi}{\partial \xi_2} \right)}{\partial \xi_2} + \frac{\partial \left(\dfrac{h_1 h_2}{h_3} \dfrac{\partial \varphi}{\partial \xi_3} \right)}{\partial \xi_3} \right],$$

$$\tag{2.3.45}$$

叉乘表达式为

$$\begin{aligned}
\nabla \times \boldsymbol{a} &= \frac{1}{h_2 h_3} \left[\frac{\partial (h_3 a_3)}{\partial \xi_2} - \frac{\partial (h_2 a_2)}{\partial \xi_3} \right] \boldsymbol{J}_1 + \frac{1}{h_1 h_3} \left[\frac{\partial (h_1 a_1)}{\partial \xi_3} - \frac{\partial (h_3 a_3)}{\partial \xi_1} \right] \boldsymbol{J}_2 \\
&\quad + \frac{1}{h_1 h_2} \left[\frac{\partial (h_2 a_2)}{\partial \xi_1} - \frac{\partial (h_1 a_1)}{\partial \xi_2} \right] \boldsymbol{J}_3. \tag{2.3.46}
\end{aligned}$$

2) 式 (2.3.33) 中所涉及物理量的表达式

A. 力项

$$[\nabla \cdot \boldsymbol{\sigma}]_j = \frac{\partial \sigma_{ij}}{\partial x_i} = f_j = [\nabla \cdot \sigma_{kl} \boldsymbol{J}_k \boldsymbol{J}_l]_j, \quad \nabla \cdot \boldsymbol{\Sigma} = \nabla \cdot (\boldsymbol{\sigma} + p \boldsymbol{I}),$$

在一般微分运算的基础上, 运用式 (2.3.41)~ 式 (2.3.43) 和式 (2.3.44)~ 式 (2.3.46) 的点积关系, 可以写出三个方向力的分量表达式如下:

$$\begin{aligned}
f_1 &= \frac{1}{h_1 h_2 h_3} \left(\frac{\partial h_2 h_3 \sigma_{11}}{\partial \xi_1} + \frac{\partial h_3 h_1 \sigma_{21}}{\partial \xi_2} + \frac{\partial h_1 h_2 \sigma_{31}}{\partial \xi_3} \right) - \frac{\sigma_{12}}{h_1 h_2} \frac{\partial h_1}{\partial \xi_2} \\
&\quad + \frac{\sigma_{13}}{h_1 h_3} \frac{\partial h_1}{\partial \xi_3} - \frac{\sigma_{22}}{h_1 h_2} \frac{\partial h_2}{\partial \xi_1} - \frac{\sigma_{33}}{h_1 h_3} \frac{\partial h_3}{\partial \xi_1},
\end{aligned}$$

$$f_2 = \frac{1}{h_1 h_2 h_3} \left(\frac{\partial h_2 h_3 \sigma_{12}}{\partial \xi_1} + \frac{\partial h_3 h_1 \sigma_{22}}{\partial \xi_2} + \frac{\partial h_1 h_2 \sigma_{23}}{\partial \xi_3} \right) - \frac{\sigma_{23}}{h_2 h_3} \frac{\partial h_2}{\partial \xi_3}$$

$$+ \frac{\sigma_{21}}{h_1 h_2} \frac{\partial h_2}{\partial \xi_1} - \frac{\sigma_{33}}{h_2 h_3} \frac{\partial h_3}{\partial \xi_2} - \frac{\sigma_{11}}{h_2 h_1} \frac{\partial h_1}{\partial \xi_2},$$

$$f_3 = \frac{1}{h_1 h_2 h_3} \left(\frac{\partial h_2 h_3 \sigma_{31}}{\partial \xi_1} + \frac{\partial h_3 h_1 \sigma_{32}}{\partial \xi_2} + \frac{\partial h_1 h_2 \sigma_{33}}{\partial \xi_3} \right) - \frac{\sigma_{31}}{h_3 h_1} \frac{\partial h_3}{\partial \xi_1}$$

$$+ \frac{\sigma_{32}}{h_3 h_2} \frac{\partial h_3}{\partial \xi_2} - \frac{\sigma_{11}}{h_3 h_1} \frac{\partial h_1}{\partial \xi_3} - \frac{\sigma_{22}}{h_3 h_2} \frac{\partial h_2}{\partial \xi_3}. \tag{2.3.47}$$

应力通过本构关系与应变率张量分量发生联系, 由于运算关系式形式复杂, 在此不详细列出. 6 个应变率张量分量的表达式写出如下:

$$\dot{\varepsilon}_1 = \frac{1}{h_1} \frac{\partial u_1}{\partial \xi_1} + \frac{u_2}{h_1 h_2} \frac{\partial h_1}{\partial \xi_2} + \frac{u_3}{h_1 h_3} \frac{\partial h_1}{\partial \xi_3},$$

$$\dot{\varepsilon}_2 = \frac{1}{h_2} \frac{\partial u_2}{\partial \xi_2} + \frac{u_3}{h_2 h_3} \frac{\partial h_2}{\partial \xi_3} + \frac{u_1}{h_2 h_1} \frac{\partial h_2}{\partial \xi_1},$$

$$\dot{\varepsilon}_3 = \frac{1}{h_3} \frac{\partial u_3}{\partial \xi_3} + \frac{u_1}{h_3 h_1} \frac{\partial h_3}{\partial \xi_1} + \frac{u_2}{h_3 h_2} \frac{\partial h_3}{\partial \xi_2}, \tag{2.3.48}$$

$$\dot{\theta}_1 = \frac{1}{h_3} \frac{\partial u_2}{\partial \xi_3} + \frac{1}{h_2} \frac{\partial u_3}{\partial \xi_2} - \frac{u_2}{h_2 h_3} \frac{\partial h_2}{\partial \xi_3} - \frac{u_3}{h_2 h_3} \frac{\partial h_3}{\partial \xi_2} = \frac{h_2}{h_3} \frac{\partial}{\partial \xi_3} \left(\frac{u_2}{h_2} \right) + \frac{h_3}{h_2} \frac{\partial}{\partial \xi_2} \left(\frac{u_3}{h_3} \right),$$

$$\dot{\theta}_2 = \frac{1}{h_1} \frac{\partial u_3}{\partial \xi_1} + \frac{1}{h_3} \frac{\partial u_1}{\partial \xi_3} - \frac{u_3}{h_3 h_1} \frac{\partial h_3}{\partial \xi_1} - \frac{u_1}{h_1 h_3} \frac{\partial h_1}{\partial \xi_3} = \frac{h_3}{h_1} \frac{\partial}{\partial \xi_1} \left(\frac{u_3}{h_3} \right) + \frac{h_1}{h_3} \frac{\partial}{\partial \xi_3} \left(\frac{u_1}{h_1} \right),$$

$$\dot{\theta}_3 = \frac{1}{h_2} \frac{\partial u_1}{\partial \xi_2} + \frac{1}{h_1} \frac{\partial u_2}{\partial \xi_1} - \frac{u_1}{h_1 h_2} \frac{\partial h_1}{\partial \xi_2} - \frac{u_2}{h_1 h_2} \frac{\partial h_2}{\partial \xi_1} = \frac{h_2}{h_1} \frac{\partial}{\partial \xi_1} \left(\frac{u_2}{h_2} \right) + \frac{h_1}{h_2} \frac{\partial}{\partial \xi_2} \left(\frac{u_1}{h_1} \right).$$

B. 温度项

$$\nabla \cdot (\kappa \nabla T)$$

$$= \frac{1}{h_1 h_2 h_3} \left[\frac{\partial}{\partial \xi_1} \left(\frac{h_2 h_3}{h_1} \kappa \frac{\partial T}{\partial \xi_1} \right) + \frac{\partial}{\partial \xi_2} \left(\frac{h_1 h_3}{h_2} \kappa \frac{\partial T}{\partial \xi_2} \right) + \frac{\partial}{\partial \xi_3} \left(\frac{h_1 h_2}{h_3} \kappa \frac{\partial T}{\partial \xi_3} \right) \right]. \tag{2.3.49}$$

C. 时间导数项

速度的时间导数即加速度可表示为

$$\frac{\mathrm{d}\boldsymbol{u}}{\mathrm{d}t} = \frac{\partial \boldsymbol{u}}{\partial t} + (\boldsymbol{u} \cdot \nabla) \boldsymbol{u} = \frac{\partial \boldsymbol{u}}{\partial t} + \nabla \cdot \left(\frac{1}{2} \boldsymbol{u} \cdot \boldsymbol{u} \right) - \boldsymbol{u} \times (\nabla \times \boldsymbol{u}), \tag{2.3.50}$$

将时间导数中的点积和叉乘用式 (2.3.44)~ 式 (2.3.46) 替代, 得到在 ξ_1 方向上的加速度表达式为

$$\left(\frac{\mathrm{d}\boldsymbol{u}}{\mathrm{d}t}\right)_1 = \frac{\partial u_1}{\partial t} + \frac{u_1}{h_1}\frac{\partial u_1}{\partial \xi_1} + \frac{u_2}{h_2}\frac{\partial u_1}{\partial \xi_2} + \frac{u_3}{h_3}\frac{\partial u_1}{\partial \xi_3} + \frac{u_1 u_2}{h_1 h_2}\frac{\partial h_1}{\partial \xi_2}$$
$$+ \frac{u_1 u_3}{h_1 h_3}\frac{\partial h_1}{\partial \xi_3} - \frac{u_2^2}{h_1 h_2}\frac{\partial h_2}{\partial \xi_1} - \frac{u_3^2}{h_3 h_1}\frac{\partial h_3}{\partial \xi_1}, \tag{2.3.51}$$

其他两个方向的速度时间导数形式类似. 标量的时间导数可以写成下列形式:

$$\frac{\mathrm{d}\varphi}{\mathrm{d}t} = \frac{\partial \varphi}{\partial t} + \boldsymbol{u} \cdot \nabla\varphi = \frac{\partial \varphi}{\partial t} + \frac{u_i}{h_i}\frac{\partial \varphi}{\partial \xi_i} \quad (\text{对 } i \text{ 求和}), \tag{2.3.52}$$

式 (2.3.52) 中已运用了式 (2.3.36) 中的梯度公式和矢量运算规则.

只要运用式 (2.3.34)~ 式 (2.3.52) 将式 (2.3.33) 中的所有项写成一般正交坐标系下的分量形式, 就可得到正交曲线坐标系下基本方程组的分量表达形式. 下面以柱坐标系和球坐标系为例写出方程的分量形式.

3) 柱坐标系和球坐标系下的方程组

A. 柱坐标系

柱坐标系 (r, θ, z) 与直角坐标系 (x, y, z) 之间的变换有如下关系.

正变换: $x = r\cos\theta$, $y = r\sin\theta$, $z = z$.

逆变换: $r = \sqrt{x^2 + y^2}$, $\theta = \arctan\dfrac{y}{x}$, $z = z$.

雅可比行列式的各相应分量为

$$\frac{\partial x}{\partial r} = \cos\theta, \quad \frac{\partial x}{\partial \theta} = -r\sin\theta, \quad \frac{\partial x}{\partial z} = 0,$$
$$\frac{\partial y}{\partial r} = \sin\theta, \quad \frac{\partial y}{\partial \theta} = r\cos\theta, \quad \frac{\partial y}{\partial z} = 0,$$
$$\frac{\partial z}{\partial r} = 0, \quad \frac{\partial z}{\partial \theta} = 0, \quad \frac{\partial z}{\partial z} = 1.$$

写出三个转换系数为

$$h_r = \sqrt{\left(\frac{\partial x}{\partial r}\right)^2 + \left(\frac{\partial y}{\partial r}\right)^2 + \left(\frac{\partial z}{\partial r}\right)^2} = \sqrt{\cos^2\theta + \sin^2\theta} = 1,$$
$$h_\theta = \sqrt{\left(\frac{\partial x}{\partial \theta}\right)^2 + \left(\frac{\partial y}{\partial \theta}\right)^2 + \left(\frac{\partial z}{\partial \theta}\right)^2} = \sqrt{r^2\cos^2\theta + r^2\sin^2\theta} = r, \tag{2.3.53}$$
$$h_z = \sqrt{\left(\frac{\partial z}{\partial z}\right)^2} = 1.$$

两坐标系之间的偏导数转换为

$$\frac{\partial}{\partial x} = \cos\theta\frac{\partial}{\partial r} - \frac{\sin\theta}{r}\frac{\partial}{\partial\theta}, \quad \frac{\partial}{\partial y} = \sin\theta\frac{\partial}{\partial r} + \frac{\cos\theta}{r}\frac{\partial}{\partial\theta}, \quad \frac{\partial}{\partial z} = \frac{\partial}{\partial z}.$$

将转换系数式 (2.3.53) 代入式 (2.3.44)~ 式 (2.3.52) 中, 再替代式 (2.3.33) 中相应的项, 得到柱坐标系下的方程组如下.

质量守恒方程:

$$\frac{\mathrm{d}\rho}{\mathrm{d}t} + \rho\left(\frac{\partial u_r}{\partial r} + \frac{1}{r}\frac{\partial u_\theta}{\partial\theta} + \frac{\partial u_z}{\partial z} + \frac{u_r}{r}\right) = 0. \tag{2.3.54}$$

动量守恒方程:

令 $\dfrac{\mathrm{d}}{\mathrm{d}t} = \dfrac{\partial}{\partial t} + u_r\dfrac{\partial}{\partial r} + \dfrac{u_\theta}{r}\dfrac{\partial}{\partial\theta} + u_z\dfrac{\partial}{\partial z}$, 三个坐标轴方向的动量守恒方程分别写为

$$\rho\left(\frac{\mathrm{d}u_r}{\mathrm{d}t} - \frac{u_\theta^2}{r}\right) = F_r + \frac{1}{r}\left(\frac{\partial r\sigma_{rr}}{\partial r} + \frac{\partial\sigma_{r\theta}}{\partial\theta} + \frac{\partial r\sigma_{rz}}{\partial z}\right) - \frac{\sigma_{\theta\theta}}{r},$$

$$\rho\left(\frac{\mathrm{d}u_\theta}{\mathrm{d}t} + \frac{u_\theta u_r}{r}\right) = F_\theta + \frac{1}{r}\left(\frac{\partial r\sigma_{r\theta}}{\partial r} + \frac{\partial\sigma_{\theta\theta}}{\partial\theta} + \frac{\partial r\sigma_{\theta z}}{\partial z}\right) + \frac{\sigma_{r\theta}}{r}, \tag{2.3.55}$$

$$\rho\frac{\mathrm{d}u_z}{\mathrm{d}t} = F_z + \frac{1}{r}\left(\frac{\partial r\sigma_{rz}}{\partial r} + \frac{\partial\sigma_{z\theta}}{\partial\theta} + \frac{\partial r\sigma_{zz}}{\partial z}\right).$$

能量守恒方程的左边为时间导数, 不展开时的形式与直角系没有差别, 右边有热传导和黏性力做功两项, 可以运用式 (2.3.49) 和其他相关公式展开, 因形式复杂, 在此不写出展开式.

B. 球坐标系

球坐标系 (r, θ, φ) 与直角坐标系 (x, y, z) 之间的变换有如下关系.

正变换: $x = r\sin\theta\cos\varphi$, $y = r\sin\theta\sin\varphi$, $z = r\cos\theta$.

逆变换: $r = \sqrt{x^2 + y^2 + z^2}$, $\theta = \arctan\dfrac{\sqrt{x^2+y^2}}{z}$, $\varphi = \arctan\dfrac{y}{x}$, 其中, $0\leqslant\theta\leqslant\pi$, $0\leqslant\varphi\leqslant 2\pi$.

雅可比行列式的各分量为

$$\frac{\partial x}{\partial r} = \sin\theta\cos\varphi, \quad \frac{\partial x}{\partial\theta} = r\cos\theta\cos\varphi, \quad \frac{\partial x}{\partial\varphi} = -r\sin\theta\sin\varphi,$$

$$\frac{\partial y}{\partial r} = \sin\theta\sin\varphi, \quad \frac{\partial y}{\partial\theta} = r\cos\theta\sin\varphi, \quad \frac{\partial y}{\partial\varphi} = r\sin\theta\cos\varphi,$$

$$\frac{\partial z}{\partial r} = \cos\theta, \quad \frac{\partial z}{\partial\theta} = -r\sin\theta, \quad \frac{\partial z}{\partial\varphi} = 0.$$

写出三个转换系数为

$$h_r = \sqrt{\left(\frac{\partial x}{\partial r}\right)^2 + \left(\frac{\partial y}{\partial r}\right)^2 + \left(\frac{\partial z}{\partial r}\right)^2} = \sqrt{\cos^2\theta + \sin^2\theta} = 1,$$

$$h_\theta = \sqrt{\left(\frac{\partial x}{\partial \theta}\right)^2 + \left(\frac{\partial y}{\partial \theta}\right)^2 + \left(\frac{\partial z}{\partial \theta}\right)^2} = \sqrt{r^2\cos^2\theta + r^2\sin^2\theta} = r, \qquad (2.3.56)$$

$$h_\varphi = \sqrt{\left(\frac{\partial x}{\partial \varphi}\right)^2 + \left(\frac{\partial y}{\partial \varphi}\right)^2 + \left(\frac{\partial z}{\partial \varphi}\right)^2} = \sqrt{r^2\sin^2\theta} = r\sin\theta.$$

将转换系数式 (2.3.56) 代入式 (2.3.44)～ 式 (2.3.52) 中, 再替代矢量形式基本方程组 (2.3.33) 中相应的项, 得到球坐标系下的方程组如下.

质量守恒方程:

$$\frac{d\rho}{dt} + \rho\left(\frac{\partial u_r}{\partial r} + \frac{1}{r}\frac{\partial u_\theta}{\partial \theta} + \frac{1}{r\sin\theta}\frac{\partial u_\varphi}{\partial \varphi} + \frac{2u_r}{r} + \frac{u_\theta\cot\theta}{r}\right) = 0, \qquad (2.3.57)$$

动量守恒方程:

令 $\dfrac{d}{dt} = \dfrac{\partial}{\partial t} + u_r\dfrac{\partial}{\partial r} + \dfrac{u_\theta}{r}\dfrac{\partial}{\partial \theta} + \dfrac{u_\varphi}{r\sin\theta}\dfrac{\partial}{\partial \varphi}$, 三个坐标轴方向的动量守恒方程分别写为

$$\rho\left(\frac{du_r}{dt} - \frac{u_\theta^2 + u_\varphi^2}{r}\right) = F_r + f_r(\sigma_{ij}),$$

$$\rho\left(\frac{du_\varphi}{dt} + \frac{u_r u_\varphi}{r} + \frac{u_\theta u_\varphi \cot\theta}{r}\right) = F_\varphi + f_\varphi(\sigma_{ij}), \qquad (2.3.58)$$

$$\rho\left(\frac{du_\theta}{dt} + \frac{u_r u_\theta}{r} - \frac{u_\varphi^2 \cot\theta}{r}\right) = F_\theta + f_\theta(\sigma_{ij}).$$

鉴于关系式形式较复杂, 在此不一一展开各方向的受力表达式, 能量守恒方程也不再列出, 需要时可查阅周毓麟著的《一维非定常流体力学》(1990).

2.3.3　一维流动方程组

由前面的分析已建立了一组用偏微分方程表示的流体力学基本方程组, 得到了方程组的各种形式以及某些特殊情况下的具体形式. 那时, 物理量是三个空间坐标和时间的函数, 即 $A(t, x, y, z)$. 对于一维问题, 物理量是一个空间坐标和时间的函数, 即可表示成 $A(x, t)$ 或 $A(r, t)$. 在一般形式流体力学基本方程组的基础上, 很容易导出一维问题的基本方程组.

1. 一维流动的基本方程组

将基本方程组的一般形式只取一个空间自变量 x, 不考虑速度的矢量性质, 原方程组 (2.3.31) 便简化成一维问题的基本方程组. 对于一维平面流动, 方程组写为

$$\frac{\partial \rho}{\partial t} + \frac{\partial \rho u}{\partial x} = 0,$$
$$\rho\frac{\partial u}{\partial t} + \rho u\frac{\partial u}{\partial x} = \rho F - \frac{\partial p}{\partial x} + \frac{\partial}{\partial x}\left[(\lambda+2\mu)\frac{\partial u}{\partial x}\right], \qquad (2.3.59)$$
$$\rho\frac{\partial e}{\partial t} + \rho u\frac{\partial e}{\partial x} = \frac{\partial}{\partial x}\left(\kappa\frac{\partial T}{\partial x}\right) - p\frac{\partial u}{\partial x} + (\lambda+2\mu)\left(\frac{\partial u}{\partial x}\right)^2.$$

一维柱对称流动的方程组为

$$\frac{\partial \rho}{\partial t} + \frac{1}{r}\frac{\partial(\rho r u)}{\partial r} = 0,$$
$$\rho\frac{\partial u}{\partial t} + \rho u\frac{\partial u}{\partial r} = \rho F + \frac{\partial}{\partial r}\left(-p + \frac{\lambda}{r}\frac{\partial r u}{\partial r} + 2\mu\frac{\partial u}{\partial r}\right) + \frac{2\mu}{r}\left(\frac{\partial u}{\partial r} - \frac{u}{r}\right),$$
$$\rho\frac{\partial e}{\partial t} + \rho u\frac{\partial e}{\partial r} = \frac{1}{r}\frac{\partial}{\partial r}\left(\kappa r\frac{\partial T}{\partial r}\right) + \frac{1}{r}\frac{\partial(r u)}{\partial r}\left(-p + \frac{\lambda}{r}\frac{\partial r u}{\partial r} + 2\mu\frac{\partial u}{\partial r}\right)$$
$$- \frac{2\mu u}{r}\left(\frac{\partial u}{\partial r} - \frac{u}{r}\right). \qquad (2.3.60)$$

一维球对称流动的方程组为

$$\frac{\partial \rho}{\partial t} + \frac{1}{r^2}\frac{\partial(\rho r^2 u)}{\partial r} = 0,$$
$$\rho\frac{\partial u}{\partial t} + \rho u\frac{\partial u}{\partial r} = \rho F + \frac{\partial}{\partial r}\left(-p + \frac{\lambda}{r^2}\frac{\partial r^2 u}{\partial r} + 2\mu\frac{\partial u}{\partial r}\right) + 4\frac{\mu}{r}\frac{\partial}{\partial r}\left(\frac{u}{r}\right),$$
$$\rho\frac{\partial e}{\partial t} + \rho u\frac{\partial e}{\partial r} = \frac{1}{r^2}\frac{\partial}{\partial r}\left(\kappa r^2\frac{\partial T}{\partial r}\right) - 4\mu u\frac{\partial}{\partial r}\left(\frac{u}{r}\right)$$
$$+ \frac{1}{r^2}\frac{\partial(r^2 u)}{\partial r}\left(-p + \frac{\lambda}{r^2}\frac{\partial r^2 u}{\partial r} + 2\mu\frac{\partial u}{\partial r}\right). \qquad (2.3.61)$$

以上两组公式 (2.3.60) 和 (2.3.61) 中已用符号 r 替代了 x. 一维问题方程组的待求变量有五个: ρ, u, p, T, e, 方程有三个, 加上状态方程 $e = e(p, T)$ 和 $p = p(\rho, T)$, 可以封闭求解.

2. 拉格朗日坐标系下的方程组形式

以上用欧拉观点建立了基本方程组. 这种方法将观察点固定在空间某一位置上, 考察在某一时刻 t 到达这个位置的流体微团的物理状态和运动参量及其变化,

该位置坐标即为其欧拉坐标. 对流体力学, 另一重要研究方法是拉格朗日方法. 在一维流动中, 如果有一流体微团在初始 $t = 0$ 时刻的位置为 X, 在 t 时刻的位置为 $x(X, t)$, X 即为该流体微团的拉格朗日坐标 (简称拉氏坐标), x 为该流体微团在 t 时刻的欧拉坐标. 在运动过程中, 其空间位置或欧拉坐标 x 发生变化, 但拉氏坐标作为该微团的标识是不会变的. 用拉氏方法研究问题即是跟踪一个质点, 考察它的状态和运动的变化. 本节仅给出一维情况下拉格朗日形式的基本方程组, 多维情况下拉格朗日方程组的形式比较复杂, 不一定方便应用.

以一维管道流动为例, 如图 2.3.2 所示, 沿管道轴线方向 (x 轴), 流体初始密度分布为 $\rho_0(X)$. 在运动过程中, 流体遵守总质量守恒, 有

$$M = \int_{X_0}^{X} \rho_0(X)\mathrm{d}X = \int_{x_0(X_0,t)}^{x(X,t)} \rho(x,t)\mathrm{d}x.$$

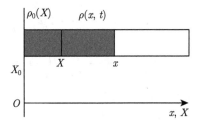

图 2.3.2   一维问题拉格朗日分析方法图示

设定 $X_0 = 0$ 的质团是静止的, 即 $x_0(X_0,t) = x_0(0,t) = 0$, 则

$$M = \rho_0 X' = \int_{0}^{x(X,t)} \rho(x,t)\mathrm{d}x,$$

或写为

$$X' = \frac{1}{\rho_0} \int_{0}^{x(X,t)} \rho(x,t)\mathrm{d}x, \tag{2.3.62}$$

X' 为 X 质点的等价拉氏坐标. 若管道内质量均匀分布, 即 $\rho_0(X) = \rho_0 = \mathrm{const}$, 则 $X' = X$.

一维问题包含一维平面问题、一维柱对称问题和一维球对称问题. 不失一般性, 设 (X, τ) 为拉氏坐标, 下面从现有欧拉方程组导出拉格朗日形式的方程组, 即从 (x, t) 系的方程形式导出 (X, τ) 系的方程形式.

对于一维平面问题, 从式 (2.3.59) 知, 理想流体欧拉方程组可表示为

$$\frac{\partial \rho}{\partial t} + \frac{\partial \rho u}{\partial x} = 0,$$

$$\rho \frac{\partial u}{\partial t} + \rho u \frac{\partial u}{\partial x} = \rho F - \frac{\partial p}{\partial x}, \tag{2.3.63}$$

$$\rho \frac{\partial e}{\partial t} + \rho u \frac{\partial e}{\partial x} = \frac{p}{\rho} \frac{\mathrm{d}\rho}{\mathrm{d}t}.$$

运用式 (2.3.62) 两坐标系之间的关系 $\rho_0 X = \int_0^x \rho(x,t)\mathrm{d}x$ 和 $t = \tau$, 可写出如下变换关系式:

$$\frac{\partial \tau}{\partial t} = 1, \quad \frac{\partial \tau}{\partial x} = 0, \tag{2.3.64}$$

$$\rho_0 \frac{\partial X}{\partial x} = \rho, \tag{2.3.65}$$

对上式作进一步变换可得到 $\dfrac{\partial X}{\partial t}$ 的表达式. 由式 (2.3.65) 有

$$\frac{\partial}{\partial t}\left(\rho_0 \frac{\partial X}{\partial x}\right) = \frac{\partial \rho}{\partial t},$$

或写成

$$\rho_0 \frac{\partial}{\partial t}\left(\frac{\partial X}{\partial x}\right) = \frac{\partial \rho}{\partial t}. \tag{2.3.66}$$

运用方程组 (2.3.63) 中的质量守恒方程, 从式 (2.3.66) 导出

$$\rho_0 \frac{\partial X}{\partial t} = \int_0^x \frac{\partial \rho}{\partial t}\mathrm{d}x = \int_0^x -\frac{\partial \rho u}{\partial x}\mathrm{d}x = -\rho u. \tag{2.3.67}$$

于是欧拉坐标系 (x, t) 下的偏导数通过下式表示成拉氏坐标系 (X, τ) 的相应表达式

$$\frac{\partial}{\partial t} = \frac{\partial}{\partial \tau}\frac{\partial \tau}{\partial t} + \frac{\partial}{\partial X}\frac{\partial X}{\partial t} = \frac{\partial}{\partial t} - \frac{\rho u}{\rho_0}\frac{\partial}{\partial X},$$

$$\frac{\partial}{\partial x} = \frac{\partial}{\partial \tau}\frac{\partial \tau}{\partial x} + \frac{\partial}{\partial X}\frac{\partial X}{\partial x} = \frac{\partial X}{\partial x}\frac{\partial}{\partial X} = \frac{\rho}{\rho_0}\frac{\partial}{\partial X}, \tag{2.3.68}$$

由式 (2.3.68) 可见 $\dfrac{\partial}{\partial t} + u\dfrac{\partial}{\partial x} = \dfrac{\mathrm{d}}{\mathrm{d}t} = \dfrac{\partial}{\partial \tau}$, 即前面讲到的物质导数与时间全导数的关系.

运用式 (2.3.68), 方程组 (2.3.63) 变换成拉格朗日形式的一维方程组如下:

$$\frac{\partial x}{\partial \tau} = u,$$

$$\frac{1}{\rho} = \frac{1}{\rho_0} \frac{\partial x}{\partial X},$$

$$\frac{\partial u}{\partial \tau} = F - \frac{1}{\rho_0} \frac{\partial p}{\partial X}, \qquad (2.3.69)$$

$$\frac{\partial e}{\partial \tau} = \frac{p}{\rho^2} \frac{\partial \rho}{\partial \tau}.$$

将式 (2.3.69) 中的第一个方程对 X 求偏导, 第二个方程对 τ 求偏导, 合并后得到与欧拉方程形式相比拟的方程组形式

$$\frac{\partial \rho}{\partial \tau} + \frac{\rho^2}{\rho_0} \frac{\partial u}{\partial X} = 0,$$

$$\frac{\partial u}{\partial \tau} + \frac{1}{\rho_0} \frac{\partial p}{\partial X} = F, \qquad (2.3.70)$$

$$\frac{\partial e}{\partial \tau} - \frac{p}{\rho^2} \frac{\partial \rho}{\partial \tau} = 0.$$

方程组 (2.3.70) 没有考虑热传导、黏性等耗散过程, 是理想流体等熵运动的方程组. 当有一个状态方程 $e = e(p, \rho)$ 与方程组联立时, 可求出 ρ, u, p, e 四个未知量, 运动过程得以求解.

对于常用的几个一维问题, 从式 (2.3.59)~ 式 (2.3.61) 知, 理想流体等熵运动的欧拉方程组的一般形式为

$$\frac{\partial \rho}{\partial t} + \frac{1}{r^N} \frac{\partial \left(\rho r^N u\right)}{\partial r} = 0,$$

$$\rho \frac{\partial u}{\partial t} + \rho u \frac{\partial u}{\partial r} + \frac{\partial p}{\partial r} = \rho F, \qquad (2.3.71)$$

$$\rho \frac{\partial e}{\partial t} + \rho u \frac{\partial e}{\partial r} + \frac{p}{r^N} \frac{\partial \left(r^N u\right)}{\partial r} = 0,$$

式中, $N=0, 1, 2$ 分别对应平面对称、柱对称和球对称三种情况. 从质量守恒定律出发, 都有 $M = \int \rho \mathrm{d}V = \mathrm{const}$, 其表达式分别是:

对于平面对称流动, $\mathrm{d}V = \mathrm{d}R\mathrm{d}s$, 有 $\int \rho \mathrm{d}R \Rightarrow \rho_0 R = \int_0^x \rho \mathrm{d}x,$

对于柱对称流动, $\mathrm{d}V = 2\pi R\mathrm{d}R\mathrm{d}z$, 有 $\int \rho \mathrm{d}s \Rightarrow \rho_0 R^2 = 2\int_0^r x\rho \mathrm{d}x,$

对于球对称流动, $\mathrm{d}V = 4\pi R^2\mathrm{d}R$, 有 $\int \rho \mathrm{d}V \Rightarrow \rho_0 R^3 = 3\int_0^r x^2\rho \mathrm{d}x,$

统一起来可写出两坐标系之间的关系为

$$\rho_0 R^{N+1} = (N+1) \int_0^r x^N \rho \mathrm{d}x, \qquad N = 0, 1, 2,$$
$$\tau = t. \tag{2.3.72}$$

这里用 R 替代了 X. 同样作坐标系的变换, 并利用质量守恒连续性方程, 有如下关系式:

$$\frac{\partial \tau}{\partial t} = 1, \quad \frac{\partial \tau}{\partial r} = 0,$$
$$\rho_0 R^N \frac{\partial R}{\partial r} = r^N \rho, \tag{2.3.73}$$
$$\frac{\partial R}{\partial t} = -\frac{r^N \rho u}{R^N \rho_0}.$$

于是

$$\frac{\partial}{\partial t} = \frac{\partial}{\partial \tau}\frac{\partial \tau}{\partial t} + \frac{\partial}{\partial R}\frac{\partial R}{\partial t} = \frac{\partial}{\partial \tau} - \frac{r^N \rho u}{R^N \rho_0}\frac{\partial}{\partial R} = \frac{\partial}{\partial \tau} - u\frac{\rho}{\rho_0}\left(\frac{r}{R}\right)^N \frac{\partial}{\partial R},$$
$$\frac{\partial}{\partial r} = \frac{\partial}{\partial \tau}\frac{\partial \tau}{\partial r} + \frac{\partial}{\partial R}\frac{\partial R}{\partial r} = \frac{\partial R}{\partial r}\frac{\partial}{\partial R} = \left(\frac{r}{R}\right)^N \frac{\rho}{\rho_0}\frac{\partial}{\partial R}.$$

将以上各式代入一维方程组 (2.3.71) 中, 有

$$\frac{\partial r}{\partial \tau} = u,$$
$$\frac{1}{\rho} = \frac{1}{\rho_0}\left(\frac{r}{R}\right)^N \frac{\partial r}{\partial R}, \tag{2.3.74}$$
$$\frac{\partial u}{\partial \tau} = F - \frac{1}{\rho_0}\left(\frac{r}{R}\right)^N \frac{\partial p}{\partial R},$$
$$\frac{\partial e}{\partial \tau} = \frac{p}{\rho^2}\frac{\partial \rho}{\partial \tau},$$

方程组 (2.3.74) 即为理想流体一维流动拉格朗日基本方程组. 将式 (2.3.74) 中第一个方程对 R 求偏导, 第二个方程对 τ 偏导, 合并后可得到类似式 (2.3.70) 的另外形式的拉格朗日方程组. 当有一个状态方程 $e = e(p, \rho)$ 与上述方程组联立时, 理论上可求出 ρ, u, p, e 四个未知量, 流场得以求解.

2.4 流体动力学方程组的积分形式

2.4.1 守恒方程的积分形式

仍然从基本公式 (2.3.2), 式 (2.3.3) 出发, 同时基于质量守恒、动量守恒和能量守恒原理, 直接导出积分形式的流体力学基本方程组.

1. 质量守恒方程

设控制体内流体密度为 ρ, 总质量为 $\int_\Omega \rho \mathrm{d}V$, 对照公式 (2.3.4), 这时物理量 ρ 对应了公式中的 A. 因为体积内质量守恒, 所以

$$\frac{\mathrm{d}}{\mathrm{d}t}\int_\Omega \rho \mathrm{d}V = 0. \tag{2.4.1}$$

由式 (2.3.2), 上式写为

$$\int_\Omega \frac{\partial \rho}{\partial t}\mathrm{d}V + \int_s \rho \boldsymbol{u}\cdot\boldsymbol{n}\mathrm{d}s = 0. \tag{2.4.2}$$

式 (2.4.1) 和式 (2.4.2) 即为积分形式的质量守恒方程.

对于连续流动, 利用基本公式 (2.3.3) 和式 (2.3.4), 由式 (2.4.2) 导出 $\frac{\partial \rho}{\partial t}+\nabla\cdot(\rho\boldsymbol{u})=0$, 即转换成原微分形式的质量守恒方程, 其分量形式为 $\frac{\partial \rho}{\partial t}+\frac{\partial \rho u_i}{\partial x_i}=0$(对 i 求和).

2. 动量守恒方程

取控制体内流体动量密度 ρu 对应守恒量 A, 按照 2.3.1 节中关于控制体内动量守恒规律, 写出动量守恒方程如下:

$$\frac{\mathrm{d}}{\mathrm{d}t}\int_\Omega \rho\boldsymbol{u}\mathrm{d}V = \int_\Omega \rho\boldsymbol{F}\mathrm{d}V + \int_s \boldsymbol{\sigma}\cdot\boldsymbol{n}\mathrm{d}s. \tag{2.4.3}$$

运用式 (2.3.9) 改写式 (2.4.3) 的左边, 得到积分形式的动量守恒方程为

$$\int_\Omega \rho\frac{\mathrm{d}\boldsymbol{u}}{\mathrm{d}t}\mathrm{d}V = \int_\Omega \rho\boldsymbol{F}\mathrm{d}V + \int_s \boldsymbol{\sigma}\cdot\boldsymbol{n}\mathrm{d}s. \tag{2.4.4}$$

对于连续流动, 可将式 (2.4.4) 转换成原微分方程的形式 $\rho\frac{\mathrm{d}\boldsymbol{u}}{\mathrm{d}t}=\rho\boldsymbol{F}+\nabla\cdot\boldsymbol{\sigma}$, 其分量形式为 $\rho\frac{\partial u_i}{\partial t}+\rho u_j\frac{\partial u_i}{\partial x_j}=\rho F_i+\frac{\partial \sigma_{ij}}{\partial x_j}$, 原微分方程还可展开写成 $\rho\left[\frac{\partial \boldsymbol{u}}{\partial t}+(\boldsymbol{u}\cdot\nabla)\boldsymbol{u}\right]=\rho\boldsymbol{F}+\nabla\cdot\boldsymbol{\Sigma}-\nabla p$.

3. 能量守恒方程

取控制体内流体总能量密度 $\rho(e+\boldsymbol{u}^2/2)$ 对应守恒量 A, 按照能量守恒定律, 不计源项, 写出能量守恒方程如下:

$$\frac{\mathrm{d}}{\mathrm{d}t}\int_\Omega \rho\left(e+\frac{1}{2}\boldsymbol{u}^2\right)\mathrm{d}V = \int_s \kappa\nabla T\cdot\boldsymbol{n}\mathrm{d}s + \int_\Omega \rho\boldsymbol{F}\cdot\boldsymbol{u}\mathrm{d}V + \int_s \boldsymbol{u}\cdot\boldsymbol{\sigma}\cdot\boldsymbol{n}\mathrm{d}s, \tag{2.4.5}$$

将上式左右两边分别展开, 并运用质量守恒和动量守恒方程, 整理后得

$$\int_{\Omega} \rho \frac{\mathrm{d}e}{\mathrm{d}t} \mathrm{d}V = \int_s \kappa \nabla T \cdot \boldsymbol{n} \mathrm{d}s + \int_{\Omega} \boldsymbol{\sigma} : \nabla \boldsymbol{u} \mathrm{d}V. \tag{2.4.6}$$

式 (2.4.6) 即为积分形式的能量守恒方程.

对于连续流动, 可将式 (2.4.6) 转换成原微分方程的形式 $\rho \dfrac{\mathrm{d}e}{\mathrm{d}t} = \kappa \nabla^2 T + \boldsymbol{\sigma} :$ $\nabla \boldsymbol{u}$, 分量形式为 $\rho \dfrac{\mathrm{d}e}{\mathrm{d}t} = \dfrac{\partial}{\partial x_i} \left(\kappa \dfrac{\partial T}{\partial x_i} \right) + \sigma_{ij} \dfrac{\partial u_i}{\partial x_j}$.

2.4.2 间断面关系式

假定流场中有一间断面, 设间断面上有一块面积 $S_*(t)$, 以速度 D 运动, $S_*(t)$ 的外法向 $\boldsymbol{n}$ 为 D 的正向, 在 $S_*(t)$ 的两边各有一个表面 $S_1(t)$ 和 $S_2(t)$, 如图 2.4.1 所示由 $S_1(t)$ 和 $S_2(t)$ 之间的区域组成体积 $\Omega(t)$. 将坐标原点取在曲面 $S_*(t)$ 上, $l_1(t), l_2(t)$ 分别表示 $S_1(t)$ 和 $S_2(t)$ 到原点平面 $S_*(t)$ 的距离坐标, 任何物理量 f 在这个体积 $\Omega(t)$ 上的积分可写为

$$\int_{\Omega(t)} f \mathrm{d}V = \int_{S_*(t)} \mathrm{d}s \cdot \int_{l_2}^{l_1} f \mathrm{d}l,$$

其中 l 是沿面 $S_*(t)$ 的法向 $\boldsymbol{n}$ 取向的线坐标. 在与间断面 $S_*(t)$ 一起运动的坐标系中, $\mathrm{d}l/\mathrm{d}t = u_n - D$ 表示坐标为 $l(t)$ 的曲面 $S(t)$ 相对于间断面 $S_*(t)$ 的运动速度, 其中 u_n 为该曲面的运动速度在法向 $\boldsymbol{n}$ 上的分量. 假定 $S_*(t)$ 的大小不随时间变化, 则用 S_* 代替 $S_*(t)$. 函数在 S_* 上不连续. 因此积分应分两段进行. 于是这个积分对时间的导数可写为

$$\begin{aligned}
\frac{\mathrm{d}}{\mathrm{d}t} \int_{\Omega} f \mathrm{d}V &= \frac{\mathrm{d}}{\mathrm{d}t} \int_{S_*} \mathrm{d}s \cdot \left(\int_{l_2}^{0} f \mathrm{d}l + \int_{0}^{l_1} f \mathrm{d}l \right) \\
&= \int_{S_*} \mathrm{d}s \cdot \left(\int_{l_2}^{0} \frac{\partial f}{\partial t} \mathrm{d}l - f_2 \frac{\mathrm{d}l_2}{\mathrm{d}t} + \int_{0}^{l_1} \frac{\partial f}{\partial t} \mathrm{d}l + f_1 \frac{\mathrm{d}l_1}{\mathrm{d}t} \right) \\
&= \int_{S_*} \mathrm{d}s \cdot \left[\int_{l_2}^{0} \frac{\partial f}{\partial t} \mathrm{d}l + \int_{0}^{l_1} \frac{\partial f}{\partial t} \mathrm{d}l - f_2(u_{2n} - D) + f_1(u_{1n} - D) \right].
\end{aligned}$$

将 $S_1(t)$ 和 $S_2(t)$ 两个表面 S_1 和 S_2 取得无限接近 S_*, 即 $S_1 \to S_*, S_2 \to S_*$, 但 S_* 仍位于 S_1 和 S_2 之间; 同时, 函数 f 只在 S_* 上间断, 故在 S_* 之外两边区域中的 $\partial f/\partial t$ 都是连续有限的. 于是当 $S_1 \to S_*, S_2 \to S_*$ 时, $l_1 \to 0, l_2 \to 0$, 上式右端前两项都等于 0, 得

$$\frac{\mathrm{d}}{\mathrm{d}t} \int_{\Omega(t)} f \mathrm{d}V = \int_{S_*} \mathrm{d}s \cdot [f_1(u_{1n} - D) - f_2(u_{2n} - D)]. \tag{2.4.7}$$

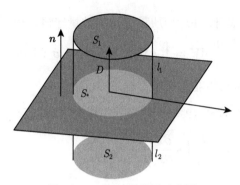

图 2.4.1　间断面分析示意图

1. 质量守恒关系式

令 $f=\rho$, 因控制体内质量守恒有 $\dfrac{\mathrm{d}}{\mathrm{d}t}\displaystyle\int \rho\mathrm{d}V = 0$, 利用式 (2.4.7) 得

$$\int_{S_*}\mathrm{d}s\left[\rho_1(u_{1n} - D) - \rho_2(u_{2n} - D)\right] = 0.$$

考虑到面积 S_* 是任意选取的, 故有

$$\rho_1(u_{1n} - D) = \rho_2(u_{2n} - D). \tag{2.4.8}$$

式 (2.4.8) 为过间断面的质量守恒关系式.

2. 动量守恒关系式

令 $f=\rho\boldsymbol{u}$, 由动量守恒规律有关系式 $\dfrac{\mathrm{d}}{\mathrm{d}t}\displaystyle\int \rho\boldsymbol{u}\mathrm{d}V = \int \rho\boldsymbol{F}\mathrm{d}V + \int \boldsymbol{\sigma}\cdot\boldsymbol{n}\mathrm{d}s$, 所以利用式 (2.4.7) 有

$$\int_{S_*}[\rho_1\boldsymbol{u}(u_{1n} - D) - \rho_2\boldsymbol{u}(u_{2n} - D)]\mathrm{d}s = \int_{\Omega} \rho\boldsymbol{F}\mathrm{d}V + \int_{S_*} \boldsymbol{\sigma}\cdot\boldsymbol{n}\mathrm{d}s$$

$$= \int_{S_*}(\rho\boldsymbol{F}\mathrm{d}l)\mathrm{d}s + \int_{S_*} \boldsymbol{\sigma}\cdot\boldsymbol{n}\mathrm{d}s.$$

对任意取法向的面积 S_*, 由上式导出

$$\rho_1\boldsymbol{u}(u_{1n} - D) - \rho_2\boldsymbol{u}(u_{2n} - D) = \rho\boldsymbol{F}\mathrm{d}l + \boldsymbol{\sigma}\cdot\boldsymbol{n},$$

略去高阶小量, 对于无黏性流体 $\boldsymbol{\sigma}\cdot\boldsymbol{n} = -p\boldsymbol{n} = -pn_i\boldsymbol{i}_i$, 上式可写成

$$\rho_1 \boldsymbol{u}(u_{1n} - D) - \rho_2 \boldsymbol{u}(u_{2n} - D) = (p_2 - p_1)\boldsymbol{n}, \tag{2.4.9}$$

于是式 (2.4.9) 沿两个方向分别写出关系式如下.

动量法向分量守恒:

$$\rho_1 u_{1n}(u_{1n} - D) - \rho_2 u_{2n}(u_{2n} - D) = p_2 - p_1. \tag{2.4.10}$$

动量切向分量守恒:

$$\rho_1 u_{1t}(u_{1n} - D) = \rho_2 u_{2t}(u_{2n} - D). \tag{2.4.11}$$

上式中下标 t 表示切向分量. 综合式 (2.4.8) 和式 (2.4.10) 可写出过间断面的法向动量守恒方程

$$\rho_1(u_{1n} - D)^2 + p_1 = \rho_2(u_{2n} - D)^2 + p_2. \tag{2.4.12}$$

运用式 (2.4.8), 当 $\rho_1(u_{1n} - D) = \rho_2(u_{2n} - D) \neq 0$ 时, 从式 (2.4.11) 得到过间断面的切向动量守恒方程

$$u_{1t} = u_{2t}. \tag{2.4.13}$$

式 (2.4.12) 和式 (2.4.13) 就是后续章节在冲击波分析中将用到的动量守恒关系式.

3. 能量守恒关系式

取 $f = \rho\left(e + \dfrac{1}{2}\boldsymbol{u}^2\right)$, 对无热传导的过程有

$$\frac{\mathrm{d}}{\mathrm{d}t}\int \rho\left(e + \frac{\boldsymbol{u}^2}{2}\right)\mathrm{d}V = \int \rho \boldsymbol{F} \cdot \boldsymbol{u}\mathrm{d}V + \int \boldsymbol{u} \cdot \boldsymbol{\sigma} \cdot \boldsymbol{n}\mathrm{d}s,$$

按照前面的思路可写出过间断面能量守恒关系式如下:

$$\rho\left(e + \frac{\boldsymbol{u}^2}{2}\right)(u_n - D)\bigg|_1 - \rho\left(e + \frac{\boldsymbol{u}^2}{2}\right)(u_n - D)\bigg|_2$$

$$= \boldsymbol{u} \cdot (\boldsymbol{\sigma} \cdot \boldsymbol{n})|_1 - \boldsymbol{u} \cdot (\boldsymbol{\sigma} \cdot \boldsymbol{n})|_2 = (u_i\sigma_{ij}n_j)_1 - (u_i\sigma_{ij}n_j)_2.$$

对无黏性流体, 上式右边 $= (u_i p\delta_{ij}n_j)_2 - (u_i p\delta_{ij}n_j)_1 = (u_i pn_i)_2 - (u_i pn_i)_1$, 且 $(u_i pn_i)_2 - (u_i pn_i)_1 = p_2 u_{2n} - p_1 u_{1n}$, 于是能量守恒关系式写为

$$M\left(e + \frac{\boldsymbol{u}^2}{2}\right) + pu_n\bigg|_1 = M\left(e + \frac{\boldsymbol{u}^2}{2}\right) + pu_n\bigg|_2, \tag{2.4.14}$$

其中 $M = \rho(D - u_n)$, 下标 1, 2 分别表示间断面前后. 令 $P = \rho(u_n - D)^2 + p$, 式 (2.4.14) 的两边同时减去 $PD + \dfrac{1}{2}MD^2$, 还可得

$$e + \frac{1}{2}(\boldsymbol{u} - D)^2 + \frac{p}{\rho}\bigg|_1 = e + \frac{1}{2}(\boldsymbol{u} - D)^2 + \frac{p}{\rho}\bigg|_2. \tag{2.4.15}$$

式 (2.4.8), 式 (2.4.10), 式 (2.4.11) 及式 (2.4.15) 组成了间断面两边参量之间的关系式, 适用于描述冲击波、爆轰波以及一般物质间断面等两边参数的联系.

约定方括号表示间断面两边的相应量之差, 则过间断面成立的三个守恒方程重写如下:

$$[\rho(u_n - D)] = 0,$$
$$[p + \rho u_n(u_n - D)] = 0 \text{ 和 } [\rho u_t(u_n - D)] = 0, \tag{2.4.16}$$
$$\left[e + \frac{1}{2}(\boldsymbol{u} - D)^2 + \frac{p}{\rho}\right] = 0 \text{ 或 } \left[M\left(e + \frac{\boldsymbol{u}^2}{2}\right) + pu_n\right] = 0.$$

4. 讨论

(a) 从力学角度讲, 间断面的类型有法向间断和切向间断.

法向间断是指间断面两边力学状态的法向分量不连续, 典型的有冲击波阵面、相变界面和化学反应阵面等.

切向间断是指间断面两边力学状态的切向分量可能不连续, 典型的如接触间断 (不同物质的界面)、流场中的滑移面等.

(b) 质量守恒关系式 (2.4.8) 的意义是流进间断面 S_* 的质量等于流出 S_* 的质量.

冲击波和接触间断都是一种间断面, 不同的是后一种间断面两边没有质量交换. 接触间断面两边参数的特点是 $\rho_1(u_{1n} - D) = \rho_2(u_{2n} - D) = 0$, 即越过界面的质量等于零, 从而 $D = u_{1n} = u_{2n}$, 这时间断面的运动速度等于间断面两边流体的质点速度, 反映了一种运动平衡; 对于冲击波阵面, 物质穿波而过, 此时 $\rho_1(u_{1n} - D) = \rho_2(u_{2n} - D) \neq 0$, 给出了过波阵面的质量守恒.

(c) 动量守恒公式 (2.4.10) 和 (2.4.11) 的意义是动量的垂直分量和水平分量分别守恒.

对于波阵面, $\rho(u_n - D) = \text{const}, u_{1t} = u_{2t}$, 即切向速度相等, 这是切向连续的特点, 因此冲击波是一种法向间断; 对于接触间断面, $\rho(u_n - D) = 0$, 有可能 $u_{1t} \neq u_{2t}$, 如同种流场中的滑移线, 并且有 $p_1 = p_2$(反映了力平衡) 和 $u_{1n} = u_{2n}$, 表现为法向连续的特点, 因此接触间断面是一种切向间断.

(d) 以上间断都是指强间断, 即零阶间断, 间断面两边物理参量如 ρ, u 或 p 本身发生突变. 还存在另一种间断, 称为弱间断, 这种间断的两边是物理量的微商出现间断, 而非物理量本身, 如等熵波的波阵面. 关于等熵波的详细情况参见后续章节中连续流动相关内容.

习　题　2

2.1　与固体本构行为的特点相比, 流体的应力–应变率关系有何特点?

2.2　如果应力张量的分量 $\sigma_{ij} = -p\delta_{ij}$, 其中 p 为常数, Φ_{ij} 是变形速率张量的分量. 证明应力功率为

$$\Phi_{ij}\sigma_{ij} = \frac{p}{\rho}\frac{\mathrm{d}\rho}{\mathrm{d}t}.$$

2.3　你是怎样理解热力学第二定律的? 试说明熵的物理意义, 什么是熵增原理?

2.4　状态方程反映了介质的什么特性? 正常物质的状态方程有哪些特点?

2.5　请从状态方程说明凝聚介质与气体介质的区别.

2.6　多方气体是怎样定义的? 有什么热力学特征?

2.7　求解流体力学问题时, 基于哪些力学原理建立基本控制方程组? 为什么在基本方程组的基础上还要考虑研究对象介质的本构关系/状态方程?

2.8　熵增机制有哪些? 在基本控制方程组中如何体现?

2.9　如何才能封闭求解一个流体动力学问题?

2.10　从流体力学基本方程组的角度说明定常与非定常、可压缩与不可压缩流动的概念. 如何理解运动流体的可压缩性?

2.11　什么是理想流体? 什么是牛顿流体? 请写出理想流体的一维流动方程组.

2.12　当介质受到随位置和时间变化的体力作用时, 请推导拉格朗日描述和欧拉描述下的一维运动方程.

2.13　以笛卡儿坐标表示的连续性方程为

$$\frac{\partial\rho}{\partial t} + \frac{\partial}{\partial x}(\rho u_x) + \frac{\partial}{\partial y}(\rho u_y) + \frac{\partial}{\partial z}(\rho u_z) = 0.$$

试证明, 以柱坐标 r, θ, z 表示的连续性方程为

$$r\frac{\partial\rho}{\partial t} + \frac{\partial}{\partial r}(r\rho u_r) + \frac{\partial}{\partial\theta}(\rho u_\theta) + r\frac{\partial}{\partial z}(\rho u_z) = 0,$$

其中带下标的 u_i 为质点速度矢量在各坐标方向的分量.

2.14　流体力学基本方程组为何有微分形式和积分形式的区别? 各有什么应用背景?

2.15　请导出下列过间断面的能量守恒公式

$$\left[e + \frac{1}{2}(u-D)^2 + \frac{p}{\rho}\right]_1 = \left[e + \frac{1}{2}(u-D)^2 + \frac{p}{\rho}\right]_2.$$

2.16   伯努利方程成立的条件是什么？与过间断面的能量守恒方程作比较, 两者的根本异同有哪些?

2.17   请举例说明强间断和弱间断的概念. 在流体力学中, 过强间断和弱间断状态参量的变化分别服从怎样的数学表达?

第 3 章　特征线方法

从描述连续流动的微分形式基本方程组知, 方程组是一组偏微分方程, 对于一维问题, 是一个以 (x, t) 为自变量的一阶偏微分方程组. 求解偏微分方程组是一个数学问题, 其解法一般有两类: 一类是解析方法, 另一类是数值方法. 本课程的任务是运用解析方法求解这个问题, 从而获得相应流体力学现象物理本质的认识. 本书的思路是, 首先建立连续流动的求解方法, 并运用它分析典型一维不定常流体力学问题 (第 4 章), 然后运用间断关系式分析非连续流动问题 (第 5 章), 再综合考察混合流场的求解 (第 6 章).

有限的偏微分方程可以用数理方法获得解析解, 有一类偏微分方程可以采用特征线方法求解. 本章从特征线方法入手, 首先认识特征线的数学本质和物理意义, 然后运用特征线方法求解简单的一维流场问题, 进一步, 在第 4 章获得简单波解, 分析复杂的一维流场, 获得通解表示. 在这个过程中认识不定常流体力学的一些基本现象、特点和物理背景, 体会研究方法的运用技巧.

3.1　特征线的意义

在数学上, 特征线是能将偏微分方程转化为常微分方程的曲线族, 下面就一个简单情况加以说明. 假定函数 $\rho(x, t)$ 满足偏微分方程

$$\frac{\partial \rho}{\partial t} + c(\rho)\frac{\partial \rho}{\partial x} = 0, \tag{3.1.1}$$

初始条件为 $t=0$ 时, $\rho=\rho(x, t)=\rho_0(x)$, 现求解其初值问题.

当 $\mathrm{d}x/\mathrm{d}t = c(\rho)$ 时, 上述方程变为

$$\frac{\partial \rho}{\partial t} + \frac{\partial \rho}{\partial x}\frac{\mathrm{d}x}{\mathrm{d}t} = 0,$$

或写为全导数

$$\frac{\mathrm{d}\rho}{\mathrm{d}t} = 0. \tag{3.1.2}$$

方程 (3.1.2) 的意义是, 沿方向 $\mathrm{d}x/\mathrm{d}t = c(\rho)$, 偏微分方程 (3.1.1) 化成常微分方程, 于是沿这个特殊方向, 偏微分方程可以通过积分解出. 这里 $\mathrm{d}x/\mathrm{d}t = c(\rho)$ 称

为特征方向或特征线方程, 由此解出的曲线为特征线; 式 (3.1.2) 也称为沿特征方向的方向导数, 由于它沿特征线成立, 所以又称为特征方程或相容性关系式. 这种认识 (或建立) 特征线的方法称为方向导数法.

由特征线的确定过程可知, 特征线无非是使下列两式同时成立的特殊曲线 $x(t)$

$$\begin{cases} \dfrac{\partial \rho}{\partial t} + c(\rho)\dfrac{\partial \rho}{\partial x} = 0, \\ \mathrm{d}\rho = \dfrac{\partial \rho}{\partial t}\mathrm{d}t + \dfrac{\partial \rho}{\partial x}\mathrm{d}x. \end{cases} \tag{3.1.3}$$

式 (3.1.3) 可以看作是以 $\dfrac{\partial \rho}{\partial t}$ 和 $\dfrac{\partial \rho}{\partial x}$ 为变量的线性方程组, 对方程组求解得

$$\frac{\partial \rho}{\partial t} = \frac{-c\mathrm{d}\rho}{\mathrm{d}x - c(\rho)\mathrm{d}t} = \frac{-c\mathrm{d}\rho}{\Delta}. \tag{3.1.4}$$

当 $\mathrm{d}\rho \to 0$ 时, $\dfrac{\partial \rho}{\partial t}$ 有非零解的条件只能是系数行列式 $\Delta = \mathrm{d}x - c(\rho)\mathrm{d}t = 0$, 由此解出特征线方程

$$\mathrm{d}x/\mathrm{d}t = c(\rho), \tag{3.1.5}$$

这种确定 (或求解) 特征线的方法称为不定线法. 同时, 由此也可以理解, 沿特征线, 偏导数 $\dfrac{\partial \rho}{\partial t}$ 和 $\dfrac{\partial \rho}{\partial x}$ 可能不连续.

作进一步分析可理解采用特征线进行求解的意义. 沿特征线求解式 (3.1.2) 得

$$\rho = \rho(x, t) = \rho(x_0, 0) = \rho_0(\xi) = \mathrm{const.} \tag{3.1.6}$$

ξ 是 x 在 $t=0$ 时之值, 即 $t=0$ 时, $x = x_0 = \xi$. 式 (3.1.6) 的意义是: 沿 $\mathrm{d}x/\mathrm{d}t = c(\rho)$ 中的某条曲线, 有 $\rho = \rho_0(\xi)$, 不随时间变化.

由曲线 $\mathrm{d}x/\mathrm{d}t = c(\rho)$ 解出

$$x = c(\rho)t + \xi = c(\rho_0(\xi))t + \xi. \tag{3.1.7}$$

ξ 是 $t=0$ 时刻 x 的可能取值. 一个 ξ 值对应一条曲线 (或直线), 式 (3.1.7) 代表了一个曲线族. 如图 3.1.1 所示, 以 ξ 为参量, 对应一个 ξ, 如 $\xi=\xi_i$, 即一条特征线, 在该特征线上每一点的状态都为 $\rho_0(\xi_i)$, 可以理解为 $\rho_0(\xi_i)$ 沿特征线 ξ_i 传播. $x\text{-}t$ 平面上不同 ξ 对应了不同特征线, 所有 ξ 对应的特征线族则覆盖了整个时空区域的坐标点, 每条特征线携带着它自己的 $\rho_0(\xi_i)$, 于是 $x\text{-}t$ 平面上每点的 $\rho(x, t)$ 被解出, 即式 (3.1.6) 和式 (3.1.7) 确定了整个 $x\text{-}t$ 平面上的解.

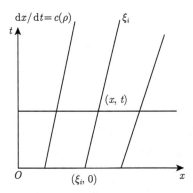

图 3.1.1 特征线族示意图

由此得到如下认识:

(a) 若存在一组如式 (3.1.5) 所示的曲线, 沿该曲线, 方程 (3.1.1) 由偏微分化为常微分方程 (3.1.2), 数学上称该曲线为原偏微分方程的特征线.

(b) 沿特征线, 状态量以初始值传播, 特征线覆盖 x-t 平面, 则任何时刻 t 和任何位置 x 处的状态得以求解, 此乃特征线的作用所在.

一般情况下, 若有二元函数 $f(x, t)$, 其导数的线性组合 $\alpha_1 \dfrac{\partial f}{\partial t} + \alpha_2 \dfrac{\partial f}{\partial x}$ 的系数 α_1, α_2 满足以下条件

$$\frac{\mathrm{d}x}{\mathrm{d}t} = \frac{\alpha_2}{\alpha_1},$$

则称该线性组合为 $f(x, t)$ 在方向 $\mathrm{d}x/\mathrm{d}t=\alpha_2/\alpha_1$ 上的方向导数, 该方向称为特征方向. 若曲线 $x=\varphi(t)$ 是具有方向 $\mathrm{d}x/\mathrm{d}t=\alpha_2/\alpha_1$ 的曲线, 则该曲线称为特征线.

3.2 小扰动的认识

特征线与流体力学有何关系? 我们通过小扰动问题的求解来考察特征线与流体动力学现象的联系, 从而理解特征线的物理意义.

理想流体一维流动的基本方程组为

$$\begin{aligned}
\frac{\partial \rho}{\partial t} + \frac{\partial \rho u}{\partial x} &= 0, \\
\frac{\mathrm{d}u}{\mathrm{d}t} + \frac{1}{\rho}\frac{\partial p}{\partial x} &= 0.
\end{aligned} \tag{3.2.1}$$

在静止流体中有小扰动传播, 考虑小扰动引起的状态量变化为 p', ρ' 和 u, 且 $p' \ll p_0$, $\rho' \ll \rho_0$, u 与 p', ρ' 为同一阶小量. 这时状态量变为 $p = p_0 + p'$, $\rho = \rho_0 + \rho'$,

运用 $c_0^2 = \mathrm{d}p/\mathrm{d}\rho = \mathrm{d}p'/\mathrm{d}\rho'$, 方程组 (3.2.1) 变为

$$
\begin{aligned}
\frac{\partial \rho'}{\partial t} + \rho_0 \frac{\partial u}{\partial x} &= 0, \\
\frac{\partial u}{\partial t} + \frac{c_0^2}{\rho_0} \frac{\partial \rho'}{\partial x} &= 0.
\end{aligned}
\tag{3.2.2}
$$

这是一个线性偏微分方程组. 将 3.1 节特征线的概念用于此二元一次偏微方程组, 为使两个方程同时满足全微分条件, 所求特征线必须保证下面两式同时成立

$$
\begin{aligned}
\mathrm{d}\rho' &= \frac{\partial \rho'}{\partial t}\mathrm{d}t + \frac{\partial \rho'}{\partial x}\mathrm{d}x, \\
\mathrm{d}u &= \frac{\partial u}{\partial t}\mathrm{d}t + \frac{\partial u}{\partial x}\mathrm{d}x,
\end{aligned}
\tag{3.2.3}
$$

将式 (3.2.2) 和式 (3.2.3) 联立, 利用不定线方法, 求出满足特征线定义的特征线方程为

$$
\frac{\mathrm{d}x}{\mathrm{d}t} = \pm c_0,
$$

或

$$
x = \pm c_0 t + \xi.
\tag{3.2.4}
$$

式 (3.2.4) 说明存在两条特征线, "+" 号对应 C_+ 特征线, "−" 号对应 C_- 特征线. 特征线上成立的特征方程为

$$
\frac{\mathrm{d}u}{\mathrm{d}t} \pm \frac{c_0}{\rho_0} \frac{\mathrm{d}\rho'}{\mathrm{d}t} = 0,
$$

或

$$
u \pm \frac{c_0}{\rho_0}\rho' = \text{const.}
\tag{3.2.5}
$$

由此得到的结论是: 沿特征线, 小扰动引起的状态量 (组合) 的变化是常数. 换个角度理解为, 小扰动沿特征线传播. 图 3.2.1 给出了小扰动沿特征线传播的图示.

应用数理方法可以从另一个角度求解方程组 (3.2.2). 将速度 u 表示成势函数的形式 $u = \dfrac{\partial \phi}{\partial x}$(其中 ϕ 是速度势), 方程组 (3.2.2) 可化为波动方程

$$
\frac{\partial^2 \phi}{\partial t^2} = c_0^2 \frac{\partial^2 \phi}{\partial x^2},
\tag{3.2.6}
$$

其中 c_0 是声速. 式 (3.2.6) 的通解是

$$
\phi = F_1(x - c_0 t) + F_2(x + c_0 t),
$$

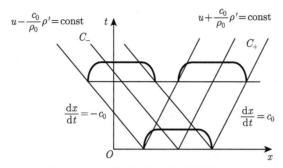

图 3.2.1 小扰动沿特征线传播的图示

由 $u = \dfrac{\partial \phi}{\partial x}$, $p' = -\rho_0 \dfrac{\partial \phi}{\partial t}$ 和 $\rho' = \dfrac{1}{c_0^2} p'$ 分别解出 u, p', ρ' 如下:

$$u = f_1(x - c_0 t) + f_2(x + c_0 t),$$
$$p' = c_0 \rho_0 f_1(x - c_0 t) - c_0 \rho_0 f_2(x + c_0 t), \tag{3.2.7}$$
$$\rho' = \frac{\rho_0}{c_0} f_1(x - c_0 t) - \frac{\rho_0}{c_0} f_2(x + c_0 t).$$

在 x-t 平面上, 式 (3.2.7) 中 $x \pm c_0 t$ 是以声速沿两个方向 ($\pm x$ 方向) 延伸的直线, 这个直线的方程为 $\mathrm{d}x/\mathrm{d}t = \pm c_0$. 当 $x \pm c_0 t$ 取常数时, 式 (3.2.7) 表明, 小扰动参量 u, p', ρ' 保持为常数. 说明: 在静止气体中小扰动引起的状态变化 u, p', ρ' 将以声速向正、反两个方向传播, 即小扰动以声波形式传播. $x \pm c_0 t$ 取不同常数对应了发自不同初始位置的直线族, 以 ξ 标识这些直线, 将式 (3.2.7) 合并得

$$f_1(\xi) = \frac{1}{2} \left[u(\xi) + \frac{c_0}{\rho_0} \rho'(\xi) \right], \quad 沿 \xi = x - c_0 t 成立,$$
$$f_2(\xi) = \frac{1}{2} \left[u(\xi) - \frac{c_0}{\rho_0} \rho'(\xi) \right], \quad 沿 \xi = x + c_0 t 成立. \tag{3.2.8}$$

比较式 (3.2.8) 和式 (3.2.4), 式 (3.2.5) 表明, 声波轨迹 $\xi = x \mp c_0 t$ 分别对应了 $\mathrm{d}x/\mathrm{d}t = \pm c_0$ 两族特征线, 两者应有相同的物理意义, 说明声波传播轨迹与特征线是一致的; $f_1(\xi)$ 和 $f_2(\xi)$ 分别对应了两个特征方程的常数, 说明特征线方法与数理方法得出了一致的结果. 由此得到认识:

(a) 小扰动沿特征线传播;

(b) 小扰动以声波传播;

(c) 声波轨迹与特征线一致.

因此, 特征线的物理意义可理解为, 特征线是小扰动传播的轨迹, 亦即声波轨迹.

在 x-t 平面上小扰动的传播轨迹就是特征线, 这仅仅是一个方面. 从物理上讲, 沿特征线传播的不仅仅是小扰动, 还可以有流体动力学参量的一些确定组合; 从数学上讲, 特征线的存在是双曲型偏微分方程的特殊性质所决定的, 并非有小扰动时才有特征线.

3.3   特征线存在的本质

3.3.1   特征线的一般求解方法

是什么原因造成了特征线的存在? 我们不妨对一般偏微分方程组作一个考察. 这里用方向导数法求解一般二元一次偏微分方程组的特征线和特征方程, 方程的一般形式为

$$
\begin{aligned}
L_1 = a_1 \frac{\partial u}{\partial t} + b_1 \frac{\partial u}{\partial x} + c_1 \frac{\partial v}{\partial t} + d_1 \frac{\partial v}{\partial x} + e_1 = 0, \\
L_2 = a_2 \frac{\partial u}{\partial t} + b_2 \frac{\partial u}{\partial x} + c_2 \frac{\partial v}{\partial t} + d_2 \frac{\partial v}{\partial x} + e_2 = 0.
\end{aligned}
\tag{3.3.1}
$$

若式中系数 a_1, a_2, $\cdots$, e_1, e_2 都只依赖于 x, t, u, v, 而不依赖于 u, v 的任何微商, 则方程组是拟线性方程组; 若系数只依赖于 (x, t), 则方程组是线性方程组; 若 $e_1 = e_2 = 0$, 则方程组是齐次方程组; 若除齐次外, 系数只依赖于 u, v, 则方程组是可约方程组.

下面来证明, 对于椭圆型方程, 不存在特征线; 对于抛物型方程, 只存在一条特征线; 对于双曲型方程, 存在两条特征线.

证明   从组合 $\lambda_1 L_1 + \lambda_2 L_2 = 0$ 出发, 分别凑出 $\dfrac{\mathrm{d}u}{\mathrm{d}t}$ 和 $\dfrac{\mathrm{d}v}{\mathrm{d}t}$ 两个全微分.

作线性组合 $L = \lambda_1 L_1 + \lambda_2 L_2$, 使方程中 u 和 v 的微商组合成同一方向上的方向导数, 这个方向就是特征方向. 此方向不仅依赖于位置坐标 (x, t), 而且依赖于这个位置上的 (u, v), 具体写出 L 的表达式如下:

$$
\begin{aligned}
L = (\lambda_1 a_1 + \lambda_2 a_2)\frac{\partial u}{\partial t} + (\lambda_1 b_1 + \lambda_2 b_2)\frac{\partial u}{\partial x} + (\lambda_1 c_1 + \lambda_2 c_2)\frac{\partial v}{\partial t} \\
+ (\lambda_1 d_1 + \lambda_2 d_2)\frac{\partial v}{\partial x} + (\lambda_1 e_1 + \lambda_2 e_2) = 0.
\end{aligned}
\tag{3.3.2}
$$

如果存在关系

$$
\frac{\lambda_1 b_1 + \lambda_2 b_2}{\lambda_1 a_1 + \lambda_2 a_2} = \frac{\lambda_1 d_1 + \lambda_2 d_2}{\lambda_1 c_1 + \lambda_2 c_2} = \frac{\mathrm{d}x}{\mathrm{d}t} \overset{\triangle}{=} \eta,
\tag{3.3.3}
$$

则 L 的表达式 (3.3.2) 中 u 和 v 的微商都可化成同一方向 η 上的方向导数, 方程

(3.3.2) 化为沿 $\eta = \dfrac{\mathrm{d}x}{\mathrm{d}t}$ 所决定曲线的常微分方程

$$(\lambda_1 a_1 + \lambda_2 a_2)\left(\frac{\mathrm{d}u}{\mathrm{d}t}\right)_\eta + (\lambda_1 c_1 + \lambda_2 c_2)\left(\frac{\mathrm{d}v}{\mathrm{d}t}\right)_\eta + (\lambda_1 e_1 + \lambda_2 e_2) = 0, \qquad (3.3.4)$$

欲使式 (3.3.3) 成立, 必有

$$(a_1\eta - b_1)\lambda_1 + (a_2\eta - b_2)\lambda_2 = 0,$$
$$(c_1\eta - d_1)\lambda_1 + (c_2\eta - d_2)\lambda_2 = 0.$$

此方程组存在非零有效解 λ_1, λ_2 的必要条件是方程组的系数行列式为 0, 即

$$\begin{vmatrix} a_1\eta - b_1 & a_2\eta - b_2 \\ c_1\eta - d_1 & c_2\eta - d_2 \end{vmatrix} = 0,$$

上式展开得

$$A\eta^2 - B\eta + C = 0, \qquad (3.3.5)$$

其中, $A = a_1 c_2 - a_2 c_1$, $B = a_1 d_2 - a_2 d_1 + b_1 c_2 - b_2 c_1$, $C = b_1 d_2 - b_2 d_1$.

若 $B^2 - 4AC < 0$, 则方程无实根, 即不存在特征线, 原方程组为椭圆型方程.

若 $B^2 - 4AC = 0$, 则方程存在一个实根 η, 只存在一条特征线, 为抛物型方程.

若 $B^2 - 4AC > 0$, 则方程存在两个实根 $\eta_\pm$, 将存在两条特征线, 为双曲线型方程.

我们所讨论的流体力学方程组为双曲线型方程, 是第三种情况. 对于双曲线型方程, 存在两个相异的实根 η_+ 和 η_-, 且 $\eta_\pm = \eta_\pm(x, t, u, v)$ 对应了两个特征方向 η_+ 和 η_-, 决定了两族曲线

$$\frac{\mathrm{d}x}{\mathrm{d}t} = \eta_+ \text{ 和 } \frac{\mathrm{d}x}{\mathrm{d}t} = \eta_-, \qquad (3.3.6)$$

即两族特征线, 对应 η_+ 为 C_+ 特征线, η_- 为 C_- 特征线. 从式 (3.3.3) 解出 $\dfrac{\lambda_1}{\lambda_2} = -\dfrac{a_2\eta - b_2}{a_1\eta - b_1} = -\dfrac{c_2\eta - d_2}{c_1\eta - d_1}$, 代入式 (3.3.4) 中得

$$G\left(\frac{\mathrm{d}u}{\mathrm{d}t}\right)_\eta + (A\eta - k)\left(\frac{\mathrm{d}v}{\mathrm{d}t}\right)_\eta + (M\eta - N) = 0, \qquad (3.3.7)$$

其中 $G = a_1 b_2 - a_2 b_1$, $k = b_1 c_2 - c_1 b_2$, $M = a_1 e_2 - a_2 e_1$, $N = b_1 e_2 - b_2 e_1$. 常微分方程 (3.3.7) 称为特征关系式, 或特征方程, 或相容性关系式. 由此, 对应 η_+ 和 η_- 的两族特征线及特征方程分别写为

沿 $C_+ : \dfrac{\mathrm{d}x}{\mathrm{d}t} = \eta_+$, 有 $G\left(\dfrac{\mathrm{d}u}{\mathrm{d}t}\right)_{\eta_+} + (A\eta_+ - k)\left(\dfrac{\mathrm{d}v}{\mathrm{d}t}\right)_{\eta_+} + (M\eta_+ - N) = 0,$

$$\text{沿 } C_- : \dfrac{\mathrm{d}x}{\mathrm{d}t} = \eta_-, \text{ 有 } G\left(\dfrac{\mathrm{d}u}{\mathrm{d}t}\right)_{\eta_-} + (A\eta_- - k)\left(\dfrac{\mathrm{d}v}{\mathrm{d}t}\right)_{\eta_-} + (M\eta_- - N) = 0. \tag{3.3.8}$$

式 (3.3.8) 给出了特征线求解的一般形式, 同时表明, 如果方程的非齐次项 $(M\eta - N)$ 不为零, 则沿特征线传播的不一定是常数, 这是与前面小扰动情况的不同之处.

分析两种特例如下:

(a) 当所有系数只是 x, t 的函数时, $\eta_\pm$ 也只是 x, t 的函数, $\eta_\pm = \eta_\pm(x, t)$. 于是特征线可直接积分求出 $x = x(t)$, 特征线方程与微分方程组的解 (如 u, v) 无关.

(b) 如果微分方程是可约的, 即 $e_1 = e_2 = 0$, 且所有的系数只依赖于 u, v, 则 $M = N = 0$, $\eta_\pm = \eta_\pm(u, v)$, 特征线方程与 x, t 无显式关系, 如 $\dfrac{\mathrm{d}x}{\mathrm{d}t} = f(u, v)$.

3.3.2 小扰动问题的进一步认识

利用 3.3.1 节中偏微分方程组特征线方法对小扰动求解, 可以得到与 3.2 节相同的结果. 对于一维平面小扰动问题, 描述小扰动的方程组为

$$\begin{aligned}
&\dfrac{\partial \rho'}{\partial t} + \rho_0 \dfrac{\partial u}{\partial x} = 0, \\
&\dfrac{\partial u}{\partial t} + \dfrac{c_0^2}{\rho_0} \dfrac{\partial \rho'}{\partial x} = 0,
\end{aligned} \tag{3.3.9}$$

此处已考虑 $\mathrm{d}p' = c_0^2 \mathrm{d}\rho'$. 对照特征线一般解法, (3.3.9) 中的 (ρ', u) 与 (3.3.1) 中的 (u, v) 对应起来, 对比两个方程的系数知

$$a_1 = 1, b_1 = 0, c_1 = 0, d_1 = \rho_0, e_1 = 0,$$
$$a_2 = 0, b_2 = \dfrac{c_0^2}{\rho_0}, c_2 = 1, d_2 = 0, e_2 = 0.$$

由系数行列式 $\begin{vmatrix} \eta & -c_0^2/\rho_0 \\ -\rho_0 & \eta \end{vmatrix} = 0$ 导出 $\eta^2 = c_0^2, \eta = \pm c_0$. 因此有特征线

$$\dfrac{\mathrm{d}x}{\mathrm{d}t} = \eta_\pm = \pm c_0. \tag{3.3.10}$$

再比较特征关系式 (3.3.7) 的系数知, $G = \dfrac{c_0^2}{\rho_0}, A = 1, k = 0, M = N = 0$, 因此有

$$\dfrac{c_0^2}{\rho_0}\left(\dfrac{\mathrm{d}\rho'}{\mathrm{d}t}\right)_{\eta_\pm} \pm c_0\left(\dfrac{\mathrm{d}u}{\mathrm{d}t}\right)_{\eta_\pm} = 0,$$

所以

$$\text{沿} \frac{\mathrm{d}x}{\mathrm{d}t} = c_0, \text{有} \frac{\mathrm{d}u}{\mathrm{d}t} + \frac{c_0}{\rho_0} \frac{\mathrm{d}\rho'}{\mathrm{d}t} = 0,$$
$$\text{沿} \frac{\mathrm{d}x}{\mathrm{d}t} = -c_0, \text{有} \frac{\mathrm{d}u}{\mathrm{d}t} - \frac{c_0}{\rho_0} \frac{\mathrm{d}\rho'}{\mathrm{d}t} = 0, \tag{3.3.11}$$

对式 (3.3.10) 和式 (3.3.11) 分别积分得

$$x - c_0 t = \text{const}, \quad u + \frac{c_0}{\rho} \rho' = \text{const} \sim f_1(\xi),$$
$$x + c_0 t = \text{const}, \quad u - \frac{c_0}{\rho} \rho' = \text{const} \sim f_2(\xi). \tag{3.3.12}$$

式 (3.3.12) 与式 (3.2.8) 的结果完全一致. 再次说明了小扰动正是沿特征线传播的, 从数学上得到的特征线与物理上得到的结果一致.

从上面的推导可以认识到, 特征线的存在由方程组的特点决定, 无论有无小扰动, 它们都存在; 若有小扰动, 将沿特征线传播, 特征线即声波轨迹; 沿特征线传播的不仅仅是小扰动.

一维非定常流体动力学方程组属于双曲线方程, 存在两条特征线, 这个特点为我们求解流体动力学问题带来了方便. 在数学上, 二元函数的偏微分方程组沿特征线可化成常微分方程组, 使问题的求解得以简化; 在物理上, 特征线是扰动的传播轨迹. 因此, 利用特征线可以看出问题的初、边值条件如何影响流场的发展, 从而有效地分析流场, 获得清晰的物理图像. 这正是特征线方法得到重用的原因. 图 3.3.1 是扰动沿特征线传播的一般图像示意.

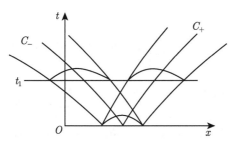

图 3.3.1　扰动沿特征线传播的图像示意

3.3.3　多变量问题

对于以 (x, t) 为自变量, 有多个变量, 如 n 个变量 $u_1, \cdots, u_n$ 的拟线性一阶双曲型偏微分方程组, 可同样求解其特征线问题. 方程组的一般形式为

$$a_{ij} \frac{\partial u_j}{\partial t} + b_{ij} \frac{\partial u_j}{\partial x} = c_i, \quad i = 1, 2, \cdots, n, \quad \text{对 } j \text{ 求和}, \tag{3.3.13}$$

求方程组 (3.3.13) 在特征曲线 $x = x(t)$ 上的解 $u_i|_{x=x(t)} = u_i(t)\,(i = 1, 2, \cdots, n)$.

假定函数 u_i 的一级微商 $\dfrac{\partial u_i}{\partial t}, \dfrac{\partial u_i}{\partial x}$ 在 $x = x(t)$ 上存在方向导数, 则下面 $2n$ 个线性方程同时成立

$$a_{ij}\frac{\partial u_j}{\partial t} + b_{ij}\frac{\partial u_j}{\partial x} = c_i, \quad i = 1, 2, \cdots, n, \quad \text{对 } j \text{ 求和},$$
$$\frac{\partial u_i}{\partial t}\mathrm{d}t + \frac{\partial u_i}{\partial t}\mathrm{d}x = \mathrm{d}u_i, \quad i = 1, 2, \cdots, n, \tag{3.3.14}$$

其中, 系数 a_{ij}, b_{ij}, c_i 是 $x, t, u_1, \cdots, u_n$ 的函数. 曲线 $x = x(t)$ 为方程组 (3.3.13) 的特征线的条件是方程组 (3.3.14) 的系数行列式等于零

$$\begin{vmatrix} (a_{ij})_{n\times n} & (b_{ij})_{n\times n} \\ \mathrm{d}t\boldsymbol{I}_{n\times n} & \mathrm{d}x\boldsymbol{I}_{n\times n} \end{vmatrix} = 0. \tag{3.3.15}$$

代数方程 (3.3.15) 的解 $\dfrac{\mathrm{d}x}{\mathrm{d}t} = \lambda_i(x, t, u_1, \cdots, u_n)$ 即为方程组 (3.3.13) 的特征线方程. 当 λ_i 都为实根时, 方程组为双曲型方程组. 将 $\dfrac{\mathrm{d}x}{\mathrm{d}t} = \lambda_i$ 代入下式

$$\begin{vmatrix} b_{11}\mathrm{d}t - a_{11}\mathrm{d}x & \cdots & c_1\mathrm{d}t - \sum_{j=1}^{n}a_{1j}\mathrm{d}u_j & \cdots & b_{1n}\mathrm{d}t - a_{1n}\mathrm{d}x \\ b_{21}\mathrm{d}t - a_{21}\mathrm{d}x & \cdots & c_2\mathrm{d}t - \sum_{j=1}^{n}a_{2j}\mathrm{d}u_j & \cdots & b_{2n}\mathrm{d}t - a_{2n}\mathrm{d}x \\ \vdots & & \vdots & & \vdots \\ b_{n1}\mathrm{d}t - a_{n1}\mathrm{d}x & \cdots & c_n\mathrm{d}t - \sum_{j=1}^{n}a_{nj}\mathrm{d}u_j & \cdots & b_{nn}\mathrm{d}t - a_{nn}\mathrm{d}x \end{vmatrix} = 0, \tag{3.3.16}$$

可求得对应 λ_i 的特征关系. 上式通过用 $c_k\mathrm{d}t - \sum_{j=1}^{n}a_{kj}\mathrm{d}u_j(k = 1, \cdots, n)$ 代替系数行列式中第 i 列的 $(b_{1i}\mathrm{d}t - a_{1i}\mathrm{d}x, \cdots, b_{ni}\mathrm{d}t - a_{ni}\mathrm{d}x)$ 而得到. 对每一条特征曲线, 都可以得到一个特征关系, n 个特征关系用于求解 n 个变量, 方程组得以封闭求解.

3.4　一维平面绝热流动

数学中的特征线与流体动力学中的波传播有着密切的联系, 正因为如此, 特征线方法成为求解非定常连续流动问题的重要方法. 下面运用特征线方法分析一

维平面绝热运动的特征方程, 这已经不是一个小扰动问题, 将由此导出更具有一般性意义的物理图像.

3.4.1　绝热运动的特征方程

理想流体一维绝热运动原始方程组 (欧拉形式) 为

$$\frac{\partial \rho}{\partial t} + u\frac{\partial \rho}{\partial x} + \rho\frac{\partial u}{\partial x} = 0,$$

$$\frac{\partial u}{\partial t} + u\frac{\partial u}{\partial x} + \frac{1}{\rho}\frac{\partial p}{\partial x} = 0, \tag{3.4.1}$$

$$\frac{\partial S}{\partial t} + u\frac{\partial S}{\partial x} = 0.$$

此处已将能量守恒方程写成等熵方程. 状态方程为 $p = (\rho, S)$, 运用 $d\rho = \left(\frac{\partial \rho}{\partial p}\right)_S dp = \frac{dp}{c^2}$, 原方程组 (3.4.1) 之一可变为

$$\frac{1}{\rho c}\frac{\partial p}{\partial t} + \frac{u}{\rho c}\frac{\partial p}{\partial x} + c\frac{\partial u}{\partial x} = 0, \tag{3.4.2}$$

或者将方程组 (3.4.1) 之二变为

$$\frac{\partial u}{\partial t} + u\frac{\partial u}{\partial x} + \frac{c^2}{\rho}\frac{\partial \rho}{\partial x} = 0. \tag{3.4.3}$$

式 (3.4.2) 与式 (3.4.1) 的第二、三式联立, 或者式 (3.4.3) 与式 (3.4.1) 的第一、三式联立, 按照特征线的定义, 即可推出特征线及其特征关系.

求解的另一条路径是将式 (3.4.2) 和式 (3.4.1) 的第二式作相加减线性组合, 权重为 1, 得

$$\left[\frac{\partial u}{\partial t} + (u \pm c)\frac{\partial u}{\partial x}\right] \pm \frac{1}{\rho c}\left[\frac{\partial p}{\partial t} + (u \pm c)\frac{\partial p}{\partial x}\right] = 0.$$

显然, 满足定义的特征线方程是 $\frac{dx}{dt} = u \pm c$, 对应特征线的相容性关系式为 $\frac{du}{dt} \pm \frac{1}{\rho c}\frac{dp}{dt} = 0.$

方程组 (3.4.1) 的第三式与前面两个公式不发生参数耦合, 其本身正好构成全微分 $\frac{dS}{dt} = \frac{\partial S}{\partial t} + u\frac{\partial S}{\partial x}$, 因此存在第三条特征线及其特征关系: $\frac{dx}{dt} = u$ 和 $\frac{dS}{dt} = 0.$

于是写出全部特征线和特征方程如下:

$$沿 C_+ : \frac{\mathrm{d}x}{\mathrm{d}t} = u + c, \ 有 \mathrm{d}u + \frac{1}{\rho c}\mathrm{d}p = 0,$$

$$沿 C_- : \frac{\mathrm{d}x}{\mathrm{d}t} = u - c, \ \ 有 \mathrm{d}u - \frac{1}{\rho c}\mathrm{d}p = 0, \qquad (3.4.4)$$

$$沿 C_0 : \frac{\mathrm{d}x}{\mathrm{d}t} = u, \ \ 有 \mathrm{d}S = 0.$$

式 (3.4.4) 意味着在非均熵的绝热流动中, 存在三条特征线 C_+, C_-, C_0, 沿各特征线有相应的关系式成立. 沿特征线 $C_\pm$, 物理量的组合是常数, 但不同的特征线上常数值可能不同. 沿特征线 C_0, 熵值相同, 但不同的 C_0 上熵值可能不同. 对于均熵的绝热流动或等熵流, 此等熵条件各处满足. 这时, 沿所有 C_0 特征线熵值相同, 流场各处不存在熵的分布, 第三条特征线用于求解的意义已不存在. 两种情况下的特征线图示参见图 3.4.1.

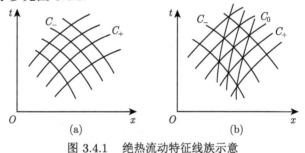

图 3.4.1　绝热流动特征线族示意

(a) 均熵情况下两族特征线; (b) 非均熵情况下三族特征线

3.4.2　黎曼不变量

在等熵情况下, 将式 (3.4.4) 重写为

$$沿 C_+ : \frac{\mathrm{d}x}{\mathrm{d}t} = u + c, \quad 有 2\mathrm{d}\beta = 0, 即 2\beta = \mathrm{const},$$

$$沿 C_- : \frac{\mathrm{d}x}{\mathrm{d}t} = u - c, \ \ 有 -2\mathrm{d}\alpha = 0, 即 -2\alpha = \mathrm{const}, \qquad (3.4.5)$$

式中, β, α 分别由下列表达式表示:

$$2\beta = u + \int \frac{1}{\rho c}\mathrm{d}p = u + \int \frac{c}{\rho}\mathrm{d}\rho, \qquad (3.4.6)$$

$$-2\alpha = u - \int \frac{1}{\rho c}\mathrm{d}p = u - \int \frac{c}{\rho}\mathrm{d}\rho, \qquad (3.4.7)$$

α,β 称为黎曼不变量. 对于确定介质, 通过状态方程, 例如取为 $p = p(\rho)$, 可将式 (3.4.6) 和式 (3.4.7) 中的积分解出, 从而求出流场各物理量的分布. 如图 3.4.2 所示, 在空间任意一点 $P(x, t)$ 处, 一定有两条异族特征线 $\dfrac{\mathrm{d}x}{\mathrm{d}t} = u + c$ 和 $\dfrac{\mathrm{d}x}{\mathrm{d}t} = u - c$ 通过, 这一点的状态量 u 和 p, ρ, c 等则由通过该点的特征线所对应的黎曼不变量 $2\beta = \mathrm{const}$ 和 $-2\alpha = \mathrm{const}$ 联立求解获得.

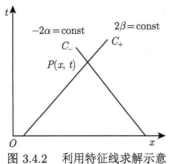

图 3.4.2　利用特征线求解示意

以多方气体为例, 状态方程取为 $p = A\rho^{\gamma}$, 因为 $c^2 = \dfrac{\mathrm{d}p}{\mathrm{d}\rho} = \gamma A\rho^{\gamma-1}$, 所以 $2c\mathrm{d}c = \gamma(\gamma - 1)A\rho^{\gamma-2}\mathrm{d}\rho$, 于是有

$$\int \frac{c}{\rho}\mathrm{d}\rho = \int \frac{2c^2}{\rho[\gamma(\gamma - 1)A\rho^{\gamma-2}]}\mathrm{d}c = \int \frac{2}{\gamma - 1}\mathrm{d}c = \frac{2}{\gamma - 1}c, \qquad (3.4.8)$$

将上式代入式 (3.4.4) 中得到

$$\begin{aligned}
&沿 C_+: \frac{\mathrm{d}x}{\mathrm{d}t} = u + c, 有\, 2\beta = u + \frac{2}{\gamma - 1}c \triangleq u + l(c) = \mathrm{const}, \\
&沿 C_-: \frac{\mathrm{d}x}{\mathrm{d}t} = u - c, 有 -2\alpha = u - \frac{2}{\gamma - 1}c \triangleq u - l(c) = \mathrm{const},
\end{aligned} \qquad (3.4.9)$$

其中 $l(c) = \displaystyle\int \frac{c}{\rho}\mathrm{d}\rho = \frac{2}{\gamma - 1}c$. 沿特征线 α,β 不随时间变化, 如果初始时刻 α,β 已知, 则在流场发展过程中沿着对应特征线的以后某时刻的状态量可以解出如下:

$$\begin{aligned}
u &= \beta - \alpha, \\
c &= \frac{\gamma - 1}{2}(\beta + \alpha),
\end{aligned} \qquad (3.4.10)$$

这个状态对应的时空坐标可由下式解出.

$$\begin{aligned}
C_+ &: \frac{\mathrm{d}x}{\mathrm{d}t} = \frac{\gamma + 1}{2}\beta - \frac{3 - \gamma}{2}\alpha, \\
C_- &: \frac{\mathrm{d}x}{\mathrm{d}t} = \frac{3 - \gamma}{2}\beta - \frac{\gamma + 1}{2}\alpha.
\end{aligned} \qquad (3.4.11)$$

将式 (3.4.9) 中的特征方程在 $u\text{-}c$ 平面上表示出来, 有如图 3.4.3 所示的图像, 可见 $u\text{-}c$ 平面上 u, c 的关系曲线 $\varGamma_+$ 和 $\varGamma_-$, 与 $x\text{-}t$ 平面上的特征线 C_+ 和 C_- 有形式上的对应相似. 在 x, t 作为 u, c 的反函数存在的情况下, 将 x, t 和 u, c 的函数关系交换角色, 把 u, c 看作自变量, x, t 看作因变量, 写成反函数的方程组, 在等熵情况下, $u\text{-}c$ 平面上的这些曲线充当了反函数 x, t 方程组的特征线. 因为沿着这些曲线, x, t 之间的关系具有常微分形式, 并且服从曲线 C_+, C_- 的方程. 按照定义即说明 $u\text{-}c$ 平面上这些曲线 $\varGamma_\pm$ 是特征线, 同时 x, t 之间的常微分关系式为对应的特征方程. 由此说明, $x\text{-}t$ 平面上特征线 $C_\pm$ 与 $u\text{-}c$ 平面上特征线 $\varGamma_\pm$ 具有相互转换的映射关系, 在后者情况下, 特征线和特征方程可写为

$$沿\varGamma_+ : u + l(c) = \text{const}, 有\frac{\mathrm{d}x}{\mathrm{d}t} = u + c,$$

$$沿\varGamma_- : u - l(c) = \text{const}, 有\frac{\mathrm{d}x}{\mathrm{d}t} = u - c. \tag{3.4.12}$$

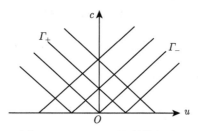

图 3.4.3 $u\text{-}c$ 平面上的特征线

$u\text{-}c$ 平面上的特征线 (有时称为状态平面特征线) 与 $x\text{-}t$ 平面上的特征线 (有时称为物理平面特征线) 这种映射关系, 是方程组在可约的情况下, 各方程的系数不依赖于 x, t 而只依赖于 u, v 导出的结果. 这个性质对后面讨论和理解简单波的概念有着十分重要的作用.

利用上述方法求理想流体一维对称流动问题的特征线解, 不计体力, 可得到如下结果:

$$\frac{\mathrm{d}r}{\mathrm{d}t} = u \pm c, \quad \mathrm{d}u \pm \frac{\mathrm{d}\rho}{\rho c} \pm \frac{Nuc}{r}\mathrm{d}t = 0,$$

$$\frac{\mathrm{d}r}{\mathrm{d}t} = u, \quad \mathrm{d}e - \frac{p}{\rho^2}\mathrm{d}\rho = 0. \tag{3.4.13}$$

其中, $N=0, 1$ 和 2 分别对应平面对称、轴对称和球对称问题, (t, r) 为欧拉时空坐标.

对于一维运动的拉格朗日方程, 也可写出相应的特征线求解结果如下:

$$\frac{\mathrm{d}R}{\mathrm{d}\tau} = \pm\frac{\rho}{\rho_0}\left(\frac{r}{R}\right)^N \cdot c, \quad \mathrm{d}u \pm \frac{\mathrm{d}\rho}{\rho c} \pm \frac{Nuc}{R}\mathrm{d}\tau = 0,$$

$$\frac{\mathrm{d}R}{\mathrm{d}\tau} = 0, \quad \mathrm{d}e - \frac{p}{\rho^2}\mathrm{d}\rho = 0 \quad (\mathrm{d}S = 0), \tag{3.4.14}$$

其中 (τ, R) 为拉格朗日时空坐标.

由上可见, 利用特征线进行求解的意义在于将偏微分方程化成常微分方程, 使偏微分方程的求解过程得以简化. 同时, 沿特征线, 状态量维持或者改变的情况由导出的特征关系决定. 例如, 对于小扰动, 状态量的组合沿特征线保持恒值传播, 而对于轴对称和球对称问题, 沿特征线, 状态量的组合随时间是变化的, 这赋予了特征线独有的物理意义.

3.4.3 用特征线方法处理流体力学问题

对一维不定常流动都可写出特征线解, 其中平面流动的图像如图 3.4.4 所示, 对应的状态分布参见图 3.4.5. 问题的详细分析请参见第 4.2 节.

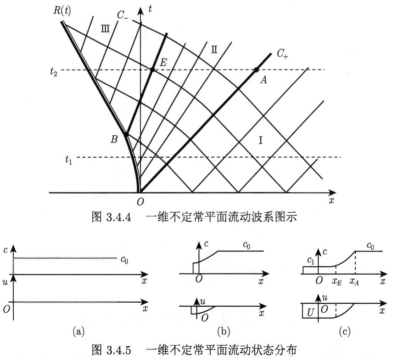

图 3.4.4 一维不定常平面流动波系图示

图 3.4.5 一维不定常平面流动状态分布

(a) 初始时刻; (b) t_1 时刻; (c) t_2 时刻

除了一维不定常流体力学问题外, 还有一些流体力学问题也可以运用特征线方法求解, 例如二维定常流动问题.

二维平面、无旋定常流动的控制方程如下:

$$(c^2 - u^2)\frac{\partial u}{\partial x} - 2uv\frac{\partial u}{\partial y} + (c^2 - v^2)\frac{\partial v}{\partial y} = 0,$$

式中, c 为当地声速, u, v 为速度分量. 定义势函数 φ, 有 $u = \dfrac{\partial \varphi}{\partial x}$, $v = \dfrac{\partial \varphi}{\partial y}$

和 $\dfrac{\partial u}{\partial y} = \dfrac{\partial v}{\partial x}$, 上述方程可化成典型的数理方程. 运用前面对方程类型的判别比

较知: 在二维定常运动情况下, 超声速流的微分方程组是双曲型的, 亚声速流是
椭圆型的, 因此二维定常超声速流可以用特征线方法求解. 二维定常流动的典型
特征线图像如图 3.4.6 所示, 这种流动又称为 Prandtl-Meyer 流. 图 3.4.6 中,
虚线即二维流动的特征线, 又称为马赫线; 实线表示流线. 关于二维问题的详细
情况请参考气体动力学有关著作和教材, 如夏皮罗著的《可压缩流的动力学与热
力学》(1977).

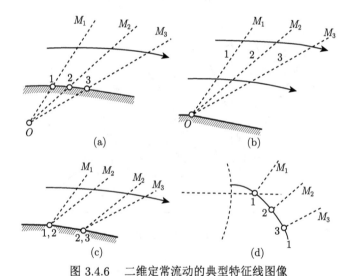

图 3.4.6   二维定常流动的典型特征线图像

(a) 过连续拐点 *P-M* 流动; (b) 过间断拐点 *P-M* 流动; (c) 过两个间断拐点 *P-M* 流动;
(d) 过任意拐点 *P-M* 流动

3.5   可约双曲型偏微分方程组

3.4 节推导了多方气体绝热流动的特征线解, 在那种情况下, 物理平面 x-t 上
的特征线与状态平面 u-c 上的特征方程所描述的曲线有一一对应关系, 而且这种
关系是一种互为特征线的性质. 即若以 x-t 平面为特征线平面, 则 u-c 平面给出了
特征方程的曲线; 反过来, 若以 u-c 平面为特征线平面, 则 x-t 平面反映了对应的

特征方程曲线, 或者说, x-t 平面上的点与 u-c 平面上的状态有一一对应关系. 因此求解过程可逆, 即已知前者可由 u, c 的相容性关系式导出该点的状态, 已知后者可由状态导出其对应的时空位置. 这虽然是由一种特例导出的现象, 但事实上它反映了可约双曲型方程组的一个共同性质.

3.5.1 可约双曲型偏微分方程组的定义

可约双曲型方程是指方程的所有系数不显含自变量的影响, 只与因变量有关, 并且是齐次方程. 以 x, y 为自变量时方程组的一般形式是

$$\sum a_{ij}\frac{\partial u_j}{\partial x} + \sum b_{ij}\frac{\partial u_j}{\partial y} = 0, \tag{3.5.1}$$

式中, a_{ij} 和 b_{ij} 只与 u_j 有关, $i, j = 1, \cdots, n$. 如果以 u, v 为因变量, 则二元偏微分方程组可表示为

$$\begin{aligned} A_1\frac{\partial u}{\partial x} + B_1\frac{\partial u}{\partial y} + C_1\frac{\partial v}{\partial x} + D_1\frac{\partial v}{\partial y} = 0, \\ A_2\frac{\partial u}{\partial x} + B_2\frac{\partial u}{\partial y} + C_2\frac{\partial v}{\partial x} + D_2\frac{\partial v}{\partial y} = 0, \end{aligned} \tag{3.5.2}$$

等熵绝热流动的基本方程组正好符合可约双曲型方程组的特征.

因为方程组可约, 所以方程组解的形式将是 $u = u(x,y) = u(x(u,v), y(u,v))$ 和 $v = v(x,y) = v(x(u,v), y(u,v))$, 而不会是 $u = u(x,y,u,v)$ 和 $v = v(x,y,u,v)$ 的形式, 即解也不显含 x, y. 若方程组的自变量与因变量之间满足转换系数矩阵的雅可比行列式

$$J = \frac{\partial(u,v)}{\partial(x,y)} = \begin{vmatrix} \dfrac{\partial u}{\partial x} & \dfrac{\partial u}{\partial y} \\ \dfrac{\partial v}{\partial x} & \dfrac{\partial v}{\partial y} \end{vmatrix} \neq 0, \tag{3.5.3}$$

则 (u,v) 与 (x,y) 之间存在一一对应关系, 于是, 可将 (u,v) 与 (x,y) 的自变量与函数的关系进行对调, 建立反函数关系.

3.5.2 可约双曲型方程组的特征线关系

由于可约的性质, u, v 与 x, y 之间可写出下列关系:

$$\frac{\partial u}{\partial u} = 1 = \frac{\partial u}{\partial x}\frac{\partial x}{\partial u} + \frac{\partial u}{\partial y}\frac{\partial y}{\partial u}, \quad \text{以及} \quad \frac{\partial v}{\partial v} = 1 = \frac{\partial v}{\partial x}\frac{\partial x}{\partial v} + \frac{\partial v}{\partial y}\frac{\partial y}{\partial v},$$

$$\frac{\partial u}{\partial v} = 0 = \frac{\partial u}{\partial x}\frac{\partial x}{\partial v} + \frac{\partial u}{\partial y}\frac{\partial y}{\partial v}, \quad \text{以及} \quad \frac{\partial v}{\partial u} = 0 = \frac{\partial v}{\partial x}\frac{\partial x}{\partial u} + \frac{\partial v}{\partial y}\frac{\partial y}{\partial u},$$

从上式解出 $\dfrac{\partial u}{\partial x}, \dfrac{\partial u}{\partial y}, \dfrac{\partial v}{\partial x}, \dfrac{\partial v}{\partial y}$, 全部用 $\dfrac{\partial x}{\partial u}, \dfrac{\partial y}{\partial u}, \dfrac{\partial x}{\partial v}, \dfrac{\partial y}{\partial v}$ 表示, 再代入原方程组 (3.5.2) 中, 将原方程组变为

$$
\begin{aligned}
A_1 \frac{\partial y}{\partial v} - B_1 \frac{\partial x}{\partial v} - C_1 \frac{\partial y}{\partial u} + D_1 \frac{\partial x}{\partial u} = 0, \\
A_2 \frac{\partial y}{\partial v} - B_2 \frac{\partial x}{\partial v} - C_2 \frac{\partial y}{\partial u} + D_2 \frac{\partial x}{\partial u} = 0,
\end{aligned}
\tag{3.5.4}
$$

原方程组 (3.5.2) 对应的特征线方程为代数方程

$$
\left| \begin{array}{c} A_1 C_1 \\ A_2 C_2 \end{array} \right| \left(\frac{\mathrm{d}y}{\mathrm{d}x} \right)^2 - \left(\left| \begin{array}{c} A_1 D_1 \\ A_2 D_2 \end{array} \right| + \left| \begin{array}{c} B_1 C_1 \\ B_2 C_2 \end{array} \right| \right) \frac{\mathrm{d}y}{\mathrm{d}x} + \left| \begin{array}{c} B_1 D_1 \\ B_2 D_2 \end{array} \right| = 0
\tag{3.5.5}
$$

的两个根, 式中 || 表示行列式的值. 这两个特征方向对应的特征方程为代数方程

$$
\left| \begin{array}{c} A_1 B_1 \\ A_2 B_2 \end{array} \right| \left(\frac{\mathrm{d}u}{\mathrm{d}v} \right)^2 + \left(\left| \begin{array}{c} A_1 D_1 \\ A_2 D_2 \end{array} \right| + \left| \begin{array}{c} C_1 B_1 \\ C_2 B_2 \end{array} \right| \right) \frac{\mathrm{d}u}{\mathrm{d}v} + \left| \begin{array}{c} C_1 D_1 \\ C_2 D_2 \end{array} \right| = 0
\tag{3.5.6}
$$

的两个根. 而反函数方程组 (3.5.4) 对应的特征线方程为代数方程

$$
\left| \begin{array}{c} A_1 B_1 \\ A_2 B_2 \end{array} \right| \left(\frac{\mathrm{d}u}{\mathrm{d}v} \right)^2 + \left(\left| \begin{array}{c} A_1 D_1 \\ A_2 D_2 \end{array} \right| + \left| \begin{array}{c} C_1 B_1 \\ C_2 B_2 \end{array} \right| \right) \frac{\mathrm{d}u}{\mathrm{d}v} + \left| \begin{array}{c} C_1 D_1 \\ C_2 D_2 \end{array} \right| = 0
\tag{3.5.7}
$$

的两个根. 比较可见, 关系式 (3.5.7) 与特征方程 (3.5.6) 完全相同, 它们的根也一定相同. 进一步推导发现, 这时反函数方程组的特征方程与式 (3.5.5) 描述的特征线方程完全一致. 这个结果说明, x-y 平面上的特征线与 u-v 平面上的特征方程是互为特征线的关系, 反之亦然.

两组方程的特征线求解矩阵分别为

原始方程组

$$
\left| \begin{array}{ccccc} A_1 & B_1 & C_1 & D_1 & 0 \\ A_2 & B_2 & C_2 & D_2 & 0 \\ \mathrm{d}x & \mathrm{d}y & 0 & 0 & \mathrm{d}u \\ 0 & 0 & \mathrm{d}x & \mathrm{d}y & \mathrm{d}v \end{array} \right|.
$$

反函数方程组

$$
\left| \begin{array}{ccccc} A_1 & -B_1 & -C_1 & D_1 & 0 \\ A_2 & -B_2 & -C_2 & D_2 & 0 \\ 0 & \mathrm{d}v & 0 & \mathrm{d}u & \mathrm{d}x \\ \mathrm{d}v & 0 & \mathrm{d}u & 0 & \mathrm{d}y \end{array} \right|.
$$

两个系数矩阵行列式的判别式都为 $([AD]+[BC])^2-4[AC][BD]>0$, 其中方括号 $[\;]$ 的意义如同符号 $\|\;\|$ 的意义, 例如 $[AB]=\begin{vmatrix} A_1B_1 \\ A_2B_2 \end{vmatrix}$. 说明两者有相同的特征线存在条件. 由于两个判别式相同, 所以当特征线方程存在两个不等实根时, 两个相容性关系式也存在两个不等实根. 或者说, 过 x-y 平面上的每一点都有两条特征线通过, 每条特征线都对应一个特征关系, 后者在 u-v 平面上同样表现为两条特征线.

对于原始方程, 由于方程可约, x-y 面上的两族特征线只依赖于 $u(x,\,y)$ 和 $v(x,\,y)$, 每族特征线上有一个特征关系式, 分别记为 $F(u,v)$, $G(u,v)$.

对于变换后的方程, u-v 平面上也有两族特征线, 且只依赖于 u,v, 记为 $f(u,v)$, $g(u,v)$. 这两族特征线的方程恰好是原始方程的特征关系, 即有 $f(u,v)=F(u,v)$, $g(u,v)=G(u,v)$.

从上面的讨论可见, 可约方程组的每一组解都可看作 x-y 平面到 u-v 平面的一个变换, 这个变换把 x-y 平面上的两族特征线 C_+ 和 C_- 映射到 u-v 平面上, 也成为两族特征线 Γ_+ 和 Γ_-. 变换系数矩阵行列式 $J\neq0$ 是具有这种性质的必要条件, 在这样的条件下, (u,v) 和 (x,y) 之间存在逆变换, 可以从 u-v 平面上的解 $x(u,v)$ 和 $y(u,v)$ 反解得出原始方程组的解 $u(x,y)$ 和 $v(x,y)$. 因此, 常称 u-v 平面上特征方程所表示的曲线族为 x-y 平面上特征线的映象; 或反之, x-y 平面上的特征线是 u-v 平面上特征线的映象.

这是可约双曲型方程的特性, 一个具体例子就是 3.4 节所讲的绝热流动中特征线和黎曼不变量之间的关系. 图 3.5.1 给出了绝热流动情况的特征线映射关系示意. 这时, $(x,\,y)$ 对应 $(x,\,t)$, $(u,\,v)$ 对应 $(u,\,c)$. 图中 x-t 平面上的一条特征线 (如 C_{-i}) 与 u-c 平面上的一条特征线 (Γ_{-i}) 相对应, x-t 平面上的一个点 P 与 u-c 平面上的一个点 Q 相对应. 需要说明的是, x-t 平面上的特征线不一定是直线, 图 3.5.1 只是一种简单情形, 以方便理解.

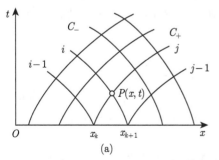
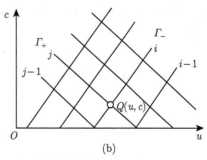

(a)   (b)

图 3.5.1 x-t 平面上特征线与 u-c 平面上特征线的映射关系

例 3.1　用特征线方法求解绝热流动问题. 求解的目的是获得流场分布 $c(x, t)$, $u(x, t)$.

解法 1(解析求解)　将已导出的特征线关系式: 沿 $\dfrac{\mathrm{d}x}{\mathrm{d}t} = u \pm c, u \pm l(c) =$ const, 分别写出为

$$\frac{\mathrm{d}x}{\mathrm{d}t} = u + c, \ u + l(c) = 2\beta,$$
$$\frac{\mathrm{d}x}{\mathrm{d}t} = u - c, \ u - l(c) = -2\alpha, \tag{3.5.8}$$

对于多方气体, 由式 (3.5.8) 解出

$$u + \frac{2}{\gamma - 1}c = 2\beta, \quad u = \beta - \alpha,$$
$$u - \frac{2}{\gamma - 1}c = -2\alpha, \quad c = \frac{\gamma - 1}{2}(\beta + \alpha). \tag{3.5.9}$$

$$\text{沿}C_+ : \frac{\mathrm{d}x}{\mathrm{d}t} = (\beta - \alpha) + \frac{\gamma - 1}{2}(\beta + \alpha), \beta = \text{const}, \alpha = \alpha(x,t) \neq \text{const},$$
$$\text{沿}C_- : \frac{\mathrm{d}x}{\mathrm{d}t} = (\beta - \alpha) - \frac{\gamma - 1}{2}(\beta + \alpha), \beta = \beta(x,t) \neq \text{const}, \alpha = \text{const}. \tag{3.5.10}$$

原则上, 将以 α 和 β 为参数的式 (3.5.9) 和式 (3.5.10) 四个式子联立消去 α 和 β, 可以解出 $u(x, t)$, $c(x, t)$. 但注意到特征线 $x = x(t)$ 不一定是直线, 因为特征线上有一个黎曼不变量是变化的, 这可以从式 (3.5.10) 推知, 因此有时难以得到形式简单的解析解.

解法 2(数值求解)　如图 3.5.1 所示, 初始时刻的状态分布是已知条件, x 轴上各点的状态已知, 也就是初始黎曼不变量 α 和 β 已知. 于是可以以黎曼不变量 α 和 β 为参数, 从初始时刻的状态分布出发, 向时间轴方向延伸, 逐层逐点求解不同时空位置上的状态. 例如, 按照公式 (3.5.10), 图 3.5.1 上 $P(x,t)$ 点的坐标可用下式求解:

$$\text{沿}C_+ : x - x_k = \left[\beta_k - \alpha_k + \frac{\gamma - 1}{2}(\beta_k + \alpha_k)\right](t - t_k),$$
$$\text{沿}C_- : x - x_{k+1} = \left[\beta_{k+1} - \alpha_{k+1} - \frac{\gamma - 1}{2}(\beta_{k+1} + \alpha_{k+1})\right](t - t_{k+1}), \tag{3.5.11}$$

即 $P(x,t)$ 点的坐标由通过该点的第 i 条 C_- 特征线的黎曼不变量 α 值和第 j 条 C_+ 特征线的 β 值决定. 这时, β 源自点 (x_k, t_k) 的状态, α 源自点 (x_{k+1}, t_{k+1}) 的

状态. P 点对应的状态 (或 Q 点的坐标) 为

$$u = \beta_k - \alpha_{k+1},$$
$$c = \frac{\gamma - 1}{2}(\beta_k + \alpha_{k+1}). \tag{3.5.12}$$

由上例的求解可以看出, 写出关系式 $x(u,c)$, $t(u,c)$ 比得到 $c(x, t)$, $u(x,t)$ 更加直接方便, 这是求解可约方程组的特点. 因此, 对于这类方程, 常常采取反函数求解的方法来迂回获得方程的解, 即先求出 $u\text{-}c$ 平面上的解 $x(u,c)$ 和 $t(u,c)$, 再反解得出原始方程组的解 $u(x, t)$ 和 $c(x,t)$.

特征线的映射关系为反函数求解方法奠定了理论基础, 它的作用将在 4.3 节等熵流动通解的求解过程中得到充分体现.

3.6 特征线方法的一般性问题

3.6.1 依赖区和影响区

在平面运动中, 沿特征线黎曼不变量保持不变, 这一重要性质可以清楚地揭示流体力学运动中的一些依赖关系. 设 $t=0$ 时参量 u 和 c 沿 x 轴的分布为 $u_0(x)$, $c_0(x)$, 于是黎曼不变量的相应分布是 $\alpha_0(x)$, $\beta_0(x)$. 按照式 (3.5.10), 在 $x\text{-}t$ 平面上 (参见图 3.6.1) 任意一点 $P(x,t)$ 的状态, 将直接由 x 轴上 $A(x_1, 0)$ 和 $B(x_2, 0)$ 两点的状态决定. 这里, A 和 B 分别是过 P 点的 C_+ 和 C_- 特征线与 x 轴的交点. 所以, 在 P 点有

$$\alpha(x,t) = \alpha_0(x_2),$$
$$\beta(x,t) = \beta_0(x_1).$$

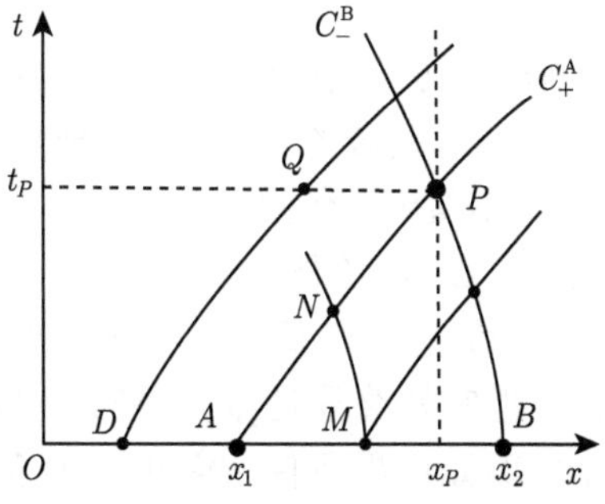

图 3.6.1 P 点的依赖区

这表明, A 点的 β_0 和 B 点的 α_0 决定着 P 点的状态. 但是, P 点的状态不仅仅依赖于 A 和 B 两点上的值, 还依赖于整个 AB 线段上的值. 因为 P 点的坐

标 (x,t) 由发自 A 点的 C_+ 特征线和发自 B 点的 C_- 特征线决定, 而这两条特征线的轨迹却与整段 AB 线段上的初始值有关. 例如, C_+ 上任一点 N 处的斜率为 $\mathrm{d}x/\mathrm{d}t = u + c = f(\alpha_M, \beta_A)$, 除 A 点的 β 之外, 还依赖于 M 点的 α 值.

另外, 点 P 的状态完全不依赖于线段 AB 之外的初始值. 例如, 点 D 处产生的影响只沿由 D 发出的特征线传至点 Q 处, 不可能通过 $P(x,t)$ 点. 因此 P 点的状态不受线段 AB 之外的初始值影响, 而完全由且只由线段 AB 上的初始值决定. 因此, 线段 AB 称为点 P 的依赖区.

同理, 如图 3.6.2 所示, 能够受到 AB 线段上初始值影响的区域, 是由发自 A 点的 C_- 特征线和发自 B 点的 C_+ 特征线所包围的区域, 这区域之外的地方都不受 AB 线段上初始值的影响. 例如, 在这个区域以外的某点 M 的状态, 与 AB 线段上的初始值无关. 因为 AB 线段上任何一点发出的影响沿 A, B 之间的点发出的特征线传播, A, B 两点发出的特征线是这些特征线的边界, 这些点的影响不可能越过边界到达 M 点. 图中阴影部分区域就称为线段 AB 的影响区.

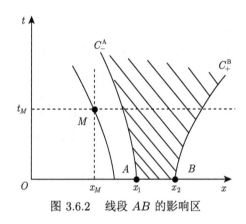

图 3.6.2　线段 AB 的影响区

由于线段 AB 上的初始扰动传不到影响区之外, 故发自 A 点的 C_- 特征线和发自 B 点的 C_+ 特征线代表着扰动波的 "波头" 的轨迹. 波头的运动速度分别为 $u - c$ 和 $u + c$, 即波相对于流体以声速传播.

由上面的讨论可以看出, 在求解流体力学问题时, 给定初始条件只能决定类似图 3.6.1 中的一个三角形区域内的解. 此区域的大小取决于初值的给值范围, 即图 3.6.1 中线段 AB 的长短, 但它始终只是流场中的一个区域. 若需求出全流场的解, 则还需要给出其他条件, 例如边界条件, 譬如 $x=0$ 处的某物理量随时间 t 的变化.

3.6.2　边值问题解的确定性

给出怎样的边界条件才能确定求得问题的解呢?

设 x-t 平面上的曲线 OA 和 OB 构成问题的边界 (见图 3.6.3). 根据从每一条曲线上发出的两族特征线的走向, 可把曲线分为两类. 若当 t 增加时两族特征线的方向都在所给边界曲线的同一侧, 则该边界曲线称为空向线 (图 3.6.3(a) 中曲线 OA); 若两族特征线的方向各在边界曲线的一侧, 则该边界曲线称为时向线 (图 3.6.3(a) 中曲线 OB).

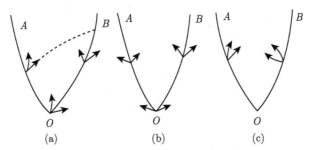

图 3.6.3 可能的空向线和时向线边界

显然, 为使区域 AOB 中的解完全确定, 在空向线边界上必须给定两个参量的值 (如 u 和 p, 或 α 和 β 的值), 在时向线边界上只需给出一个参量的值. 这是因为时向线 OB 上的第二个参量的值将从 OA 上由相应的特征线 "带" 过来, 或者说 OB 上任一点的第二个参量的值与给出的第一个参量的值之间还应该满足特征关系. 因此, 它的值不能随便给出, 否则将出现矛盾. 同理, 在 O 点处所给的各量的值应该是自洽的, 因为它们之间应该满足特征关系.

图 3.6.3 中给出了几种可能的边界组合. 例如, 活塞在管道中运动的问题就是图 3.6.3(a) 所示情况的例子. 在该类问题中, x-t 平面上代表初始时刻的 x 轴可当作问题的一个边界, 活塞的运动轨迹是问题的另一个边界, 即 x 轴是空向线, 故作为问题的初始条件在 x 轴上应给出两个参量的值, 例如 $u=0$ 和 $\rho=\rho_0$. 活塞轨迹是时向线, 故在活塞面上只需给出一个边界条件, 例如活塞的运动速度 U. 同理可知, 图 3.6.3(b) 所示情况中各边界上只需各给出一个参量的值, 图 3.6.3(c) 所示情况中各边界上需各给出两个参量的值.

在图 3.6.4 中给出了两种可能的实际边界情况. 如果边界曲线与某特征线重合, 则在该边界上只能给出一个参量的值, 另一个参量的值由特征关系式确定, 如图 3.6.4(a) 所示. 图 3.6.4(b) 反映了一般二维流场的特征线情况.

3.6.3 特征线基本性质

从特征线的一般解法可以明确特征线的特点如下.

1) 作为微分方程解的特征线

偏微分方程解的积分曲面可以由无限数目的曲线构建而成. 若这些曲线是沿

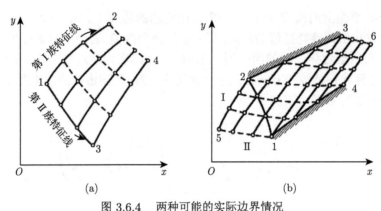

图 3.6.4　两种可能的实际边界情况

(a) 两个边界都与特征线重合; (b) 两个边界都是空向线

着积分曲面的特征线选择, 则曲线在自变量平面上的投影就是特征线, 曲线本身对应了特征方程.

2) 流体力学中的特征线

特征线是流体状态量的导数可能不连续的点的轨迹, 即弱间断线. 弱间断是指物理量本身连续, 其微商或导数发生间断. 图 3.4.5(c) 中状态分布曲线在 x_A 处的特征就是弱间断的数学特征. 强间断指物理量本身存在间断.

3) 特征线与冲击波

一维不定常流动中特征线是扰动传播的轨迹, 二维定常超声速流的特征线是马赫线, 冲击波是强间断. 在特征线上, 流体状态量本身是连续的, 但它们的导数可能不连续. 在冲击波阵面上, 流体速度、压力等状态量不连续.

归纳特征线的性质如下.

1) 在连续流动区域中, 同族特征线不相交

连续流动中, x-t 平面上各点的状态单值确定. 从式 (3.4.10) 知, 过一点只有一条 C_+ 和一条 C_- 通过时, 可以唯一确定该点的两个基本状态量 u 和 c. 如果有同族特征线相交, 则过一点将至少有三条特征线通过, 状态量出现不确定值, 或出现多值, 流动不再连续, 比如出现强间断、冲击波间断等.

2) 弱间断只沿特征线传播

假定流动的初始值在某点 A 处具有弱间断 (图 3.6.5), 现证明弱间断只沿特征线传播.

证明　引入参数 ξ 和 η, 将两条特征线方程写成参数方程的形式. 令一个 ξ 值代表一条 C_- 特征线, C_- 特征线写成 $\xi = \xi(x, t)$, 即沿同一条 C_- 特征线 ξ 是常数. 同理, 一个 η 值代表一条 C_+ 特征线, C_+ 特征线写成 $\eta = \eta(x, t)$, 沿某 C_+ 特征线 η 是常数. 以 ξ 和 η 为新的曲线坐标, 在 (ξ, η) 坐标系中, 特征线方程

(3.4.5) 化为

$$\text{沿} C_+ : x_\xi = (u+c)t_\xi, \mathrm{d}\beta = 0,$$
$$\text{沿} C_- : x_\eta = (u+c)t_\eta, \mathrm{d}\alpha = 0,$$

(3.6.1)

式中, x_ξ, x_η 分别表示 x 对 ξ 和 η 的偏导数, 其他类同.

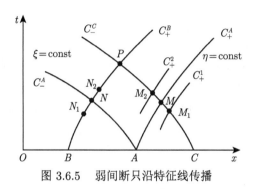

图 3.6.5　弱间断只沿特征线传播

根据前段的定义, 黎曼不变量 β 只随 η 的不同而变化, α 只随 ξ 的变化而变化, 因此, 只存在 α 的微商 α_ξ 和 β 的微商 β_η. 在图 3.6.5 中, 如果流动在 A 处存在弱间断, 只能是 α_ξ 和 β_η 的间断. 下面证明, 初始时刻在 A 点处的弱间断之一 β_η 的间断将沿特征线 C_+^A 传播, 另一个弱间断 α_ξ 的间断将沿特征线 C_-^A 传播.

在 C_+^A 上任取一点 M, 其两侧的邻近点为 M_1 和 M_2, 过这两点的 C_+ 特征线分别记为 C_+^1 和 C_+^2, 沿这两条特征线的黎曼不变量为 $\beta_1=\beta_{10}$ 和 $\beta_2=\beta_{20}$, 这里, 下标 "0" 表示初始值, 对它们求 η 的偏导有

$$(\beta_1)_\eta = (\beta_{10})_\eta, \quad (\beta_2)_\eta = (\beta_{20})_\eta.$$

(3.6.2)

令 M_1 和 M_2 同时趋近于 M 点, 从而, 过这两点的特征线 C_+^1 和 C_+^2 同时趋近于 C_+^A, 于是有

$$(\beta_M)_\eta^+ = (\beta_1)_\eta, \quad (\beta_M)_\eta^- = (\beta_2)_\eta,$$

式中符号 "+" 代表右侧, "−" 代表左侧. 同样在 A 点有

$$(\beta_A)_\eta^+ = (\beta_{10})_\eta, \quad (\beta_A)_\eta^- = (\beta_{20})_\eta.$$

根据式 (3.6.2) 知, 沿特征线 C_+^1 和 C_+^2 有

$$(\beta_A)_\eta^+ = (\beta_M)_\eta^+, \quad (\beta_A)_\eta^- = (\beta_M)_\eta^-.$$

由于在 A 点处微商有间断, 即 $(\beta_A)_\eta^+ \neq (\beta_A)_\eta^-$, 所以有

$$(\beta_M)_\eta^+ \neq (\beta_M)_\eta^-. \tag{3.6.3}$$

这就表明 M 点处的微商也是间断的, 即说明 A 点处 β 的弱间断沿 C_+^A 传播.

同理可以证明, 如果初始有 $(\alpha_A)_\xi^+ \neq (\alpha_A)_\xi^-$, 则在 C_-^A 上任意一点 N 处有

$$(\alpha_N)_\xi^+ \neq (\alpha_N)_\xi^-,$$

即 $(\alpha_{N_2})_\xi \neq (\alpha_{N_1})_\xi$, 表明 A 点处 α 的弱间断也沿 C_-^A 传播. 所以, A 点处的初始弱间断将沿特征线传播.

下面证明 A 点处的初始弱间断不会传到 C_+^A 和 C_-^A 两条特征线以外的地方.

显然, 在 A 的影响区以外, 解不受 A 点状态的影响, 故该点的弱间断也不会传到影响区以外的地方. 在影响区以内, 任取一点 $P(x, t)$, 由图 3.6.5 看到, 该点的解将直接取决于初始时刻 B 点的 β 和 C 点的 α 值, 即

$$\beta_P = \beta_B, \quad \alpha_P = \alpha_C. \tag{3.6.4}$$

类似上面对 M 点处 β 微商的讨论, 容易证明, 在过 B 点的 C_+^B 特征线上任一点 N 处 β 对 η 的微商满足关系式 $(\beta_N)_\eta^+ = (\beta_B)_\eta^+$ 和 $(\beta_N)_\eta^- = (\beta_B)_\eta^-$. 因为在 B 点没有弱间断, 即 $(\beta_B)_\eta^+ = (\beta_B)_\eta^-$, 所以有

$$(\beta_N)_\eta^+ = (\beta_N)_\eta^-. \tag{3.6.5}$$

这表明, 在 N 点处 β 的微商没有间断, 也就是说, 沿 C_+^B 特征线, β 的微商是连续的, 因此 P 点处 β 的微商也是连续的.

同理可以证明, 沿过 C 点的 C_-^C 特征线, α 的微商也是连续的. 于是, 式 (3.6.4) 中 P 点处 α 和 β 的微商都是连续的. 这就是说, 在影响区内任一点 $P(x, t)$ 上, 解没有弱间断.

至此, 已经证明弱间断只沿特征线传播.

3) 相邻的不同类型 (平衡) 流动区域, 其分界线是特征线

从导数不连续的意义来说, 特征线可能是不同类型流动区域 (即需要用不同形式解的表达式来描述的区域) 的交界线. 当两个相邻流场具有不同的解的表达式时, 可能出现物理量的导数不连续, 其边界是弱间断, 故两流场区域必沿特征线相连接, 由 2) 必有 3).

对于一般超声速流动和非定常流动, 因为存在以弱间断为特征的特征线, 所以以特征线为界划分了具有不同流动特性的流场. 波传播可能造成不同的流动特性, 具有不同特性的流场将有不同的解的表达式, 一般难以找到能描述全流场的统一形式, 这从一个角度说明了波传播过程引起的参量局部化效应和非均匀分布特征.

习　题　3

3.1　请简要说明在一维非定常流体力学中特征线的意义和作用.

3.2　数学上理解特征线和特征方程的意义分别是什么? 请举例说明.

3.3　请用方向导数法推导一般形式的二元一阶偏微分方程组的特征线方程, 由此说明特征线存在的条件.

3.4　求如下方程组的特征线及特征方程:

$$\begin{cases} \dfrac{\partial a}{\partial x} = \dfrac{\partial b}{\partial t}, \\[2mm] \dfrac{\partial a}{\partial t} = c_0^2 \dfrac{\partial b}{\partial x} + \dfrac{1}{\rho_0} \dfrac{\partial b_m}{\partial x}, \end{cases}$$

其中 $a = a(x,t), b = b(x,t)$; 而 $b_m = b_m(x)$ 为已知函数, c_0 和 ρ_0 为常数.

3.5　请写出理想气体一维平面绝热流动的基本方程组, 导出特征线方程和特征方程.

3.6　一维应力波在弹黏塑性杆中传播的控制方程组如下:

$$\begin{cases} \dfrac{\partial u}{\partial x} = \dfrac{\partial \varepsilon}{\partial t}, \\[2mm] \rho_0 \dfrac{\partial u}{\partial t} = \dfrac{\partial \sigma}{\partial x}, \\[2mm] \dfrac{\partial \varepsilon}{\partial t} = \dfrac{1}{E} \dfrac{\partial \sigma}{\partial t} + \gamma^* < \phi(F) >, \end{cases}$$

其中, u 为质点速度, ε 和 σ 分别为应变和应力, E 为杨氏模量, ρ_0 为材料密度, $\gamma^*<\phi(F)>$ 反映了材料的黏塑性性质. 试用特征线方法求解此应力波的特征线和特征方程. 并说明它们与理想流体一维等熵流动的相应关系式的主要区别.

3.7　请推导一维柱对称拉格朗日流体力学方程组的特征线方程及相应的特征方程.

3.8　已知一维平面流动的基本方程组为

$$\frac{\partial \rho}{\partial t} + \frac{\partial \rho u}{\partial x} = 0,$$

$$\rho \frac{\partial u}{\partial t} + \rho u \frac{\partial u}{\partial x} + \frac{\partial p}{\partial x} = 0.$$

对于等熵方程为 $p = A + B\tau$(此处 A 和 B 是常数) 的多方气体, 请写出绝热流动的特征线方程和特征方程, 并证明这种情况下右行简单波以不变的波形传播.

3.9　一维柱对称流动问题有如下形式的质量守恒和动量守恒微分方程,

$$\frac{\partial \rho}{\partial t} + \frac{1}{r} \frac{\partial (\rho r u)}{\partial r} = 0,$$

$$\rho \frac{\partial u}{\partial t} + \rho u \frac{\partial u}{\partial r} + \frac{\partial p}{\partial r} = 0.$$

(1) 请推导一维柱对称流动的特征线方程及特征方程;

(2) 分析沿特征线流动会发生怎样的状态变化.

3.10   什么是弱间断? 为什么说弱间断只能沿特征线传播? 这有什么物理意义?

3.11   特征线的依赖区和影响区是怎样定义的, 有什么物理意义?

3.12   相对于其他数值求解方法, 运用特征线的数值方法最根本的优势是什么?

第 4 章　一维不定常连续流动

第 3 章建立了对特征线方法的认识, 包括特征线的数学和物理意义, 特别是特征线方法对于求解流体力学问题的重要作用. 本章的主要目的是, 利用特征线方法求解理想流体的平面一维连续流动问题; 重点讨论平面等熵流动的特解: 简单波问题的分析与求解; 简要给出等熵流动的通解: 一般流动问题的求解思路, 从中引出相关的物理概念和现象规律. 本章 4.4 节将利用这些求解思想, 分析计算典型的模型问题和有关活塞运动的实际问题.

4.1　简　单　波

4.1.1　简单波定义

如果有一族特征线 (如 C_-) 上的黎曼不变量 (如 α) 的值不随特征线的不同而不同, 即所有同族特征线上的黎曼不变量取值相同, 那么不同特征线对应的特征方程是相同的. 这时在状态平面 $u\text{-}c$ 上的一族特征线 (如 Γ_-) 将退化为一条特征线, 如图 4.1.1(a) 所示. 原先分布在整个平面上的状态将集中到一条线 Γ_- 上, 该 Γ_- 线与 Γ_+ 的每一个交点对应了一条 C_+ 特征线上所有点的状态, 说明沿一条 C_+ 特征线只有一个状态, 这个状态不随特征线的传播而变化. 这就是简单波的图像. 更有甚者, 如果这时另一族特征线上所有的黎曼不变量 (如 β) 也取一个值, 另一族特征线也将退化成为一条 Γ_+ 特征线, 在状态平面上 Γ_- 和 Γ_+ 两条特征线

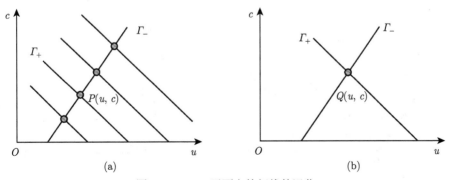

图 4.1.1　$u\text{-}c$ 平面上特征线的退化

(a) 简单波; (b) 常流区

交于一个点, 即只存在一个状态, 如图 4.1.1(b) 所示, 而这个状态对应了整个 $x\text{-}t$ 平面, 说明这时整个 $x\text{-}t$ 平面都处于一种状态, 是一个常态流动区.

当 (u, c) 和 (x, t) 之间的变换行列式 $J = 0$ 时就会造成这样的情形. 这时, (u, c) 与 (x, t) 之间的反函数关系不再存在, $u\text{-}c$ 平面上的点与 $x\text{-}t$ 平面上的点的一一对应关系不再存在, 因此由 $u\text{-}c$ 平面上的状态点, 无法在 $x\text{-}t$ 平面上找到一一对应的位置, 3.5 节的求解思路遇到困难.

然而这种情况是现实存在的. 对于连续流动, 空间上一个点不能同时对应两种不同的状态, 但空间中多个点甚至一个区域可以处于同一种状态, 常态流动区 (常流区) 或未扰区就是一个例证. 那么应该如何求解这样的问题呢? 在常流区即未扰区不存在状态的分布, 自然无须求解. 另一种情况就是本节要介绍的简单波. 从下面的分析将看到, 简单波解实际上是双曲型方程流动解的一种特解, 但它不能从通解导出, 因为方程的某些性质已经发生了变化.

定义　流动区域被一类特征线 (比如 C_-) 的一组曲线所覆盖, 这组特征线在 $u\text{-}c$ 平面上的像全部都落在同一条特征线 (比如 Γ_-) 上, 则称这种流动为简单波.

事实上, 整个简单波区域的解 u, c 都落在这条特征线 Γ_- 上, 参见图 4.1.1(a). 因为简单波区任何一条 C_+ 特征线的像都落在某一条 Γ_+ 特征线上, 而现在只存在一条 Γ_- 特征线, 所以, 每一条 Γ_+ 特征线与 Γ_- 特征线只能交于一个点. 这就意味着, 一条 C_+ 特征线上的状态 u, c 只有一组值, 或者说, 沿一条 C_+ 特征线, u, c 为恒值. 进一步, 这族特征线的斜率 $\left. \dfrac{\mathrm{d}x}{\mathrm{d}t} \right|_{C_+} = f(u, c)$ 也是常数, 因而此族特征线 C_+ 是直线. 但不同 C_+ 特征线上 u, c 可能不同, 因为 $u\text{-}c$ 平面上不同的 Γ_+ 特征线与该 Γ_- 特征线相交于不同的点, 所以斜率也不一定相同. 于是, 简单波区被这样的特征线所覆盖, 这些特征线上 u, c 为常数, 特征线是直线. 图 4.1.2 给出了活塞运动引起的简单波图示, 图中 B 是活塞轨迹, U 表示活塞速度.

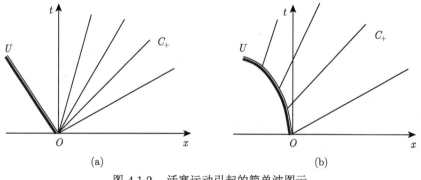

(a)　　　　　　　　　　　　　　　　　　(b)

图 4.1.2　活塞运动引起的简单波图示

基本推理 在流动区域中, 假如在一条特征线的一段上 u 和 c 是常数, 那么在与此线段相比邻的区域中的流动是简单波或常流状态区. 或者说, 简单波区是与常流区相邻的流动区域, 其边界线是一条特征线.

4.1.2 简单波性质

通过分析可知, 简单波具有以下性质:

(a) 简单波中有一族特征线是直线;

(b) 与常流区相邻区域中的等熵流动必定是简单波, 反之, 只有简单波区可能与常流区相比邻;

(c) 简单波是单向行波;

(d) 简单波的传播速度随流体质点速度的增加而增加.

第一条性质已不言自明, 下面我们先证明第二条性质, 其他性质在后面逐步加以证明.

下面来证明与常流区相邻区域中的等熵流动必定是简单波.

证明 如图 4.1.3 所示, 设有常流区 D_0, 该区状态为 u_0, c_0, 过 D_0 区的 C_+ 特征线在 u-c 平面上对应一条 Γ_{0+} 特征线; 过 D_0 区的 C_- 特征线在 u-c 平面上对应一条 Γ_{0-} 特征线, 因此 D_0 区的状态只对应 u-c 平面上 Γ_{0+} 与 Γ_{0-} 的交点 (u_0, c_0). 设所有经过 D_0 的 C_+ 和 C_- 特征线的交点组成区域 E_0, 显然 $D_0 \in E_0$, 而且 E_0 中状态为 (u_0, c_0), 所以 E_0 为常流区, 且 E_0 的边界是特征线: 两条 C_+, 两条 C_-. 因此常流区的边界为四条特征线, 且为直线. 特征线是连续的, 常流区的特征线 C_+ 或 C_- 越过边界 (跨越一条另一族特征线) 将状态 Γ_{0+} 或 Γ_{0-} 代入相邻区, 如图中 D_1, D_3 区或 D_2, D_4 区, 使相邻区具有相同的 Γ_{0+} 或相同的 Γ_{0-}, 在 u-c 平面上相应表现为只有一条 Γ_{0+} 或一条 Γ_{0-}. 因此, 按照定义, 相邻区的流动是简单波.

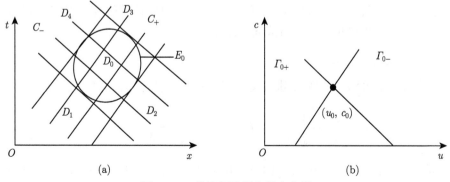

图 4.1.3 常流区边界和状态分析

(a) x-t 平面上特征线和边界; (b) u-c 平面上状态示意

　　同理, 简单波区只有一条 Γ_{0+} 或一条 Γ_{0-} 的性质也将通过特征线代入相邻区, 使相邻区只能是简单波区或常流区. 简单波的延续不存在新的分区, 如果是另一类流动区, 只能是常态流动区.

　　这就证明了, 与常态流动区相邻区域中的等熵流动必定是简单波; 反之, 只有简单波区可能与常流区相比邻.

　　现已知常流区与简单波区分界线是特征线, 若流体进入简单波区时穿过它, 则该特征线为波头; 若流体离开简单波区时穿过它, 则该特征线为波尾. 波头、波尾均沿特征线传播.

4.1.3　等熵流动简单波解的一般形式

1. 一般求解法

　　从等熵流动的特征线求解已得到: 沿 $\dfrac{\mathrm{d}x}{\mathrm{d}t} = u \pm c$, 有 $u \pm l(c) = \text{const.}$ 定义黎曼不变量 α 和 β, 特征方程写为 $\begin{cases} u+l(c)=2\beta \\ u-l(c)=-2\alpha \end{cases}$, 其中 $l(c) = \displaystyle\int \dfrac{\mathrm{d}p}{\rho c}$.

　　若简单波区中 Γ_{0-} 为常数, 即 $\alpha = \text{const}$, 则 $l(c) = u+2\alpha$, 可解出 $c = c(u)$. 另一族特征线是轨迹为直线的特征线 $C_+ : \dfrac{\mathrm{d}x}{\mathrm{d}t} = u + c = u + c(u)$, 解得

$$x = [u + c(u)]t + F(u). \tag{4.1.1}$$

这是解 u 的隐函数表达式, 由式 (4.1.1) 可解出 $u = u(x, t)$, 再由 $c = c(u)$ 解出 $c = c(x, t)$.

　　由此可见, 给定一个 u 值, 特征线解或隐函数解 (4.1.1) 代表一条直线. 在这条直线上, u 可表示成 $u = F^{-1}[x - (u+c)t]$, 即表明 u 以速度 $u + c(u)$ 传播. 与小扰动波解 $u = f(x - c_0 t) + g(x + c_0 t)$ 比较, 后者是以速度 c_0 沿两个方向传播的波, 简单波解只朝一个方向传播, 所以简单波是单向传播的波. 这便是简单波的性质之三. 本例中简单波是向右或向前运动的波.

2. 运动方程求解法

　　对等熵流动的运动方程组进行运算可以得到特征方程的另外形式

$$\frac{\partial}{\partial t}\left(u \pm \int \frac{\mathrm{d}p}{\rho c}\right) + (u \pm c)\frac{\partial}{\partial x}\left(u \pm \int \frac{\mathrm{d}p}{\rho c}\right) = 0. \tag{4.1.2}$$

设简单波区 $\alpha = \text{const}$, 则式 (4.1.2) 中取 "$-$" 号的方程自动满足. 由 $2\mathrm{d}\alpha = -\mathrm{d}\left(u - \displaystyle\int \dfrac{\mathrm{d}p}{\rho c}\right) = 0$ 解出 $\mathrm{d}u = \mathrm{d}\displaystyle\int \dfrac{\mathrm{d}p}{\rho c}$, 说明后者亦为 u 的函数. 于是取 "$+$"

号的方程写成 $\dfrac{\partial}{\partial t}g(u)+(u+c)\dfrac{\partial}{\partial x}g(u)=0$, 其解为 $u=f[x-(u+c)t]$, 或表示成

$$x=(u+c)t+F(u),$$

c 解出为

$$c=c(u)=c\{f[x-(u+c)t]\}.$$

以上解与第一种解法得到的结果式 (4.1.1) 完全相同, 再次表明, 简单波解是向一个方向传播的波或单向行波.

总结上述结果, 有

$$对于 \ \alpha=\text{const} \ 的简单波, 解为 \begin{cases} x=(u+c)t+F(u), \\[2mm] u-\displaystyle\int\dfrac{\mathrm{d}p}{\rho c}=\text{const}; \end{cases} \tag{4.1.3}$$

$$对于 \ \beta=\text{const} \ 的简单波, 解为 \begin{cases} x=(u-c)t+F(u), \\[2mm] u+\displaystyle\int\dfrac{\mathrm{d}p}{\rho c}=\text{const}. \end{cases} \tag{4.1.4}$$

式 (4.1.3), 式 (4.1.4) 中 x, t 应从特征线的发出点起算, 其中 $F(u)$ 由问题的 (定解) 边界条件, 比如活塞运动轨迹决定. 当 $F(u)=0$ 或 $F(u)=$const 不随时间变化时, 简单波中那族直线特征线源于一点, 即为中心简单波情况, 如图 4.1.2(a) 所示, 这时在中心简单波发出点上的物理量是多值的.

3. 多方气体的简单波解

当状态方程取 $p=A\rho^{\gamma}$ 的形式时, 特征线上的关系式特别简单, 可写成 $\alpha=-\dfrac{u}{2}+\dfrac{1}{\gamma-1}c$, $\beta=\dfrac{u}{2}+\dfrac{1}{\gamma-1}c$.

当 $\alpha=$const 时, 有简单波解

$$\begin{cases} x=(u+c)t+F(u), \\[2mm] u-\dfrac{2}{\gamma-1}c=\text{const}. \end{cases}$$

若初始状态 $u=0$, $c=c_0$, 则 $\alpha=\dfrac{1}{\gamma-1}c_0$, 有 $\dfrac{2}{\gamma-1}c=u+\dfrac{2}{\gamma-1}c_0$, 于是

$$c=c_0+\dfrac{\gamma-1}{2}u, \tag{4.1.5}$$

$$x=\left(c_0+\dfrac{\gamma+1}{2}u\right)t+F(u).$$

从式 (4.1.5) 可解出 $u(x,t)$ 和 $c(x,t)$.

因为状态方程为 $p = A\rho^\gamma$, 所以 $c^2 = \left(\dfrac{\partial p}{\partial \rho}\right)_s = A\gamma\rho^{\gamma-1} = \gamma\dfrac{p}{\rho}$, 有

$$\left(\frac{c}{c_0}\right)^2 = \left(\frac{\rho}{\rho_0}\right)^{\gamma-1},$$

或

$$\rho = \rho_0 \left(c/c_0\right)^{\frac{2}{\gamma-1}}, \tag{4.1.6}$$

再由 $\left(\dfrac{c}{c_0}\right)^2 = \left(\dfrac{p}{p_0}\right)\left(\dfrac{\rho_0}{\rho}\right)$ 可建立下列关系式:

$$p = p_0 \left(\frac{c}{c_0}\right)^2 \left(\frac{\rho}{\rho_0}\right) = p_0 \left(\frac{c}{c_0}\right)^{2+\frac{2}{\gamma-1}} = p_0 \left(\frac{c}{c_0}\right)^{\frac{2\gamma}{\gamma-1}}, \tag{4.1.7}$$

将式 (4.1.5) 代入式 (4.1.6) 和式 (4.1.7), 得

$$p = p_0 \left(1 + \frac{\gamma-1}{2}\frac{u}{c_0}\right)^{\frac{2\gamma}{\gamma-1}},$$
$$\rho = \rho_0 \left(1 + \frac{\gamma-1}{2}\frac{u}{c_0}\right)^{\frac{2}{\gamma-1}}. \tag{4.1.8}$$

由定解条件求出 $F(u)$ 后即可解得 $u = u(x,t)$, 从而解出其他参量, 如 $c(x,t)$, $p(x,t)$ 和 $\rho(x,t)$ 等, 流场得以求解.

4.2　稀疏波与压缩波

4.2.1　基本概念

简单波为单向波, 这在解的一般形式中已经得证. 根据波前后状态的变化特征, 又把简单波分为稀疏波与压缩波. 波后压力和密度都增加的简单波为压缩波, 反之为稀疏波.

1. 向前、向后简单波

若波速大于质点速度 u, 则质点将从波的右边进入波动区, 这种简单波为向前 (或向右) 简单波或右行简单波; 反之, 为向后 (或向左) 简单波或左行简单波.

不论 $u > 0$ 还是 $u < 0$, 始终有 $u + c > u$ 和 $u - c < u$, 所以以 $u + c$ 传播的简单波是向前波, 以 $u - c$ 传播的波为向后波. 对于向前波, C_+ 特征线是直线; 对于向后波, C_- 特征线是直线.

2. 波速 $u \pm c$ 随 u 的增加而增加

对于向前波, 有 $\alpha =$ const 或 $\mathrm{d}u = \dfrac{\mathrm{d}p}{\rho c} = \dfrac{c\mathrm{d}\rho}{\rho}$, u 的变化与 ρ, p 的变化同号,

且 $\dfrac{\mathrm{d}u}{\mathrm{d}\rho} = \dfrac{c}{\rho} > 0$, 同时运用状态方程的基本性质知

$$\frac{\mathrm{d}(u + c)}{\mathrm{d}u} = 1 + \frac{\mathrm{d}c}{\mathrm{d}u} = 1 + \frac{\rho}{c}\frac{\mathrm{d}c}{\mathrm{d}\rho} > 0, \tag{4.2.1}$$

即波速 $u + c$ 随 u 的增加而增加, 形象地表示为

$$u \uparrow (\text{增加}) \text{ 时}, \rho \uparrow, c \uparrow, p \uparrow, (u + c) \uparrow,$$
$$u \downarrow (\text{下降}) \text{ 时}, \rho \downarrow, c \downarrow, p \downarrow, (u + c) \downarrow. \tag{4.2.2}$$

对于向后波, 则 $\beta =$ const, $\dfrac{\mathrm{d}u}{\mathrm{d}\rho} = -\dfrac{\mathrm{d}p}{\rho c} = -\dfrac{c\mathrm{d}\rho}{\rho}$, 同样导出 $\dfrac{\mathrm{d}u}{\mathrm{d}\rho} = -\dfrac{c}{\rho} < 0$ 和

$$\frac{\mathrm{d}(u - c)}{\mathrm{d}u} = 1 - \frac{\mathrm{d}c}{\mathrm{d}u} = 1 + \frac{\rho}{c}\frac{\mathrm{d}c}{\mathrm{d}\rho} > 0, \tag{4.2.3}$$

波速 $u - c$ 也是随 u 的增加而增加的, 形象地表示为

$$u \uparrow (\text{增加}) \text{ 时}, \rho \downarrow, c \downarrow, p \downarrow, (u - c) \uparrow,$$
$$u \downarrow (\text{下降}) \text{ 时}, \rho \uparrow, c \uparrow, p \uparrow, (u - c) \downarrow. \tag{4.2.4}$$

因此, 无论向前波还是向后波都有: 简单波的波速 $u \pm c$ 随 u 的增加而增加. 这便是简单波的性质之四.

3. 稀疏波与压缩波定义

穿过简单波时, 若 ρ, p 增大, 称此简单波是压缩波. 从式 (4.2.2) 知, 穿过向前的压缩波, 质点速度 u 增加, 波速 $(u + c)$ 也增加; 从式 (4.2.4) 知, 穿过向后的压缩波, 质点速度 u 下降, 波速 $(u - c)$ 也下降, 所以过压缩波区时, 特征线是收聚的, 如图 4.2.1(b) 和 (d) 所示.

穿过简单波时, 若 ρ, p 下降, 则称此简单波是稀疏波. 作同样的分析可知, 过稀疏波区时, 特征线是发散的, 如图 4.2.1(a) 和 (c) 所示.

图 4.2.1 给出了四类简单波的波系特征, 状态变化示意以及波区内状态量 ρ 和 u 的分布.

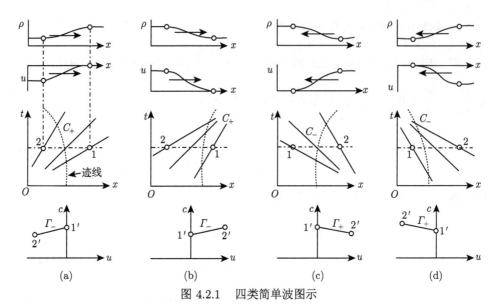

图 4.2.1　四类简单波图示

(a) 右行稀疏波; (b) 右行压缩波; (c) 左行稀疏波; (d) 左行压缩波

4. 波形扭曲

考察向前简单波, 满足 $\alpha = \alpha(x,0) = \text{const}$, 状态初始分布是 $u(x,0)$, $c(x,0)$, 如图 4.2.2 所示, 对波形的发展分析如下.

简单波的解为 $u = f[x - (u+c)t]$, $\alpha(x,t) = \alpha(x,0)$. $t = 0$ 时 $x = \xi$ 处的 u 值将沿从 $x = \xi$ 发出的特征线 $x = (u+c)t + \xi$ 传播, $x = \xi$ 可以指图 4.2.2 中 A_0, E_0, B_0, F_0, D_0 等各点. 由于波区内各点处 u, c 的初始值不同, 所以不同点上发出的波传播速度 $u+c$ 也不同. 波的边界是同一状态, 所以 A_0, D_0 两点处 $u+c$ 相同, 相应的特征线平行. 从 x-t 图上特征线走势可推知, A_0-E_0 段和 F_0-D_0 段发出的特征线汇聚, E_0-F_0 段发出的特征线发散. 随着简单波的发展, 状态分布波形会发生变化, 例如 A_0-E_0 和 F_0-D_0 段发出的特征线, 最终可能出现特征线相交的情况, 使得在边界处出现多值点, 失去连续流动的本质, 产生状态量的间断. 图 4.2.3(d) 和 (e) 所示 t_3 和 t_4 时刻的波形就反映了这种后果.

事实上, 因为 $x = (u+c)t + \xi$, 并令 $u(x,t) = f(\xi)$, $c(x,t) = \varphi(\xi)$, 所以有

$$\frac{\partial u}{\partial x} = \frac{\mathrm{d}u}{\mathrm{d}\xi} \bigg/ \frac{\partial x}{\partial \xi} = \frac{f'(\xi)}{[f'(\xi) + \varphi'(\xi)]t + 1}. \tag{4.2.5}$$

从式 (4.2.1) 和式 (4.2.3) 知, u 和 $u \pm c$ 的变化同号, 对于 $u + c$ 意味着 c 与 u 的变化同号, 所以有以下结论.

若 $f'(\xi) + \varphi'(\xi) < 0$, 对应 $x\text{-}t$ 图 4.2.2 上 $A_0\text{-}E_0$ 和 $F_0\text{-}D_0$ 段, 总会有一个时刻 t 使式 (4.2.5) 的分母等于零, 使 $\partial u / \partial x \to \infty$, 即解出现间断, 波形出现突跃变化.

若 $f'(\xi) + \varphi'(\xi) > 0$, 对应 $E_0\text{-}F_0$ 段, 则分母永远不会为零, 所以解不会出现间断, 波形越来越平缓.

$f'(\xi) + \varphi'(\xi) < 0$ 的情况, 按照式 (4.2.1) 只可能有 $f'(\xi) < 0$, $\varphi'(\xi) < 0$, 说明波前的 u, c 小于波后的 u, c, 相对应的是波后的密度大于波前的密度, 所以波内经历了压缩过程, 为压缩简单波; 反之, 若 $f'(\xi) + \varphi'(\xi) > 0$, 则意味着简单波引起的是稀疏过程.

由上述分析得到的结论是, 简单波存在两种形式: 压缩波和稀疏波, 压缩波的发展会导致间断的发生, 出现状态量的突跃变化现象; 稀疏波的发展不会出现间断, 变化过程如图 4.2.3 所示.

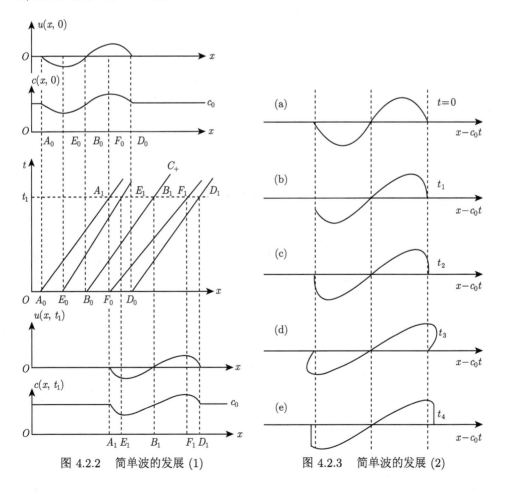

图 4.2.2　简单波的发展 (1)　　　　　　图 4.2.3　简单波的发展 (2)

4.2.2　稀疏波的解

1. 一维无限长管内的稀疏波传播

考虑一维无限长管内有多方气体, $t = 0$ 时刻气体状态为 $\rho_0, p_0, c_0, u_0 = 0$. 活塞初始位于 $x = 0$ 处, 以速度 $u^* = -at$ 的规律均匀向左加速, 最后达到最大速度 U. 因活塞抽离使局部流体密度降低 $(\rho \downarrow)$, 该不平衡区扩散开来形成传播之势, 所以在管内流体中产生了稀疏波的传播. 在 $x\text{-}t$ 平面上流动分为三个区域, 0 区为未扰区; I 区为简单波区, 黎曼不变量为 $\alpha = \text{const}$, 波头 OA 的运动速度 $u_0 + c_0 = c_0$, 波尾 BD 的运动速度为 $U + c_{\text{II}}$; II 区为常流区, 此区域流体速度为 U, 流体声速为 c_{II}. 在 $x\text{-}t$ 平面上作出波系如图 4.2.4 所示.

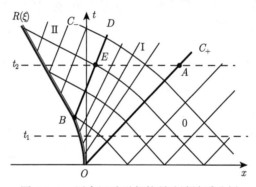

图 4.2.4　活塞运动引起的稀疏波波系分析

下面求解各区的边界, 各区的状态分布如 $u(x,\ t)$, $c(x,\ t)$, C_+, C_- 特征线和迹线的方程.

1) 求解区域 I

产生的稀疏波为向前简单波, 在图 4.2.4 中, I 区每条 C_+ 特征线上的质点速度与活塞上特征线发出点处图 4.2.4 中 OB 之间任意一点的运动速度相同, 即 $u = u^*$.

对于向前简单波有 $\alpha = \text{const}$, 写出简单波关系式如下:

$$\alpha = -\frac{u_0}{2} + \frac{1}{\gamma - 1} c_0 = \frac{1}{\gamma - 1} c_0 = -\frac{u}{2} + \frac{1}{\gamma - 1} c,$$
$$x = (u + c)t + F(u),$$

因此有

$$c = \frac{\gamma - 1}{2} u + c_0,$$

$$x = \left(\frac{\gamma + 1}{2} u + c_0 \right) t + F(u). \tag{4.2.6}$$

只要确定 $F(u)$ 就可以得到 $u(x, t)$ 的解. 利用活塞运动轨迹, 已知活塞运动速度为 $u^* = -at$, 令活塞运动的时间用 ξ 表示, 则活塞轨迹为

$$R = \int_0^\xi u^* \mathrm{d}\xi = \int_0^\xi -a\xi \mathrm{d}\xi = -\frac{a}{2}\xi^2 = -\frac{u^{*2}}{2a}.$$

活塞表面即为特征线 C_+ 的始发点, 也应满足式 (4.2.6), 但那时 $x = R, t = \xi$, 且每条 C_+ 特征线上 $u = u^*$. 将 $x = R, t = \xi$ 和 $u = u^*$ 代入式 (4.2.6) 的第二式得 $-\dfrac{u^2}{2a} = \left(c_0 + \dfrac{\gamma + 1}{2} u \right) \xi + F(u)$, 解得

$$F(u) = -\left(c_0 + \frac{\gamma + 1}{2} u \right) \left(-\frac{u}{a} \right) - \frac{u^2}{2a} = \frac{c_0 u}{a} + \frac{\gamma}{2a} u^2. \tag{4.2.7}$$

将式 (4.2.7) 代入式 (4.2.6) 得到 u 的隐式表达式

$$x = \left(c_0 + \frac{\gamma + 1}{2} u \right) t + \frac{c_0 u}{a} + \frac{\gamma}{2a} u^2,$$

由上式反解出

$$u = -\frac{1}{\gamma} \left(c_0 + \frac{\gamma + 1}{2} at \right) + \frac{1}{\gamma} \sqrt{ \left(c_0 + \frac{\gamma + 1}{2} at \right)^2 + 2a\gamma(x - c_0 t) }, \tag{4.2.8}$$

式 (4.2.8) 即为所要求解的 $u = u(x, t)$. 这里根号前取 "+" 号, 因为特征线 $x = c_0 t$ 上 $u = u_0 = 0$.

按照式 (4.1.8) 和式 (4.2.6), 其他状态量解出为

$$c = c_0 + \frac{\gamma - 1}{2} u,$$

$$p = p_0 \left(1 + \frac{\gamma - 1}{2} \frac{u}{c_0} \right)^{\frac{2\gamma}{\gamma - 1}},$$

$$\rho = \rho_0 \left(1 + \frac{\gamma - 1}{2} \frac{u}{c_0} \right)^{\frac{2}{\gamma - 1}}. \tag{4.2.9}$$

从式 (4.2.8) 不难发现:

(a) 穿过波, $x < c_0t$, 有 $u<0$, $\dfrac{\partial u}{\partial x} > 0$, 速度 u 是减小的. 对于向前波, $u\downarrow$ 则 $\rho\downarrow$, $p\downarrow$, 故 I 区是稀疏波区, 从 p, ρ 的表达式也可见此规律. 图 4.2.5 给出了典型状态量在不同时刻的分布, t_1 和 t_2 时刻对应了图 4.2.4 中的相应标记.

(b) $u + c < c_0$, C_+ 特征线越来越陡, 特征线族呈发散状, 如图 4.2.4 所示.

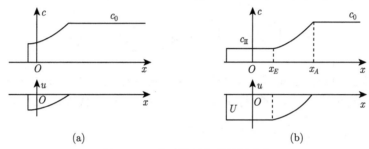

图 4.2.5　稀疏波引起的流场分布

(a) t_1 时刻; (b) t_2 时刻

2) 求 C_+ 特征线方程

C_+ 特征线发自活塞, 以活塞表面坐标 (R, ξ) 为参考点写出特征线方程如下:

$$x - R(\xi) = \left[c_0 + \frac{\gamma + 1}{2}R'(\xi)\right](t - \xi). \qquad (4.2.10)$$

可见由 ξ 区分了不同的 C_+ 特征线, ξ 为方程参数. 此处 $R'(\xi)$ 表示对时间求导.

当 $\xi = 0$ 时, $R(0) = R'(0) = 0$, 对应了简单波的波头特征线 $x = c_0t$.

当 $\xi = \xi_B$ 时, $\xi_B = \sqrt{-\dfrac{2x_B}{a}} = -\dfrac{U}{a}$, $R(\xi_B) = x_B, R'(\xi_B) = U$, 对应了波尾特征线

$$x = x_B + \left(c_0 + \frac{\gamma + 1}{2}U\right)(t - \xi_B).$$

3) 求解区域 II

区域 II 与区域 I 的分界线为 C_+^B, 仍有 $2\alpha = \dfrac{2}{\gamma - 1}c_0 = \text{const}$, 即 $-u + \dfrac{2}{\gamma - 1}c = \dfrac{2}{\gamma - 1}c_0$, 又因为 $u = U$, 所以 $c_{\text{II}} = c_0 + \dfrac{\gamma - 1}{2}U$, 也为常数. 因此, II 区为常流区, 状态为

$$u_{\text{II}} = U, \quad c_{\text{II}} = c_0 + \frac{\gamma - 1}{2}U.$$

常流区另一个黎曼不变量 $2\beta = U + \dfrac{2}{\gamma - 1}c_0$, 发自活塞表面. 常流区 II 的 C_+ 特征线为平行直线, 其边界是 C_+^B, 与简单波区 I 波尾的特征线一致, 所以 II 区 C_+ 特征线方程的一般形式是

$$x = x_B + U(\xi_{\text{II}} - \xi_B) + \left(c_0 + \frac{\gamma + 1}{2}U\right)(t - \xi_{\text{II}}), \quad (4.2.11)$$

其中, $\xi_{\text{II}} - \xi_B$ 是活塞相对于 B 点的运动时间, 式 (4.2.11) 与式 (4.2.10) 相比, 只不过是特征线的发出点不同.

在任意时刻 $t_2 > t_B$, 管道内气体的质点速度和声速分布如图 4.2.5(b) 所示.

4) 求迹线方程

迹线在图 4.2.4 中用虚线表示. 按照迹线的定义 $\mathrm{d}x/\mathrm{d}t = u$, 原则上可以利用式 (4.2.8) 解出迹线方程 $x = f(t)$, 此方程对应初始时刻位于不同位置处的质点写出. 为了使物理意义更明了, 我们采用下面的方法.

事实上, 每条 C_+ 特征线都可用方程 $x = R(\xi) + (u + c)(t - \xi)$ 描述, 即有 $x \sim x(\xi)$, 可以用 ξ 作为参数来识别不同的特征线. 沿某一条 C_+, 对应一个 ξ 值, 源于活塞上的参量 $R(\xi)$, u, c 将保持不变, 且 $R'(\xi) = u$, 表示 R 对 ξ 求导. 不同特征线对应不同的 ξ, 具有不同的 R, u, c 值. 空间每一点都有一条 C_+ 特征线和一条迹线通过, 迹线将跨过不同 ξ 对应的 C_+ 特征线, 所以 ξ 也可作为描述迹线的参数.

沿迹线, 空间任一点处有下列两式同时成立:

$$x_\xi = R'(\xi) + (u + c)(t_\xi - 1) + (u_\xi + c_\xi)(t - \xi),$$
$$x_\xi = ut_\xi, \quad R'(\xi) = u, \quad (4.2.12)$$

式中, 下标 ξ 表示对 ξ 求导, 第一式由 C_+ 特征线方程 $x = R(\xi) + (u + c)(t - \xi)$ 对 ξ 求导导出, 第二式由迹线方程 $\mathrm{d}x/\mathrm{d}t = u$ 导出, 从式 (4.2.12) 解出

$$(u_\xi + c_\xi)(t - \xi) + c(t_\xi - 1) = 0. \quad (4.2.13)$$

对于多方气体, 由 $\alpha = \text{const}$, 得出 $u = \dfrac{2}{\gamma - 1}(c - c_0)$, 则 $u_\xi = \dfrac{2}{\gamma - 1}c_\xi$. 式 (4.2.13) 变为

$$c(t_\xi - 1) + \frac{\gamma + 1}{\gamma - 1}c_\xi(t - \xi) = 0.$$

用积分方法求出与 $\mathrm{d}x/\mathrm{d}t = c_0$ 特征线相交于 (x_0, t_0) 的迹线表达式为

$$t = \xi + t_0 \left(\frac{c}{c_0}\right)^{-\frac{\gamma + 1}{\gamma - 1}},$$

于是, 与稀疏波解的其他表达式联立, 写出以 ξ 为参数的迹线方程如下:

$$t = \xi + t_0 \left(\frac{c}{c_0}\right)^{-\frac{\gamma+1}{\gamma-1}},$$
$$x = R(\xi) + (u+c)(t-\xi),$$
$$u = R'(\xi),$$
$$c = c_0 + \frac{\gamma-1}{2}R'(\xi). \tag{4.2.14}$$

从方程组 (4.2.14) 中消去 ξ 即可得迹线方程, 该迹线是在 t_0 时刻与简单波波头 $\xi = 0$ 相交的迹线, 该交点空间坐标为 $x_0 = c_0 t_0$.

5) 求贯穿特征线 C_- 方程

因为贯穿特征线 C_- 的方程为 $\dfrac{\mathrm{d}x}{\mathrm{d}t} = u - c$, 将式 (4.2.12) 的第二式用 $x_\xi = (u-c)t_\xi$ 代替, 用求迹线的方法可得到 C_- 特征线的方程. 将式 (4.2.12) 的第二式用 $x_\xi = (u-c)t_\xi$ 代替后可得到

$$2c(t_\xi - 1) + \frac{\gamma+1}{\gamma-1}c_\xi(t-\xi) = -c,$$

积分得

$$t = \xi - c^{-\frac{1}{2}\frac{\gamma+1}{\gamma-1}}\left(\frac{1}{2}\int_0^\xi c^{\frac{1}{2}\frac{\gamma+1}{\gamma-1}}\mathrm{d}\xi + \mathrm{const}\right).$$

若某 C_- 特征线穿过波头 $x = c_0 t$ 的时刻为 t_{0C}, 则上式中 $\mathrm{const} = -t_{0C}c^{\frac{1}{2}\frac{\gamma+1}{\gamma-1}}$. 于是得到该 C_- 特征线的参数方程为

$$t = \xi - \left[1 + \frac{\gamma-1}{2}\frac{R'(\xi)}{c_0}\right]^{-\frac{1}{2}\frac{\gamma+1}{\gamma-1}}\left\{\frac{1}{2}\int_0^\xi\left[1 + \frac{\gamma-1}{2}\frac{R'(\xi)}{c_0}\right]^{\frac{1}{2}\frac{\gamma+1}{\gamma-1}}\mathrm{d}\xi - t_{0C}\right\},$$
$$x = R(\xi) + \left[c_0 + \frac{\gamma+1}{2}R'(\xi)\right](t-\xi). \tag{4.2.15}$$

至此, 我们已获得了流场的全部解, 并认识到, 在 x-t 平面上, C_+ 为直线, 发自活塞表面; C_- 为曲线, 是贯穿特征线; 流体轨迹由 $\mathrm{d}x/\mathrm{d}t = u$ 决定, 如图 4.2.4 中虚线所示.

2. 中心稀疏波

当活塞一开始就以常速运动时, 相当于 OB 收缩为一点, 成为中心稀疏波的情况, 如图 4.2.6 所示. 三个流动区因此划分如下: 0 区为未扰区, I 区为简单波

区, II 区为常流区. 仍有常数 $\alpha = \dfrac{1}{\gamma-1}c_0 = -\dfrac{u}{2} + \dfrac{1}{\gamma-1}c$. C_+ 特征线将变成 $\dfrac{x}{t} = u+c$. 所以, 简单波区的状态分布可解出为

$$
\begin{aligned}
u &= \frac{2}{\gamma+1}\left(\frac{x}{t} - c_0\right), \\
c &= \frac{\gamma-1}{\gamma+1}\frac{x}{t} + \frac{2}{\gamma+1}c_0, \\
p &= p_0(c/c_0)^{\frac{2\gamma}{\gamma-1}}, \\
\rho &= \rho_0(c/c_0)^{\frac{2}{\gamma-1}}.
\end{aligned}
\tag{4.2.16}
$$

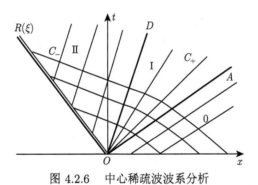

图 4.2.6   中心稀疏波波系分析

式 (4.2.16) 表明: p, ρ, u, c 只与 x/t 的组合有关, 是一种自模拟解. 对于给定时刻, u 和 c 关于 x 呈线性分布, 某时刻状态分布如图 4.2.7 所示.

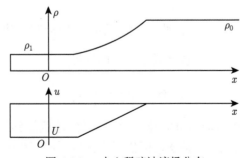

图 4.2.7   中心稀疏波流场分布

下面求特征线和迹线方程.

C_+ **特征线**: 活塞速度 $R'(\xi)$ 从 $0\sim U$ 变化, $R'(\xi) = 0$ 为头, $R'(\xi) = U$ 为尾. 所以简单波波头为 $x = c_0 t$, 波尾为 $x = (U + c)t = \left(c_0 + \dfrac{\gamma + 1}{2}U\right)t$, 均源于 O 点, O 点为多值点.

迹线: 对方程 $\dfrac{\mathrm{d}x}{\mathrm{d}t} = u = \dfrac{2}{\gamma - 1}\left(\dfrac{x}{t} - c_0\right)$ 积分, 解出 t_0 时刻与特征线 $x = c_0 t$ 相交的迹线方程为

$$x = -\frac{2}{\gamma - 1}c_0 t + \frac{\gamma + 1}{\gamma - 1}c_0 t_0 \left(\frac{t}{t_0}\right)^{\frac{2}{\gamma+1}}.$$

C_- **特征线**: 由 $\dfrac{\mathrm{d}x}{\mathrm{d}t} = u - c = \dfrac{3 - \gamma}{\gamma + 1}\dfrac{x}{t} - \dfrac{4}{\gamma + 1}c_0$, 求得 t_{0C} 时刻与 $x = c_0 t$ 相交的 C_- 特征线为

$$x = -\frac{2}{\gamma - 1}c_0 t + \frac{\gamma + 1}{\gamma - 1}c_0 t_{0C} \left(\frac{t}{t_{0C}}\right)^{\frac{3-\gamma}{\gamma+1}}.$$

事实上, 在式 (4.2.15) 中令 $\xi = 0$, $R(\xi) = 0$, 解出

$$R'(\xi) = \frac{2}{\gamma - 1}c_0 \left[\left(\frac{t}{t_{0C}}\right)^{-\frac{\gamma-1}{\gamma+1}} - 1\right],$$

消去参数 ξ, 也可得到上述 C_- 特征线方程的显式表达式.

3. 完全稀疏波和不完全稀疏波

由 $\alpha = -\dfrac{u}{2} + \dfrac{1}{\gamma - 1}c = \dfrac{1}{\gamma - 1}c_0$ 知 $u > u - \dfrac{2}{\gamma - 1}c = -\dfrac{2}{\gamma - 1}c_0$, 故气体的运动速度有如下限制:

$$|u| \leqslant \frac{2}{\gamma - 1}c_0. \tag{4.2.17}$$

当活塞速度 $U < -\dfrac{2}{\gamma - 1}c_0$ 时, 气体就不能紧跟活塞运动了, 这时在气体与活塞之间将出现真空区. 定义气体向真空飞散的速度

$$u_{逃} = -\frac{2}{\gamma - 1}c_0 \tag{4.2.18}$$

为逃逸速度, 它是气体运动的最大速度. 气体飞散速度达到逃逸速度的稀疏波称为完全稀疏波. 这时在波尾与活塞之间出现真空区, 该区域中 $c = 0$, C_- 特征线与 C_+ 重合 (因为 $\mathrm{d}x/\mathrm{d}t = u + c = u - c = u$), C_- 特征线不进入真空区, 流体也不进入该区, 流体的内能全部转变为动能. 波尾方程为 $\mathrm{d}x/\mathrm{d}t = u + c = u_{逃} = -\dfrac{2c_0}{\gamma - 1}$,

积分得 $x = \dfrac{2}{\gamma - 1}c_0(t - t_B) + x_B$. (x_B, t_B) 是活塞轨迹上迹线与特征线 C_+^B 相切的点, 完全稀疏波的图像如图 4.2.8 所示.

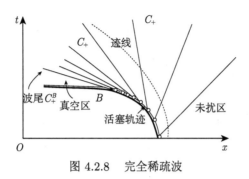

图 4.2.8 完全稀疏波

当活塞速度 $U = u_{逃}$ 时, 波尾 C_+^B 与迹线正好相切, 这时不出现真空区, 但仍为完全稀疏波; 当 $U > u_{逃}$ 时, 稀疏波只能将气体加速到活塞速度, 出现常流区 II(图 4.2.4), 称为不完全稀疏波.

4.2.3 压缩波

1. 定性图像

与上述稀疏波情况不同, 当 $u^* > 0$, 活塞向气体中推进时, 管内气体被压缩, 这时产生压缩简单波. 在这种情况下, 经过一段时间的运动后, 特征线 C_+ 将会聚形成包络, 如图 4.2.9 所示, 包络上的解成为多值状态, 即出现间断. 在出现间断以前, 原先用于稀疏简单波的分析方法仍成立, 只要将活塞速度取为 $u^* = at$ 和 $u^* > 0$ 即可. 但一旦形成间断, 简单波解即失效.

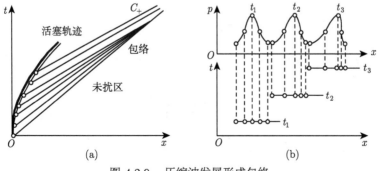

图 4.2.9 压缩波发展形成包络

(a) 波系结构; (b) 波形发展

2. 形成间断的时间地点

假定在 x-t 平面上 (x_*, t_*) 处出现间断, 意味着在该处 $\left(\dfrac{\partial x}{\partial u}\right)_{t_*} = 0$, 或 $\left(\dfrac{\partial u}{\partial x}\right)_{t_*} = \infty$. 在均匀加速情况下, 若间断的前面是静止未扰区, 间断将首先出现在简单波与未扰区的分界线上, 因此在间断处有 $u = 0$, 即间断发生时条件 $\left(\dfrac{\partial x}{\partial u}\right) = 0$ 和 $u = 0$ 同时成立.

对于初始状态为 $u = 0$, $c = c_0$ 的向前简单波 (多方气体中), 解的一般形式为 $x = \left(c_0 + \dfrac{\gamma+1}{2}u\right)t + F(u)$, 于是由间断发生的条件知, 间断发生点的坐标 (x_*, t_*) 满足

$$x'_* = 0 = \frac{\gamma+1}{2}t_* + F'(0),$$
$$x_* = c_0 t_* + F(0).$$

其中撇号表示对 u 求导. 由此求出间断发生的时间和地点为

$$t_* = -\frac{2}{\gamma+1}F'(0), \quad x_* = c_0 t_* + F(0). \tag{4.2.19}$$

若活塞速度为 $u^* = at$, 轨迹为 $x = R(\xi) = \dfrac{1}{2}a\xi^2$, 其中 $\xi = u^*/a$, 并有 $u = u^*$, 则

$$F(u) = R(\xi) - \left(c_0 + \frac{\gamma+1}{2}u\right)\xi = -\frac{c_0}{a}u - \frac{\gamma}{2a}u^2,$$
$$F'(u) = -\frac{c_0}{a} - \frac{\gamma}{a}u,$$

解出间断发生的时间和地点为

$$t_* = \frac{2}{\gamma+1}\frac{c_0}{a},$$
$$x_* = \frac{2}{\gamma+1}\frac{c_0^2}{a}. \tag{4.2.20}$$

若活塞非均匀加速, 或波前不一定静止, 则间断不一定出现在波头上, 而可能出现在波区内, 这时 $u \neq 0$, 但仍有 $\dfrac{\partial x}{\partial u} = 0$.

用 $\left(\dfrac{\partial x}{\partial u}\right)_{t*} = 0$ 表示 t_* 和 x_* 处 $x = x(u)$ 的一阶微商为零, 若此处二阶微商 $\left(\dfrac{\partial^2 x}{\partial u^2}\right)_{t*}$ 不等于 0, 则该处 x_* 为极值点, 参见图 4.2.10 中曲线 $x = x(u)$ 走势的虚线所示. 图示表明, 在 x_* 以前已经出现了多值现象, 这与间断刚刚开始形成的前提不符, 因此是不可能的. 所以只有 $\left(\dfrac{\partial^2 x}{\partial u^2}\right)_{t*} = 0$, 对应图中的实线走势, 这说明 x_* 点为拐点. 所以, 在一般情况下, 间断形成的地点和时间可由下式联合决定:

$$\left(\frac{\partial x}{\partial u}\right)_{t*} = 0,$$
$$\left(\frac{\partial^2 x}{\partial u^2}\right)_{t*} = 0. \tag{4.2.21}$$

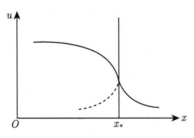

图 4.2.10　间断形成条件分析

3. 不可能存在中心压缩波

若活塞一开始以常速 $U > 0$ 向气体中运动, 很容易想到与中心稀疏波的情况对应起来, 即形成中心压缩波.

假定存在中心压缩波, 则有简单波解

$$u = \frac{2}{\gamma + 1}\left(\frac{x}{t} - c_0\right),$$
$$c = c_0 + \frac{\gamma - 1}{2}u.$$

此简单波的波头方程 $x = c_0 t$, 波尾方程 $x = (U + c)t = \left(c_0 + \dfrac{\gamma + 1}{2}U\right)t > c_0 t$, 说明波尾将赶上波头.

从两个角度来理解中心压缩波存在与否的问题.

(a) 因为一开始就出现了间断, 所以根本不存在简单波, 也就不存在中心压缩波. 活塞以常速推进相当于加速度 $a = \infty$, 从式 (4.2.20) 知, 这时对应间断形成的时空坐标为 $x_* = 0, t_* = 0$, 即不存在中心压缩波的形成过程.

(b) 如果允许简单波存在, 由于波尾比波头运动得快, 则在某时刻将出现如图 4.2.11 所示的 x-u 和 x-ρ 分布, 在 x 轴的一段区域 A-D 上 u 和 ρ 出现了三值点, 这是连续流动不允许的, 或者说间断早就形成了, 因此也不存在中心压缩波.

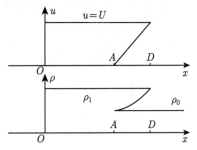

图 4.2.11   不可能存在中心压缩波

因此中心压缩波是不可能存在的. 这种情况下只能是传播一个间断面, 使图 4.2.12 所示的图像成立. 这个间断面便是冲击波.

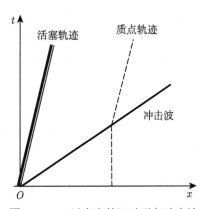

图 4.2.12   活塞突然运动引起冲击波

4.3   等熵流动的通解

前面讨论了等熵流动的一种特例, 即 $J = 0$ 的简单波情况, 这时存在较简单直观的物理图像和求解方法. 简单波解是等熵流动方程在两待定函数 u 和 c 之间

存在确定关系 (黎曼不变量) 的情况下得出的解, 即特解, 但这个特解并未包括在任意等熵流动的通解中. 本节从更一般的情形出发, 讨论等熵流动的通解.

所讨论的可约偏微分方程组 (形如式 (3.5.2)) 不显含自变量 x, y, 因此, 要得到因变量 u, v 作为 x, y 的函数表达式比较困难, 相反, 从反函数方程得到 $x(u, v)$ 和 $y(u, v)$ 可能更现实. 在 3.5 节中讨论可约双曲型偏微分方程组的性质时看到, 当雅可比行列 $\partial(u,v)/\partial(x,y) \neq 0$ 时, 在解平面 u-v 上的特征线就是自变量 x-y 平面上特征线的像, x, y 与 u, v 可以互为自变量, x-y 平面上的坐标点与 u-v 平面上的状态点之间有一一对应的关系. 这样, 对应空间点可解出确定的状态, 或者反之, 对应状态可得到空间点的坐标, 使整个等熵流动得以求解. 于是, 通解的求解思路通常就从反函数关系出发.

4.3.1 通解求解方法之一

思路 在 3.4 节已导出了双曲型方程的特征线及相应的特征方程为

$$
\begin{aligned}
&\text{沿 } \frac{\mathrm{d}x}{\mathrm{d}t} = u + c, \text{有 } u + \int \frac{c}{\rho}\mathrm{d}\rho = 2\beta, \\
&\text{沿 } \frac{\mathrm{d}x}{\mathrm{d}t} = u - c, \text{有 } u - \int \frac{c}{\rho}\mathrm{d}\rho = -2\alpha.
\end{aligned}
\tag{4.3.1}
$$

黎曼不变量 α, β 只与 u, c 有关, 可由定解条件确定. α, β 联立决定了两特征线相交点上的状态 u, c, 同时也决定了过此点两特征线的斜率 $\mathrm{d}x/\mathrm{d}t$, 使 α, β 成为连接状态量和坐标量的纽带. 因此, 首先想到通过 α, β 找出 (u, c) 与 (x, t) 的联系, 得到所要求的解.

下面以 α, β 为参数, 找到 (x, t) 和 (u, c) 与 α, β 的关系.

解 根据式 (4.3.1) 对 α, β 的定义, 将 u, c 写成 α, β 的函数:

$$
u = \beta - \alpha, \quad \int c\mathrm{d}\ln \rho = \beta + \alpha,
\tag{4.3.2}
$$

由式 (4.3.2), $u \pm c$ 也可写成 α, β 的函数. 另外, α, β 作为标识特征线的两个参量, 不同的 α, β 对应不同的特征线, 也对应了不同的时空坐标, 因此有

$$
\mathrm{d}x = \frac{\partial x}{\partial \alpha}\mathrm{d}\alpha + \frac{\partial x}{\partial \beta}\mathrm{d}\beta,
\tag{4.3.3}
$$

由此将 x, t 与 α, β 联系起来.

沿 C_+ 特征线, β 是常量, α 是参量, 所以沿 C_+: $\dfrac{\mathrm{d}x}{\mathrm{d}t} = \dfrac{\mathrm{d}x}{\mathrm{d}\alpha}\bigg/\dfrac{\mathrm{d}t}{\mathrm{d}\alpha} = u + c$, 即 $x_\alpha = (u+c)t_\alpha$; 沿 C_- 特征线, α 是常量, β 是参量, 同理有 $\dfrac{\mathrm{d}x}{\mathrm{d}t} = \dfrac{\mathrm{d}x}{\mathrm{d}\beta}\bigg/\dfrac{\mathrm{d}t}{\mathrm{d}\beta} = u - c$,

即 $x_\beta = (u-c)t_\beta$. 于是, 特征线方程可写为

$$C_+ : \frac{\mathrm{d}x}{\mathrm{d}t} = u + c, \quad x_\alpha = (u+c)t_\alpha, \tag{4.3.4}$$

$$C_- : \frac{\mathrm{d}x}{\mathrm{d}t} = u - c, \quad x_\beta = (u-c)t_\beta. \tag{4.3.5}$$

由上述方程组成了以 α, β 为自变量的二元偏微分方程组. 对式 (4.3.4) 求 β 的偏导, 对式 (4.3.5) 求 α 的偏导, 利用 $x_{\alpha\beta} = x_{\beta\alpha}$ 消去变量 x 得

$$2ct_{\alpha\beta} + (u+c)_\beta t_\alpha - (u-c)_\alpha t_\beta = 0. \tag{4.3.6}$$

这里下标 α, β 表示对 α, β 求偏导. 从式 (4.3.6) 可解出 $t(\alpha, \beta)$, 然后回代到式 (4.3.4), 式 (4.3.5) 和式 (4.3.3) 中解出 $x(\alpha, \beta)$, 就得到了对应不同 α, β 的时空坐标 (x, t), 其状态 u, c 从公式 (4.3.2) 求得.

下面先求 $t(\alpha, \beta)$, 再求 $x(\alpha, \beta)$. 为了获得解析表达式, 只能针对具体对象求解. 对于多方气体, 状态方程取为 $p = A\rho^\gamma + B$, 由式 (4.3.1) 写出

$$\alpha = -\frac{1}{2}\left(u - \frac{2}{\gamma-1}c\right), \quad \beta = \frac{1}{2}\left(u + \frac{2}{\gamma-1}c\right),$$

解出 $u = \beta - \alpha, c = \dfrac{\gamma-1}{2}(\beta+\alpha)$, 代入式 (4.3.6) 得 $2\dfrac{\gamma-1}{\gamma+1}t_{\alpha\beta} + \dfrac{1}{\alpha+\beta}(t_\alpha + t_\beta) = 0$, 或写成

$$t_{\alpha\beta} + \frac{N}{\alpha+\beta}(t_\alpha + t_\beta) = 0, \tag{4.3.7}$$

在此已令 $\dfrac{1}{N} = 2\dfrac{\gamma-1}{\gamma+1}, \gamma = \dfrac{2N+1}{2N-1}$. 对方程 (4.3.7) 的求解将用到下列模型方程. 假定已知 $Z(x, y)$ 是方程 $(x+y)Z_{xy} + aZ_x + bZ_y = 0$ 的解, 其中下标 x, y 表示偏导数, a, b 为正整数, 将该方程对 x 求微分得

$$(x+y)\left(\frac{\partial Z}{\partial x}\right)_{xy} + a\left(\frac{\partial Z}{\partial x}\right)_x + (b+1)\left(\frac{\partial Z}{\partial x}\right)_y = 0, \tag{4.3.8}$$

对 y 求微分得

$$(x+y)\left(\frac{\partial Z}{\partial y}\right)_{xy} + (a+1)\left(\frac{\partial Z}{\partial y}\right)_x + b\left(\frac{\partial Z}{\partial y}\right)_y = 0, \tag{4.3.9}$$

比较 (4.3.8) 和 (4.3.9) 两式发现, 若 $\varphi(x,y)$ 是方程 $(x+y)\varphi_{xy} + \varphi_x + \varphi_y = 0$ 的解, 则 $Z(x,y) = \dfrac{\partial^{a+b-2}\varphi(x,y)}{\partial x^{b-1}\partial y^{a-1}}$ 为方程 $(x+y)Z_{xy} + aZ_x + bZ_y = 0$ 的解. φ 方程可化为 $((x+y)\varphi)_{xy} = 0$, 显见该方程的解 $\varphi(x, y)$ 的一般形式为

$$\varphi(x,y) = \frac{f(x) + g(y)}{x + y}, \tag{4.3.10}$$

其中, $f(x)$, $g(y)$ 是任意函数. 对于方程 (4.3.7), 当 $N = 0$, $\gamma = -1$ 时, 有解 $t(\alpha, \beta) = f(\alpha) + g(\beta)$; 当 $N = 1$, $\gamma = 3$ 时, 解 $t(\alpha, \beta)$ 满足式 (4.3.10) $\varphi(x, y)$ 解的形式, 所以按照上述递推关系可写出 $N \geqslant 1$ 时方程的通解为

$$t(\alpha, \beta) = \frac{\partial^{2N-2}}{\partial \alpha^{N-1}\partial \beta^{N-1}}\left[\frac{f(\alpha) + g(\beta)}{\alpha + \beta}\right] + k, \tag{4.3.11}$$

式中, k 为积分常数, $f(\alpha)$ 和 $g(\beta)$ 为任意函数, 可由初、边值条件确定.

对式 (4.3.3) 积分, 进一步求出 $x(\alpha, \beta)$ 的表达式为

$$
\begin{aligned}
x(\alpha,\beta) - x(\alpha_0,\beta_0) &= \int_{\alpha_0,\beta_0}^{\alpha,\beta} x_\alpha \mathrm{d}\alpha + x_\beta \mathrm{d}\beta = \int_{\alpha_0,\beta_0}^{\alpha,\beta} (u+c)t_\alpha \mathrm{d}\alpha + (u-c)t_\beta \mathrm{d}\beta \\
&= \int_{\alpha_0,\beta_0}^{\alpha,\beta}\left(\frac{\gamma+1}{2}\beta + \frac{\gamma-3}{2}\alpha\right)t_\alpha \mathrm{d}\alpha - \left(\frac{\gamma-3}{2}\beta + \frac{\gamma+1}{2}\alpha\right)t_\beta \mathrm{d}\beta,
\end{aligned}
\tag{4.3.12}
$$

或写为

$$
\begin{aligned}
x(\alpha,\beta) - x(\alpha_0,\beta_0) = &-\left(\frac{\gamma-3}{2}\beta + \frac{\gamma+1}{2}\alpha\right)t(\alpha,\beta) + (\gamma-1)(\alpha + \beta_0)t(\alpha,\beta_0) \\
&-\left(\frac{\gamma-3}{2}\alpha_0 + \frac{\gamma+1}{2}\beta_0\right)t(\alpha_0,\beta_0) \\
&+\frac{\gamma-3}{2}\left[\int_{\beta_0}^{\beta} t(\alpha,\beta)\mathrm{d}\beta - \int_{\alpha_0}^{\alpha} t(\alpha,\beta)\mathrm{d}\alpha\right],
\end{aligned}
\tag{4.3.13}
$$

由此解出了 $x(\alpha, \beta)$.

到此, 以 α, β 为参量定出了时空位置 (x, t), 同时也求出了状态 u, c, 通过状态方程可进一步求得其他热力学状态量, 如 p, ρ 等.

对于一些特殊的 $\gamma = \dfrac{2N+1}{2N-1}$, 通解可以写成较简单的形式. 例如, 当 $N=1$ 即 $\gamma=3$(爆轰产物) 时, 有 $u = \beta - \alpha$, $c = \beta + \alpha$, 以及

$$t(\alpha, \beta) = \frac{f(\alpha) + g(\beta)}{\alpha + \beta}, \tag{4.3.14}$$

由于 $x_\alpha = (u+c)t_\alpha = 2\beta t_\alpha$, $x_\beta = (u-c)t_\beta = -2\alpha t_\beta$ 和 $\mathrm{d}x = x_\alpha \mathrm{d}\alpha + x_\beta \mathrm{d}\beta$, 有

$$
\begin{aligned}
x(\alpha, \beta) - x(\alpha_0, \beta_0) &= \int_{\alpha_0, \beta_0}^{\alpha, \beta} \left(2\beta \frac{\partial t}{\partial \alpha} \mathrm{d}\alpha - 2\alpha \frac{\partial t}{\partial \beta} \mathrm{d}\beta \right) \\
&= \int_{\alpha_0, \beta_0}^{\alpha, \beta_0} 2\beta_0 \frac{\partial t(\alpha, \beta_0)}{\partial \alpha} \mathrm{d}\alpha - \int_{\alpha, \beta_0}^{\alpha, \beta} 2\alpha \frac{\partial t(\alpha, \beta)}{\partial \beta} \mathrm{d}\beta \\
&= -2\alpha t(\alpha, \beta) + 2\alpha t(\alpha, \beta_0) + 2\beta_0 t(\alpha, \beta_0) - 2\beta_0 t(\alpha_0, \beta_0) \\
&= \frac{2\beta f(\alpha) - 2\alpha g(\beta)}{\alpha + \beta} - \frac{2\beta_0 f(\alpha_0) - 2\alpha_0 g(\beta_0)}{\alpha_0 + \beta_0}, \tag{4.3.15}
\end{aligned}
$$

或写为

$$x(\alpha, \beta) = \frac{2\beta f(\alpha) - 2\alpha g(\beta)}{\alpha + \beta} + \text{const.} \tag{4.3.16}$$

将式 (4.3.15) 代入上式即有

$$x = 2\beta t - g(\beta)$$

或

$$x = -2\alpha t + f(\alpha), \tag{4.3.17}$$

这就是 $\gamma=3$ 时等熵流动的通解, 其展开形式为 $x = (u+c)t + F_1(u+c)$ 和 $x = (u-c)t + F_2(u-c)$, 与简单波解的形式相同, 两者还有一个共性的地方, 即特征线均为直线, 但简单波区直线特征线上 u, c 分别是常数, 而 $\gamma=3$ 的流动区域中特征线上 u 和 c 的组合 (如 $u+c$ 和 $u-c$) 是常数.

4.3.2   通解求解方法之二

思路   仍想找到合适的中间参数, 分别建立 (x, t) 和 (u, c) 与中间参数的关系, 最终得到 $u(x, t)$ 和 $c(x, t)$.

解   设介质状态方程为 $p = A(\rho^\gamma - \rho_0^\gamma)$, 下面从热焓 i 的角度来讨论问题. 由热力学第一定律知 $\mathrm{d}i = T\mathrm{d}S + \tau \mathrm{d}p$, 对于等熵过程有

$$\mathrm{d}i = \frac{c^2 \mathrm{d}\rho}{\rho}. \tag{4.3.18}$$

对于多方气体 $i = \dfrac{c^2}{\gamma - 1}$, 运用式 (4.3.18), 将平面等熵流动基本控制方程组的质量和动量守恒方程

$$\frac{\partial \rho}{\partial t} + u \frac{\partial \rho}{\partial x} + \rho \frac{\partial u}{\partial x} = 0,$$

$$\frac{\partial u}{\partial t} + u \frac{\partial u}{\partial x} + \frac{c^2}{\rho} \frac{\partial \rho}{\partial x} = 0,$$

化为

$$\frac{\partial i}{\partial t} + u \frac{\partial i}{\partial x} + c^2 \frac{\partial u}{\partial x} = 0,$$

$$\frac{\partial u}{\partial t} + u \frac{\partial u}{\partial x} + \frac{\partial i}{\partial x} = 0, \tag{4.3.19}$$

将上述方程中 (u, i) 与 (x, t) 进行反函数变换, 方程组化为

$$\frac{\partial x}{\partial u} - u \frac{\partial t}{\partial u} + c^2 \frac{\partial t}{\partial i} = 0,$$

$$\frac{\partial x}{\partial i} - u \frac{\partial t}{\partial i} + \frac{\partial t}{\partial u} = 0, \tag{4.3.20}$$

引入新函数 $\psi(u, i)$, 使

$$x = ut - \frac{\partial \psi}{\partial u}, \tag{4.3.21}$$

方程 (4.3.20) 变为

$$t + c^2 \frac{\partial t}{\partial i} = \frac{\partial^2 \psi}{\partial u^2},$$

$$\frac{\partial t}{\partial u} = \frac{\partial^2 \psi}{\partial u \partial i},$$

从上式的后一式解出

$$t = \frac{\partial \psi}{\partial i} + F(u). \tag{4.3.22}$$

为简单起见, 令 $F(u) = 0$, 则有 $t = \dfrac{\partial \psi}{\partial i}$. 于是, 公式 $t + c^2 \dfrac{\partial t}{\partial i} = \dfrac{\partial^2 \psi}{\partial u^2}$ 化成 $\dfrac{\partial \psi}{\partial i} + c^2 \dfrac{\partial^2 \psi}{\partial i^2} = \dfrac{\partial^2 \psi}{\partial u^2}$, 或写成

$$(\gamma - 1)i \frac{\partial^2 \psi}{\partial i^2} - \frac{\partial^2 \psi}{\partial u^2} + \frac{\partial \psi}{\partial i} = 0. \tag{4.3.23}$$

引入记号 $\gamma = \dfrac{2N+1}{2N-1}$ 或 $2N = \dfrac{\gamma+1}{\gamma-1}$, 上式化为

$$\frac{2}{2N-1} \cdot i\frac{\partial^2\psi}{\partial i^2} - \frac{\partial^2\psi}{\partial u^2} + \frac{\partial\psi}{\partial i} = 0. \tag{4.3.24}$$

这样, 式 (4.3.24) 建立了函数 $\psi(u,\ i)$ 的偏微分方程, 解出 $\psi(u,\ i)$, 回代到式 (4.3.21) 和式 (4.3.22) 中就可得到 $x(u,\ i)$ 和 $t(u,\ i)$. 原则上可以通过下列过程解出 $\psi(u,\ i)$.

把满足给定 N 值的方程的解记作 ψ_N, 则 $N = 1$ 的解 ψ_1 满足方程

$$2i\frac{\partial^2\psi_1}{\partial i^2} - \frac{\partial^2\psi_1}{\partial u^2} + \frac{\partial\psi_1}{\partial i} = 0, \tag{4.3.25}$$

引入新的变换 $\omega = \sqrt{2i}$, 这时

$$\frac{\partial\omega}{\partial i} = \frac{1}{\omega}, \quad \frac{\partial\psi_1}{\partial i} = \frac{\partial\psi_1}{\partial\omega}\frac{\partial\omega}{\partial i} = \frac{1}{\omega}\frac{\partial\psi_1}{\partial\omega},$$

$$\frac{\partial^2\psi_1}{\partial i^2} = \frac{\partial}{\partial\omega}\left(\frac{1}{\omega}\frac{\partial\psi_1}{\partial\omega}\right)\frac{\mathrm{d}\omega}{\mathrm{d}i} = \frac{1}{\omega^2}\left(\frac{\partial^2\psi_1}{\partial\omega^2} - \frac{1}{\omega}\frac{\partial\psi_1}{\partial\omega}\right),$$

于是方程 (4.3.25) 化为

$$\frac{\partial^2\psi_1}{\partial\omega^2} - \frac{\partial^2\psi_1}{\partial u^2} = 0,$$

上式即熟知的波动方程. 其解为 $\psi_1 = f_1(\omega - u) + g_1(\omega + u)$, 式中 f_1 和 g_1 表示任意函数. 还原自变量, 得到解的形式为

$$\psi_1 = f_1(\sqrt{2i} - u) + g_1(\sqrt{2i} + u). \tag{4.3.26}$$

现在求 ψ_N, 并证明: 若已知 ψ_N, 通过微分可求出 ψ_{N+1}. 这样就可以建立递推公式, 由 $\psi_1 \to \psi_2 \to \cdots \to \psi_N$, 从而得到 ψ 的一般形式.

事实上, 取 N 值时, ψ_N 满足式 (4.3.24), 将式 (4.3.24) 对 i 微分得

$$\frac{2}{2N-1} \cdot i\frac{\partial^2}{\partial i^2}\left(\frac{\partial\psi_N}{\partial i}\right) - \frac{\partial^2}{\partial u^2}\left(\frac{\partial\psi_N}{\partial i}\right) + \frac{2N+1}{2N-1}\frac{\partial}{\partial i}\left(\frac{\partial\psi_N}{\partial i}\right) = 0.$$

再作变换 $u_* = u\sqrt{\dfrac{2N+1}{2N-1}}$, 上式化为

$$\frac{2}{2(N+1)-1} \cdot i\frac{\partial^2}{\partial i^2}\left(\frac{\partial\psi_N}{\partial i}\right) - \frac{\partial^2}{\partial u_*^2}\left(\frac{\partial\psi_N}{\partial i}\right) + \frac{\partial}{\partial i}\left(\frac{\partial\psi_N}{\partial i}\right) = 0. \tag{4.3.27}$$

另一方面, ψ_{N+1} 也应满足式 (4.3.24), 即

$$\frac{2}{2(N+1)-1} \cdot i\frac{\partial^2}{\partial i^2}\psi_{N+1} - \frac{\partial^2}{\partial u^2}\psi_{N+1} + \frac{\partial}{\partial i}\psi_{N+1} = 0, \qquad (4.3.28)$$

比较式 (4.3.27) 和式 (4.3.28) 发现, 若将式 (4.3.28) 中 u 取为 u_*, 使 $\psi_{N+1}(i, u_*) = \frac{\partial}{\partial i}\psi_N(i, u)$, 则两式完全一样, 所以可推知

$$\psi_{N+1}(i, u) = \frac{\partial}{\partial i}\psi_N\left(i, \sqrt{\frac{2N-1}{2N+1}}u\right). \qquad (4.3.29)$$

式 (4.3.26) 中令 ψ_1 的自变量用 α_1, β_1 表示, 且有 $\alpha_1 = \sqrt{\frac{i}{2}} - \frac{1}{2}u$, $\beta_1 = \sqrt{\frac{i}{2}} + \frac{1}{2}u$, $\psi = \psi_1$, 则 ψ_1 的解重写成一般函数形式为

$$\psi_1 = f(\alpha_1) + g(\beta_1) = F(\alpha_1, \beta_1), \qquad (4.3.30)$$

若 $\psi_N(i, u) = F(\alpha_N, \beta_N)$ 的自变量相应为

$$\alpha_N = \sqrt{\frac{2N-1}{2}i} - \frac{1}{2}u$$

和

$$\beta_N = \sqrt{\frac{2N-1}{2}i} + \frac{1}{2}u,$$

则显然, 当 $N=1$ 时满足式 (4.3.30). 现对于 $N+1$ 的情况有式 (4.3.29), 即

$$\psi_{N+1}(i, u) = \frac{\partial}{\partial i}\psi_N\left(i, \sqrt{\frac{2N-1}{2N+1}}u\right)$$

$$= \frac{\partial}{\partial i}F\left(\sqrt{\frac{(2N-1)i}{2}} - \frac{1}{2}\sqrt{\frac{2N-1}{2N+1}}u, \sqrt{\frac{(2N-1)i}{2}} + \frac{1}{2}\sqrt{\frac{2N-1}{2N+1}}u\right)$$

$$= \Phi\left(\sqrt{\frac{(2N+1)i}{2}} - \frac{1}{2}u, \sqrt{\frac{(2N+1)i}{2}} + \frac{1}{2}u\right)$$

$$= \Phi(\alpha_{N+1}, \beta_{N+1}),$$

函数 $\psi_N(i,u) = F(\alpha_N, \beta_N)$ 对 $N+1$ 也成立. 于是, 对 ψ_1 微分 $N-1$ 次可得到 ψ_N, 运用式 (4.3.30) 可写出通解

$$\psi(i,u) = \frac{\partial^{N-1}}{\partial i^{N-1}}\left[f(\alpha) + g(\beta)\right]. \tag{4.3.31}$$

由定义知, 式 (4.3.31) 中任意函数的自变量 α, β 就是黎曼不变量的不同表示形式. 当 $\gamma=3$, $N=1$ 时, $\alpha_1 = (c-u)/2, \beta_1 = (c+u)/2$, 有 $\psi_1 = f(c-u)+g(c+u)$, 则

$$\begin{aligned}
t &= \frac{\partial \psi}{\partial i} = \frac{\partial \psi}{\partial c}\frac{\partial c}{\partial i} = \left[f'(c-u) + g'(c+u)\right]\frac{1}{c}, \\
x &= ut - \frac{\partial \psi}{\partial u} = ut - f'(c-u) + g'(c+u),
\end{aligned} \tag{4.3.32}$$

式 (4.3.32) 表达的结果与第一种方法得到的结果式 (4.3.17) 进行比较, 表明其本质上是相同的, 两者有类似的形式.

在实际问题中经常碰到由上述通解描写的流动区与简单波区相邻的情况, 需要求出两区分界线上的条件, 这时需要求出分界线上的 ψ 值. 边界线是一条特征线, 同时满足简单波解. 已知简单波解为 $x = (u \pm c)t + f(u)$, 利用式 (4.3.32) 将 x, t 用 ψ 表示, 此简单波解可写为 $\frac{\partial \psi}{\partial u} \pm c\frac{\partial \psi}{\partial i} + f(u) = 0$, 因简单波的边界特征线上有 $\mathrm{d}u = \pm\frac{c\mathrm{d}\rho}{\rho} = \pm\frac{\mathrm{d}i}{c}$, 即 $c = \pm\frac{\mathrm{d}i}{\mathrm{d}u}$, 所以有 $\frac{\partial \psi}{\partial u} + \frac{\partial \psi}{\partial i}\frac{\partial i}{\partial u} + f(u) = 0$, 即

$$\frac{\mathrm{d}\psi}{\mathrm{d}u} + f(u) = 0.$$

于是边界条件为 $\psi = -\displaystyle\int f(u)\mathrm{d}u$, 特别地, 对于 $f(u) = 0$ 的中心简单波, 有 $\psi = $ const. 不失一般性可认为在边界特征线上 $\psi = 0$.

4.3.3　通解求解方法之三

思路　引入函数 $\mathrm{d}\sigma = \dfrac{c\mathrm{d}\rho}{\rho}$, 选择 u 和 σ 为中间参量找出 (x, t) 与 (u, σ) 的关系.

解　这时基本方程组变为

$$\frac{\partial \sigma}{\partial t} + u \frac{\partial \sigma}{\partial x} + c \frac{\partial u}{\partial x} = 0,$$

$$\frac{\partial u}{\partial t} + u \frac{\partial u}{\partial x} + c \frac{\partial \sigma}{\partial x} = 0,$$

(4.3.33)

这里 σ, u 是 x, t 的函数. 在 $J = \dfrac{\partial(t, x)}{\partial(u, \sigma)} \neq 0$ 情况下作变量变换, 使 x, t 成为 σ, u 的函数, 得到反函数方程组

$$\frac{\partial x}{\partial u} - u \frac{\partial t}{\partial u} = -c \frac{\partial t}{\partial \sigma},$$

$$\frac{\partial x}{\partial \sigma} - u \frac{\partial t}{\partial \sigma} = -c \frac{\partial t}{\partial u},$$

(4.3.34)

因 c 是 σ 的函数, 所以对 x, t 来说上式是线性齐次方程. 上式消去 x 后得

$$\frac{\partial^2 t}{\partial u^2} - \frac{\partial^2 t}{\partial \sigma^2} = \frac{1}{c} \left(1 + \frac{\mathrm{d}c}{\mathrm{d}\sigma} \right) \frac{\partial t}{\partial \sigma}.$$

(4.3.35)

方程 (4.3.35) 的右边与状态方程直接有关, 对于多方气体 $\sigma = \dfrac{2}{\gamma - 1} c$, 于是

$$\frac{1}{c} \left(1 + \frac{\mathrm{d}c}{\mathrm{d}\sigma} \right) = \frac{\gamma + 1}{\gamma - 1} \frac{1}{\sigma},$$

(4.3.36)

再引入 $\gamma = \dfrac{2N + 1}{2N - 1}$ 或 $\dfrac{\gamma + 1}{\gamma - 1} = 2N$, 方程 (4.3.36) 变为

$$\frac{\partial^2 t}{\partial u^2} - \frac{\partial^2 t}{\partial \sigma^2} = \frac{2N}{\sigma} \frac{\partial t}{\partial \sigma}.$$

(4.3.37)

$N = 0$ 时对应 $p = a/\rho + b$, 即 $\gamma = -1$ 的情况, 方程 (4.3.37) 有波动解: $t = f(u + \sigma) + g(u - \sigma)$. 方程 (4.3.37) 的通解一般形式写出为

$$t = \left(\frac{\partial}{\partial u} + \frac{\partial}{\partial \sigma} \right)^{N-1} \left[\frac{f(u + \sigma)}{\sigma^N} \right] + \left(\frac{\partial}{\partial u} - \frac{\partial}{\partial \sigma} \right)^{N-1} \left[\frac{g(u - \sigma)}{\sigma^N} \right], \quad (4.3.38)$$

其中 f, g 是任意函数, 由初、边值条件决定. 当 $N = 1, \gamma = 3$ 时,

$$t = \frac{1}{\sigma} [f(u + \sigma) + g(u - \sigma)],$$

$$\sigma = c.$$

(4.3.39)

下面来求 x, 令 $y = x - ut$, $z = \sigma t$, 使式 (4.3.34) 变为

$$\frac{\partial y}{\partial \sigma} = -\frac{\gamma-1}{2}\frac{\partial z}{\partial u},$$

$$\frac{\partial y}{\partial u} = -\frac{\gamma-1}{2}\frac{\partial z}{\partial \sigma} + \frac{\gamma-3}{2}\frac{z}{\sigma}, \tag{4.3.40}$$

对 $\gamma = 3$, $N = 1$ 来说, 消去 z 解出 $y = -f(u+\sigma) + g(u-\sigma)$, 得到

$$x = ut - f(u+\sigma) + g(u-\sigma), \tag{4.3.41}$$

这与前面两种方法得到的结论 (4.3.17) 和 (4.3.32) 是一样的.

从上面的推导过程可以看出, 求通解的方法的根本就是函数变换与递推公式. 解的表达形式不同缘于方法和过程不同, 但本质和特征是一致的.

需要说明一点的是, 通解不包括简单波的这个特解, 因为在简单波情况下, 变量之间变换的雅可比行列式 $J = \dfrac{\partial(t,x)}{\partial(u,\sigma)} = 0$, 不可以作反函数变换, 所以不能从通解的一般形式导出简单波特解.

4.4　稀疏波问题求解举例

求解稀疏波问题有如下几个方面: 稀疏波的产生、传播及效果可以用简单波求解; 稀疏波的相互作用将产生相互作用区, 需要用连续流动的通解进行分析; 稀疏波与界面相互作用会发生波的入射与反射, 要进行复杂流场求解, 将包含简单波和通解求解过程. 具体应用实例有: 活塞运动 (包括主动和被动运动), 真空飞散问题; 固壁、物质界面、自由面和刚体反射的问题; 内弹道问题, 有开口和闭口内弹道; 高压气体推动刚体运动的问题.

简单波解用于分析如图 4.4.1 和图 4.4.2 所示的简单波问题. 例如, 一维管道中活塞的主动运动, 如激波管问题; 活塞的被动运动, 如内弹道问题; 自由面处的稀疏波, 如真空飞散问题. 通解用于求解如图 4.4.3 和图 4.4.4 所示的一般流动, 其中图 4.4.3 说明稀疏波的相互作用, 图 4.4.4 说明中心稀疏波与界面的相互作用. 图 4.4.4 中界面是物质界面, 除此以外的界面类型有固壁、自由面、刚体界面等.

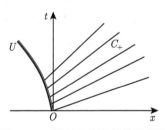

图 4.4.1　活塞运动引起的稀疏波

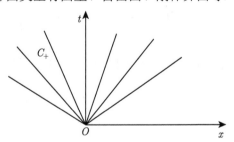

图 4.4.2　真空飞散引起的稀疏波

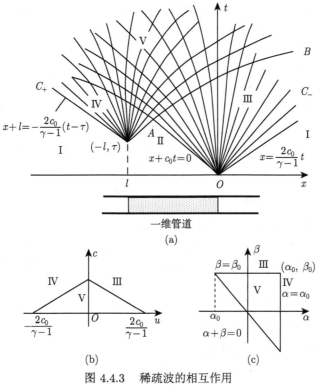

图 4.4.3 稀疏波的相互作用

(a) x-t 图; (b) u-c 图; (c) α-β 图

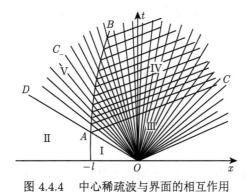

图 4.4.4 中心稀疏波与界面的相互作用

对于一些一维不定常和二维定常连续流动问题, 可获得解析解. 对上述稀疏波问题进行解析分析的一般步骤如下:

(a) 判断情况, 分析波系;

(b) 对流场区域进行划分;

(c) 对流场进行分区求解, 得到区域的分界线、点和区域内参数 p,u,ρ 等的分布;

(d) 求解其他量, 如冲量积分、质量飞散、能量积累等.

复杂流场问题经常需要采用数值方法求解. 其一般步骤如下:

(a) 对流场进行网格划分;

(b) 对微分方程进行离散建模并求解. 常用于流体动力学计算的数值方法有有限差分法、特征线方法、有限元方法、有限体积法, 混合方法如差分特征线解法等, 另外还发展了无网格方法, 如离散元、物质点和光滑粒子动力学方法等.

本书只涉及解析方法. 下面通过四个例题来说明求解的过程.

4.4.1 稀疏波与稀疏波相互作用

例 4.1 稀疏波与稀疏波相互作用分析.

问题 一维无限长管道中 $(-l,0)$ 段内有多方气体, 其状态是 u_0, p_0, ρ_0, c_0, 且 $u_0 = 0$, 管道外是真空. 在 $t = 0$ 时刻 $x = 0$ 处的气体向真空飞散; 在 $t = \tau$ 时刻 $x = -l$ 处的气体再次向真空飞散. 求管道内的流场.

分析 每次气体向真空飞散都产生中心稀疏波向管内气体中传播. 两稀疏波的波头在 x-t 平面上的 A 点相会, 之后流动进入波相互作用区. 如图 4.4.3(a) 所示, 在 x-t 平面上分为五个流动区域.

I 区为真空区, II 区为常流区, III 区为中心简单波区 1, IV 区为中心简单波区 2, V 区为波相互作用区, V 区的边界为 AB, AC.

解 I 区的状态为 $c_{00} = 0$, $p_{00} = 0$, $\rho_{00} = 0$, $u_{00} = 0$, II 区的状态为 c_0, p_0, ρ_0, $u_0 = 0$. I 区和 II 区均为常流区, 是未扰状态区.

III 区是向左简单波区, 满足 $C_-: \dfrac{x}{t} = u - c, u + \dfrac{2}{\gamma - 1}c = \dfrac{2}{\gamma - 1}c_0$, 由此解出

$$u = \frac{2}{\gamma + 1}\left(\frac{x}{t} + c_0\right),$$
$$c = \frac{2c_0}{\gamma + 1} - \frac{\gamma - 1}{\gamma + 1}\frac{x}{t}. \tag{4.4.1}$$

III 区的右边界状态为 $u = \dfrac{2}{\gamma - 1}c_0$, $c = 0$, 左边界 OA 上有 $u = 0$, $c = c_0$. 右边界为气体真空飞散边界.

定义 $2\alpha = -\left(u - \dfrac{2}{\gamma - 1}c\right)$, $2\beta = \left(u + \dfrac{2}{\gamma - 1}c\right)$, 且由于 $u_0 = 0$ 有 $\alpha_0 = \beta_0 = \dfrac{c_0}{\gamma - 1}$, 于是 III 区的状态范围为 $-\alpha_0 < \alpha < \alpha_0$, $\beta = \beta_0$, 见图 4.4.3(b) 和 (c) 所示.

IV 区为向右简单波区, 满足 C_+: $\dfrac{x+l}{t-\tau} = u+c$, $u - \dfrac{2}{\gamma-1}c = -\dfrac{2}{\gamma-1}c_0$, 解出

$$u = \frac{2}{\gamma+1}\left(\frac{x+l}{t-\tau} - c_0\right),$$
$$c = \frac{2c_0}{\gamma+1} + \frac{\gamma-1}{\gamma+1}\frac{x+l}{t-\tau}. \tag{4.4.2}$$

IV 区右边界 DA 上 $u = 0$, $c = c_0$, 左边界上 $u = -\dfrac{2}{\gamma-1}c_0$, $c = 0$, 为真空飞散边界. IV 区的状态范围因此为 $-\beta_0 < \beta < \beta_0$, $\alpha = \alpha_0$, 见图 4.4.3(b) 和 (c) 所示. 事实上, 根据定义知 $\alpha_0 = \beta_0 = \dfrac{c_0}{\gamma-1}$.

III 区与 IV 区交会点 $A(x_1, t_1)$ 的坐标由 $\dfrac{x}{t} = -c_0$ 和 $\dfrac{x+l}{t-\tau} = c_0$ 两式联立解出为

$$x_1 = -\frac{l}{2} - \frac{c_0\tau}{2},$$
$$t_1 = \frac{\tau}{2} + \frac{l}{2c_0}. \tag{4.4.3}$$

下面对 V 区进行求解.

V 区的边界之一 AB 是 IV 区的第一条 C_+ 特征线的延续, 满足 $\dfrac{\mathrm{d}x}{\mathrm{d}t} = u+c$, 又与 III 区的 C_- 特征线相跨越. 因此, AB 上的状态 u, c 满足 III 区的分布规律, 即式 (4.4.1).

将式 (4.4.1) 代入 $\dfrac{\mathrm{d}x}{\mathrm{d}t} = u+c$, 得到 AB 的轨迹方程为 $\dfrac{\mathrm{d}x}{\mathrm{d}t} = u+c = \dfrac{4c_0}{\gamma+1} + \dfrac{3-\gamma}{\gamma+1}\dfrac{x}{t}$, 积分得出

$$\frac{x}{t} = c_0\left[\frac{2}{\gamma-1} - \frac{\gamma+1}{\gamma-1}\left(\frac{t}{t_1}\right)^{-2\frac{\gamma-1}{\gamma+1}}\right]. \tag{4.4.4}$$

将上式代入式 (4.4.1), 得到在 AB 边界上 u, c 的时间分布如下:

$$u = \frac{2c_0}{\gamma+1}\left[1 - \left(\frac{t}{t_1}\right)^{-2\frac{\gamma-1}{\gamma+1}}\right],$$

$$c = c_0 \left(\frac{t}{t_1} \right)^{-2\frac{\gamma-1}{\gamma+1}}. \tag{4.4.5}$$

边界 AC 是 Ⅲ 区的第一条 C_- 特征线的延续, 满足 $\dfrac{\mathrm{d}x}{\mathrm{d}t} = u - c$, 又与 Ⅳ 区的 C_+ 特征线相跨越, 因此 AC 上的状态 u, c 满足 Ⅳ 区的分布规律, 即式 (4.4.2).

将式 (4.4.2) 代入 $\dfrac{\mathrm{d}x}{\mathrm{d}t} = u - c$, 得到 AC 的轨迹方程为 $\dfrac{\mathrm{d}x}{\mathrm{d}t} = u - c = -\dfrac{4c_0}{\gamma+1} + \dfrac{3-\gamma}{\gamma+1}\dfrac{x+l}{t-\tau}$, 积分得出

$$\frac{x+l}{t-\tau} = c_0 \left[-\frac{2}{\gamma-1} + \frac{\gamma+1}{\gamma-1} \left(\frac{t-\tau}{t_1-\tau} \right)^{-2\frac{\gamma-1}{\gamma+1}} \right]. \tag{4.4.6}$$

将上式代入式 (4.4.2), 得到在 AC 边界上 u, c 的时间分布为

$$
\begin{aligned}
u &= \frac{2c_0}{\gamma-1} \left[\left(\frac{t-\tau}{t_1-\tau} \right)^{-2\frac{\gamma-1}{\gamma+1}} - 1 \right], \\
c &= c_0 \left(\frac{t-\tau}{t_1-\tau} \right)^{-2\frac{\gamma-1}{\gamma+1}}.
\end{aligned}
\tag{4.4.7}
$$

由此得到的一个结论是, AB 和 AC 边界上的状态变化分别满足以各自发出点为原点的中心稀疏波的状态变化. 两个边界上 c 的变化规律一致, 由于波的运动方向相反, 引起的质点速度 u 反向.

若用 α 和 β 表示, AB 和 AC 边界上的状态变化可分别写为

$$
\begin{aligned}
AB \ \text{上}: \ & \beta = \beta_0, \frac{\alpha+\alpha_0}{\alpha_0} = \frac{\alpha+\beta_0}{\beta_0} = 2\frac{c}{c_0} = 2\left(\frac{t}{t_1} \right)^{-2\frac{\gamma-1}{\gamma+1}}, \\
AC \ \text{上}: \ & \alpha = \alpha_0, \frac{\beta+\beta_0}{\beta_0} = \frac{\beta+\alpha_0}{\alpha_0} = 2\frac{c}{c_0} = 2\left(\frac{t-\tau}{t_1-\tau} \right)^{-2\frac{\gamma-1}{\gamma+1}}.
\end{aligned}
\tag{4.4.8}
$$

此处应用了 $\alpha_0 = \beta_0 = \dfrac{c_0}{\gamma-1}$. 当 $t \to \infty$ 时, $c \to 0$, 则有 $\alpha + \beta \to 0$. 于是, 在 α-β 平面上, Ⅴ 区的状态区域为由 $\alpha = \alpha_0$, $\beta = \beta_0$ 和 $\alpha + \beta \to 0$ 所围成的区域, 如图 4.4.3(c) 所示.

下面运用公式 (4.3.11), 通过基于 α 和 β 的连续流动通解方法求解 Ⅴ 区的状态变化. 式 (4.3.11) 展开后有

$$t(\alpha, \beta) = \frac{\partial^{N-1}}{\partial \alpha^{N-1}} \left[\frac{F(\alpha)}{(\alpha+\beta)^N} \right] + \frac{\partial^{N-1}}{\partial \beta^{N-1}} \left[\frac{G(\beta)}{(\alpha+\beta)^N} \right] + k$$

$$= \sum_{K=0}^{N-1} \binom{N-1}{K} \frac{(N+K-1)!}{(N-1)!} (-1)^K F^{(N-K-1)}(\alpha)(\alpha+\beta)^{-N-K}$$

$$+ \sum_{K=0}^{N-1} \binom{N-1}{K} \frac{(N+K-1)!}{(N-1)!} (-1)^K G^{(N-K-1)}(\beta)(\alpha+\beta)^{-N-K} + k,$$

$$(4.4.9)$$

其中, $F(\alpha) = (-1)^{N-1}(N-1)!f(\alpha)$, $G(\beta) = (-1)^{N-1}(N-1)!g(\beta)$, $F^{(N-k-1)}(\alpha)$ 和 $G^{(N-k-1)}(\beta)$ 表示各函数的 $(N-k-1)$ 阶导数. 下面通过数学分析的方法, 利用边界条件来构造并寻求 $F(\alpha), G(\beta)$ 和 k, 从而找到任意函数 $f(\alpha), g(\beta)$ 的具体表达式.

已获知 V 区边界 AB 和 AC 上满足式 (4.4.8) 给出的 $\alpha(t), \beta(t)$, 考虑 $\gamma = \dfrac{2N+1}{2N-1}$, 现重写出如下:

在 AB 上, $\beta = \beta_0$, 有 $t = t_1(2\beta_0)^N(\alpha+\beta_0)^{-N}$;

在 AC 上, $\alpha = \alpha_0$, 有 $t = \tau + (t_1 - \tau)(2\alpha_0)^N(\alpha_0+\beta)^{-N}$.

由于 AB 上关系式的形式, 假定式 (4.4.9) 中 $\dfrac{\partial^{N-1}}{\partial\alpha^{N-1}}\left[\dfrac{F(\alpha)}{(\alpha+\beta_0)^N}\right]$ 和 $G^{(N-K-1)}$ $(\beta_0)(\alpha+\beta_0)^{-N-K}$ 有 $k'(\alpha+\beta_0)^{-N}$ 的函数形式, 此处 k' 是系数, 即

$$F(\alpha) = (-1)^{(N-1)}\frac{k'}{(N-1)!}(\alpha+\beta_0)^{N-1} + P(\alpha)(\alpha+\beta_0)^N,$$
$$G^{(N-K-1)}(\beta_0) = 0, \quad K = 1, \cdots, N-1,$$
$$G^{(N-1)}(\beta_0) = 0 \text{ 或 } G^{(N-1)}(\beta_0) \neq 0, \quad k = 0,$$

$$(4.4.10)$$

其中 $P(\alpha)$ 是关于 α 的小于 $(N-1)$ 次的多项式. 可取

$$G(\beta) = (\beta - \beta_0)^{N-1}\bar{G}(\beta), \tag{4.4.11}$$

其中 $\bar{G}(\beta)$ 为 β 的光滑函数. 则 AB 边界条件变为

$$t_1(2\beta_0)^N = k' + G^{N-1}(\beta_0). \tag{4.4.12}$$

又由于 AC 上关系式的形式, 再取

$$F^{(N-K-1)}(\alpha_0) = 0, \quad K = 1, \cdots, N-1,$$
$$F^{(N-1)}(\alpha_0) = 0 \text{ 或 } F^{(N-1)}(\alpha_0) \neq 0, \quad K = 0,$$
$$\frac{\partial^{N-1}}{\partial\beta^{N-1}}\left[\frac{G(\beta)}{(\alpha_0+\beta)^N}\right] = \tau + h(\alpha_0+\beta)^{-N},$$

$$(4.4.13)$$

将式 (4.4.13) 代入式 (4.4.9), 并利用 AC 上的边界条件可推知

$$F(\alpha) = (\alpha - \alpha_0)^{N-1}\bar{F}(\alpha), \quad \bar{F}(\alpha) \text{ 是 } \alpha \text{ 的光滑函数,} \tag{4.4.14}$$

$$G(\beta) = (-1)^{(N-1)}\frac{h}{(N-1)!}(\alpha_0 + \beta)^{N-1} + \left[\frac{\tau}{(N-1)!}\beta^{N-1} + Q(\beta)\right](\alpha_0 + \beta)^N,$$
$$\tag{4.4.15}$$

其中, $Q(\beta)$ 是 β 的任意 $N-2$ 次多项式, h 类似于 k', 是系数. 原 AC 边界条件重写为

$$(t_1 - \tau)(2\alpha_0)^N = F^{N-1}(\alpha_0) + h. \tag{4.4.16}$$

由式 (4.4.10) 和式 (4.4.14) 比较知

$$F(\alpha) = (\alpha - \alpha_0)^{N-1}\bar{F}(\alpha) = (-1)^{(N-1)}\frac{k'}{(N-1)!}(\alpha + \beta_0)^{N-1} + P(\alpha)(\alpha + \beta_0)^N,$$

说明 $\bar{F}(\alpha)$ 是 α 的 $(N-1)$ 次多项式, 写出 $F(\alpha)$ 的形式如下:

$$F(\alpha) = (\alpha - \alpha_0)^{N-1}\bar{F}(\alpha) = (\alpha - \alpha_0)^{(N-1)}A(\alpha + \beta_0)^{N-1} = A(\alpha^2 - \alpha_0^2)^{N-1},$$
$$\tag{4.4.17}$$

此处已应用 $\alpha_0 = \beta_0$. 再从式 (4.4.11) 和式 (4.4.15) 比较求得

$$\begin{aligned}
G(\beta) &= (\beta - \beta_0)^{N-1}\bar{G}(\beta) \\
&= (-1)^{(N-1)}\frac{H}{(N-1)!}(\alpha_0 + \beta)^{N-1} + \left[\frac{\tau}{(N-1)!}\beta^{N-1} + Q(\beta)\right](\alpha_0 + \beta)^N,
\end{aligned}$$

$\bar{G}(\beta)$ 是 β 的 N 次多项式, 写出 $G(\beta)$ 如下:

$$G(\beta) = (\beta^2 - \alpha_0^2)^{N-1}\left[\frac{\tau}{(N-1)!}\beta + B\right], \tag{4.4.18}$$

式 (4.4.17) 和式 (4.4.18) 中 A, B 均为任意常数.

将 $F(\alpha)$ 和 $G(\beta)$ 的表达式代入满足 $\alpha = \alpha_0$ 和 $\beta = \beta_0$ 的边界条件式 (4.4.12) 和式 (4.4.16), 得关系式

$$\begin{aligned}
\frac{F(\alpha)}{(\alpha + \beta_0)^N} &= A\frac{(\alpha - \alpha_0)^{N-1}}{\alpha + \alpha_0} = A\frac{(-2\alpha_0)^{N-1}}{\alpha + \alpha_0} + P(\alpha), \\
\frac{G(\beta)}{(\alpha + \beta_0)^N} &= \left[\frac{\tau}{(N-1)!}\beta + B\right]\frac{(\beta - \beta_0)^{N-1}}{\beta + \beta_0} \\
&= \left[B - \frac{\tau}{(N-1)!}\beta_0\right]\frac{(-2\beta_0)^{N-1}}{\beta + \beta_0} + \left[\frac{\tau}{(N-1)!}\beta_0 + Q(\beta)\right],
\end{aligned}$$

因为 $P(\alpha)$ 和 $Q(\beta)$ 是 $(N-2)$ 次多项式, 所以 $P^{N-1}(\alpha) = 0$ 和 $Q^{N-1}(\beta) = 0$, 从而

$$F^{N-1}(\alpha_0) = A(N-1)!(2\alpha_0)^{N-1},$$

$$G^{N-1}(\beta_0) = \left[\frac{\tau}{(N-1)!}\beta_0 + B\right](N-1)!(2\beta_0)^{N-1}.$$

重写边界条件为

$$AB \text{ 上}: t_1(2\alpha_0)^N = A(-2\alpha_0)^{N-1}(-1)^{N-1}(N-1)!$$
$$+ (2\alpha_0)^{N-1}(N-1)!\left[\frac{\tau\alpha_0}{(N-1)!} + B\right],$$

$$AC \text{ 上}: \tau + (t_1 - \tau)(2\alpha_0)^N = A(N-1)!(2\alpha_0)^{N-1}$$
$$+ \left[B - \frac{\tau\alpha_0}{(N-1)!}\right](-2\alpha_0)^{N-1}(-1)^{N-1}(N-1)! + \tau.$$

注意到, 在 A 点处, 由式 (4.4.3) 有 $2t_1 - \tau = l/c_0$ 和 $c_0 = 2/[(2N-1)\alpha_0]$, 则由两边界条件导出

$$2\alpha_0 t_1 = A(N-1)! + B(N-1)! + \tau\alpha_0,$$

即

$$A + B = \alpha_0\frac{2t_1 - \tau}{(N-1)!} = \frac{1}{2}l\frac{2N-1}{(N-1)!}. \tag{4.4.19}$$

将 $F(\alpha)$, $G(\beta)$ 和 A, B 的关系式 (4.4.17) $\sim$ 式 (4.4.19) 代入式 (4.4.9), 原则上可求出 $t(\alpha, \beta)$, 再由通解公式 (4.3.13) 求出 $x(\alpha, \beta)$.

当 $\tau = 0$ 时, 波系是一种对称情形, 这时由上述过程导得

$$t(\alpha, \beta) = A\frac{\partial^{N-1}}{\partial\alpha^{N-1}}\left[\frac{(\alpha^2 - \alpha_0^2)^{N-1}}{(\alpha+\beta)^N}\right] + B\frac{\partial^{N-1}}{\partial\beta^{N-1}}\left[\frac{(\beta^2 - \beta_0^2)^{N-1}}{(\alpha+\beta)^N}\right],$$

从解的唯一性知, 上式中除系数以外的两项应相等, 所以应有 $A = B$, 结合式 (4.4.19) 可求出系数 A 和 B. 于是, 将求出的系数和 $F(\alpha)$, $G(\beta)$ 代入 $t(\alpha, \beta)$ 的表达式 (4.4.9) 有

$$t(\alpha, \beta) = \frac{\partial^{N-1}}{\partial\beta^{N-1}}\left[\frac{(\beta^2 - \alpha_0^2)^{N-1}}{(\alpha+\beta)^N}\right]\left(\tau\beta + \frac{2N-1}{2}l\right)\frac{1}{(N-1)!}, \tag{4.4.20}$$

$x(\alpha, \beta)$ 由下式求出

$$x(\alpha, \beta) - x(\alpha_0, \beta_0) = \left(\frac{2N-2}{2N-1}\beta - \frac{2N}{2N-1}\alpha\right)t(\alpha, \beta)$$

$$-\frac{2N-2}{2N-1}[\tilde{t}(\alpha,\beta)-\tilde{t}(\alpha_0,\beta_0)]$$

$$-\left(\frac{2N-2}{2N-1}\beta_0-\frac{2N}{2N-1}\alpha_0\right)t(\alpha_0,\beta_0),$$

其中,

$$x(\alpha_0,\beta_0)=x_1=-\frac{l}{2}-\frac{\tau c_0}{2},\quad t(\alpha_0,\beta_0)=t_1=\frac{\tau}{2}+\frac{l}{2c_0},$$

$$\tilde{t}(\alpha,\beta)=\frac{\partial^{N-2}}{\partial\beta^{N-2}}\left[\frac{(\beta^2-\alpha_0^2)^{N-1}}{(\alpha+\beta)^N}\right]\left(\tau\beta+\frac{2N-1}{2}l\right)\frac{1}{(N-1)!},\tilde{t}(\alpha_0,\beta_0)=0,$$

所以有

$$x(\alpha,\beta)=\left[\left(\frac{2N-2}{2N-1}\beta-\frac{2N}{2N-1}\alpha\right)\frac{\partial}{\partial\beta}-\frac{2N-2}{2N-1}\right]$$

$$\cdot\frac{\partial^{N-2}}{\partial\beta^{N-2}}\frac{(\beta^2-\alpha_0^2)^{N-1}}{(\alpha+\beta)^N}\frac{\tau\beta+\dfrac{2N-1}{2}l}{(N-1)!}. \tag{4.4.21}$$

已知 $\alpha=\dfrac{2N-1}{2}c-\dfrac{1}{2}u$, $\beta=\dfrac{2N-1}{2}c+\dfrac{1}{2}u$, 代入以上式 (4.4.20) 和式 (4.4.21) 中, 即可求得 $u(x,t)$ 和 $c(x,t)$. 至此, V 区状态解毕.

一个特例是 $N=1$ 时, $\gamma=3$, 所有的特征线都是直线.

这时, DAB 边界方程为 $x+l=c_0(t-\tau)$, OAC 边界方程为 $x+c_0t=0$. V 区中两族特征线方程分别有下列形式:

$$C_+:\frac{\mathrm{d}x}{\mathrm{d}t}=\frac{x+l}{t-\tau}=u+c=2\beta,$$

$$C_-:\frac{\mathrm{d}x}{\mathrm{d}t}=\frac{x}{t}=u-c=-2\alpha,$$

由此解出

$$t=\frac{\dfrac{l}{2}+\tau\beta}{\alpha+\beta},\quad x=-\alpha\frac{l+2\tau\beta}{\alpha+\beta}.$$

因此流场的解 $u(x,t)$ 和 $c(x,t)$ 分别为

$$u=\frac{1}{2}\left(\frac{x}{t}+\frac{x+l}{t-\tau}\right),\quad c=\frac{1}{2}\left(\frac{x+l}{t-\tau}-\frac{x}{t}\right).$$

在式 (4.4.20) 和式 (4.4.21) 中令 $N=1$ 可得到同样的结果.

基于以上分析, 可以进一步以 $x = 0$ 为分界点, 求飞散通量的公式. 流体向右的飞散是由左向传播的稀疏波造成的, 向左的飞散是由右向传播的稀疏波造成的. 对于向右飞散, x 的积分区域为 $(0, +\infty)$, 但左行波的影响区域以波区的边界为界, 所以 x 的积分范围应为从 0 到波区边界 (当 $t \to \infty$ 时). 左行波波区的边界轨迹是 $c = 0$ 对应的特征线, 表达式为 $\dfrac{x}{t} = u - c = \dfrac{2c_0}{\gamma - 1}$, 故有 x 的积分区域为 $\left(0, \dfrac{2c_0 t}{\gamma - 1}\right)$. 同理, 可分析右行波波区的边界轨迹为 $c = 0$ 对应的特征线, 即 $\dfrac{x - l}{t - \tau} = u + c = -\dfrac{2c_0}{\gamma - 1}$, 向左飞散时 x 的积分范围是 $\left(-\dfrac{2c_0 t}{\gamma - 1}, 0\right)$. 由此写出飞散通量的表达式如下:

向右飞散

$$\Phi_1 = \int_0^\infty \rho u^j \mathrm{d}x = \int_0^{\frac{2c_0}{\gamma-1}t} \rho u^j \mathrm{d}x. \tag{4.4.22}$$

向左飞散

$$\Phi_2 = \int_{-\infty}^0 \rho u^j \mathrm{d}x = \int_{-\frac{2c_0}{\gamma-1}t}^0 \rho u^j \mathrm{d}x. \tag{4.4.23}$$

式 (4.4.22) 和式 (4.4.23) 中 $j = 0, 1, 2$ 分别对应质量、动量和能量飞散.

以 $x = 0$ 为分界点向右飞散的质量为 $M_1 = \displaystyle\int_0^{\frac{2c_0}{\gamma-1}t} \rho \mathrm{d}x$, 向左为 $M_2 = \displaystyle\int_{-\frac{2c_0}{\gamma-1}t}^0 \rho \mathrm{d}x$.

以 $x = 0$ 为分界点向右飞散的动量为 $I_1 = \displaystyle\int_0^{\frac{2c_0}{\gamma-1}t} \rho u \mathrm{d}x$, 向左为 $I_2 = \displaystyle\int_{-\frac{2c_0}{\gamma-1}t}^0 \rho u \mathrm{d}x$.

同理, 向右飞散的动能为 $E_1 = \displaystyle\int_0^{\frac{2c_0}{\gamma-1}t} \dfrac{1}{2}\rho u^2 \mathrm{d}x$, 向左为 $E_2 = \displaystyle\int_{-\frac{2c_0}{\gamma-1}t}^0 \dfrac{1}{2}\rho u^2 \mathrm{d}x$.

将已得到的 $u(x, t)$ 和 $c(x, t)$ 的表达式代入式 (4.4.22) 和式 (4.4.23) 中, 由于 $\dfrac{\rho}{\rho_0} = \left(\dfrac{c}{c_0}\right)^{\frac{2}{\gamma-1}} = \left(\dfrac{c}{c_0}\right)^{2N-1}$, 可求得

$$\frac{\rho}{\rho_0} = \frac{(2N-2)!}{2^{2N-1}[(N-1)!]^2}\left(1 - \frac{u^2}{4\alpha_0^2}\right)^{N-1}\left(\frac{u}{c_0} + \frac{2N-1}{2}\frac{l}{\tau\alpha_0}\right)\frac{\tau}{t}[1 + o(t)],$$

式中 $o(t)$ 表示 t 的一阶小量. 将上式代入式 (4.4.22) 和式 (4.4.23), 通式公式化为

$$\pm \int_0^{\pm\frac{2c_0}{\gamma-1}} \rho u^j \mathrm{d}x$$

$$= \int_0^{\pm \frac{2c_0}{\gamma-1}} \rho_0 \frac{(2N-2)!}{2^{2N-1}[(N-1)!]^2} \left(1 - \frac{u^2}{4\alpha_0^2}\right)^{N-1} \left(\frac{u}{c_0} + \frac{2N-1}{2}\frac{l}{\tau\alpha_0}\right) \frac{\tau}{t} u^j [1+o(t)]\mathrm{d}x,$$

$$(4.4.24)$$

式中, +、− 号分别表示向右和向左飞散, 当 $t \to \infty$ 时, $x \to \infty$, $c \to 0$ 和 $\rho \to 0$.
积分上式得:

对应 $j = 0$, 质量飞散为

$$M_1 = \frac{l\rho_0}{2}\left[1 + \frac{c_0\tau}{l}\frac{(2N-1)!}{2^{2N-1}N!(N-1)!}\right],$$

$$M_2 = \frac{l\rho_0}{2}\left[1 - \frac{c_0\tau}{l}\frac{(2N-1)!}{2^{2N-1}N!(N-1)!}\right], \tag{4.4.25}$$

其中 $M_1 + M_2 = m_0 = l\rho_0$. 下面给出几个特例的结果.

当 $\tau = 0$ 时为对称飞散, 有 $M_1 = M_2 = \frac{l\rho_0}{2}\frac{m_0}{2}$.

当 $\tau = l/c_0$ 时, 有

$$M_1 = \frac{m_0}{2}\left[1 + \frac{(2N-1)!}{2^{2N-1}N!(N-1)!}\right]; \quad M_2 = \frac{m_0}{2}\left[1 - \frac{(2N-1)!}{2^{2N-1}N!(N-1)!}\right].$$

对于 $\gamma = 3$, $N = 1$ 的情况, 有 $M_1 = \frac{m_0}{2}\left(1 + \frac{c_0\tau}{2l}\right)$, $M_2 = \frac{m_0}{2}\left(1 - \frac{c_0\tau}{2l}\right)$.

对应 $j = 1$, 动量飞散为

$$I_1 = \frac{m_0 c_0}{2}\left[\frac{c_0\tau}{l}\frac{2N-1}{2N+1} + \frac{(2N-1)(2N-1)!}{2^{2N-1}N!(N-1)!}\right],$$

$$I_2 = \frac{m_0 c_0}{2}\left[\frac{c_0\tau}{l}\frac{2N-1}{2N+1} - \frac{(2N-1)(2N-1)!}{2^{2N-1}N!(N-1)!}\right]. \tag{4.4.26}$$

当 $\tau = 0$ 时, 有 $I_1 = -I_2 = m_0 c_0 \frac{(2N-1)(2N-1)!}{2^{2N}N!(N-1)!}$.

当 $\tau = l/c_0$ 时, 有 $I_{1,2} = \frac{m_0 c_0}{2}\left[\frac{2N-1}{2N+1} \pm \frac{(2N-1)(2N-1)!}{2^{2N-1}N!(N-1)!}\right]$, 其中 +, −
号分别对应 I_1 和 I_2.

$\gamma = 3$, $N = 1$ 的情况下, $I_{1,2} = \frac{m_0 c_0}{4}\left(\frac{2c_0\tau}{3l} \pm 1\right)$.

对应 $j = 2$, 动能飞散为

$$E_{1,2} = \frac{m_0 c_0^2}{4}(2N-1)^2\left[\frac{1}{2N+1} \pm \frac{c_0\tau}{l}\frac{(2N-1)!}{2^{2N-1}(N+1)!(N-1)!}\right]. \tag{4.4.27}$$

当 $\tau = 0$ 时, 有 $E_1 = E_2 = \dfrac{m_0 c_0}{4} \dfrac{(2N-1)^2}{N+1}$.

当 $\tau = l/c_0$ 时, 有 $E_{1,2} = \dfrac{m_0 c_0^2}{4}(2N-1)^2 \left[\dfrac{1}{2N+1} \pm \dfrac{(2N-1)!}{2^{2N-1}(N+1)!(N-1)!} \right]$.

$\gamma = 3$, $N = 1$ 的情况下, $E_{1,2} = \dfrac{m_0 c_0^2}{4} \left(\dfrac{1}{3} \pm \dfrac{c_0 \tau}{4l} \right)$.

在求得流场分布以后, 其他参量都可以类似导出.

4.4.2 稀疏波与界面的相互作用

例 4.2 稀疏波与界面的相互作用分析.

问题 一维无限长管道中 $(-l, 0)$ 段内为 $\gamma = 3$ 的气体 1, 状态是 $u_0 = 0$, p_0, ρ_{01}, c_{01}; $(-\infty, -l)$ 段内为 $\gamma = \gamma$ 的气体 2, 状态是 $u_0 = 0$, p_0, ρ_{02}, c_{02}. 两段气体用薄膜隔离. 在 $t = 0$ 时刻, $x = 0$ 处的气体 1 向真空飞散引起左行稀疏波的传播; 从 $t = \tau$ 时刻开始, 稀疏波作用到 $x = -l$ 处的两气体交界面薄膜处, 引起薄膜运动, 见图 4.4.4 所示. 求薄膜的运动方程和管道内气体运动情况.

分析 图 4.4.4 中 x-t 平面上分为五个流动区域.

I 区为常流区, 气体 1, 初始状态 $u_0 = 0$, p_0, ρ_{01}, c_{01};

II 区为常流区, 气体 2, 初始状态 $u_0 = 0$, p_0, ρ_{02}, c_{02};

III 区为气体 1 简单波区, 状态用下标 1 标识;

IV 区为入射波与反射波相互作用区;

V 区为气体 2 简单波区, 状态用下标 2 标识.

解 I 区为常流区状态, 有 $u_0 = 0$, p_0, c_{01}.

II 区为常流区状态, 有 $u_0 = 0$, p_0, c_{02}.

III 区为气体 1 中向左简单波区, 区内状态 u, c_1 求解如下.

对于向左简单波, 满足 $u + \dfrac{2}{\gamma-1} c_1 = \dfrac{2}{\gamma-1} c_{01}$ 或 $u + c_1 = c_{01}$(因 $\gamma = 3$), 存在特征线 C_-: $\dfrac{x}{t} = u - c_1$, 由此解出

$$
\begin{aligned}
u &= \frac{1}{2} \left(c_{01} + \frac{x}{t} \right), \\
c_1 &= \frac{1}{2} \left(c_{01} - \frac{x}{t} \right).
\end{aligned}
\tag{4.4.28}
$$

右边界为气体真空飞散边界, 有 $u = c_{01}$, $c = 0$, $x = c_{01} t$;

左边界 OA 上, 有 $u = 0$, $c = c_{01}$, $x = -c_{01} t$;

A 点的坐标为 $(-l, t_0)$, 且 $t_0 = l/c_{01}$.

V 区为气体 2 简单波区, 仍为向左简单波.

黎曼不变量满足 $u + \dfrac{2}{\gamma-1}c_2 = \dfrac{2}{\gamma-1}c_{02}$ 和特征线, 有 $C_-: \dfrac{x+\bar{l}}{t-\bar{t}} = u - c_2$, 解出

$$u = \frac{2}{\gamma+1}\left(\frac{x+\bar{l}}{t-\bar{t}} + c_{02}\right),$$
$$c_2 = \frac{2c_{01}}{\gamma+1} - \frac{\gamma-1}{\gamma+1}\frac{x+\bar{l}}{t-\bar{t}}. \tag{4.4.29}$$

右边界为 AB, 其轨迹为 $\bar{l}$-$\bar{t}$;

左边界为 AD, 其上有 $u = 0$, $c = c_{02}, \dfrac{x+\bar{l}}{t-\bar{t}} = -c_{02}$.

IV 区为入射波与反射波相互作用区, 两族特征线的关系式如下.

$$沿\ C_+: \frac{\mathrm{d}x}{\mathrm{d}t} = u + c_1, \quad u + \frac{2}{\gamma-1}c_1 = u + c_1 = \mathrm{const}_1,$$
$$沿\ C_-: \frac{\mathrm{d}x}{\mathrm{d}t} = u - c_1, \quad u - \frac{2}{\gamma-1}c_1 = u - c_1 = \mathrm{const}_2.$$

所以有 C_+ 特征线方程为 $\dfrac{x+\bar{l}}{t-\bar{t}} = u + c_1$ 和 C_- 特征线方程为 $\dfrac{x}{t} = u - c_1$, 解出

$$u = \frac{1}{2}\left(\frac{x}{t} + \frac{x+\bar{l}}{t-\bar{t}}\right),$$
$$c_1 = \frac{1}{2}\left(\frac{x+\bar{l}}{t-\bar{t}} - \frac{x}{t}\right). \tag{4.4.30}$$

边界 AC 轨迹为 $\dfrac{x+\bar{l}}{t-\bar{t}} = c_{01}$, AB 轨迹为 $\bar{l}$-$\bar{t}$.

由上面的分析可知, 只要求出 AB 薄膜的轨迹 $\bar{l}(\bar{t})$, 就可以解出 u, c 的分布.

AB 处为物质界面, 满足力平衡和运动平衡条件: $u_1 = u_2 = u$, $p_1 = p_2 = p$, 若 AB 轨迹用 $z(t)$ 表示, 有 $z(t) = -\bar{l}$ 和 AB 上速度 $u = z'(t)$, 则 AB 左边 V 区中

$$p = p_0\left(\frac{c_2}{c_{02}}\right)^{\frac{2\gamma}{\gamma-1}} = p_0\left(\frac{c_{02} - \frac{\gamma-1}{2}u}{c_{02}}\right)^{\frac{2\gamma}{\gamma-1}} = p_0\left[\frac{c_{02} - \frac{\gamma-1}{2}z'(t)}{c_{02}}\right]^{\frac{2\gamma}{\gamma-1}}. \tag{4.4.31}$$

AB 右边 IV 区中

$$p = p_0 \left(\frac{c_1}{c_{01}}\right)^3 = p_0 \left[\frac{u - \dfrac{z(t)}{t}}{c_{01}}\right]^3 = p_0 \left[\frac{z'(t) - \dfrac{z(t)}{t}}{c_{01}}\right]^3. \qquad (4.4.32)$$

以上两式联立消去 p, 建立方程

$$\left[\frac{c_{02} - \dfrac{\gamma - 1}{2} z'(t)}{c_{02}}\right]^{\frac{2\gamma}{\gamma - 1}} = \left[\frac{z'(t) - \dfrac{z(t)}{t}}{c_{01}}\right]^3. \qquad (4.4.33)$$

为了求解此方程获得 $z(t)$, 上式两边对 t 求一次微分, 消去 $z(t)$, 得到 $z''(t)$, $z'(t)$ 和 t 的关系式如下:

$$\left\{\left[1 - \frac{\gamma - 1}{2c_{02}} z'(t)\right]^{-\frac{2\gamma}{3(\gamma - 1)}} + \frac{\gamma}{3} \frac{c_{01}}{c_{02}} \left[1 - \frac{\gamma - 1}{2c_{02}} z'(t)\right]^{-1}\right\} z''(t) = \frac{c_{01}}{t}. \qquad (4.4.34)$$

令 $\xi = z'(t) = u$, 则 $z''(t) = \mathrm{d}\xi/\mathrm{d}t$, 式 (4.4.34) 变为

$$\frac{c_{01}}{t} \frac{\mathrm{d}t(\xi)}{\mathrm{d}\xi} = \left[\left(1 - \frac{\gamma - 1}{2c_{02}} \xi\right)^{-\frac{2\gamma}{3(\gamma - 1)}} + \frac{\gamma}{3} \frac{c_{01}}{c_{02}} \left(1 - \frac{\gamma - 1}{2c_{02}} \xi\right)^{-1}\right]. \qquad (4.4.35)$$

当 $\xi = 0$ 时, $t(0) = t_0$, $z(0) = -l$, 从式 (4.4.35) 得到积分解

$$c_{01} \ln \frac{t(\xi)}{t_0} = -\frac{6c_{02}}{\gamma - 3} \left[\left(1 - \frac{\gamma - 1}{2c_{02}} \xi\right)^{\frac{\gamma - 3}{3(\gamma - 1)}} - \frac{2\gamma c_{01}}{3(\gamma - 1)} \ln \left(1 - \frac{\gamma - 1}{2c_{02}} \xi\right)\right], \qquad (4.4.36)$$

由式 (4.4.36) 可解出 $t = t(\xi)$. 将 $t = t(\xi)$ 代入式 (4.4.33) 得到 $z = z(\xi)$ 如下:

$$\frac{z(t)}{t} = z'(t) - c_{01} \left[1 - \frac{\gamma - 1}{2c_{02}} z'(t)\right]^{\frac{2\gamma}{3(\gamma - 1)}} = \xi - c_{01} \left(1 - \frac{\gamma - 1}{2c_{02}} \xi\right)^{\frac{2\gamma}{3(\gamma - 1)}} = \frac{z(\xi)}{t(\xi)}. \qquad (4.4.37)$$

于是以边界速度 ξ 为参量, V 区状态重求如下.

将 $t = t(\xi) = \bar{t}$, $z = z(\xi) = -\bar{l}$ 代入 V 区公式, 并利用 $\xi = u$, 有

$$x = -\bar{l} + (u - c_2)(t - \bar{t}) = z(\xi) + \left(\frac{\gamma + 1}{2} \xi - c_{02}\right) [t - t(\xi)]. \qquad (4.4.38)$$

ξ 是边界 AB 的运动速度, 亦即当地质点速度. 在简单波区, 质点速度 u 沿特征线保持为常数, 所以在 V 区 $u = \xi$, 由式 (4.4.38) 可解出 $\xi(x,t)$ 或 $u(x,t)$. 同时, 从 $c_2(\xi) = \left(c_{02} - \dfrac{\gamma - 1}{2}\xi \right)$ 可进一步得到 $c(\xi)$, 从而得到 $c(x,t)$.

再求 IV 区状态. IV 区中 C_+ 特征线方程为

$$\frac{x - z(\xi)}{t - t(\xi)} = u + c, \tag{4.4.39}$$

但式 (4.4.39) 中 $u \neq \xi$. 在 AB 上 $u = \xi$, 满足来自 III 区 C_- 特征线的关系式, 即 $\dfrac{z(\xi)}{t(\xi)} = u - c(\xi)$, 且 $u = \xi$, 所以 AB 上有 $c(\xi) = \xi - \dfrac{z(\xi)}{t(\xi)}$. 从而, 在 IV 区的 C_+ 特征线上的关系式为 $u + \dfrac{2}{\gamma - 1}c = u + c = \xi + c(\xi) = 2\xi - \dfrac{z(\xi)}{t(\xi)}$. 将式 (4.4.37) 代入此式即有

$$u + c = \xi + c_{01}\left(1 - \frac{\gamma - 1}{2c_{02}}\xi \right)^{\frac{2\gamma}{3(\gamma - 1)}}. \tag{4.4.40}$$

另外, IV 区的 C_- 特征线方程为

$$u - c = \frac{x}{t}. \tag{4.4.41}$$

于是式 (4.4.39) $\sim$ 式 (4.4.41) 构成了以 AB 边界上速度 $\xi = z'(t)$ 为参量的一组关系式, 这些关系式联立消去 ξ, 即可求得 IV 区流场分布 $u(x, t)$ 和 $c(x, t)$.

比如, 先从式 (4.4.40) 和式 (4.4.41) 联立解出 $u(x, t, \xi)$ 和 $c(x, t, \xi)$, 再从式 (4.4.39) 和式 (4.4.40) 解出 $\xi(x, t)$, 然后将 $\xi(x, t)$ 回代到前面得出的 $u(x, t, \xi)$ 和 $c(x, t, \xi)$ 中消去 ξ, 即可得到 $u(x, t)$ 和 $c(x, t)$.

当 II 区气体 2 的多方指数亦为 $\gamma = 3$ 时, $z(\xi)$ 和 $t(\xi)$ 的表达式特别简单. 微分方程 (4.4.33) 变为

$$z'(t) - \frac{c_{01}}{c_{01} + c_{02}}\frac{z(t)}{t} = \frac{c_{01}c_{02}}{c_{01} + c_{02}},$$

直接解出

$$
\begin{aligned}
z(t) &= c_{02}t - (c_{01} + c_{02})t_0\left(\frac{t}{t_0} \right)^{\frac{c_{02}}{c_{01} + c_{02}}}, \\
z'(t) &= c_{02}\left[1 - \left(\frac{t}{t_0} \right)^{-\frac{c_{01}}{c_{01} + c_{02}}} \right].
\end{aligned}
\tag{4.4.42}
$$

V 区参数分布由下面两式求出:

$$x = (u - c)t + (c_{02} - c_{01})ut_0 \left(1 - \frac{u}{c_{02}}\right)^{-\frac{c_{01}+c_{02}}{c_{01}}},$$

$$u + c = c_{02}.$$

IV 区参数分布由下面两式求出:

$$x = (u + c)t + 2c_{01}t_0 \left[\frac{c_{02} - c_{01}}{c_{01} - (u + c)}\right]^{\frac{c_{02}}{c_{01}}}, \tag{4.4.43}$$

$$u - c = x/t.$$

至此, 解出了全部流场的分布, 下面对各波区流场特点进行简单讨论.

(a) 分析式 (4.4.42) 知 $z'(t)>0$, 所以入射到 V 区的简单波是稀疏波.

(b) 反射到 IV 区是否是稀疏波, 由 C_+ 特征线的斜率 $\mathrm{d}x/\mathrm{d}t$ 增加与否而定. 如果随着时间的增加 $\mathrm{d}x/\mathrm{d}t$ 增加, 说明特征线收聚, 反射为压缩波, 否则反射为稀疏波. C_+ 特征线的斜率 $\mathrm{d}x/\mathrm{d}t$ 随时间变化为

$$\frac{\mathrm{d}}{\mathrm{d}t}\left(\frac{\mathrm{d}x}{\mathrm{d}t}\right) = \frac{\mathrm{d}(u + c)}{\mathrm{d}t} = \frac{\mathrm{d}}{\mathrm{d}t}\left[2z'(t) - \frac{z(t)}{t}\right] = \frac{\mathrm{d}}{\mathrm{d}t}\left[c_{02} - (c_{01} - c_{02})\left(\frac{t}{t_0}\right)^{-\frac{c_{01}}{c_{01}+c_{02}}}\right]$$

$$= \frac{c_{01} - c_{02}}{c_{01} + c_{02}}\frac{c_{01}}{t_0}\left(\frac{t}{t_0}\right)^{-\frac{2c_{01}+c_{02}}{c_{01}+c_{02}}}.$$

当 $c_{02}>c_{01}$ 时, $\dfrac{\mathrm{d}}{\mathrm{d}t}\left(\dfrac{\mathrm{d}x}{\mathrm{d}t}\right) = \dfrac{\mathrm{d}(u + c)}{\mathrm{d}t} < 0$, 说明反射为稀疏波. 反之, 当 $c_{02}<c_{01}$ 时, $\dfrac{\mathrm{d}}{\mathrm{d}t}\left(\dfrac{\mathrm{d}x}{\mathrm{d}t}\right) = \dfrac{\mathrm{d}(u + c)}{\mathrm{d}t} > 0$, 说明反射为压缩波.

(c) 当 $c_{02} = c_{01}$ 时, IV 区流场计算公式 (4.4.43) 表明, 将出现 $x/t = u + c = u - c$, 从而导致 $c = 0$, 与真实情况不符合. 由特征线连续性知, IV 区仍有 C_- 特征线 $x/t = u - c$, 所以只能有黎曼不变量 $u + c = c_{01}$ 为常数. 对于每条 C_+ 特征线都有 $u + c = c_{01}$, 说明 IV 区也是简单波区, 而且 IV 区和 III 区两个简单波区的 C_+ 特征线上黎曼不变量相同, 都有 $u + c = c_{01}$, 说明两个区域没有区别, 即为一个区. 同时, 由于 $c_{02} = c_{01}$, V 区和 III 区两个简单波区的 C_+ 特征线上黎曼不变量 $u + c$ 也等于 c_{01}, 说明入射到 V 中的 C_- 特征线与 III 区的 C_- 特征线连续一致. 这时界面的存在与否不影响波的传播, 即不存在反射波. 边界 AB 为一质点运动轨迹, 如同界面不存在一样.

4.4.3　稀疏波从固壁反射

例 4.3　稀疏波从固壁反射分析.

问题　在有限长一维管道中有多方气体, 初始状态是 $u_0 = 0, p_0, \rho_0, c_0$. $x = 0$ 处有一活塞, $x = l$ 为固壁. 在 $t = 0$ 时刻, $x = 0$ 处的活塞以速度 u^* 向左运动, 引起管道内稀疏波传播, 求管道内气体运动情况.

分析　几种可能的情况有:

(a) 活塞瞬时达到速度 $|u^*| < \dfrac{2c_0}{\gamma - 1}$, 产生中心稀疏波传播, x-t 平面上波系如图 4.4.5 所示.

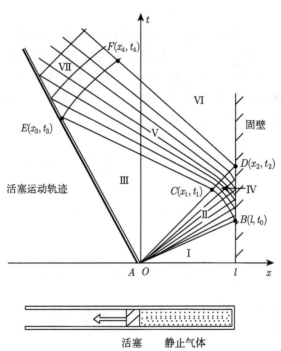

图 4.4.5　活塞运动引起稀疏波从固壁反射

(b) 活塞逐渐达到速度 $|u^*| < \dfrac{2c_0}{\gamma - 1}$, 波系与第 (a) 种情况相似, 典型图像可参见图 4.2.1.

(c) 活塞瞬时达到速度 $|u^*| > \dfrac{2c_0}{\gamma - 1}$, 产生中心稀疏波, x-t 图如图 4.4.6 所示.

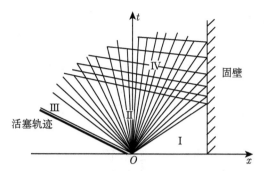

图 4.4.6 活塞运动速度大于逃逸速度时引起的稀疏波从固壁反射

(d) 活塞逐渐达到速度 $|u^*| > \dfrac{2c_0}{\gamma - 1}$.

第 (c), (d) 种情况产生完全稀疏波, 波系结构类似, 有真空区存在.

第 (a), (b) 种情况各区流动特征是: I, III, VI 区为常流区, II, V 区为简单波区, IV, VII 区为入射波与反射波相互作用区.

第 (c), (d) 种情况各区流动特征是: I 区为常流区, II 区为简单波区, III 区为真空区, IV 区为入射波与反射波相互作用区.

解 对于第 (a), (b) 种情况, 以中心稀疏波为例.

I 区为常流区, 状态为 $u_0 = 0$, p_0, c_0.

II 区为向右简单波区, 满足 $u - \dfrac{2}{\gamma - 1}c = -\dfrac{2}{\gamma - 1}c_0$ 和 C_+ 特征线方程 $\dfrac{x}{t} = u + c$, 解出

$$
\begin{aligned}
u &= \frac{2}{\gamma + 1}\left(\frac{x}{t} - c_0\right), \\
c &= \frac{\gamma - 1}{\gamma + 1}\frac{x}{t} + \frac{2}{\gamma + 1}c_0.
\end{aligned}
\tag{4.4.44}
$$

左边界为 $\dfrac{x}{t} = u^* + c^*$, 状态为 $u = u^*$, $c = c^* = \dfrac{\gamma - 1}{2}u^* + c_0$, 右边界为 $\dfrac{x}{t} = c_0$.

III 区为常流区, 状态如下:

$$
u = u^*, \quad c = c^* = \frac{\gamma - 1}{2}u^* + c_0, \quad p^* = p_0\left(\frac{c^*}{c_0}\right)^{\frac{2\gamma}{\gamma - 1}}.
\tag{4.4.45}
$$

IV 区为波相互作用区, 起始点 $B(l, t_0)$, $t_0 = l/c_0$. 固壁 BD 边界上, $x = l$,

$u = 0$, $c = c_B$. 区域内,

$$\text{沿 } C_+ : \frac{\mathrm{d}x}{\mathrm{d}t} = u + c, \text{有 } u + \frac{2}{\gamma - 1}c = \text{const.}$$

$$\text{沿 } C_- : \frac{\mathrm{d}x}{\mathrm{d}t} = u - c, \text{有 } u - \frac{2}{\gamma - 1}c = -\frac{2}{\gamma - 1}c_B = \text{const.} \tag{4.4.46}$$

沿不同的特征线有不同的黎曼不变量, 因此式 (4.4.46) 中沿不同的特征线常数值不同. C_+ 特征线的黎曼不变量来自于 II 区, C_- 特征线的黎曼不变量依赖于 IV 区固壁边界处的声速 c_B 是随时间变化的.

IV 区边界之一 BC 是一条与 II 区相邻的 C_- 特征线, 其上状态 u, c 也满足 II 区的状态分布式 (4.4.44). 所以 $\frac{\mathrm{d}x}{\mathrm{d}t} = u - c$ 可与式 (4.4.44) 联立求解, 积分得出曲线 BC 的方程

$$x = c_0 t \left[\frac{\gamma + 1}{\gamma - 1} \left(\frac{t}{t_0} \right)^{-2\frac{\gamma-1}{\gamma+1}} - \frac{2}{\gamma - 1} \right]. \tag{4.4.47}$$

BC 上状态分布为

$$u = \frac{2}{\gamma - 1}c_0 \left[\left(\frac{t}{t_0} \right)^{-2\frac{\gamma-1}{\gamma+1}} - 1 \right],$$

$$c = c_0 \left(\frac{t}{t_0} \right)^{-2\frac{\gamma-1}{\gamma+1}}. \tag{4.4.48}$$

点 $C(x_1, t_1)$ 为 BC 与 II 区波后边界 $x/t = u^* + c^*$ 的交点, 解出为

$$x_1 = c_0 t_0 \left(1 + \frac{\gamma + 1}{2} \frac{u^*}{c_0} \right) \left(1 + \frac{\gamma - 1}{2} \frac{u^*}{c_0} \right)^{-\frac{\gamma+1}{2(\gamma-1)}},$$

$$t_1 = t_0 \left(1 + \frac{\gamma - 1}{2} \frac{u^*}{c_0} \right)^{-\frac{\gamma+1}{2(\gamma-1)}}. \tag{4.4.49}$$

为了使边界条件与通解形式联系起来, 令 $\frac{1}{N} = 2\frac{\gamma - 1}{\gamma + 1}$ 或 $\gamma = \frac{2N + 1}{2N - 1}$, 使 c 通过焓 $i = \frac{c^2}{\gamma - 1}$ 来表达. 这时在 BC 上满足的式 (4.4.47) 和特征关系 $u -$

$\dfrac{2}{\gamma-1}c = -\dfrac{2}{\gamma-1}c_0$ 可重写为

$$x = c_0 t \left[2N \left(\frac{t}{t_0} \right)^{-\frac{1}{N}} - (2N-1) \right],$$
$$u = \sqrt{2(N-1)}(\sqrt{i} - \sqrt{i_0}). \tag{4.4.50}$$

若按照通解解法之二, 将 IV 区通解写成下列形式:

$$x = ut - \frac{\partial \psi}{\partial u}, \quad l = \frac{\partial \psi}{\partial i},$$
$$\psi = \frac{\partial^{N-1}}{\partial i^{N-1}} \left[f \left(\sqrt{\frac{2N-1}{2}} i - \frac{1}{2} u \right) + g \left(\sqrt{\frac{2N-1}{2}} i + \frac{1}{2} u \right) \right]. \tag{4.4.51}$$

利用 BC 上满足的公式 (4.4.50), 再由固壁边界 BD 上的条件 $u=0$, $x=l$, 可定出 ψ 的具体形式.

由于 II 区是中心稀疏简单波区, 所以 BC 上各点的质点速度沿 C_+ 特征线是常数, 满足 $x = ut - \dfrac{\partial \psi}{\partial u} \equiv At$; 同时 $\psi(u,i)$ 与 t 无关, 故在 BC 上只能有 $\psi(u, i) = 0$.

另外, 作为 IV 区边界, BC 上的状态应既满足式 (4.4.50) 又满足式 (4.4.51), 即有 $u - \dfrac{2}{\gamma-1}c = -\dfrac{2}{\gamma-1}c_0 = \sqrt{\dfrac{2N-1}{2}i_0}$, 或表示成 $\alpha = \alpha_0$, 同时, $2\beta = u + \dfrac{2}{\gamma-1}c = \sqrt{\dfrac{2N-1}{2}} \left(2\sqrt{i} - \sqrt{i_0} \right)$. 利用通解公式 (4.3.31) 知, 相互作用区的解可简单表示成 $\psi(u,i) = \dfrac{\partial^{N-1}}{\partial i^{N-1}}[f(\alpha) + g(\beta)]$. 由于 BC 上 $\alpha = \alpha_0$, 所以 $\dfrac{\partial^{N-1}}{\partial i^{N-1}} f(\alpha_0) = 0$, 再令 $g(\beta) \equiv 0$, 即可满足边界 BC 上 $\psi = 0$. 于是 ψ 可写为

$$\psi = \frac{\partial^{N-1}}{\partial i^{N-1}} \left[f \left(\sqrt{\frac{2N-1}{2}} i - \frac{1}{2} u \right) \right]. \tag{4.4.52}$$

在 BD 上有 $u=0$ 和 $x=l=ut - \dfrac{\partial \psi}{\partial u} = -\dfrac{\partial \psi}{\partial u}$, 由于

$$\frac{\partial \psi}{\partial u} = \frac{\mathrm{d}\psi}{\mathrm{d}\alpha} \frac{\partial \alpha}{\partial u} = -\frac{1}{2} f',$$

$$\frac{\partial \psi}{\partial i} = \frac{\mathrm{d}\psi}{\mathrm{d}\alpha}\frac{\partial \alpha}{\partial i} = \frac{1}{2\sqrt{i}}\sqrt{\frac{2N-1}{2}}f',$$

有 $l = \dfrac{1}{2}\dfrac{\partial^{N-1}}{\partial i^{N-1}}f'\left(\sqrt{\dfrac{2N-1}{2}}i\right)$, 式中 f' 表示对 α 求导. 由此解出

$$f'\left(\sqrt{\frac{2N-1}{2}}i\right) = 2l\frac{(i-i_0)^{N-1}}{(N-1)!}. \tag{4.4.53}$$

于是, IV 区的 ψ 写为

$$\psi = \frac{\partial^{N-2}}{\partial i^{N-2}}\sqrt{\frac{2N-1}{2}}\frac{1}{2}\frac{1}{\sqrt{i}}f'\left(\sqrt{\frac{2N-1}{2}}i - \frac{1}{2}u\right).$$

将已求出的式 (4.4.53) 代替上式中的 f', 并定义

$$\begin{aligned}\theta &= \frac{c^2}{(\gamma-1)^2} = \frac{i}{\gamma-1} = \frac{2N-1}{2}i,\\ \theta_0 &= \frac{c_0^2}{(\gamma-1)^2}.\end{aligned} \tag{4.4.54}$$

得到 ψ 的表达式

$$\psi(u,i) = \frac{l}{(N-1)!}\frac{\partial^{N-2}}{\partial\theta^{N-2}}\left[\left(\sqrt{\theta}-\frac{1}{2}u\right)^2-\theta_0\right]^{N-1}\frac{1}{\sqrt{\theta}}.$$

展开上式, ψ 还可写为

$$\begin{aligned}\psi(u,i) = &\frac{\sqrt{2(2N-1)}}{2(N-1)!}\left(\frac{2}{2N-1}\right)^{N-1}\\ &l\frac{\partial^{N-2}}{\partial\theta^{N-2}}\left[\left(\sqrt{\frac{2N-1}{2}}i-\frac{1}{2}u\right)^2-\frac{c_0^2}{(\gamma-1)^2}\right]^{N-1}\frac{1}{\sqrt{i}}.\end{aligned} \tag{4.4.55}$$

由 $t = \dfrac{\partial \psi}{\partial i}$, 得出

$$t = \frac{1}{(N-1)!}\frac{\partial^{N-1}}{\partial\left[\left(\frac{c}{\gamma-1}\right)^2\right]^{N-1}}\left[\left(\frac{c}{\gamma-1}-\frac{1}{2}u\right)^2-\frac{c_0^2}{(\gamma-1)^2}\right]^{N-1}\frac{1}{c}, \tag{4.4.56}$$

由 $x = ut + \dfrac{\partial \psi}{\partial u}$, 得出

$$x = ut + \frac{l}{(N-2)!} \frac{\partial^{N-2}}{\partial \left[\left(\dfrac{c}{\gamma - 1} \right)^2 \right]^{N-2}} \left(\frac{c}{\gamma - 1} - \frac{1}{2}u \right)$$

$$\times \left[\left(\frac{c}{\gamma - 1} - \frac{1}{2}u \right)^2 - \frac{c_0^2}{(\gamma - 1)^2} \right]^{N-2} \frac{\gamma - 1}{c}. \tag{4.4.57}$$

由以上式 (4.4.56) 和式 (4.4.57) 联立, 反求出 $u(x, t)$, $c(x, t)$, 即可得到 IV 区的解. IV 区的特征线方程由原始定义 $\dfrac{\mathrm{d}x}{\mathrm{d}t} = u \pm c$ 与上述求出的 $u(x, t)$, $c(x, t)$ 联立求解获得.

利用定义式 (4.4.54), 式 (4.4.57) 和式 (4.4.56) 还可写成以下形式:

$$\begin{aligned} x &= ut + \frac{l}{(N-2)!} \frac{\partial^{N-2}}{\partial \theta^{N-2}} \left[\left(\sqrt{\theta} - \frac{1}{2}u \right)^2 - \theta_0 \right]^{N-2} \frac{\sqrt{\theta} - \dfrac{1}{2}u}{\sqrt{\theta}}, \\ t &= \frac{l}{(\gamma - 1)(N-1)!} \frac{\partial^{N-1}}{\partial \theta^{N-1}} \left[\left(\sqrt{\theta} - \frac{1}{2}u \right)^2 - \theta_0 \right]^{N-1} \frac{1}{\sqrt{\theta}}. \end{aligned} \tag{4.4.58}$$

在 IV 边界 BD 上, $u = 0$, $t = \dfrac{l}{2^{2N-2} c_B} \sum_{K=0}^{N-1} \dfrac{(2N-2K-2)!(2K)!}{[K!(N-K-1)!]^2} \left(\dfrac{c_0}{c_B} \right)^{2K}$.

V 区是简单波区, 区域内来自 III 区的 C_+ 特征线携带的黎曼不变量是常数, 且 $\dfrac{2c^*}{\gamma - 1} = u + \dfrac{2c}{\gamma - 1}$, 因已求得 $c^* = \dfrac{\gamma - 1}{2} u^* + c_0$, 所以有

$$u + \frac{2c}{\gamma - 1} = 2u^* + \frac{2c_0}{\gamma - 1}. \tag{4.4.59}$$

边界 CD 与 IV 相接, CD 是一条 C_+ 特征线, 其上的坐标用 (z, t) 表示, 与之跨越的不同 C_- 特征线以 ξ 区分, 可分别写出 CD 曲线方程 (4.4.60) 和 C_- 特征线方程 (4.4.61) 如下.

CD 曲线方程:

$$\frac{\mathrm{d}z(\xi)}{\mathrm{d}t(\xi)} = \xi + c(\xi). \tag{4.4.60}$$

C_- 特征线方程:

$$\frac{\mathrm{d}x}{\mathrm{d}t} = \frac{x - z(\xi)}{t - t(\xi)} = u - c. \tag{4.4.61}$$

因边界 CD 上状态同时满足 $\xi + \dfrac{2c(\xi)}{\gamma - 1} = u^* + \dfrac{2c^*}{\gamma - 1}$ 和 IV 区的解 $u(x, t)$, $c(x, t)$ 两个条件, 故可令 $u = \xi$, 从第一个条件得到 $c(\xi)$, 从第二个条件令 $z = x$, 并将 $c(\xi)$, $u = \xi$ 代入式 (4.4.58) 得到 $\xi(z, t)$, 回代到 CD 的曲线方程 (4.4.60) 中消去 ξ, 可解出轨迹 $z(t)$. 再由式 (4.4.59), 式 (4.4.60) 和式 (4.4.61) 联立消去 ξ, 求出 V 区流场的解 $u(x, t)$ 和 $c(x, t)$.

边界 CE 的方程为

$$\frac{x - x_1}{t - t_1} = u^* - c^* = \frac{3 - \gamma}{2} u^* - c_0. \tag{4.4.62}$$

活塞与 C_- 特征线相交于 $E(x_3, t_3)$ 点, 通过活塞轨迹 $x = u^* t$, 解出 $E(x_3, t_3)$ 的坐标为 $x_3 = 2u^* t_1$, $t_3 = 2t_1$.

VI 区为常流区, 有 $u = 0$, 即

$$u + \frac{2c}{\gamma - 1} = \frac{2c}{\gamma - 1} = 2u^* + \frac{2c_0}{\gamma - 1}, \quad c = (\gamma - 1)u^* + c_0, \tag{4.4.63}$$

边界 DF 的方程是

$$\frac{x - l}{t - t_2} = -[(\gamma - 1)u^* + c_0]. \tag{4.4.64}$$

D 的位置坐标 $D(x_2, t_2)$ 中 $x_2 = l$, t_2 由相互作用区的解决定. 因有 $u = 0$ 和 $c = (\gamma - 1)u^* + c_0$, 所以

$$t_2 = \frac{l}{2^{2N-2}[c_0 + (\gamma - 1)u^*]} \sum_{K=0}^{N-1} \frac{(2N - 2K - 2)!(2K)!}{[K!(N - K - 1)!]^2} \left[1 + (\gamma - 1)\frac{u^*}{c_0}\right]^{-2K}.$$

于是 VI 区边界 DF 的方程为 $x - l = -[(\gamma - 1)u^* + c_0](t - t_2)$.

当 $\gamma = 3$ 时, 所有解的形式被简化, 这时解的一般形式为

$$\psi(u, i) = f\left(\sqrt{\frac{i}{2}} - \frac{u}{2}\right) + g\left(\sqrt{\frac{i}{2}} + \frac{u}{2}\right). \tag{4.4.65}$$

对于固壁反射有 $\psi(u, i) = (c - u - c_0)$. IV 区中 $t = \dfrac{l}{c}$, $x = ut + l$, 解出 $u = \dfrac{x - l}{t}$, $c = \dfrac{l}{t}$. 其他区域的分析可依此类推.

Ⅶ 区为相互作用区, 边界 EF 是一条 C_+ 特征线, 有

$$\frac{\mathrm{d}x}{\mathrm{d}t} = u + c, \quad u + \frac{2c}{\gamma - 1} = u_3 + \frac{2c_3}{\gamma - 1} = 2u^* + \frac{2c_0}{\gamma - 1}. \tag{4.4.66}$$

相互作用区的求解与 Ⅳ 区的求解过程相同, 不同的是存在左边界, 条件为 $u = u^*$, 而不是 $u = 0$.

EF 上状态 u, c 满足 V 区的 u, c 分布, 将 V 区的 $u(x, t)$, $c(x, t)$ 分别代入 C_+ 特征线方程, 即可求出此 C_+ 特征线. 此 C_+ 特征线与曲线 $\dfrac{x - l}{t - t_2} = -[(\gamma - 1)u^* + c_0]$ 交于点 $F(x_4, t_4)$, 两者联立即可求出交点的坐标 x_4 和 t_4.

流动对壁面产生的冲量可用下式表示:

$$I = \int_0^\infty p(l, t)\mathrm{d}t.$$

已知 $\dfrac{p}{p_0} = \left(\dfrac{\theta}{\theta_0}\right)^{\frac{\gamma}{\gamma - 1}} = \left(\dfrac{\theta}{\theta_0}\right)^{\frac{2N-1}{2}}$, 其中 θ 由式 (4.4.54) 定义, 且前面已求得 $\theta(c)$, $c(x, t)$, 取 $x = l$, 对上式积分可得

$$I = p_0 t_0 \frac{2N + 1}{2^{2N-2}} \sum_{K=0}^{N-1} \frac{(2N - 2K - 2)!(2K)!}{[K!(N - K - 1)!]^2} \frac{1}{N - K}, \tag{4.4.67}$$

其中 $p_0 t_0 = \dfrac{\rho_0 c_0 l}{\gamma} = \dfrac{2N - 1}{2N + 1} m c_0$.

对稀疏波固壁反射问题作简单讨论如下.

(1) 若 $|u^* - c^*| < |u^*|$, 稀疏波经一次反射后, V 区第一条 C_- 特征线赶不上活塞面, 则无交点 $E(x_3, t_3)$, 不会有 Ⅶ 区存在, 这时活塞与流场之间出现真空区域.

(2) 经过一次稀疏波, 流场被稀疏一次, 例如,

I 区 →Ⅲ 区: $c = c_0 \to c = c_0 + \dfrac{\gamma - 1}{2} u^*$, $u = 0 \to u = u^*$.

Ⅲ 区 →Ⅵ 区: $c = c^* \to c = c_0 + (\gamma - 1)u^*$, $u = u^* \to u = 0$.

说明波在活塞与固壁之间来回反射时, 质点速度 u 在 $0 \sim u^*$ 之间变化. u 每变化一次, 声速 c 下降 $\dfrac{\gamma - 1}{2}|u^*|$. 直到当 $s\dfrac{\gamma - 1}{2}|u^*| < c_0 < (s+1)\dfrac{\gamma - 1}{2}|u^*|$ 时, 在第 $s+1$ 次反射后, 声速 c 降为零, 不再有常流区. 这时波区最后一条特征线上的质点速度 u 既不等于 u^*, 也不等于 0, 即流体质点不再碰到活塞或不再碰到固壁, 其间出现真空区, 相互作用区不再存在. 稀疏波固壁反射过程中状态 u, c 的变化如图 4.4.7 所示, 两种典型流场分布参见图 4.4.8 和图 4.4.9.

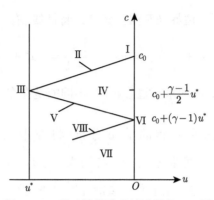

图 4.4.7　稀疏波固壁反射过程的 $u\text{-}c$ 图

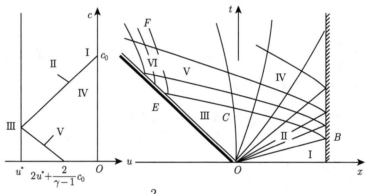

图 4.4.8　$|u^*| < \dfrac{2}{\gamma-1} c_0 < 2|u^*|$ 时 $u\text{-}c$ 图及波系图

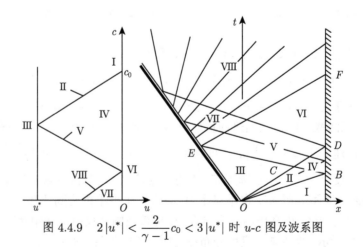

图 4.4.9　$2|u^*| < \dfrac{2}{\gamma-1} c_0 < 3|u^*|$ 时 $u\text{-}c$ 图及波系图

(3) 如果一次稀疏波的作用就达到了使 $c = 0$, 如图 4.4.10 所示, 则不存在后面的相互作用区, 对应了本例的第 (c), (d) 种情况. x-t 平面上波系图见图 4.4.6.

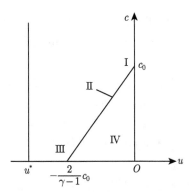

图 4.4.10　$|u^*| > \dfrac{2}{\gamma - 1} c_0$ 时稀疏波反射的 u-c 图

(4) 对于 $\gamma = 3$, x-t 平面上波区分析如图 4.4.11 所示. 各区的状态分布简单分析如下.

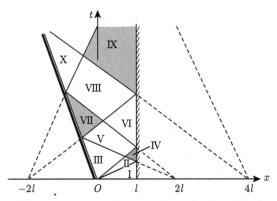

图 4.4.11　$\gamma = 3$ 时稀疏波固壁反射过程波系图

I 区: 常流区, 状态为 $u = 0$, $c = c_0$.

II 区: 简单波区, 状态分布满足 $u + c = \dfrac{x}{t}$, $u - c = -c_0$.

III 区: 常流区, 状态为 $u = u^*$, $c = u^* + c_0$.

IV 区: 波相互作用区, 状态分布满足 $u + c = \dfrac{x}{t}$, $u - c = \dfrac{x - 2l}{t}$.

V 区: 简单波区, 状态分布满足 $u + c = 2u^* + c_0$, $u - c = \dfrac{x - 2l}{t}$.

VI 区: 常流区, 状态为 $u = 0$, $c = 2u^* + c$.

VII 区: 波相互作用区, 状态分布满足 $u - c = \dfrac{x - 2l}{t}$, $u + c = \dfrac{x + 2l}{t}$.

……

从 x-t 图各波区流场分析可见, II 区是中心简单波区, V 区和以后的 VIII 区、XI 区也遵循中心简单波的解, 只不过是发自虚拟点源的中心稀疏波. 一般性规律如下:

① 在固壁第 n 次反射前, $n - 1$ 次反射后的常流区状态如下.

与固壁相邻的常流区: $u = 0$, $c = 2(n-1)u^* + c_0$. (I, VI 区)

与活塞相邻的常流区: $u = u^*$, $c = (2n-1)u^* + c_0$. (III, X 区)

反射多次引起了常流区声速的变化, 当保持声速 $c \geqslant 0$ 时, 声速分别是 c_0, $c_0 + u^*$, $c_0 + 2u^*$, $\cdots$, $c_0 + nu^*$.

② 在固壁上第 n 次反射引起的相互作用区 (IV, IX 区) 中,

$$u - c = \frac{x - 2nl}{t}, \quad u + c = \frac{x + 2(n-1)l}{t},$$

从而 $u = \dfrac{x - l}{t}, c = \dfrac{(2n-1)l}{t}$.

这相当于在 x 轴上不同点发出的两个中心稀疏波的相互作用效果, 其中 C_+ 特征线的发出点为 $x = -2(n-1)l$, $t = 0$, 边界如下.

波头: $\dfrac{\mathrm{d}x}{\mathrm{d}t} = 2(n-1)u^* + c_0$.

波尾: $\dfrac{\mathrm{d}x}{\mathrm{d}t} = 2nu^* + c_0$.

C_- 特征线的发出点为 $x = 2nl$, $t = 0$, 边界方程与上式类似, 斜率反号.

从活塞面第 n 次反射引起的相互作用区 (VII 区) 满足

$$u - c = \frac{x - 2nl}{t}, \quad u + c = \frac{x + 2nl}{t},$$

从而 $u = \dfrac{x}{t}, c = 2n\dfrac{l}{t}$. 也相当于两个中心稀疏波的相互作用. 其中 C_- 特征线发自虚拟点源 $x = 2nl$, $t = 0$, 边界如下.

波头: $\dfrac{\mathrm{d}x}{\mathrm{d}t} = -2(n-1)u^* - c_0$.

波尾: $\dfrac{\mathrm{d}x}{\mathrm{d}t} = -2nu^* - c_0$.

C_+ 特征线的发出点为 $x = -2nl$, $t = 0$, 边界如下.

波头: $\dfrac{\mathrm{d}x}{\mathrm{d}t} = 2nu^* + c_0$.

波尾: $\dfrac{\mathrm{d}x}{\mathrm{d}t} = 2(n+1)u^* + c_0.$

③ 在固壁上第 n 次反射引起的简单波 (V 区) 满足

$$u + c = 2nu^* + c_0,$$
$$u - c = \frac{x - 2nl}{t}.$$

解出为

$$u = \frac{1}{2}\left(2nu^* + c_0 + \frac{x - 2nl}{t}\right),$$
$$c = \frac{1}{2}\left(2nu^* + c_0 - \frac{x - 2nl}{t}\right).$$

第 n 次从活塞面反射引起的简单波 (II, VIII 区) 中有

$$u - c = -2nu^* - c_0,$$
$$u + c = \frac{x + 2nl}{t},$$

解出为

$$u = \frac{1}{2}\left(\frac{x + 2nl}{t} - 2nu^* - c_0\right), \quad c = \frac{1}{2}\left(\frac{x + 2nl}{t} + 2nu^* + c_0\right).$$

4.4.4 高压气体推动刚体运动

例 4.4 高压气体推动固体运动.

问题 假设无限长管道内, 单位截面质量为 M_0 的刚体位于坐标原点, 刚体左端与压力为 p_0 的高压气体相接触, 刚体右侧为真空 (或大气), 如图 4.4.12 所示. 不考虑刚体与管道壁之间的摩擦力, 求刚体的运动轨迹.

分析 记刚体的轨迹 $x = z(t)$. 刚体受高压气体的作用而运动, 同时在气体中引起稀疏波的传播, 在稀疏波中有

$$u + \frac{2}{\gamma - 1}c = \frac{2c_0}{\gamma - 1}.$$

经过 $(z(t), t)$ 点的 C_- 特征线上, 有 $u = z'(t)$, $c = c_0 - z'(t)(\gamma - 1)/2$, 此处 $z'(t)$ 表示对时间求导, 所以在 $(z(t), t)$ 点上的压力为

$$p(z(t), t) = p_0\left[1 - \frac{\gamma - 1}{2c_0}z'(t)\right]^{\frac{2\gamma}{\gamma - 1}}.$$

因此, 刚体 M_0 的运动方程为

$$M_0 z''(t) = p_0 \left(1 - \frac{\gamma - 1}{2c_0} z'(t) \right)^{\frac{2\gamma}{\gamma - 1}}, \qquad (4.4.68)$$

$z''(t)$ 表示对时间的两阶导数. 已知初始条件为 $t = 0$ 时, $z(0) = 0$, $z'(0) = 0$. 求解刚体的运动问题就是解常微分方程 (4.4.68) 的初值问题.

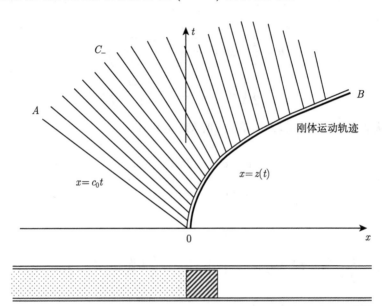

图 4.4.12　高压静止气体推动刚体运动

解　将方程 (4.4.68) 积分得

$$\left[1 - \frac{\gamma - 1}{2c_0} z'(t) \right]^{-\frac{\gamma + 1}{\gamma - 1}} = 1 + \frac{\gamma + 1}{2c_0} \frac{p_0}{M_0} t,$$

据此求得刚体速度随时间的变化

$$z'(t) = \frac{2c_0}{\gamma - 1} \left[1 - \left(1 + \frac{\gamma + 1}{2c_0} \frac{p_0}{M_0} t \right)^{-\frac{\gamma - 1}{\gamma + 1}} \right]. \qquad (4.4.69)$$

再次积分得到刚体位移随时间的变化

$$z(t) = \frac{2c_0}{\gamma - 1} \left\{ t + \frac{c_0 M_0}{p_0} \left[1 - \left(1 + \frac{\gamma + 1}{2c_0} \frac{p_0}{M_0} t \right)^{\frac{2}{\gamma + 1}} \right] \right\}. \qquad (4.4.70)$$

从式 (4.4.69) 可知, 刚体的极限速度为 $2c_0/(\gamma-1)$, 即为气体自由飞散的速度, 并且与刚体的质量 M_0 无关. 将刚体运动的时间用 ξ 表示, 取 ξ 作为特征线的标识, 在简单波区域 AOB 中, 可写出关系式

$$x - z(\xi) = \left[\frac{\gamma+1}{2}z'(\xi) - c_0\right](t-\xi),$$

$$u = z'(\xi), \tag{4.4.71}$$

$$c = c_0 - \frac{\gamma-1}{2}z'(\xi).$$

式中, $z(\xi)$ 为刚体的轨迹, $z'(\xi)$ 为刚体的速度, 也是由 ξ 处发出的 C_- 特征线上的质点速度 u. 从式 (4.4.71) 第一、第二两式中消去 ξ, 可得到速度的时空分布 $u(x, t)$; 由第一、第三两式可求得声速的时空分布 $c(x, t)$.

若在 $x = -l$ 处有固壁. 经 $t_0 = l/c_0$ 时间, 稀疏波波头到达固壁, 见图 4.4.13 所示. 经过 $D(-l, t_0)$ 点的 C_+ 特征线应满足微分方程 $\mathrm{d}x/\mathrm{d}t = u+c$, 或从式 (4.4.71) 对 ξ 求微分得方程

$$2ct_\xi + (c_\xi - u_\xi)t = -\frac{\gamma+1}{2}z''(\xi)\xi - \frac{\gamma-1}{2}z'(\xi) + c_0.$$

或

$$[2c_0 - (\gamma-1)z'(\xi)]t_\xi - \frac{\gamma+1}{2}z''(\xi)t = -\frac{\gamma+1}{2}z''(\xi)\xi - \frac{\gamma-1}{2}z'(\xi) + c_0. \tag{4.4.72}$$

其中

$$z'(\xi) = \frac{2c_0}{\gamma-1}\left[1 - \left(1 + \frac{\gamma+1}{2c_0}\frac{p_0}{M_0}\xi\right)^{-\frac{\gamma-1}{\gamma+1}}\right],$$

$$z''(\xi) = \frac{p_0}{M_0}\left(1 + \frac{\gamma+1}{2c_0}\frac{p_0}{M_0}\xi\right)^{-\frac{2\gamma}{\gamma+1}}.$$

式中 t_ξ, c_ξ 和 u_ξ 的下标表示对 ξ 求导. 把 $z'(\xi)$ 和 $z''(\xi)$ 代入方程 (4.4.72) 得

$$2c_0\left(1 + \frac{\gamma+1}{2c_0}\frac{p_0}{M_0}\xi\right)^{-\frac{\gamma-1}{\gamma+1}}t_\xi - \frac{\gamma+1}{2}\frac{p_0}{M_0}\left(1 + \frac{\gamma+1}{2c_0}\frac{p_0}{M_0}\xi\right)^{-\frac{2\gamma}{\gamma+1}}t$$

$$= -\frac{\gamma+1}{2}\frac{p_0}{M_0}\xi\left(1 + \frac{\gamma+1}{2c_0}\frac{p_0}{M_0}\xi\right)^{-\frac{2\gamma}{\gamma+1}} + c_0\left(1 + \frac{\gamma+1}{2c_0}\frac{p_0}{M_0}\xi\right)^{-\frac{\gamma-1}{\gamma+1}}.$$

化简得

$$2\left(1 + \frac{\gamma+1}{2c_0}\frac{p_0}{M_0}\xi\right)t_\xi - \frac{\gamma+1}{2c_0}\frac{p_0}{M_0}t = 1, \quad t(0) = t_0. \tag{4.4.73}$$

解此微分方程, 得

$$t(\xi) = -\frac{2c_0}{\gamma+1}\frac{M_0}{p_0} + \left(t_0 + \frac{2c_0}{\gamma+1}\frac{M_0}{p_0}\right)\left(1 + \frac{\gamma+1}{2c_0}\frac{p_0}{M_0}\xi\right)^{\frac{1}{2}}. \tag{4.4.74}$$

或

$$\xi = -\frac{2c_0}{\gamma+1}\frac{M_0}{p_0}\left[-1 + \left(\frac{t + \dfrac{2c_0}{\gamma+1}\dfrac{M_0}{p_0}}{t_0 + \dfrac{2c_0}{\gamma+1}\dfrac{M_0}{p_0}}\right)^2\right].$$

联立式 (4.4.74) 和式 (4.4.71) 的第一式, 可得到经过 $(-l, t_0)$ 点的 C_+ 特征线的含参数方程. 从该含参数表达式中消去 ξ, 就得到了经过 $(-l, t_0)$ 的 C_+ 特征曲线的方程:

$$x = \frac{2c_0^2}{\gamma-1}\frac{M_0}{p_0}\left[\frac{-2}{\gamma+1}\left(1-w^2\right) + \left(1 - w^{\frac{4}{\gamma+1}}\right)\right]$$
$$+ c_0\frac{\gamma+1}{\gamma-1}\left[t + \frac{2c_0}{\gamma+1}\frac{M_0}{p_0}\left(1-w^2\right)\right]\left(\frac{2}{\gamma+1} - w^{-2\frac{\gamma-1}{\gamma+1}}\right),$$

化简之得

$$x = \frac{2c_0}{\gamma-1}\left(t - \frac{\gamma+1}{2}t_0 w^{\frac{3-\gamma}{\gamma+1}}\right) + \frac{2c_0^2}{\gamma-1}\frac{M_0}{p_0}\left(1 - w^{\frac{3-\gamma}{\gamma+1}}\right). \tag{4.4.75}$$

其中 $w = \left(t + \dfrac{2c_0}{\gamma+1}\dfrac{M_0}{p_0}\right)\left(t_0 + \dfrac{2c_0}{\gamma+1}\dfrac{M_0}{p_0}\right)^{-1}$. 设此 C_+ 特征线 DE 与刚体的轨迹 $OE(x = z(t))$ 相交于 E 点 (图 4.4.13). 在 E 点 $E(x_1, t_1)$ 处, 方程 (4.4.74) 中的 $t = \xi$, 所以 E 点上

$$\left(1 + \frac{\gamma+1}{2c_0}\frac{p_0}{M_0}t\right) = \left(1 + \frac{\gamma+1}{2c_0}\frac{p_0}{M_0}t_0\right)^2.$$

或有

$$t_1 = 2t_0 + \frac{\gamma+1}{2c_0}\frac{p_0}{M_0}t_0^2, \qquad t_0 = \frac{l}{c_0},$$

$$x_1 = z(t_1) = \frac{2c_0}{\gamma-1}\left\{2t_0 + \frac{\gamma+1}{2c_0}\frac{p_0}{M_0}t_0^2 + \frac{c_0 M_0}{p_0}\left[1 - \left(1 + \frac{\gamma+1}{2c_0}\frac{p_0}{M_0}t_0\right)^{\frac{4}{\gamma+1}}\right]\right\}.$$

$$\tag{4.4.76}$$

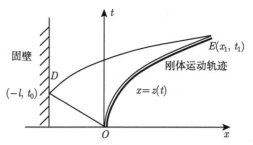

图 4.4.13　流场受到 $x = -l$ 处固壁的影响

有了固壁以后, 刚体的轨迹从 E 点以后与没有固壁的情况有所不同.

设在 $x = -l$ 处有开口, 从 $t = 0$ 起, 在开口处气体自由飞散, 从右向左传播的右行稀疏波波头与从左向右传播的左行稀疏波波头在 $D_1(-l/2, t_0/2)$ 处相遇. 因此自由飞散要影响 E_1 点以后刚体的运动 (图 4.4.14).

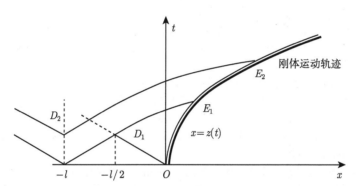

图 4.4.14　流场受到 $x = -l$ 处, 时刻 $t = 0$ 气体自由飞散的影响

如果在 $x = -l$ 处是经过 $\tau(0 \leqslant \tau \leqslant t_0)$ 以后才放出管道中的高压气体, 则两稀疏波的波头相遇于 $D_2\left(-\dfrac{l}{2} - \dfrac{c_0\tau}{2}, \dfrac{\tau}{2} + \dfrac{l}{2c_0}\right)$ 点上, 那么求 E_2 的坐标时, 只要把方程 (4.4.76) 中的 t_0 换成 $(t+\tau)/2$ 即可.

习　题　4

4.1　请给出简单波的定义和性质.

4.2　流体运动在什么情况下会形成简单波, 简单波的波系结构有什么共同特点, 请举例并在 x-t 平面上作图说明.

4.3　稀疏简单波和压缩简单波在正常介质中传播时会有怎样的波系结构? 请作图说明.

4.4　试证向右传播的压缩波赋予流体向右的速度增量. 对右行稀疏波, 左行稀疏波和压缩波导出类似的规律.

　　4.5　一束压缩脉冲使被它扫过的流体速度改变了 3m/s, 试计算 10^5Pa 和温度为 300K 下的空气在经过该脉冲作用后的压力增量.

　　4.6　试研究 $\gamma = 1$ 的多方气体在一维平面等截面管内作非定常、等熵运动的特性, 写出右行简单波区解的表达形式.

　　4.7　针对多方气体, 试推导过右行简单波的压力变化公式如下:

$$p = p_0 \left(1 + \frac{\gamma - 1}{2} \frac{u}{c_0} \right)^{\frac{2\gamma}{\gamma - 1}}.$$

　　4.8　假设完全气体的压力–比容等熵线由一条直线近似代替, 即等熵线方程为

$$p = A + \frac{B}{\rho}.$$

此处 A 和 B 是常数. 对于一维不定常流动,
　　(1) 试求时空平面上特征线、状态平面上特征线的方程;
　　(2) 试证简单波以不变的波形传播的.

　　4.9　Earnshaw Paradox 指出, 只要流体具备一种特殊的压力–密度关系, 一束有限振幅的平面压缩简单波就能以不变的波形传播下去. 为使波能以不变的波形传播, 试确定气体所必须具备的压力–密度关系式的形式.

　　提示: 对于随波一起运动的观察者来说, 运动是定常的.

　　4.10　简单波在正常介质中传播时会发生怎样的波形畸变, 为什么?

　　4.11　中心稀疏波有何特征? 为什么说中心压缩波是不存在的?

　　4.12　试说明流体力学通解与简单波解的关系. 给出一种解析求解流体力学通解的思路, 说明通解的应用背景.

　　4.13　有一根等截面管, 长 3m, 左端封死, 右端用一张纸膜与大气隔开. 管内气体 $\gamma = 3$, 初始压力为 10^5Pa, 温度为 300K, 管外压力为 0.8×10^5Pa. 若纸膜突然破裂, 试给出左端压力与时间的函数关系.

　　4.14　半无限长的刚性等截面直管, 左端有一挡板封闭. 管内有多方气体, 压力为 p_0, 密度为 ρ_0, 质点速度 $u_0 = 0$; 挡板外气体压力为 p_1, 且 $p_1 < p_0$. $t = 0$ 时刻突然抽掉挡板, 求 $t > 0$ 后挡板截面处气体的运动速度和压力, 并给出图示分析.

习题 4.14 图

　　4.15　考察一束简单波, 其波阵面向着静止气体中传播. 试证波后与波前的流体状态之比可以通过波后马赫数 $M = u/c$ 表示如下:

$$\frac{c}{c_0} = \left(\frac{T}{T_0} \right)^{\frac{1}{2}} = \left(\frac{p}{p_0} \right)^{\frac{\gamma - 1}{2\gamma}} = \frac{1}{1 \mp \frac{\gamma - 1}{2} M},$$

此处, "−" 对应于右行波, 下标 0 表示波前静止气体的状态.

4.16　一维管道中有一束稀疏简单波在静止空气 ($\gamma = 1.4$) 中向右传播, 如图所示. 若波后气体以马赫数 1 运动, 试求波后与波前气体的压力比, 并在 x-t 平面上作出波系图, 在图中标出波头和波尾的轨迹方程.

习题 4.16 图

4.17　在右端封闭的刚性管道中充满均匀静止气体, $\gamma = 3$. 活塞 M 初始位于 $x = 0$ 处, 气体区域初始长度为 l. 在 $t = 0$ 时刻活塞开始以速度 $u^*(t)$ 向左运动.

(1) 当 $u^*(\infty) \geqslant -\dfrac{2c_0}{\gamma - 1}$ 时, 对 $u^*(0) = 0$ 的匀加速情况, 在 (x, t) 平面上作出气体运动的各个流场区域, 并分析流场特征, 给出求解思路.

(2) 在 $u^* = \text{const}$ 的情况, 对下列几种情况分别作出 (x, t) 平面上波系结构图, 并分析所产生的稀疏波在具有固壁的管道内来回反射的规律.

① $u^* \leqslant -\dfrac{2c_0}{\gamma - 1}$; ② $-\dfrac{2c_0}{\gamma - 1} < u^* \leqslant -\dfrac{c_0}{\gamma - 1}$;

③ $-\dfrac{c_0}{\gamma - 1} < u^* \leqslant -\dfrac{2}{3}\dfrac{c_0}{\gamma - 1}$; ④ $-\dfrac{2}{3}\dfrac{c_0}{\gamma - 1} < u^* \leqslant -\dfrac{1}{2}\dfrac{c_0}{\gamma - 1}$.

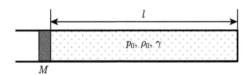

习题 4.17 图

4.18　在长度为 0.9m 的管道内, 空气初始是静止的, 并处在 5×10^5Pa, 600K 的均匀状态下. 管道外的压力为 10^5Pa. 右端挡板于一瞬间打开. 当稀疏波波头到达左端挡板时, 试给出管内的压力与速度分布.

4.19　考察一支步枪的膛内装药爆炸后某一瞬时的情况, 枪管直径为 2.5cm, 长度为 1.25m. 假设装药 (长度为 5cm) 瞬间爆炸, 并且转变成压力为 10^7Pa、温度为 3600K 的气体爆炸产物. 为简化计算, 假设爆炸产物具有空气的属性. 弹丸长度为 5cm, 密度为 6520kg/m^3. 当弹丸加速向右端飞出时, 试计算弹丸的膛口速度 (弹丸右侧的波略去不计).

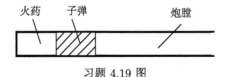

习题 4.19 图

4.20   考察一束在完全气体中向右传播的中心简单波, 变量 V 表示某一流体状态属性 (如对应于流体速度或压力). 试证:

(1) 当追踪某一段波传播过程时, 波形梯度对时间的变化率为

$$\frac{\mathrm{d}}{\mathrm{d}t}\left(\frac{\partial V}{\partial x}\right) = -\frac{\gamma+1}{2}\left(\frac{\partial V}{\partial x}\right)^2.$$

(2) 使波形梯度达到无穷大所需的时间为

$$t = -\frac{2}{\gamma+1}\left/\left.\frac{\partial V}{\partial x}\right|_{t=0}\right.,$$

利用这一结果说明哪种中心简单波的发展不会导致间断现象.

4.21   怎样的简单波会发展成冲击波? 请以质点速度为例写出简单波发展成冲击波时的条件.

第 5 章　冲　击　波

用于连续流动的特征线理论给出了对应时空坐标点上解的唯一确定性, 两条异族特征线相交决定了对应交点处的时空坐标和状态. 在由于压缩作用而产生的运动中, 运动不可能永远是连续的, 因为在这种情况下, 同族特征线是可能相交的. 当有同族特征线相交时, 交点处解的唯一性被破坏, 在同一个时空点上会有不同的状态, 如图 5.1.1 中 x_0 处所示. 特征线理论无法给出合理的说明, 因此连续解已不成立, 求解的方法需要改变.

从现象来说, 该点只能是一个状态突变点, 这种突变在数学上对应了一种间断的概念, 图 5.1.1 中在 x_0 处相当于物理量发生了间断. 回想一下从基本方程组的积分形式导出并讨论间断关系式时, 说明了那些关系式对各种零阶间断 (或强间断) 的适用性, 其中包括冲击波法向间断和物质界面切向间断. 因此在目前的情况下, 可以直接套用间断关系式来求解冲击波间断. 本章聚焦流体运动中的冲击波及其性质, 重点讨论冲击波问题的相关概念、基本理论和求解方法.

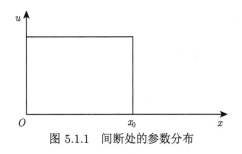

图 5.1.1　间断处的参数分布

5.1　冲击波的概念

从微分方程解的发展引发了间断的分析. 那么, 冲击波是什么? 物理本质上能否与上述数学间断相提并论. 从宏观来讲, 回答是肯定的.

冲击波的概念首先源于实际应用, 它存在于自然现象中. 例如, 炸弹在空气中或在水中爆炸产生的作用以冲击波的形式传播; 两物体相撞 (如陨石坠地) 将产生冲击波在介质中传播等. 冲击波宏观上表现为一个运动着的曲面, 它经过之处, 介质的压力、密度、温度均发生急剧变化. 从微观上来讲, 介质内部原子分子间的相互牵制不允许这种突变的发生, 如果介质不发生物理断裂, 则为了维护其稳定的物理结构, 将本能地抵制分子间状态的差异, 介质的黏性和热传导等输运性质发挥着平缓这些差异的作用. 图 5.1.2 中曲线反映了冲击波阵面内状态的微观分布示意.

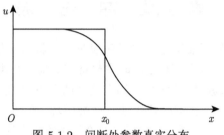

图 5.1.2　间断处参数真实分布

但是当变化来得太快时, 这种能量的输运过程 (或传递过程) 来不及扩展到较远的距离, 只能影响到几个分子间距, 这就造成了状态量在宏观上很小的范围内发生急剧变化的现象. 从流体动力学的研究前提——连续介质假设可知, 几个分子间距 (或分子自由程距离) 在宏观上仍为无限小, 因此从宏观上来看, 这相当于在一个几何位置上的突变. 从这个意义上来讲, 这里的冲击波间断与前面的特征线相交引起的数学间断产生了相同的效果.

在建立冲击波理论的数学模型时, 遇到两个思路:

(a) 是否可以用流体动力学基本方程组来求解这种带有能量耗散结构的冲击波过程 (微观上)?

(b) 是否可以用间断关系式来求解冲击波问题 (宏观上)?

对于第一种思路, 基于基本方程组的宏观连续解显然是不能描述这个过程的, 这在一开始时已作了说明, 原因是出现了多值现象. 若将这些方程组用于微观过程, 并考虑耗散效应, 以及这些效应与压力、温度的关系, 作者认为也是不可以的. 原因是方程组建立于连续介质假设的基础上, 对于微观过程, 连续介质假设是否还适用? 即使可以, 其复杂性也是难以想象的.

对于第二种思路, 从宏观上看, 冲击波也就是一个间断, 这种间断的特点是状态量数值的突变, 带来了高压高温效应, 与刚才特征线相交引起的现象比较, 宏观形态上无本质差别. 我们同时讲到, 在导出间断关系式时, 并无其他前提, 可以适用于任何形式的零阶间断现象, 也同样应该适用于冲击波间断. 那么问题是, 冲击波突变中的耗散如何在间断解中体现呢?

注意到, 以一维问题为例, 若取包含间断面的控制体与外界无热交换 (即绝热过程), 应满足以下能量方程:

$$\frac{\mathrm{d}}{\mathrm{d}t} \int \rho \left(e + \frac{1}{2} u^2 \right) = p_2 u_2 - p_1 u_1,$$

上式中下标 1, 2 分别表示间断前、后的状态, 其导出结果与过间断面的能量方程 (2.4.14) 完全一致, 耗散只发生在间断面上, 与控制体外面无能量交换, 因此不影响控制体内外之间的能量平衡. 但是由于耗散的存在, 外力所做功的一部分转变成了不可逆的热, 这是一个熵增的过程, 即在过冲击波间断时热力学量熵 S 满足关系: $S_2 - S_1 > 0$ 或 $[S] > 0$. 关于冲击波的能量分配, 将在冲击波性质一节 (5.3.3 节) 中加以分析.

19 世纪是基础科学发展最快的时期, 也就是在这个时期, 对上述绝热与非绝热、可逆与不可逆问题的探索和认识经历了逐步深化的历程, 直到 1887 年才由 Hugoniot 确定了冲击波理论, 肯定了冲击波的绝热不可逆过程. 在这个问题上进行过有益工作和有突出贡献的有 Poisson、Stokes、Riemann、Rankine、Hugoniot 等科学家, 有不少流体动力学问题或公式是以这些科学家的名字命名的.

现将全部间断关系式重写如下:

$$M \equiv \rho_1(u_{1n} - D) = \rho_2(u_{2n} - D) \text{ 或 } [\rho(u_n - D)] = 0,$$
$$P \equiv \rho_1(u_{1n} - D)^2 + p_1 = \rho_2(u_{2n} - D)^2 + p_2 \text{ 或 } [\rho(u_n - D)^2 + p] = 0,$$
$$u_{1t} = u_{2t},$$
$$\left[e + \frac{1}{2}(\boldsymbol{u} - D)^2 + \frac{p}{\rho}\right] = 0.$$

本书只考虑一维正冲击波情况, 下面将建立冲击波求解的具体思路和方法.

5.2 冲击波关系式

5.2.1 正冲击波关系式

考虑一维正冲击波, 例如活塞向一维管道中的气体推进引起的冲击波传播, 如图 5.2.1 和图 5.2.2 所示. 若定义 D 为冲击波速度, 波前 (上游) 为相对于波阵面而言, 质点朝向波阵面流动的区域, 以参数 u_0, p_0, ρ_0 表征, 波后 (下游) 为相对于波阵面而言质点穿过波阵面到达的那一边, 以参数 u_1, p_1, ρ_1 表征, 则间断关系式有如下形式:

$$\rho_1(u_1 - D) = \rho_0(u_0 - D),$$
$$\rho_1(u_1 - D)^2 + p_1 = \rho_0(u_0 - D)^2 + p_0,$$
$$u_{0t} = u_{1t} = 0, \tag{5.2.1}$$
$$e_1 + \frac{1}{2}(u_1 - D)^2 + \frac{p_1}{\rho_1} = e_0 + \frac{1}{2}(u_0 - D)^2 + \frac{p_0}{\rho_0}.$$

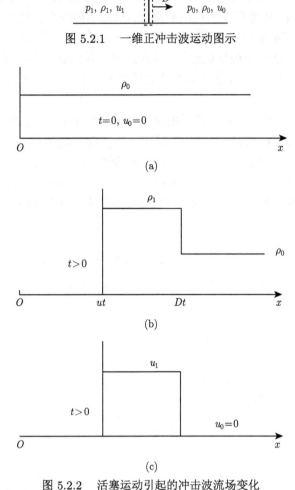

图 5.2.1   一维正冲击波运动图示

图 5.2.2   活塞运动引起的冲击波流场变化

(a) 初始时刻气体密度分布; (b) t 时刻气体密度分布; (c) t 时刻气体质点速度分布

对式 (5.2.1) 简要讨论如下.

1) 关于波的传播速度

式 (5.2.1) 建立在与冲击波一起运动的坐标系中, 式 (5.2.1) 中所有速度项都用 $u - D$ 表征, 其意义为质点相对于波阵面的运动速度. u 和 D 分别为实验室坐标系下的质点速度和冲击波速度, $D - u$ 则为波阵面相对于流体的传播速度, 波相对于波前和波后介质的运动速度不同, 即 $D - u_0 \neq D - u_1$.

与连续流动比较, 在连续流动中特征线为扰动传播的轨迹, 即稀疏波或压缩波的传播轨迹, 轨迹方程为 $\mathrm{d}x/\mathrm{d}t = u \pm c \overset{\Delta}{=} U$. 连续流动中波相对于流体的传播速度为 $U - u = \pm c$, 或者说波相对于流体以当地声速传播.

定义冲击波马赫数, 波前马赫数为 $M = (D - u_0)/c_0$, 波后马赫数为 $M_1 = (D - u_1)/c_1$, 下面将看到 $D - u_0 > U - u_0 = c_0$, 所以 $M > 1$.

冲击波的产生与同族特征线的相交已经联系起来, 同族特征线相交缘于特征线的收聚或追赶的结果. 以向右传播为例, 第一条特征线相对于波前以声速 c_0 传播, 后面的特征线只有以 $U - u_0 > c_0$ 的速度传播才可能造成特征线追赶交汇的现象. 如果由同族特征线相交造成的冲击波速度 $D - u_0$ 不大于 c_0, 则在 $D - u_0 < U - u_0 = c_0$ 之间仍存在追不上第一条特征线的特征线, 这与同族特征线已经相交并造成了相交点处状态量发生间断的现象相矛盾. 所以冲击波相对于波前的传播速度 $D - u_0$ 总是大于 c_0 的, 大得越多, 波越强, 可以用波前马赫数 $M = (D - u_0)/c_0$ 来表征这个强度. 这就是常说的 "冲击波总是以超声速传播" 的现象. 当 $D - u_0 \to c_0$ 时冲击波变弱, 衰减成为声波, 即以声速传播的波又恢复了连续波的特点.

在 $x\text{-}t$ 平面上冲击波传播有如图 5.2.3 所示的图像. 图中给出了冲击波轨迹和特征线轨迹的比较. 在实验室坐标系中, 任一欧拉坐标处的状态由于冲击波的作用而发生变化, 是一个非定常过程, 在以一定速度 D 运动的冲击波阵面上看, 来流总是以 $u_0 - D$ 的速度进入波阵面, 而波后总是以 $u_1 - D$ 的速度离开波阵面, 这时问题变成定常的.

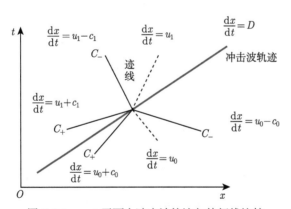

图 5.2.3 $x\text{-}t$ 平面上冲击波轨迹与特征线比较

2) 关于解的唯一确定性

在上述三个间断关系式中, 若已知波前参量 u_0, p_0, ρ_0, e_0, 则有五个量待求: D, u_1, p_1, ρ_1, e_1. 若再给定一个状态方程, 仍需知其中的一个量, 如 D 或波后的一个参量, 才能确定解出所有待求量. 这个过程意味着冲击波作用的效果与冲击波的强弱状态紧密相关, 冲击波强度可以定义为波速 D 或波前后状态的变化, 如 p_1/p_0 等. 由此可见, 对应一个确定的冲击波强度, 求解冲击波过程的方程是封闭的, 冲击波的作用效果是唯一确定的.

3) 关于能量方程

冲击波能量守恒方程表达式为 $\left[e + \dfrac{1}{2}(u-D)^2 + \dfrac{p}{\rho}\right] = 0$, 与伯努利方程 $e +$ $\dfrac{1}{2}u^2 + \dfrac{p}{\rho} = \text{const}$ 在形式上惊人地相似, 而且都是基于能量守恒的原理, 但意义有别. 前者是在与波阵面一起运动的坐标系下建立的公式, 后者是在实验室坐标系下建立的方程, 前者跨间断成立, 后者沿流线成立. 两者的本质区别在于隐含的热力学过程不同, 前者是绝热不可逆过程, 后者是等熵过程, 表现熵增的公式分别是 $i = i_0 + \displaystyle\int_0^1 T\mathrm{d}S + \mathrm{d}p/\rho$ 和 $i = i_0 + \displaystyle\int_0^1 \mathrm{d}p/\rho$.

冲击波关系式的其他形式有

$$\frac{\rho}{\rho_0} = \frac{D - u_0}{D - u},$$
$$p = \rho_0(D - u_0)(u - u_0) + p_0. \tag{5.2.2}$$

$u_0 = 0$, $p_0 = 0$ 时, 动量方程写成 $p = \rho_0 Du$. 动量方程的其他形式有

$$\rho_0(D - u_0)(u - u_0) = p - p_0,$$
$$\rho(D - u)(u - u_0) = p - p_0, \tag{5.2.3}$$

由此导出

$$(D - u_0)(D - u) = \frac{p - p_0}{\rho - \rho_0},$$
$$(u - u_0)^2 = (p - p_0)(\tau_0 - \tau), \tag{5.2.4}$$

$$(D - u_0)^2 = \frac{\rho}{\rho_0}\frac{p - p_0}{\rho - \rho_0} = \tau_0^2\frac{p - p_0}{\tau_0 - \tau},$$
$$(D - u)^2 = \frac{\rho_0}{\rho}\frac{p - p_0}{\rho - \rho_0} = \tau^2\frac{p - p_0}{\tau_0 - \tau}. \tag{5.2.5}$$

在式 (5.2.2) ～ 式 (5.2.5) 中, 用无下标的符号表示波后参数, 以便对冲击波问题作一般性讨论.

式 (5.2.4) 和式 (5.2.5) 中 $\tau = 1/\rho$ 表示比容. 在 p-τ 平面上式 (5.2.5) 是一条以 D 为斜率、连接波前波后状态的直线, 称为 Rayleigh 线. Rayleigh 线方程反映了冲击波运动量与热力学量之间的关系. 当介质的状态方程为正压方程 $p = p(\rho)$ 时, 由以上依赖于质量和动量方程的引申关系式 (5.2.2) ～ 式 (5.2.5) 足以求解冲击波问题.

Hugoniot 线反映了冲击波热力学量与热力学量之间的关系, 又称为冲击绝热线, 由能量方程

$$e - e_0 = \frac{1}{2}(p + p_0)(\tau_0 - \tau) \tag{5.2.6}$$

导出, 其另外的表达形式为

$$i - i_0 = \frac{1}{2}(p - p_0)(\tau_0 - \tau).$$

对于具体介质, 当已知其状态方程 $e(p, \tau)$ 时, 可以将式 (5.2.6) 写成以 (p, τ) 为参量的冲击绝热线方程.

另外, 从基本间断关系式还可导出运动量与运动量之间的关系, 该式将在 5.2.3 节中给出.

无论是向前波还是向后波, 冲击波关系式在形式上是相同的, 差别将反映在速度 u, D 的方向上. 冲击波关系式是联系波前、波后参量的关系式, 这些关系式的意义是: 对应一个波前初态 ρ_0, p_0, 波后的状态 ρ 和 p 有确定值. 但冲击波后的状态不是从 ρ_0, p_0 按照关系式逐渐变化到 ρ, p, 而是以一种跃变方式突变到 ρ, p. 因此这些关系式反映的是状态量, 而不是过程量的联系.

5.2.2 斜击波关系式

非正冲击波情况如图 5.2.4 所示, 这时来流运动速度 $\boldsymbol{q}_0$ 与冲击波速度 $\boldsymbol{D}$ 不平行, 波阵面与来流呈 θ 角, 波后流速 $\boldsymbol{q}_1$ 与波前流速方向的夹角为 β, 这便是斜击波情况 (图 5.2.5). 斜击波是一种更接近实际的情况, 如空中爆炸产生的冲击波在运动流体中传播, 流体运动速度与冲击波传播速度方向可以不平行, 见图 5.2.6; 又如超声速飞机或导弹在空气中运动引起的波系情况, 见图 5.2.7.

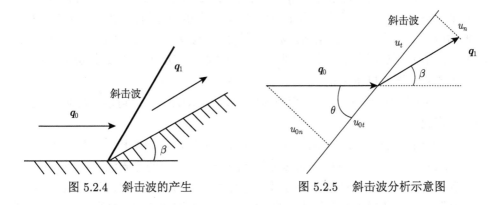

图 5.2.4 斜击波的产生　　　　　图 5.2.5 斜击波分析示意图

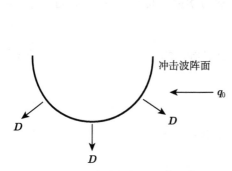

图 5.2.6　空中爆炸球面冲击波

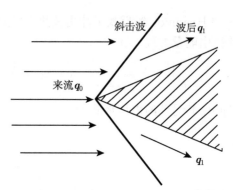

图 5.2.7　绕楔形体的超声速流引起的斜击波

斜击波是一个二维冲击波问题, 在与波阵面一起运动的坐标系中, 波前后的关系式仍可运用原始的间断关系式导出.

如图 5.2.5 中定义波前流速分量为 $u_{0n} = |\boldsymbol{q}_0| \sin\theta$(法向), $u_{0t} = |\boldsymbol{q}_0| \cos\theta$ (切向), 波后流速分量为 $u_n = |\boldsymbol{q}_1| \sin(\theta - \beta)$(法向), $u_t = |\boldsymbol{q}_1| \cos(\theta - \beta)$ (切向), 波前参量用下标 0 标识, 波后参量无下标, 写出波前后参量间断关系式如下.

质量守恒关系: $[\rho(u_n - D)] = 0$;

动量守恒关系: $[\rho(u_n - D)^2 + p] = 0$;

能量守恒关系: $\left[\dfrac{1}{2}(u_n - D)^2 + e + \dfrac{p}{\rho}\right] = 0$;

切向速度连续: $u_t = u_{0t}, |\boldsymbol{q}_1| \cos(\theta - \beta) = |\boldsymbol{q}_0| \cos\theta$.

利用公式 $|\boldsymbol{q}_0|^2 = u_{0n}^2 + u_{0t}^2$, $|\boldsymbol{q}_1|^2 = u_n^2 + u_t^2$ 和 $\tan(\theta - \beta) = u_n/u_t$, 可以实现速度分量之间的转换.

由此可见, 从适当的坐标系来观察, 一个斜击波阵面等价于一个驻定的一维冲击波阵面. 上述公式中待求量有 $\boldsymbol{q}_1, \beta, p, \rho, e, \boldsymbol{D}$ 或 $u_n, u_t, p, \rho, e, \boldsymbol{D}$, 方程四个, 需要一个状态方程和一个冲击波参量 (如 $\boldsymbol{D}$) 即可求出问题的全部解. β 角 (或 θ 角) 也影响着波的作用效果, 讨论斜击波时要将角度与 $\boldsymbol{D}$ 联系起来分析. 当 $\theta = 90°$ 时为正冲击波, 其作用效应最强, 即对应同一个波速 $\boldsymbol{D}$, 正冲击波波后增压最大.

关于斜击波有以下结论:

(a) 斜击波波前流动速度是超声速的, 波后流动速度 $\boldsymbol{q}_1$ 可能是超声速, 也可能是亚声速;

(b) 斜击波的解不唯一, 同样的初边条件下可能出现强解和弱解两个解;

(c) 穿过斜击波时, 流动方向总是朝着冲击波波阵面的方向偏转.

有关斜击波问题的详细分析可以参考有关参考书. 例如, R. 柯朗, K.O. 弗里德里克斯的著作《超声速流与冲击波》(1986), 王继海所著的《二维非定常流和激波》(1994).

5.2.3 多方气体的冲击波关系式

对于多方气体, 状态方程可写为 $e = c_V T = \dfrac{1}{\gamma - 1}p\tau$ 或 $i = c_p T = \dfrac{\gamma}{\gamma - 1}p\tau$, 导出各类冲击波关系式如下.

1. Hugoniot 关系式 (H 线)

将 $e = \dfrac{1}{\gamma - 1}p\tau$ 和 $e - e_0 = \dfrac{1}{2}(p + p_0)(\tau_0 - \tau)$ 联立得出多方气体 H 线关系式

$$\frac{p}{p_0} = \frac{(\gamma + 1)\tau_0 - (\gamma - 1)\tau}{(\gamma + 1)\tau - (\gamma - 1)\tau_0} = \frac{(\gamma + 1)\rho - (\gamma - 1)\rho_0}{(\gamma + 1)\rho_0 - (\gamma - 1)\rho} \tag{5.2.7}$$

或

$$\frac{\rho}{\rho_0} = \frac{(\gamma + 1)p + (\gamma - 1)p_0}{(\gamma - 1)p + (\gamma + 1)p_0}. \tag{5.2.8}$$

2. Rayleigh 线 (R 线)

将式 (5.2.8) 代入 Rayleigh 线公式 (5.2.5) 中, 得到多方气体的 Rayleigh 线公式

$$\begin{aligned}
(D - u_0)^2 &= \frac{\gamma + 1}{2}\tau_0\left(p + \frac{\gamma - 1}{\gamma + 1}p_0\right), \\
(D - u)^2 &= \frac{\gamma + 1}{2}\tau\left(\frac{\gamma - 1}{\gamma + 1}p + p_0\right), \\
(u - u_0)^2 &= \frac{2\tau_0(p - p_0)^2}{(\gamma + 1)p + (\gamma - 1)p_0}.
\end{aligned} \tag{5.2.9}$$

p-τ 平面上 H 线、R 线的图示参见图 5.2.8, 两者的意义分别如下.

H 线: 某一种介质中对应同一初始波前状态, 不同强度的冲击波后的所有可能状态的连线.

R 线: 对应同一初始波前状态, 在某一个冲击波速度作用下, 不同介质中冲击波后所有可能状态的连线. 冲击波后状态 p, ρ 和 D 有一一对应关系.

在冲击波作用下, 介质中的状态沿 R 线从波前状态 (p_0, τ_0) 一步跃变到波后状态 (p, τ). 状态 (p, τ) 是某一冲击波速度对应的 R 线与某种介质 H 线的一个交点. H 线和 R 线除了交于状态 (p, τ) 外, 另一个交点便是波前状态 (p_0, τ_0). H 线和 R 线都是不同冲击波后状态的连线, 而不反映状态的变化过程. 因此, 它们都是状态线, 而不是过程线.

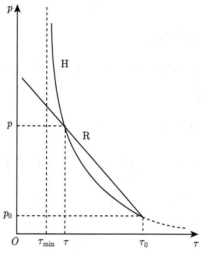

图 5.2.8   冲击波 H 线与 R 线

3. Prandtl 关系式

定义临界声速 $c_* = c = (D-u)$, 对能量方程 $i + \dfrac{1}{2}(D-u)^2 = i_0 + \dfrac{1}{2}(D-u_0)^2 =$ const 进行变换. 对于多方气体有 $i = \dfrac{c^2}{\gamma-1}$, 令方程的常数为对应临界声速的状态, 则

$$\frac{c^2}{\gamma-1} + \frac{1}{2}(D-u)^2 = \frac{c_*^2}{\gamma-1} + \frac{1}{2}c_*^2 = \frac{\gamma+1}{2(\gamma-1)}c_*^2,$$

上式可写成 $\dfrac{2}{\gamma+1}c^2 + \dfrac{\gamma-1}{\gamma+1}(D-u)^2 = c_*^2$ 或 $\dfrac{2\gamma}{\gamma+1}\dfrac{p}{\rho} + \dfrac{\gamma-1}{\gamma+1}(D-u)^2 = c_*^2$. 能量方程因此变为

$$\frac{\gamma-1}{\gamma+1}\left[\rho_i(D-u_i)^2 + p_i\right] + p_i = \rho_i c_*^2, \tag{5.2.10}$$

式中 $i = 0,\ 1$ 分别表示波前、波后的状态. 波前、波后状态对应的方程相减得 $p_1 - p_0 = (\rho_1 - \rho_0)c_*^2$, 或写为

$$c_*^2 = \frac{p - p_0}{\rho - \rho_0},$$

上式与式 (5.2.3) 比较后得

$$(D-u)(D-u_0) = c_*^2. \tag{5.2.11}$$

式 (5.2.11) 即为 Prandtl 关系式, 可理解为冲击波状态运动量与运动量之间的关系. 式中 $c_*^2 = \dfrac{\gamma - 1}{\gamma + 1}(D - u_0)^2 + \dfrac{2}{\gamma + 1}c_0^2$.

4. 以冲击波马赫数为参量 (相当于以 D 为参量) 的冲击波计算公式

定义冲击波马赫数为 $M = \dfrac{D - u_0}{c_0}$, 其中 $c_0^2 = \gamma p_0/\rho_0$, 以 M 为参数的波前后参量关系式如下:

$$
\begin{aligned}
\frac{u - u_0}{c_0} &= \frac{2}{\gamma + 1}\left(M - \frac{1}{M}\right) = \frac{2}{\gamma + 1}\frac{M^2 - 1}{M}, \\
\frac{p - p_0}{p_0} &= \frac{2\gamma}{\gamma + 1}(M^2 - 1), \\
\frac{\rho - \rho_0}{\rho_0} &= \frac{2(M^2 - 1)}{(\gamma - 1)M^2 + 2}.
\end{aligned}
\tag{5.2.12}
$$

公式 (5.2.12) 反映了冲击波前后状态的跃变与冲击波强度 M 的关系.

5. 冲击波前后熵增

运用热力学第一定律 $T\mathrm{d}S = \mathrm{d}e + p\mathrm{d}\tau$ 和状态方程 $e = c_V T, p = A\rho^\gamma$, 求出

$$
S - S_0 = c_V \ln \frac{p\tau^\gamma}{p_0\tau_0^\gamma}.
\tag{5.2.13}
$$

当冲击波波前状态和冲击波强度 (如 M) 已知时, 从式 (5.2.12) 可解出其他波后参量, 从式 (5.2.13) 解出冲击波前后的熵增.

6. 冲击波极限情况

1) 强冲击波近似

以冲击波跃变量 $\dfrac{p - p_0}{p_0}, \dfrac{\rho - \rho_0}{\rho_0}, \dfrac{u - u_0}{c_0}$ 或 $M^2 - 1$ 作为衡量冲击波强度的参量, 当上述各项 $\gg 1$ 时可作强冲击波近似. 比如, $M > 10$ 或 $\dfrac{1}{M} < 0.1$ 时认为冲击波马赫数大于 1 很多, 这时冲击波波后参量由式 (5.2.12) 取极限可表示为

$$
\begin{aligned}
u - u_0 &= \frac{2}{\gamma + 1}(D - u_0), \\
p &= \frac{2\rho_0}{\gamma + 1}(D - u_0)^2, \\
\rho &= \frac{\gamma + 1}{\gamma - 1}\rho_0.
\end{aligned}
\tag{5.2.14}
$$

当 $\gamma = 1.4$ 时, 介质最大压缩比 $\dfrac{\rho}{\rho_0} = 6$.

2) 弱冲击波近似

冲击波跃变量约为零时, $p \approx p_0, \rho \approx \rho_0$ 为弱冲击波情况, 这时 $(D - u_0)^2 \approx \dfrac{\mathrm{d}p}{\mathrm{d}\rho} \approx c_0^2$ 和 $M \approx 1$, 冲击波退化为声波, 即弱冲击波在介质中以声速传播, 冲击波转化为压缩波.

例 5.1　活塞运动引起的冲击波问题求解.

问题　一维无限长管道内有多方气体, 多方指数为 γ, 初始状态是 $p_0, \rho_0, u_0 = 0$. 管道中 $x = 0$ 处有一活塞, 在 $t = 0$ 时刻, 活塞突然向气体中推进, 瞬时达到速度 u_1. 求由此引起的管内流场.

分析　活塞突然向气体中推进, 在气体中引起一束冲击波的传播, 以此冲击波为界将管内流场分为两个部分: 一是冲击波前未扰区或波前流场, 其状态为气体的初始状态 u_0, p_0, ρ_0, 且 $u_0 = 0$; 二是冲击波作用区或波后流场, 其状态为气体受冲击波作用后的状态. 波系分析和状态分布如图 5.2.9 所示. 冲击波后状态 u_1, p_1, ρ_1, c_1 可运用多方气体的冲击波公式直接求解. 由题给出的条件知, 气体初始热力学状态为 p_0, ρ_0, 可求得初始声速 $c_0^2 = \gamma \dfrac{p_0}{\rho_0}$. 又已知活塞速度 u_1, 说明冲击波后的气体质点速度即为 u_1. 先确定冲击波速度 D.

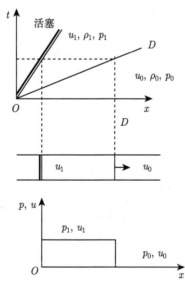

图 5.2.9　一维管道中活塞运动引起的冲击波

解法 1　定义 $M = \dfrac{D - u_0}{c_0}$, 且已知 $u_0 = 0$, 利用式 (5.2.12) 中的多方气体

的质点速度跃变公式求出 M.

$$\frac{u_1 - u_0}{c_0} = \frac{2}{\gamma + 1}\frac{M^2 - 1}{M}.$$

冲击波速度 D 从定义式 $M = \dfrac{D - u_0}{c_0}$ 求出: $D = Mc_0 + u_0$.

解法 2 由下列 Prandtl 关系式 (5.2.11) 可直接解出冲击波速度 D.

$$(D - u_1)(D - u_0) = c_*^2 = \frac{\gamma - 1}{\gamma + 1}(D - u_0)^2 + \frac{2}{\gamma + 1}c_0^2.$$

再通过定义式 $M = \dfrac{D - u_0}{c_0}$ 求出 M.

其他波后物理量, 如压力 p_1、密度 ρ_1 和声速 c_1 分别由公式 (5.2.12) 以 M 为参数求出.

$$\frac{p_1 - p_0}{p_0} = \frac{2\gamma}{\gamma + 1}(M^2 - 1),$$

$$\frac{\rho_1 - \rho_0}{\rho_0} = \frac{2(M^2 - 1)}{(\gamma - 1)M^2 + 2},$$

$$c_1^2 = \gamma\frac{p_1}{\rho_1}.$$

图 5.2.9 中 p-x, u-x 波形给出了流场状态分布示意.

5.2.4 凝聚介质中的冲击波

即使冲击波较弱, 冲击波在凝聚介质中传播引起的压力、比内能等也远大于介质正常状态下的相应值, 这与多方气体大不相同. 因此, 相对而言, 总可以认为正常状态下凝聚介质中 $e_0 = p_0 = 0$ 和 $u_0 = 0$, 这时冲击波关系式可写为

$$\rho(D - u) = \rho_0 D,$$

$$p = \rho_0 D u,$$

$$e = \frac{1}{2}p(\tau_0 - \tau).$$
$$(5.2.15)$$

大多数凝聚介质的冲击波速度 D 与波后质点速度 u 之间存在关系式 $D = c_0 + \lambda u$ (当波前为静止时), 对于有些材料, 这个关系式是二次式. 此关系式的具体形式由冲击波实验测试得到, 称为 D-u 曲线, 也称冲击绝热线. 系数 c_0, λ 由实验确定, c_0 接近正常状态下介质的体声速. 它是对冲击波成立的关系式, 其作用相当于介质状态方程, 因此可以说是冲击波上的状态方程. 说它是状态方程, 是因为

它描述了介质受冲击波作用后状态量之间的联系; 但它不是完全状态方程, 因为它不能反映热力学状态量, 且只在局部成立. 因此, 在求解凝聚介质的冲击波过程时, 仍要与相应的状态方程配合, 以获得流场的其他信息.

1. 波阵面上的关系式

当运用冲击绝热线实验关系式 $D = c_0 + \lambda u$ 时, 定义压缩度 $\eta = \dfrac{\tau_0 - \tau}{\tau_0} = 1 - \rho_0\tau$, 以压缩度为参量, 冲击波后的状态可由以下公式求得.

$$
\begin{aligned}
&\text{冲击波波速} : D = \frac{c_0}{1 - \lambda\eta}, \\
&\text{冲击波后质点速度} : u = \eta D = c_0\eta/(1 - \lambda\eta), \\
&\text{波后压力} : p = \rho_0\eta D^2 = \frac{\rho_0\eta c_0^2}{(1 - \lambda\eta)^2}, \\
&\text{波后比内能} : e = \frac{1}{2}\eta p/\rho_0.
\end{aligned}
\tag{5.2.16}
$$

公式 (5.2.16) 的第一式与 $u = \dfrac{D - c_0}{\lambda}$ 是一致的, 第二式是运用质量守恒公式进行了转换. 如果用下标 H 表示冲击波参数, 从公式 (5.2.16) 第三、第四式导出波后压力和比内能, 即所谓 Hugoniot 压力和 Hugoniot 能量, 分别为

$$
p_{\mathrm{H}} = \frac{c_0^2(\tau_0 - \tau)}{[\tau_0 - \lambda(\tau_0 - \tau)]^2}
\tag{5.2.17}
$$

和

$$
e_{\mathrm{H}} = \frac{1}{2}p_{\mathrm{H}}(\tau_0 - \tau).
\tag{5.2.18}
$$

2. 波后其他热力学量

波后声速是一个重要的热力学量, 因 $c^2 = (\mathrm{d}p/\mathrm{d}\rho)_S$, 所以声速要以波后的状态方程为基础才能求解. 请注意, $\dfrac{\mathrm{d}p_{\mathrm{H}}}{\mathrm{d}\rho}$ 不表示声速. 首先, 因为 $\dfrac{\mathrm{d}p_{\mathrm{H}}}{\mathrm{d}\rho}$ 是 H 线上某点的斜率, H 线不是等熵线; 其次, H 线不是过程线, 线上一组 (p_{H}, ρ) 只反映某一个波后状态, 线上相邻的两个点不反映同一事件, 不能把 H 线上的任意两个状态点作为连续过程来考虑, 因此求导也没有物理意义. 下面推导采用不同状态方程时声速的表达式.

(1) 若用 Grüneisen 状态方程 $p = p_{\mathrm{H}} + \Gamma\rho(e - e_{\mathrm{H}})$ 来描述波后介质, 可由冲击波实验测出冲击波波后参数 p_{H}, e_{H}, 定出此状态方程的具体形式, 进而求得声

速表达式如下:

$$c^2 = \left(\frac{\mathrm{d}p}{\mathrm{d}\rho}\right)_S = -\tau^2\left(\frac{\mathrm{d}p}{\mathrm{d}\tau}\right)_S = -\tau^2\left[\frac{\mathrm{d}p_{\mathrm{H}}}{\mathrm{d}\tau} + (e - e_{\mathrm{H}})\frac{\mathrm{d}\Gamma\rho}{\mathrm{d}\tau} + \Gamma\rho\frac{\mathrm{d}(e - e_{\mathrm{H}})}{\mathrm{d}\tau}\right]_S,$$
(5.2.19)

考虑状态方程 $e - e_{\mathrm{H}} = (p - p_{\mathrm{H}})/(\rho\Gamma)$ 和冲击波能量守恒方程 $e_{\mathrm{H}} = \frac{1}{2}(p_{\mathrm{H}} + p_0)(\tau_0 - \tau)$, 从而 $\frac{\mathrm{d}e_{\mathrm{H}}}{\mathrm{d}\tau} = \frac{1}{2}\frac{\mathrm{d}p_{\mathrm{H}}}{\mathrm{d}\tau}(\tau_0 - \tau) - \frac{1}{2}(p_{\mathrm{H}} + p_0)$, 同时因为 $T\mathrm{d}S = \mathrm{d}e + p\mathrm{d}\tau$, 从而 $\left(\frac{\partial e}{\partial \tau}\right)_S = -p$, 代入式 (5.2.19) 即可求得对应状态 p, τ 的声速 c^2 为

$$c^2 = -\tau^2\frac{\mathrm{d}p_{\mathrm{H}}}{\mathrm{d}\tau}\left(1 - \frac{\Gamma}{\tau}\frac{\tau_0 - \tau}{2}\right) + \tau^2\frac{\Gamma}{\tau}\frac{p_{\mathrm{H}} - p_0}{2} + \tau^2(p - p_{\mathrm{H}})\left[\frac{\Gamma}{\tau} + \frac{\mathrm{d}\ln(\tau/\Gamma)}{\mathrm{d}\tau}\right].$$
(5.2.20)

在此还要注意到, 已运用了 $-\frac{\mathrm{d}\Gamma\rho}{\Gamma\rho} = -\mathrm{d}\ln\Gamma\rho = \mathrm{d}\ln\tau/\Gamma$. 冲击波后有 $p = p_{\mathrm{H}}$, 于是波阵面上声速为

$$c_{\mathrm{H}}^2 = -\tau^2\frac{\mathrm{d}p_{\mathrm{H}}}{\mathrm{d}\tau}\left(1 - \frac{\Gamma}{\tau}\frac{\tau_0 - \tau}{2}\right) + \tau^2\frac{\Gamma}{\tau}\frac{p_{\mathrm{H}} - p_0}{2}.$$
(5.2.21)

等熵线由 $T\mathrm{d}S = \mathrm{d}e + p\mathrm{d}\tau = 0$ 写出为 $e_i - e_{i-1} = -\frac{1}{2}(p_i + p_{i-1})\Delta\tau$, 其中 $\Delta\tau = \tau_i - \tau_{i-1}$, 将 $e_i = (p_i - p_{\mathrm{H}})/(\Gamma\rho)_i + e_{\mathrm{H}}$ 代入上式, 即可得到等熵线方程:

$$p_i = \frac{p_{\mathrm{H}} - (\Gamma/\tau)_i\left(p_{i-1}\dfrac{\Delta\tau}{2} + e_{\mathrm{H}} - e_{i-1}\right)}{1 + \left(\dfrac{\Gamma}{\tau}\right)_i\Delta\tau/2}.$$
(5.2.22)

一个问题是, 在运用 D-u 曲线作为冲击波阵面上的状态方程时, 为什么还需要其他状态方程呢?

一方面, D-u 曲线只在波阵面上适用, 在波阵面上除了三个间断关系式外, 加上 D-u 曲线, 再已知一个波强度参数 (如 D), 就可解出冲击波的所有五个参量 D, p, ρ, e, u, 冲击波阵面上的解也就完全确定了, 这与前面讲的解的确定性是一致的. 但另一方面, 如果还需求解波后其他热力学量, 比如声速 c, 则 c 无法从冲击波 H 线求出. 因为 H 线是非等熵的, 所以必须采用另外的关于热力学量之间的状态方程来建立等熵线, 进而求得其他热力学量. 等熵线 S 与 H 线和 R 线的相互关系如图 5.2.10 所示, 图中直线 KK 表示过 (p_0, τ_0) 点的等熵线 S 的切线. 因

此, 同时采用两个状态方程缘于求解过程两个方面的需要. 从式 (5.2.20) 知, 采用 Grüneisen 状态方程计算其他热力学量时过程比较复杂, 降低计算复杂性的一个途径是采用简化状态方程, 但可能要损失解的准确性.

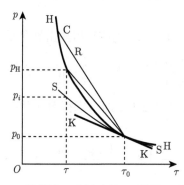

图 5.2.10   等熵线 S 和冲击波 H 线及 R 线的比较

(2) 当采用简化状态方程 $p = c_0^2(\rho - \rho_0) + (\gamma - 1)\rho e$ 时, 冲击波状态量与热力学量的计算公式与多方气体的相应表达式有相似的形式, 这里 c_0 与前面的 c_0 意义一致. 运用此状态方程和冲击波关系式, 冲击波比内能可以写成下列等式:

$$e = \frac{p\tau}{\gamma - 1} - \frac{c_0^2}{\gamma - 1}\left(1 - \frac{\tau}{\tau_0}\right) \underset{\text{冲击波上}}{=\!=\!=} \frac{1}{2}p(\tau_0 - \tau),$$

此方程导出

$$\frac{\rho}{\rho_0} = \frac{(\gamma + 1)p + 2\rho_0 c_0^2}{(\gamma - 1)p + 2\rho_0 c_0^2}$$

或

$$p = \frac{2\rho_0 c_0^2(\rho - \rho_0)}{(\gamma + 1)\rho_0 - (\gamma - 1)\rho} = \frac{2\rho_0 c_0^2(\tau_0 - \tau)}{(\gamma + 1)\tau - (\gamma - 1)\tau_0}, \qquad (5.2.23)$$

式 (5.2.23) 即为冲击波 H 线方程. 这里 γ 与多方气体的多方指数不是一个概念, 而且已考虑了凝聚介质的冲击波响应行为, 即使 $p \gg p_0$, 取 $u_0 = 0$, $p_0 = 0$. 式 (5.2.23) 与多方气体的相应公式

$$\frac{\rho}{\rho_0} = \frac{(\gamma + 1)p + (\gamma - 1)p_0}{(\gamma - 1)p + (\gamma + 1)p_0},$$
$$\frac{p}{p_0} = \frac{(\gamma + 1)\tau_0 - (\gamma - 1)\tau}{(\gamma + 1)\tau - (\gamma - 1)\tau_0} = \frac{(\gamma + 1)\rho - (\gamma - 1)\rho_0}{(\gamma + 1)\rho_0 - (\gamma - 1)\rho}, \qquad (5.2.24)$$

比较表明, 式 (5.2.23) 和式 (5.2.24) 两者在形式上有许多相似之处, 同时有些性质也相同, 例如, $p \to \infty$ 时, $\rho/\rho_0 = (\gamma + 1)/(\gamma - 1)$.

若定义 $M = D/c_0$, 冲击波后的状态遵循如下关系式:

$$\frac{u}{c_0} = \frac{2}{\gamma+1}\left(M - \frac{1}{M}\right),$$

$$\frac{\rho}{\rho_0} = \frac{(\gamma+1)M^2}{(\gamma-1)M^2+2}, \quad \text{或写成} \quad \frac{\rho-\rho_0}{\rho_0} = \frac{2(M^2-1)}{(\gamma-1)M^2+2}, \qquad (5.2.25)$$

$$\frac{p}{p_*} = \frac{2}{\gamma+1}(M^2-1).$$

此处 $p_* = \rho_0 c_0^2$ 为特征压力, 与多方气体的相应关系式 (5.2.12) 很相似, 只有 p_* 与 p_0 和取 $u_0 = 0$ 的差别.

注意到 $-p = \left(\dfrac{\mathrm{d}e}{\mathrm{d}\tau}\right)_S$, 由式 (2.2.49), 声速表示为

$$c^2 = \left(\frac{\mathrm{d}p}{\mathrm{d}\rho}\right)_S = \gamma\frac{p}{\rho} + \frac{\rho_0 c_0^2}{\rho}, \qquad (5.2.26)$$

因为波阵面上 $\left(\dfrac{c_\mathrm{H}}{c_0}\right)^2 = \dfrac{\gamma p + \rho_0 c_0^2}{\rho c_0^2} = \left(\dfrac{\gamma p}{p_*} + 1\right)\dfrac{\rho_0}{\rho}$, 所以波后声速表示为

$$\left(\frac{c_\mathrm{H}}{c_0}\right)^2 = \left[\frac{2\gamma(M^2-1)}{\gamma+1} + 1\right]\frac{(\gamma-1)M^2+2}{(\gamma+1)M^2}. \qquad (5.2.27)$$

(3) 对于凝聚介质, 简化状态方程 $p = c_0^2(\rho - \rho_0) + (\gamma-1)\rho e$ 反映了介质状态量之间的关系; 同时, 在 H 线上或在冲击波阵面上, 关系式 $D = c_0 + \lambda u$ 成立. D-u 曲线为实验关系式, 而状态方程出自理论假设, 因为它们描述同一种介质, 应该是相容的. 因此, 状态方程中的系数与实验数据应该相容, 两个方程的系数之间应该存在联系. 注意到由 $D = c_0 + \lambda u$ 导出的 p_H 公式 (5.2.17) 与式 (5.2.23) 应该一致, 即

$$\frac{c_0^2(\tau_0 - \tau)}{[\tau_0 - \lambda(\tau_0 - \tau)]^2} = \frac{2\rho_0 c_0^2(\tau_0 - \tau)}{(\gamma+1)\tau - (\gamma-1)\tau_0},$$

因此有 $(\gamma+1)\tau - (\gamma-1)\tau_0 = 2\rho_0\left[\tau_0 - \lambda(\tau_0 - \tau)\right]^2$, 由此解出

$$\gamma = 4\lambda - 2\left(1 - \frac{\rho_0}{\rho}\right)\lambda^2 - 1, \qquad (5.2.28)$$

说明 γ 与状态量 ρ 有关, 是变化的, 且依赖于 λ, 这是此处 γ 不同于多方气体 γ 的地方. λ 为实验测定值, 因此从冲击波实验可以定出简化状态方程的系数, 得到该状态方程的具体形式.

进一步分析 γ 与冲击波状态量的关系. 式 (5.2.28) 中用 D 或 M 代替 $1-\rho_0/\rho$ 得

$$\gamma = 2\lambda\left(1+\frac{c_0}{D}\right)-1 = 2\lambda\left(1+\frac{1}{M}\right)-1. \tag{5.2.29}$$

式 (5.2.29) 说明, γ 不是常数. 当 γ 取常数时导出的 D-u 曲线与实验关系式有偏差, 与实际不符. 但在冲击波压力为 20GPa 上下时, γ 取常数引起的偏差较小; 在较低压力下, 由 γ 为常数导出的 D-u 曲线与实测曲线相差较大, 约为 10%, 但对 p, ρ 的计算结果偏差不大. 所以在实际工作中, 常取 γ 为常数, 并认为状态方程与 D-u 曲线是相容的. 于是, 可以从 D-u 曲线导出的冲击波关系式求波阵面上的状态, 由状态方程求其他热力学参量, 忽略两者之间的差别, 这比用 Grüneisen 状态方程进行计算要方便.

几种特殊情况对应的 γ 的取值如下:

(a) 当 $\rho \to \rho_0$ 取极限时, $\gamma = \gamma_{\max} = 4\lambda - 1$;

(b) 当 $\rho_{\max} = \dfrac{\gamma+1}{\gamma-1}\rho_0$ 时, 为强冲击波近似, $\gamma = \gamma_{\min} = 2\lambda - 1$;

(c) 当 $\rho \to \rho_0$ 为弱冲击波近似时, 一般有 $\lambda = \dfrac{(\gamma+1)^2}{4\gamma}$, 或写为

$$\gamma = 2\lambda - 1 + \sqrt{(2\lambda-1)^2 - 1}.$$

上式说明, 当冲击波不太强时, γ 近似为常数, 与 ρ 无关.

由此知, γ 的取值范围为 $2\lambda - 1 < \gamma < 4\lambda - 1$, 一般 λ 大约为 1.5, 所以 $2 < \gamma < 5$. 几种典型材料的 D-u 曲线分别如下: 铜, $D = 3.96 + 1.5u$; 铁, $D = 3.574 + 1.92u$; 铝, $D = 5.25 + 1.39u$. 公式中单位为 km/s.

例 5.2 平面飞片撞靶问题.

问题 一半无限厚平面飞片以速度 w 撞击一半无限厚平面靶板, 已知飞片和靶板的材料, 且飞片和靶板原本都处于自由状态, 即不受任何载荷, 求撞击后碰撞面上的状态.

分析 撞击引起两个冲击波分别向飞片和靶板中传播, 冲击波的加载使在飞片与靶板的界面上达到新的力学平衡. 飞片与靶板的界面以当地质点速度运动. x-t 平面上波系分析如图 5.2.11 所示. 图中还给出了各区状态参量的标注. 根据题意, 假定飞片和靶板中的初始状态分别为 $u_0 = w$, $p_0 = 0$, ρ_0 和 $u_0' = 0$, $p_0' = 0$, ρ_0', 靶板中的状态用 "$'$" 号标记. 因为是凝聚介质, 所以对飞片和靶板都运用凝聚介质冲击绝热线关系式 $D = c_0 + \lambda u$.

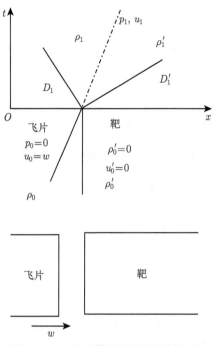

图 5.2.11　飞片撞靶问题波传播示意

解　首先, 对飞片中左行冲击波波后状态 u_1, p_1 进行计算, 根据题意知, 飞片的初始状态为 $u_0 = w$, $p_0 = 0$, ρ_0, 在飞片中产生左行波, 运用冲击波间断关系式

$$p_1 - p_0 = \rho_0(D_1 - w)(u_1 - w) \tag{5.2.30}$$

和凝聚介质冲击绝热线关系式

$$D_1 - w = -c_{01} + \lambda_1(u_1 - w), \tag{5.2.31}$$

波后的状态 u_1, p_1 可以求出.

上面式 (5.2.31) 已考虑了左行冲击波的特点, 对冲击绝热线的表达式进行了修正.

靶板中右行冲击波波后状态 u_1', p_1' 计算如下. 根据题意, 靶板的初始状态为 $u_0' = 0$, $p_0' = 0$, ρ_0', 写出右行冲击波相应计算公式如下:

$$p_1' = \rho_0' D_1' u_1', \tag{5.2.32}$$

$$D_1' = c_0' + \lambda' u_1'. \tag{5.2.33}$$

相互作用区中力学平衡条件为

$$u_1 = u_1', \tag{5.2.34}$$

$$p_1 = p_1'. \tag{5.2.35}$$

由式 (5.2.30) ~ 式 (5.2.35) 联立可求出六个未知数 $u_1, u_1', p_1, p_1', D_1, D_1'$.

波后密度 ρ_1 和 ρ_1' 分别由 $\rho_1(D_1 - u_1) = \rho_0 (D_1 - w)$ 和 $\rho_1' (D_1' - u_1') = \rho_0' D_1'$ 求得. ρ_1 和 ρ_1' 不一定相等, 这时波相互作用区中存在接触间断 (图 5.2.11 中点划线所示), 间断面以当地质点速度运动, 并遵守力学平衡, 接触间断两边区域的声速分别通过各自的状态方程求得. 例如, 运用简化状态方程求解波后声速的公式是 $c^2 = \gamma \dfrac{p}{\rho} + \dfrac{\rho_0 c_0^2}{\rho}$. 至此, 新的力学平衡区参数全部得出.

如果飞片和靶板是同一种材料, 称为对称碰撞, 撞击后碰撞面上的状态将为

$$u_1 = u_1' = w/2, \quad p = p_1' = \rho_0' D_1' u_1', \quad D_1' = -(D_1 - w).$$

$$M_1 = \frac{|D_1 - w|}{c_0}, \quad M_1' = \frac{D_1'}{c_0'}.$$

下面列举几个具体实例.

(1) 假定飞片和靶板同是铁介质, 且 $w = 1000\text{m/s}$, 铁的冲击绝热关系式取 $D_1 = 3800 + 1.58u_1$, 密度 $\rho_0 = 7.85\text{g/cm}^3$, $\gamma = 4$. 求出 $u_1 = 500\text{m/s}$, 碰撞后状态为 $p_1 = 18\text{GPa}$, $\rho_1 = 8.81\text{g/cm}^3$, $D_1' = 4.59\text{km/s}$, $D_1 - w = -4.59\text{km/s}$, $M_1 = M_1' = 1.21$, $c_1 = 5.19\text{km/s}$.

(2) 假定飞片和靶板同是铝介质, 且 $w = 1000\text{m/s}$, 铝的冲击绝热关系式 $D_1 = 5250 + 1.39u_1$, 密度 $\rho_0 = 2.785\text{g/cm}^3$. 求出 $u_1 = 500\text{m/s}$, 碰撞后状态为 $p_1 = 8.28\text{GPa}$, $\rho_1 = 3.04\text{g/cm}^3$, $D_1' = 5.945\text{km/s}$, $D_1 - w = -5.945\text{km/s}$, $M_1 = M_1' = 1.13$.

(3) 假定飞片和靶板都是铜介质, 且 $w = 1000\text{m/s}$, 铜的冲击绝热关系式 $D_1 = 5250 + 1.39u_1$, 密度 $\rho_0 = 8.9\text{g/cm}^3$. 求出 $u_1 = 500\text{m/s}$, 碰撞后状态为 $p_1 = 21\text{GPa}$, $\rho_1 = 9.96\text{g/cm}^3$, $D_1' = 4.71\text{km/s}$, $D_1 - w = -4.71\text{km/s}$, $M_1 = M_1' = 1.19$.

上述例子为我们展示了凝聚介质中冲击波作用效果的量值大小的概念, 可见在这种撞击条件下波后压力值都在 10GPa 左右, 远大于常态下的环境压力值. 因此, 撞击实验常用来产生高压, 用于模拟动态高压过程, 以研究材料的动高压特性. 另外, 压力值的大小与介质密度关系密切, 可以推知, 气体中的冲击波后压力要小得多.

如果飞片和靶板的厚度有限, 需要考虑由于介质界面和自由面的存在, 波在介质中的来回反射, 情况如图 5.2.11 中左边虚线所示, 这时要考虑波的相互作用问题. 其中介质再次受到冲击波作用的情况即所谓二次冲击问题.

5.2.5 二次冲击波关系式

当冲击波的波前状态不是静止的, 而是受一次冲击波压缩后的状态 p_1, ρ_1, u_1, 且 $u_1 \neq 0$, $p_1 \neq 0$, $e_1 \neq 0$, 相当于冲击波向已受到冲击波压缩的介质中推进, 即二次冲击过程. 二次冲击波的实际情况如图 5.2.12 所示. 这时仍可运用间断关系式, 所不同的是将原先用 0 为下标表示的波前参量用 1 为下标的相应参量代替, 波后的状态量以 2 为下标表示即可. 比较下列关系式.

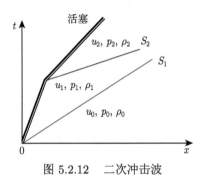

图 5.2.12　二次冲击波

一次冲击波关系式

$$\rho_1(D_1 - u_1) = \rho_0 D,$$
$$p_1 = \rho_0 D_1 u_1,$$
$$e_1 = \frac{1}{2}p_1(\tau_0 - \tau_1).$$

二次冲击波关系式

$$\rho_2(D_2 - u_2) = \rho_1(D_2 - u_1),$$
$$\rho_2(D_2 - u_2)^2 + p_2 = \rho_1(D_2 - u_1)^2 + p_1, \tag{5.2.36}$$
$$e_2 + \frac{p_2}{\rho_2} + \frac{1}{2}(D_2 - u_2)^2 = e_1 + \frac{p_1}{\rho_1} + \frac{1}{2}(D_2 - u_1)^2.$$

二次冲击波 H 线方程因此写为

$$e_2 - e_1 = \frac{1}{2}(p_2 + p_1)(\tau_1 - \tau_2). \tag{5.2.37}$$

这时, e_1, ρ_1, p_1, u_1 均不能忽略.

利用 Grüneisen 状态方程 $p - p_H = \rho \Gamma (e - e_H)$, 二次冲击波 H 线写为

$$p_2 = \frac{p_H - (\Gamma/\tau)_2 \left[(p_H - p_1)(\tau_0 - \tau_2)/2\right]}{1 - (\Gamma/\tau)_2 (\tau_1 - \tau_2)/2}.$$

式中, p_H 是第一次冲击波的 H 线在 $\tau = \tau_2$ 时对应的压力, 参量下标标注参见图 5.2.13.

利用简化的状态方程可得二次冲击波 H 线的具体形式:

$$\begin{aligned}
\frac{p_2}{p_1} &= \frac{(\gamma+1)\rho_2 - (\gamma-1)\rho_1 + 2\rho_0 c_0^2(\rho_2 - \rho_0)/p_1}{(\gamma+1)\rho_1 - (\gamma-1)\rho_2}, \\
\frac{p_2}{p_1} &= \frac{(\gamma+1)\tau_1 - (\gamma-1)\tau_2 + 2\rho_0 c_0^2(\tau_1 - \tau_2)/p_1}{(\gamma+1)\tau_2 - (\gamma-1)\tau_1}, \qquad (5.2.38) \\
\frac{\rho_2}{\rho_1} &= \frac{(\gamma+1)p_2 - (\gamma-1)p_1 + 2\rho_0 c_0^2}{(\gamma-1)p_2 - (\gamma+1)p_1 + 2\rho_0 c_0^2}.
\end{aligned}$$

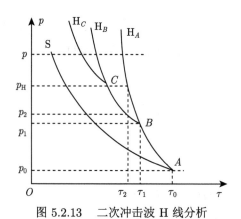

图 5.2.13   二次冲击波 H 线分析

分析上式知, $\dfrac{\rho_1}{\rho_0} = \dfrac{\gamma+1}{\gamma-1}$ 为一次压缩极限, 多次极限为 $\dfrac{\rho_n}{\rho_0} = \left(\dfrac{\gamma+1}{\gamma-1}\right)^n$, 显然, 因为 $\dfrac{\gamma+1}{\gamma-1} > 1$, 所以 $\dfrac{\rho_n}{\rho_0} > \dfrac{\rho_1}{\rho_0}$. 由此推知, 达到相同的波后压力, 二次 (或多次) 冲击波压缩的效率高于一次冲击波压缩的效率; 或者, 达到同样的压缩度, 经过二次冲击需要的压力小于一次冲击需要的压力. 在 p-τ 平面上, 二次冲击波 H 线与一次冲击波 H 线的比较如图 5.2.13 所示, 明显的特征是二次冲击波 H 线在一次冲击波 H 线的下方.

事实上, 二次冲击波的求解可分两次进行, 先从 0→1, 再从 1→2. 针对简化状态方程求解波后状态的关系式如下:

$$p_2 = \frac{2}{\gamma+1}\rho_1\left[(D_2 - u_1)^2 - c_1^2\right] + p_1,$$

$$\rho_2 = \frac{\gamma+1}{\gamma-1}\rho_1\left[1 + \frac{2}{\gamma-1}\frac{c_1^2}{(D_2-u_1)^2}\right]^{-1}, \qquad (5.2.39)$$

$$u_2 = \frac{2}{\gamma+1}\left[(D_2 - u_1) - \frac{c_1^2}{D_2 - u_1}\right] + u_1.$$

定义 $M_2 = \dfrac{D_2 - u_1}{c_1}$, $M_1 = \dfrac{D_1 - u_0}{c_0}$ 和 $p_* = \rho_0 c_0^2$, 还可以写出其他形式的关系式如下:

$$\frac{p_2}{p_*} = \frac{2}{\gamma+1}\left(\frac{\rho_1}{\rho_0}M_2^2 - \frac{\rho_0}{\rho_1}M_1^2\right) = \frac{2}{\gamma+1}\left(\frac{\rho_1}{\rho_0}M_2^2 - 1\right) - \frac{\gamma-1}{\gamma+1}\frac{p_1}{p_*},$$

$$\frac{p_2}{p_1} = \left(\frac{\rho_1}{\rho_0}M_2^2 - \frac{\rho_0}{\rho_1}M_1^2\right)\Big/(M_1^2 - 1). \qquad (5.2.40)$$

求解第一个波应有一个冲击波参数 (如 D_1) 作为定解条件, 对于第二个波求解仍需一个冲击波参数作为定解条件, 这与一次冲击波的求解方法是一样的.

本节最后归纳认识两个现象:

(a) 二次冲击波 H 线在一次冲击波 H 线之下, 如图 5.2.13 所示;

(b) 关于 D-u 曲线的运用.

若利用实验关系式 $D = c_0 + \lambda u$, 一般情形下, 相对于运动介质传播的冲击波实验关系式是 $D - u_0 = c_0 + \lambda(u - u_0)$, 这时 $u_0 \neq 0$. 因此, 二次冲击波的相应关系应写为

$$\begin{aligned}
&\text{右行冲击波}: D - u_1 = c_0 + \lambda(u_2 - u_1); \\
&\text{左行冲击波}: D - u_1 = -c_0 + \lambda(u_2 - u_1).
\end{aligned} \qquad (5.2.41)$$

对于右行波与左行波, 由于涉及波传播引起的运动方向性, u, D 是有正负符号的量, 而 c_0 总为正, 所以表达式 (5.2.41) 的两式存在差别, 这个差别如同第 4 章中右行、左行特征线 $\dfrac{\mathrm{d}x}{\mathrm{d}t} = u \pm c$ 的 "+" "−" 之别. 但间断关系式本身是关于间断两边状态的联系, 故形式上不因波的右行与左行而变化, 方向的变化将反映在 u, D 的符号上.

5.3　冲击波的基本性质

5.3.1　Hugoniot 线和 Rayleigh 线

连续波问题要认识特征线及其性质, 冲击波问题要认识 R(Rayleigh) 线、H(Hugoniot) 线和 S 线 (等熵线) 及其性质. R 线、H 线和 S 线以及它们之间的相互关系集中反映出冲击波的基本性质.

1. R 线, H 线, S 线

1) R 线

R 线的一般形式有

$$(D - u_0)^2 = \tau_0^2 \frac{p - p_0}{\tau_0 - \tau},\qquad (5.3.1)$$

或写为

$$p - p_0 = \frac{D^2}{\tau_0}(\tau_0 - \tau),$$

此处, 不失一般性已假设 $u_0 = 0$. 对于给定波速 D, 在 $p\text{-}\tau$ 平面上 R 线为一条斜率正比于冲击波速度的直线, 如图 5.3.1 中直线 AB. 若 D 增加, 则直线变陡, 如图 5.3.1 中 AC 线. R 线与介质性质无关, 对于相同的初态 (p_0, τ_0), 波速为 D 的所有可能的冲击波后状态一定落在此线上. 所以, R 线是不同介质中, 以 (p_0, τ_0) 为波前, 同一冲击波速度对应的所有波后状态的连线.

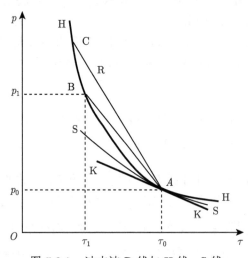

图 5.3.1　冲击波 R 线与 H 线、S 线

2) H 线

H 线的一般形式由能量守恒方程与状态方程相结合导出. 状态方程不同, H 线的形式也不同. 例如,

多方气体 H 线为

$$\frac{p}{p_0} = \frac{(\gamma+1)\tau_0 - (\gamma-1)\tau}{(\gamma+1)\tau - (\gamma-1)\tau_0}. \tag{5.3.2}$$

凝聚介质采用简化状态方程时, H 线为

$$\frac{p}{p_*} = \frac{2(\tau_0 - \tau)}{(\gamma+1)\tau - (\gamma-1)\tau_0}, \tag{5.3.3}$$

式 (5.3.3) 中 $p_* = \rho_0 c_0^2$.

H 线有以下特征.

(a) 从关系式 (5.3.2) 和 (5.3.3) 知, $\frac{\mathrm{d}p}{\mathrm{d}\tau} < 0, \frac{\mathrm{d}^2 p}{\mathrm{d}\tau^2} > 0$, 说明在 p-τ 平面上, H 线为一条通过初态点 (p_0, τ_0) 的向下凹的曲线, 位于 R 线下方, 如图 5.3.1 所示. 不同初态对应不同 H 线, 不同的介质 H 线不同. 所以, H 线是同一介质中, 以 (p_0, τ_0) 为波前, 不同强度冲击波作用下所有可能波后状态的连线.

H 线与 R 线的交点对应了这种介质在以 D 运动的冲击波作用后的状态. 对于给定初态 (p_0, τ_0), R 线因 D 而变化, H 线因介质而变化. 一个定常冲击波只可能有一个波速, 波前、后状态量发生跃变, 因此, 状态变化不是沿 H 线从 (p_0, τ_0) 逐渐变化到波后状态, 例如 (p_1, τ_1), 而是沿 R 线从初态 (p_0, τ_0) 跳变到 (p_1, τ_1).

(b) H 线存在渐近线, 当 $p \to \infty$ 时, $\tau \to \tau_{\min}$, $\tau_{\min} = \tau_0 \dfrac{\gamma-1}{\gamma+1}$ 对应了最大压缩度, 如图 5.2.8 所示.

(c) H 线的范围为 $p \in (0, \infty), \tau \in (\tau_{\min}, \tau_{\max})$.

对于多方气体, $\tau_{\min} = \tau_0 \dfrac{\gamma-1}{\gamma+1}$, $\tau_{\max} = \dfrac{\gamma+1}{\gamma-1}\tau_0$.

对于凝聚介质, $\tau_{\min} = \tau_0 \dfrac{\gamma-1}{\gamma+1}$, $\tau_{\max} = \tau_0$.

3) S 线 (等熵线)

对于我们所构造的状态方程, 已经假定当 $p = g(S, \tau)$ 时, 等熵线满足

$$(\partial g/\partial \tau)_S < 0, (\partial^2 g/\partial \tau^2)_S > 0 \text{ 和 } (\partial g/\partial S)_\tau > 0, (\partial g/\partial \tau)_S = -\rho^2 c^2.$$

这些性质使得冲击波只能是压缩冲击波, (p_1, τ_1) 在 (p_0, τ_0) 的上方. 对于正常介质, 这些假设是严格成立的; 对于非正常介质, 如初始孔隙率很大的多孔介质, 可能出现不同的现象, 本书不讨论非正常介质.

2. R 线上熵的变化

定理 1 若 $p = g(S, \tau)$ 满足条件 $g_\tau < 0, g_{\tau\tau} > 0, g_S > 0$, 则沿 R 线熵 S 最多只有一个极大值. 此处下标表示求偏导.

证明 Rayleigh 方程和等熵线方程分别写为

$$
\begin{aligned}
p_{\mathrm{R}} &= p_0 + \alpha(\tau - \tau_0), \alpha = -D^2/\tau_0^2, \\
p_S &= g(S, \tau).
\end{aligned}
\tag{5.3.4}
$$

熵沿 R 线发生变化, R 线上每一点都有等熵线通过, 每一点的状态 (p, τ) 既满足等熵线又满足 R 线方程. 于是, 令式 (5.3.4) 中 $p_S = p_{\mathrm{R}}$, 并对等式两边分别求微分得到 $g_S \mathrm{d}S + g_\tau \mathrm{d}\tau = \alpha \mathrm{d}\tau$, 解出

$$
\frac{\mathrm{d}S}{\mathrm{d}\tau} = \frac{\alpha - g_\tau}{g_S}.
\tag{5.3.5}
$$

将上式代入 $\dfrac{\mathrm{d}^2 S}{\mathrm{d}\tau^2} = \dfrac{\mathrm{d}}{\mathrm{d}\tau}\left(\dfrac{\mathrm{d}S}{\mathrm{d}\tau}\right) = \dfrac{\partial}{\partial \tau}\left(\dfrac{\mathrm{d}S}{\mathrm{d}\tau}\right) + \dfrac{\partial}{\partial S}\left(\dfrac{\mathrm{d}S}{\mathrm{d}\tau}\right)\dfrac{\mathrm{d}S}{\mathrm{d}\tau}$, 解出

$$
\frac{\mathrm{d}^2 S}{\mathrm{d}\tau^2} = -\frac{g_{\tau\tau}}{g_S} - 2\frac{g_{\tau S}}{g_S}\frac{\mathrm{d}S}{\mathrm{d}\tau} - \frac{g_{SS}}{g_S}\left(\frac{\mathrm{d}S}{\mathrm{d}\tau}\right)^2.
\tag{5.3.6}
$$

如果熵 S 在 R 线上取极值, 则从式 (5.3.5) 和式 (5.3.6) 解出极值点处应满足关系式

$$
\frac{\mathrm{d}S}{\mathrm{d}\tau} = 0 \text{ 和 } \frac{\mathrm{d}S^2}{\mathrm{d}\tau^2} = -\frac{g_{\tau\tau}}{g_S},
\tag{5.3.7}
$$

考虑到状态方程的性质 $g_\tau < 0, g_{\tau\tau} > 0, g_S > 0$, 以及 $\alpha < 0$, 式 (5.3.5) 说明 $\dfrac{\mathrm{d}S}{\mathrm{d}\tau} = 0$ 是可能存在的, 且在极值点处有

$$
\frac{\mathrm{d}^2 S}{\mathrm{d}\tau^2} < 0.
\tag{5.3.8}
$$

式 (5.3.7) 和式 (5.3.8) 说明熵 S 在 R 线上有极值且为极大值; 熵 S 在 R 线上不可能是常数, 否则在 R 线上将有一段存在 $\dfrac{\mathrm{d}^2 S}{\mathrm{d}\tau^2} = 0$ 的情况, 但式 (5.3.8) 说

明只能有 $\dfrac{\mathrm{d}^2 S}{\mathrm{d}\tau^2} < 0$. 若熵 S 在 R 线上有两个极大值, 则两个极大值之间必有一个极小值, 但关系式 (5.3.8) 给出的总是极大值, 故不可能存在极小值, 只可能有一个极大值存在. 所以沿 R 线, 熵 S 最多只有一个极大值.

3. R 线上 H 函数的变化

定义 $H = e - e_0 - \dfrac{1}{2}(p + p_0)(\tau_0 - \tau)$ 为 H 函数, $H = 0$ 为 H 线.

定理 2 R 线上熵的极值点同时是 H 函数的极值点, 反之亦然.

证明 对 H 函数取微分

$$
\begin{aligned}
\mathrm{d}H &= \mathrm{d}e - \frac{1}{2}(\tau_0 - \tau)\mathrm{d}p + \frac{1}{2}(p + p_0)\mathrm{d}\tau \\
&= T\mathrm{d}S - p\mathrm{d}\tau - \frac{1}{2}(\tau_0 - \tau)\mathrm{d}p + \frac{1}{2}(p + p_0)\mathrm{d}\tau \\
&= T\mathrm{d}S - \frac{1}{2}(\tau_0 - \tau)\mathrm{d}p + \frac{1}{2}(p_0 - p)\mathrm{d}\tau \\
&= T\mathrm{d}S + \frac{1}{2}\left[(\tau - \tau_0)\mathrm{d}p - (p - p_0)\mathrm{d}\tau\right].
\end{aligned}
\tag{5.3.9}
$$

由于 R 线上 $\dfrac{\mathrm{d}p}{\mathrm{d}\tau} = \dfrac{p - p_0}{\tau - \tau_0}$, 所以由上式导得 $\mathrm{d}H = T\mathrm{d}S$. 当熵取极值时 $\mathrm{d}S = 0$, 同时有 $\mathrm{d}H = 0$, 即 H 函数也取极值, 故两者极值点是一致的.

定理 3 若状态方程满足基本假设, 则 R 线上 H 函数只有一个极值点.

显然, 定理 3 是定理 1 和定理 2 的推论. R 线上熵只有一个极值点, 故 H 函数也只有一个极值点.

4. 冲击波解的确定性

从冲击波关系式知, 3 个关系式中有 9 个变量, 即 e, p, ρ, u, D 和 e_0, p_0, ρ_0, u_0, 已知冲击波一边的状态 (4 个) 和介质状态方程, 再给出任意一个冲击波参量, 如 D 或冲击波另一边的参量之一, 便可唯一确定其余参量. 事实上, 从 R 线、H 线的性质也可以讨论冲击波解的确定性.

以 (p_0, τ_0) 为初始点, 冲击波后状态由 R 线与 H 线的交点确定. 若除初始点 (p_0, τ_0) 以外, 两者还有两个以上的交点, 则解不唯一确定, 这相当于图 5.3.2(a) 示出的情形. 但这时在 R 线上 H 函数的极值点有两个, 与前面的定理相矛盾. 因此, 只可能是满足冲击波关系式的解只有两个: 波前状态和波后状态, τ_0, p_0 是波前状态, τ, p 为唯一确定的波后状态, 情形如图 5.3.2(b) 所示.

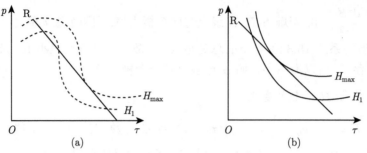

图 5.3.2   冲击波 H 线与 R 线的交点

5. H 线与 S 线

1) H 线与 S 线在 (p_0, τ_0) 处二阶相切

H 线方程为 $H(\tau, p) = 0$, 由此可解出 $p = G(\tau)$; S 线方程为 $p = g(S, \tau)$, 对应初始状态熵值为 S_0 的等熵线写成 $p = g(S_0, \tau)$, 要证明

$$\left.\frac{\mathrm{d}G}{\mathrm{d}\tau}\right|_{\tau_0, p_0} = \left.\frac{\partial g}{\partial \tau}\right|_{\tau_0, p_0, S_0},$$

$$\left.\frac{\mathrm{d}^2 G}{\mathrm{d}\tau^2}\right|_{\tau_0, p_0} = \left.\frac{\partial^2 g}{\partial \tau^2}\right|_{\tau_0, p_0, S_0}. \tag{5.3.10}$$

先考察 (p_0, τ_0) 处 $\mathrm{d}S, \mathrm{d}^2 S, \mathrm{d}^3 S$ 的表示形式. 由式 (5.3.9) 知, 在 $p = p_0, \tau = \tau_0$ 处, $H = 0$, $\mathrm{d}H = 0$, 且有 $\mathrm{d}H = T\mathrm{d}S = 0$, 故导出 $\mathrm{d}S = 0$.

以 τ 为自变量, 对方程 $H = 0$ 作二次微分得

$$T\mathrm{d}^2 S + \mathrm{d}S\mathrm{d}T + \frac{1}{2}(\tau - \tau_0)\mathrm{d}^2 p = 0,$$

仍在 $p = p_0, \tau = \tau_0$ 处, 由于 $\mathrm{d}S = 0$ 和 $(\tau - \tau_0) = 0$, 有 $\mathrm{d}^2 S = 0$.

对 $H = 0$ 作三次微分, 还可导出在 (p_0, τ_0) 处 $\mathrm{d}^3 S \sim -(\mathrm{d}\tau)^3$. 即在 (p_0, τ_0) 处, τ 减少时熵 S 是增加的.

现在求式 (5.3.10) 中各项的表达式. p-τ 平面上任何一点处同时满足 H 线和 S 线方程, 所以由 H 线和 S 线方程 $p = G(\tau)$ 和 $p = g(S, \tau)$, 有 $p = G(\tau) = g(S(\tau), \tau)$. 沿 H 线有

$$\left(\frac{\mathrm{d}p}{\mathrm{d}\tau}\right)_H = \frac{\mathrm{d}G}{\mathrm{d}\tau} = g_\tau + g_S S_\tau,$$

$$\frac{\mathrm{d}^2 G}{\mathrm{d}\tau^2} = g_{\tau\tau} + 2g_{\tau S} S_\tau + g_{SS} S_\tau^2 + g_S S_{\tau\tau}, \tag{5.3.11}$$

这里已用 g_τ, g_S 表示 p 的一阶偏导数 $(\partial p/\partial \tau)_S$, $(\partial p/\partial S)_\tau$, 用 $g_{\tau\tau}, g_{\tau S}, g_{SS}$ 表示 p 的二阶偏导数 $\partial^2 p/\partial \tau^2$, $\partial^2 p/\partial \tau \partial S$, $\partial^2 p/\partial S^2$ 等.

因为在 (τ_0, p_0) 处已有 $\mathrm{d}S = 0$ 和 $\mathrm{d}^2S = 0$, 所以在 (p_0, τ_0) 处由式 (5.3.11) 导出

$$\frac{\mathrm{d}G}{\mathrm{d}\tau} = g_\tau |_{\tau_0, p_0, S_0} \quad \text{和} \quad \frac{\mathrm{d}^2 G}{\mathrm{d}\tau^2} = g_{\tau\tau} |_{\tau_0, p_0, S_0}.$$

上式即式 (5.3.10), 其意义是: 在 (p_0, τ_0) 处 H 线与等熵 S 线二阶相切, 作出图示见图 5.3.1. 图 5.3.1 中直线 KK 表示两条曲线的共切线, A 点即为 (p_0, τ_0) 点.

对于多方气体和凝聚介质, 可以直接导出这个性质.

2) 等熵 S 线在 p-τ 平面上的分布

首先, 根据状态方程的假设, 当 $p = g(S, \tau)$ 时, 等熵线上 $g_{\tau\tau} > 0, g_\tau < 0$ 和 $g_S > 0$, 因此 S 线是单调下凹的. 此处 $g_\tau = \left(\dfrac{\partial p}{\partial \tau}\right)_S = \dfrac{\partial g}{\partial \tau}$ 为等熵线斜率.

其次, H 线比 S 线陡.

在 H 线上 $p = G(\tau) = g(S(\tau), \tau)$, 所以 H 线斜率为 $\left(\dfrac{\mathrm{d}p}{\mathrm{d}\tau}\right)_H = g_\tau + g_S \left(\dfrac{\mathrm{d}S}{\mathrm{d}\tau}\right)_H$, 由于 $g_{\tau\tau} > 0, g_\tau < 0$ 和 $g_S > 0$, 以及在 (p_0, τ_0) 处 τ 减少时熵 S 增加, 从而 $\left(\dfrac{\mathrm{d}S}{\mathrm{d}\tau}\right)_H < 0$, 并有

$$\left(\frac{\mathrm{d}p}{\mathrm{d}\tau}\right)_H = g_\tau + g_S \left(\frac{\mathrm{d}S}{\mathrm{d}\tau}\right)_H < g_\tau < 0. \tag{5.3.12}$$

由于 $\left(\dfrac{\mathrm{d}p}{\mathrm{d}\tau}\right)_H$, $\left(\dfrac{\partial p}{\partial \tau}\right)_S$ 均为负数, 两曲线斜率的关系为 $\left|\dfrac{\mathrm{d}p}{\mathrm{d}\tau}\right|_H > |g_\tau| = \left|\left(\dfrac{\partial p}{\partial \tau}\right)_S\right|$ 或 $-\left(\dfrac{\mathrm{d}p}{\mathrm{d}\tau}\right)_H > -\left(\dfrac{\partial p}{\partial \tau}\right)_S$, 即 H 线比 S 线要陡, H 线在 S 线的上方. 两者在 (p_0, τ_0) 处相切, 在 (p_0, τ_0) 点以上, 随着 τ 的下降, H 线与 S 线 $(S > S_0)$ 依次相交, 如图 5.3.3 所示.

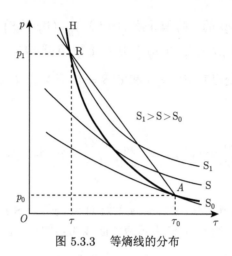

图 5.3.3   等熵线的分布

从式 (5.3.12) 推论: S 线上的等熵压缩率>冲击压缩率, 或写成 $-\left(\dfrac{\partial \tau}{\partial p}\right)_S >$ $-\left(\dfrac{\mathrm{d}\tau}{\mathrm{d}p}\right)_H$.

最后, H 线上熵 S 单调增加.

证明   在 H 线上 $\mathrm{d}H = T\mathrm{d}S + \dfrac{1}{2}(\tau - \tau_0)\mathrm{d}p - \dfrac{1}{2}(p - p_0)\mathrm{d}\tau = 0$, 由此导出在 R 线上 $\mathrm{d}H = T\mathrm{d}S$, 即 H 函数和熵 S 都有一个极值点, 且重合. 在 R 线上熵 S 取极大值, 有

$$\left(\frac{\mathrm{d}^2 S}{\mathrm{d}\tau^2}\right)_R = \frac{\mathrm{d}}{\mathrm{d}\tau}\left(\frac{\mathrm{d}S}{\mathrm{d}\tau}\right)_R < 0. \tag{5.3.13}$$

上式说明, R 线上熵存在极大值, 要求从 (p_0, τ_0) 到 (p, τ) 的变化过程中, 熵沿 R 线的变化 $\left(\dfrac{\mathrm{d}S}{\mathrm{d}\tau}\right)_R$ 由小于零向大于零过渡 (因 τ 是减少的), 且中间经历 $\mathrm{d}S = 0$. 1) 中已证明在 (p_0, τ_0) 处熵 S 随着 τ 的减小而增加, 所以 $\left(\dfrac{\mathrm{d}S}{\mathrm{d}\tau}\right)_R\Big|_0 < 0$, 因此在 (p, τ) 处一定有 $\left(\dfrac{\mathrm{d}S}{\mathrm{d}\tau}\right)_R\Big|_1 > 0$. 此处 0, 1 分别表示波前、后的状态, 说明 S 的极值点只能出现在 R 线的 0~1 之间, 其规律也遵循熵增原理.

要证明沿 H 线熵 S 是单调变化的, 即不应该有极值点, 可以运用反证法. 假定熵 S 在 H 线上有极值点 (对应 $\mathrm{d}S = 0$) 存在, 比如极值点位于波后状态点 (p_1, τ_1) 处 (除 (p_0, τ_0) 以外, H 线上任何一点均可为波后状态), 则在 $\mathrm{d}S = 0$ 上有 $\mathrm{d}H = 0$, 代入式 (5.3.9) 导出 $\left(\dfrac{\mathrm{d}p}{\mathrm{d}\tau}\right)_H = \dfrac{p - p_0}{\tau - \tau_0}\Big|_1$, 说明了

$$\left.\left(\frac{\mathrm{d}p}{\mathrm{d}\tau}\right)_H\right|_1 = \left.\left(\frac{\mathrm{d}p}{\mathrm{d}\tau}\right)_R\right|_1, \tag{5.3.14}$$

即 H 线与 R 线在 (p_1, τ_1) 处相切, 这时 R 线、H 线和 S 线三条线同时相切. 这意味着若在 H 线上 (p_1, τ_1) 处是熵 S 的极值点, 那么在 R 线上也是熵 S 的极值点, 故此处 $\left(\frac{\mathrm{d}S}{\mathrm{d}\tau}\right)_R = \left(\frac{\mathrm{d}S}{\mathrm{d}\tau}\right)_H = 0$. 这个结论与 (p_1, τ_1) 处 $\left.\left(\frac{\mathrm{d}S}{\mathrm{d}\tau}\right)_R\right|_1 > 0$ 的前提相矛盾. 故只能是 $\left(\frac{\mathrm{d}S}{\mathrm{d}\tau}\right)_H \neq 0$, 或者说 H 线上始终有 $\mathrm{d}S \neq 0$, 即无极值点存在, 沿 H 线熵 S 只能单调增加.

从热力学角度分析, 冲击波越强, 熵增应该越多 (因耗散越大), 故 H 线上也不应有熵 S 的极值点. R 线、H 线和 S 线三条线的相互关系参见图 5.3.1 和图 5.3.3 所示.

6. 二次冲击 H 线

5.2 节已经给出了二次冲击关系式, 从那里得知两个冲击波的 Hugoniot 曲线不重合. 事实上, 第一次冲击波 H 线在 (p_0, τ_0) 处与 $S = S_0$ 的等熵线相切; 第二次冲击波 H 线在 (p_1, τ_1) 处与 $S = S_1$ 的等熵线相切 $(S_1 > S_0)$. 因为 S 线的走势比 H 线的走势缓, 所以二次 H 线只能比一次 H 线缓. 所以, 图 5.3.4 中 Hugoniot 曲线 H_0 和 H_1 不可能重合, 且 H_1 在 H_0 的下方.

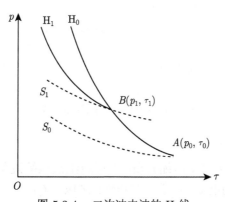

图 5.3.4 二次冲击波的 H 线

由二次压缩曲线知, 达到相同的压缩度经二次压缩所需的压力 p 比一次压缩所需的 p 要小一些, 二次压缩 H 线比一次压缩 H 线更接近等熵线, 说明经二次压缩所耗去的不可逆能量要小于一次压缩的情况. 为了充分利用冲击波能量, 减少耗散, 人们常设计一种动态等熵压缩过程, 使试样经多次压缩后, 达到相同的压缩程度, 而所需能量最小. 这种实验装置一般采用多层材料结构进行碰撞加载, 实现准等熵压缩, 在近几年的文献中可常见到有关研究工作的进展.

5.3.2   冲击波的能量分配

图 5.3.5 在 p-τ 平面上给出了冲击波能量分配的图示.

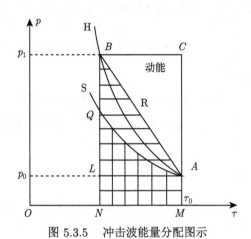

图 5.3.5   冲击波能量分配图示

冲击波总能量表达式为 $(e_1 - e_0) + \dfrac{1}{2}u_1^2 = p_1(\tau_0 - \tau_1)$, 对应了 p-τ 平面上矩形区域 $MNBC$. 其中动能

$$\frac{1}{2}u_1^2 = \frac{1}{2}(p_1 - p_0)(\tau_0 - \tau_1), \tag{5.3.15}$$

对应了三角区域 $\triangle ABC$. 比内能

$$e_1 - e_0 = \frac{1}{2}(p_1 + p_0)(\tau_0 - \tau_1), \tag{5.3.16}$$

对应了梯形区域 $MNBA$.

比内能部分的能量用于压缩介质. 不可逆绝热压缩过程中, 比内能中的区域 $MNQA$ 为可逆部分的能量, 用于等熵压缩; 区域 AQB 为不可逆部分的能量, 用于非等熵压缩. 由于波后压缩度有限, 所以 ρ 的增加是有限的. 随着 p 增加, 区域 $MNQA$ 的面积相对减少, 即可逆部分的能量也相对减少.

比内能大于动能的部分 $(e_1 - e_0) - \dfrac{1}{2}u_1^2 = p_0(\tau_0 - \tau_1)$, 对应了矩形区域 $MNLA$. 对于强冲击波, $p \gg p_0$, 比内能与动能各占总能量的一半.

等熵压缩和绝热压缩过程相比较可得如下结论.

(a) 达到同样压缩效果 (如有相同的 τ_1), 可逆绝热 (等熵) 压缩耗能最少;

(b) 相同的冲击波压力作用下, 一次冲击的压缩率最低, 等熵压缩最高, 多次冲击过程比一次冲击过程压缩效率高. p-τ 平面上多次压缩的 H 线比较参见图 5.2.13 和图 5.3.4 的图示.

5.3.3 基本性质

(a) 冲击波是压缩冲击波, 即过冲击波, 密度和压力都增加.

按照熵增原理, 对于冲击绝热过程, 熵不减少. 一方面, 通过对 H 线作三次微分已证得 H 线上 (τ_0, p_0) 处 $\mathrm{d}^3 S \sim -(\mathrm{d}\tau)^3$, 而且已经证明沿 H 线 S 只能单调增加, 当 S 增加时一定有 τ 减少, 或密度增加; 另一方面, 状态方程表明 $\left(\dfrac{\mathrm{d}p}{\mathrm{d}\tau}\right) < 0$ 和 $\left(\dfrac{\mathrm{d}^2 p}{\mathrm{d}\tau^2}\right) > 0$, 以及 H 线上 $\left(\dfrac{\mathrm{d}p}{\mathrm{d}\tau}\right)_H < 0$, 即 τ 减少时, p 增加, 所以过冲击波一定有压力和密度增加. 因此, 冲击波只能是压缩冲击波, 否则违反熵增原理.

(b) 冲击波速度相对于波前为超声速 $D - u_0 > c_0$, 相对于波后为亚声速 $D - u < c$.

沿 R 线有 $p = p_0 + \alpha(\tau - \tau_0)$, 其中 α 为 R 线的斜率, $\alpha = -\rho_0^2 D^2$ 或 $-\rho^2(D - u)^2$; 从状态方程假设知 $g_\tau(\tau, S) = -\rho^2 c^2, g_S > 0$; 又已证得初态点处 $\left(\dfrac{\mathrm{d}S}{\mathrm{d}\tau}\right)_R\Big|_0 < 0$, 于是从式 (5.3.5) 导出 $(\alpha - g_\tau)|_0 < 0$, 从而得到 $-\rho_0^2 D^2 + \rho_0^2 c_0^2 < 0$, 即

$$D > c_0,$$

或

$$D - u_0 > c_0, \tag{5.3.17}$$

所以, 冲击波速度相对于波前为超声速.

因为 $\alpha = -\dfrac{p - p_0}{\tau - \tau_0} = -\rho_0^2 D^2 = -\rho^2(D - u)^2$, 所以

$$D^2 = \frac{1}{\rho_0^2}\frac{p - p_0}{\tau - \tau_0} = -\frac{1}{\rho_0^2}\alpha.$$

在 $p \to p_0$, $\tau \to \tau_0$ 时, 波速为

$$D^2 = \lim_{\tau \to \tau_0} \alpha\left(-\frac{1}{\rho_0^2}\right) = -\frac{\mathrm{d}p}{\mathrm{d}\tau}\Big|_0 \frac{1}{\rho_0^2} = \frac{\mathrm{d}p}{\mathrm{d}\rho}\Big|_0 = c_0^2,$$

说明了 $p \to p_0$, $\tau \to \tau_0$ 时, $D \to c_0$. D 越大, R 线越陡, 冲击波越强, 因此总有 $D \geqslant c_0$.

同时已证得: 波后状态处 $\left.\left(\dfrac{\mathrm{d}S}{\mathrm{d}\tau}\right)_{\mathrm{R}}\right|_1 > 0$, 所以有 $(\alpha - g_\tau)|_1 > 0$, 得

$$D - u < c, \tag{5.3.18}$$

说明了冲击波相对于波后以亚声速运动.

(c) 过冲击波时, 压力、密度和温度的变化与可逆绝热过程的相应变化比较, 至多是冲击波强度 $p - p_0$, $u - u_0$, $\rho - \rho_0$ 的三阶项.

在相同波前状态下, 给定一个波后参量, 在 (p_0, τ_0) 处作泰勒展开, 因冲击绝热 H 线与等熵 S 线 (对应可逆绝热过程) 在 (p_0, τ_0) 处二阶相切, 所以冲击波波后参数与等熵过程的参数之间只能出现三阶量以上的差别.

(d) 穿过冲击波的熵增是冲击波强度的三阶量.

从性质 (c) 可以推论到本性质. 因为熵也是一个状态量, 熵增反映了状态量熵经冲击波作用后的变化, 这个变化也遵循性质 (c) 描述的规律. 通过利用热力学关系式进行简单推导计算, 熵增的表达式可写为

$$S - S_0 = \frac{1}{12}\frac{1}{T_0}\left(\frac{\partial^2 p}{\partial \tau^2}\right)_S (\tau_0 - \tau)^3 + \cdots, \tag{5.3.19}$$

弱冲击波近似时 $\tau \to \tau_0$, 从而 $S \to S_0$, 可作等熵近似.

上面分析表明, 穿过冲击波熵是增加的, 过冲击波有不可逆过程存在. 这一方面说明, 基于理想气体导出的冲击波关系式能反映熵增现象, 能刻画冲击波作为不可逆过程的本质, 因此冲击波关系式是合理的; 另一方面, 由冲击波关系式导出的熵增也正好说明冲击波过程中存在不可逆耗散效应. 但这个耗散效应不能由冲击波关系式直接表现 (只是隐含), 冲击波关系式只能说是冲击波现象的数学表达, 若想从物理上深入理解冲击波的本质, 还需要深入分析这个耗散效应.

可以通过对计及微观过程的基本控制方程组进行分析来讨论这个问题. 如果将冲击波阵面无限细分, 波阵面可看作是一个连续过渡区. 考虑黏性和热传导, 使波阵面上的参数连续过渡, 这时对过渡区内任意微元, 运用微分形式的基本方程组, 可将动量方程写成

$$\rho \frac{\mathrm{d}u}{\mathrm{d}t} = -\frac{\partial}{\partial x}p + \frac{\partial}{\partial x}\Sigma_{11} = -\frac{\partial}{\partial x}\left(p - \frac{4}{3}\mu\frac{\partial u}{\partial x}\right), \tag{5.3.20}$$

此处已应用第 2 章的本构关系 $\Sigma_{11} = \lambda\mathrm{div}\boldsymbol{u} + 2\mu\dot{\varepsilon}_{11} = -\dfrac{2}{3}\mu\mathrm{div}\boldsymbol{u} + 2\mu\dot{\varepsilon}_{11}$, 将黏性力写成 $\Sigma_{11} = \dfrac{4}{3}\mu\dfrac{\partial u}{\partial x}$, μ 为黏性系数. 根据统计物理的推导有 $\mu \sim nm\bar{u}l = \rho\bar{u}l$,

l 是分子平均自由程, $\bar{u}$ 为分子热运动平均速度, ρ 为介质密度, n, m 分别是单位体积粒子数和粒子质量.

能量方程写为

$$\rho\left(\frac{\mathrm{d}e}{\mathrm{d}t} + p\frac{\mathrm{d}\tau}{\mathrm{d}t}\right) = \frac{4}{3}\mu\left(\frac{\partial u}{\partial x}\right)^2 + \frac{\partial}{\partial x}\left(\kappa\frac{\partial T}{\partial x}\right), \tag{5.3.21}$$

其中, $\kappa\dfrac{\partial T}{\partial x}$ 为热流, κ 为热传导系数. 上式右端第一项是由于黏性造成的在单位体积单位时间内耗散的机械能. 因为 $\mu > 0$, 此式恒为正, 即内摩擦使熵增加. 第二项是热传导造成的能量损失, 热量总是从高温区流向低温区, 这个过程是不可逆的. 黏性力既影响动量守恒, 也影响能量守恒, 热传导只影响能量守恒.

若各参量发生急剧变化的区域尺度为 L, 运动速度的尺度为 U, 则变化的时间尺度为 L/U, 动量方程中惯性力 $\rho\dfrac{\mathrm{d}u}{\mathrm{d}t}$ 的尺度为 $\rho U^2/L$, 而黏性项 $\dfrac{\partial}{\partial x}\left(\dfrac{4}{3}\mu\dfrac{\partial u}{\partial x}\right)$ 的量级为 $\mu U/L^2$, 黏性力与惯性力之比记作 $1/Re$, 即

$$\frac{1}{Re} = \frac{\mu U}{L^2} \cdot \frac{L}{\rho U^2} = \frac{\mu}{\rho L U} = \frac{\nu}{LU} \sim \frac{lc}{LU}, \tag{5.3.22}$$

Re 称为雷诺数, 它反映了运动中黏性与惯性的相对尺度; ν 是动黏性, $\nu = \mu/\rho$ 在数值上与 $l\bar{u}$ 从而与 lc 有相同的量级, 且平均运动速度 $\bar{u}$ 与声速 c 成正比. 又 κ 在数值上与 $\rho c_V l\bar{u}$ 从而与 $\rho c_V lc$ 有相同的量级, 则能量方程中热传导项 $\dfrac{\partial}{\partial x}\left(\kappa\dfrac{\partial T}{\partial x}\right)$ 与能量项 $\rho\dfrac{\mathrm{d}e}{\mathrm{d}t}$ 之比的量级是

$$\frac{1}{Pe} = \frac{\kappa T}{L^2} \bigg/ \frac{\rho c_V T}{L/U} = \frac{\kappa}{\rho c_V U L} \sim \frac{l}{L}\frac{c}{U}, \tag{5.3.23}$$

Pe 称为佩克尔数, 它与雷诺数有类似的意义, 当 $Re \gg 1$, $Pe \gg 1$ 时, 黏性和热传导可以忽略, 说明流动的主要影响因素是惯性力和可逆内能增加. 在我们所讨论的波阵面区域, 质点速度 U 与声速 c 有相同量级, 波阵面宽度 L 与分子自由程 l 有相同量级, 所以 $Pe \sim Re \sim 1$. 故波阵面上耗散效应不能忽略.

将坐标系取在波阵面上, 流动成为定常的, 守恒方程可写为

$$\begin{aligned}
&\frac{\mathrm{d}}{\mathrm{d}x}[\rho(u - D)] = 0, \\
&\frac{\mathrm{d}}{\mathrm{d}x}\left[p + \rho(u - D)^2 - \frac{4}{3}\mu\frac{\mathrm{d}(u - D)}{\mathrm{d}x}\right] = 0, \\
&\frac{\mathrm{d}}{\mathrm{d}x}\left\{\rho u\left[i + \frac{(u - D)^2}{2}\right] - \frac{4}{3}\mu u\frac{\partial(u - D)}{\partial x} - \kappa\frac{\mathrm{d}T}{\mathrm{d}x}\right\} = 0,
\end{aligned} \tag{5.3.24}$$

若从 $x \to -\infty$ 到 $x \to +\infty$ 积分, 因为波前波后均无黏性和热传导, 则积分将导致连接初、终态的冲击波关系式. 若从 $x \to -\infty$ 到波阵面中某一点积分, 则上式导致

$$
\begin{aligned}
&\rho(u - D) = \rho_0(u_0 - D), \\
&p + \rho(u - D)^2 - \frac{4}{3}\mu\frac{\mathrm{d}(u - D)}{\mathrm{d}x} = p_0 + \rho(u_0 - D)^2, \\
&\rho(u - D)\left[i + \frac{(u - D)^2}{2}\right] - \frac{4}{3}\mu(u - D)\frac{\mathrm{d}(u - D)}{\mathrm{d}x} - \kappa\frac{\mathrm{d}T}{\mathrm{d}x} \\
&= \rho_0(u_0 - D)\left[i_0 + \frac{(u_0 - D)^2}{2}\right],
\end{aligned}
\tag{5.3.25}
$$

由式 (5.3.25) 可见, 黏性将影响 R 线 (动量方程) 和 H 线 (能量方程), 而热传导只影响 H 线. 在机制上, 黏性作用使来流介质的部分动能不可逆地转化为热能, 即介质分子有规则运动的能量变成了分子无规则运动的能量; 而热传导的作用只能将热能从一个地方传送到另一个地方, 不直接影响分子有规则运动的能量.

运用量纲分析, 基于上式还可以对冲击波宽度 L 进行量级上的估算, 得到

$$
L \sim l\frac{p_0}{p_1 - p_0}.
\tag{5.3.26}
$$

说明波阵面宽度是自由程的量级, 且 p_1 增加时 L 减少. 一个问题是当 p_1 很大时, L 将小于 l, 而小于 l 的过程谈不上输运过程, 也就没有耗散问题. 所以, 将连续介质力学的方法用于微观过程是需要掌握尺度的, 在分子结构尺度上并不合适.

综合以上讨论, 说明运用间断关系式求解冲击波问题, 虽然不能描述细节, 但能够反映冲击波的物理特征. 更详细的分析可参考周毓麟著的《一维非定常流体力学》(1990).

5.4 弱冲击波近似

5.4.1 弱冲击波上的黎曼不变量

黎曼不变量的表达式为 $u \pm \int \frac{\mathrm{d}p}{\rho c} = \mathrm{const}$, 过弱冲击波 $\Delta p \to \mathrm{d}p, p \to p_0$. 已知过冲击波熵的变化是波强度的三阶量, 当波强度 $\Delta p \to \mathrm{d}p$ 为小量时, 过弱冲击波的熵增为三阶小量, 因此可近似为等熵过程, 所以弱冲击波与黎曼不变量的过程可等同起来.

对于黎曼不变量存在微分式 $\mathrm{d}\left(u \pm \int \dfrac{\mathrm{d}p}{\rho c}\right) = 0$ 和 $\mathrm{d}^2\left(u \pm \int \dfrac{\mathrm{d}p}{\rho c}\right) = 0$, 从而有

$$(\mathrm{d}u)^2 = \frac{(\mathrm{d}p)^2}{\rho^2 c^2} = -\mathrm{d}p\mathrm{d}\tau \text{ 和 } \mathrm{d}^2 u = \pm \mathrm{d}\left(\frac{\mathrm{d}p}{\rho c}\right). \tag{5.4.1}$$

当 $p \to p_0, \Delta p \to \mathrm{d}p$ 时, 从冲击波关系式 $(u - u_0)^2 = (p - p_0)(\tau_0 - \tau)$ 同样导出

$$(\mathrm{d}u)^2 = -\mathrm{d}p\mathrm{d}\tau \text{ 和 } \mathrm{d}^2 u = -\frac{1}{2\mathrm{d}u}\mathrm{d}\left(\frac{\mathrm{d}p}{\rho c}\right)^2 = \pm \mathrm{d}\left(\frac{\mathrm{d}p}{\rho c}\right). \tag{5.4.2}$$

式 (5.4.2) 与式 (5.4.1) 的结果完全相同, 说明两者过渡时, 各参量的变化可重合到二阶项. 由此得出结论: 穿过弱冲击波时, 黎曼不变量是冲击波强度的三阶量.

推论 由弱冲击波关系式可导出 $\mathrm{d}\beta = 0$ 或 $\mathrm{d}\alpha = 0$, 即过弱冲击波黎曼不变量保持为常数, 与简单波解的情况一致, 所以过弱冲击波可以用简单波解来求解.

过弱冲击波有 $\mathrm{d}u = \pm\sqrt{-\mathrm{d}p\mathrm{d}\tau}$, 其中, 向前弱冲击波为 $\mathrm{d}u = +\sqrt{-\mathrm{d}p\mathrm{d}\tau}(\mathrm{d}u > 0)$, 向后弱冲击波为 $\mathrm{d}u = -\sqrt{-\mathrm{d}p\mathrm{d}\tau}(\mathrm{d}u < 0)$.

对于简单波, 向前简单波有 $-2\mathrm{d}\alpha = \mathrm{d}\left(u - \int \dfrac{\mathrm{d}p}{\rho c}\right) = 0$ 或 $\alpha = \mathrm{const}$, 同样导出 $\mathrm{d}u = +\sqrt{-\mathrm{d}p\mathrm{d}\tau}$. 向后简单波有 $2\mathrm{d}\beta = \mathrm{d}\left(u + \int \dfrac{\mathrm{d}p}{\rho c}\right) = 0$ 或 $\beta = \mathrm{const}$, 同样导出 $\mathrm{d}u = -\sqrt{-\mathrm{d}p\mathrm{d}\tau}$.

所以弱冲击波解与简单波解是一致的.

5.4.2 弱冲击波关系式

将冲击波上的各参量按 $u - u_0$ 展开, 取到二阶量得到如下关系式:

$$\begin{aligned}
p - p_0 &= \frac{\mathrm{d}p}{\mathrm{d}u}(u - u_0) + \frac{1}{2}\frac{\mathrm{d}^2 p}{\mathrm{d}u^2}(u - u_0)^2, \\
\tau - \tau_0 &= \frac{\mathrm{d}\tau}{\mathrm{d}u}(u - u_0) + \frac{1}{2}\frac{\mathrm{d}^2 \tau}{\mathrm{d}u^2}(u - u_0)^2, \\
c - c_0 &= \frac{\mathrm{d}c}{\mathrm{d}u}(u - u_0).
\end{aligned} \tag{5.4.3}$$

式 (5.4.3) 中的微分等于沿等熵线的微分, 即 $\mathrm{d}u \pm \dfrac{\mathrm{d}p}{\rho c} = 0$, $+$、$-$ 号分别对应向后和向前的弱冲击波. 所以

$$\left.\frac{\mathrm{d}p}{\mathrm{d}u}\right|_{u=u_0} = \mp \rho_0 c_0, \qquad \left.\frac{\mathrm{d}^2 p}{\mathrm{d}u^2}\right|_{u=u_0} = \mp \left.\frac{\mathrm{d}(\rho c)}{\mathrm{d}u}\right|_{u=u_0},$$

$$\left.\left(\frac{\mathrm{d}c}{\mathrm{d}u}\right)\right|_{u=u_0} = \frac{1}{\rho_0}\left.\frac{\mathrm{d}(\rho c)}{\mathrm{d}u}\right|_{u=u_0} \pm 1,$$

$$\left.\left(\frac{\mathrm{d}\tau}{\mathrm{d}u}\right)\right|_{u=u_0} = \pm \frac{1}{\rho_0 c_0}, \qquad \left.\frac{\mathrm{d}^2 \tau}{\mathrm{d}u^2}\right|_{u=u_0} = \mp \frac{1}{\rho_0^2 c_0^2}\left.\frac{\mathrm{d}(\rho c)}{\mathrm{d}u}\right|_{u=u_0}.$$

考虑状态方程的形式 $p = g(S, \tau)$, 有

$$\rho c = \sqrt{-g_\tau(S, \tau)},$$

$$\frac{\mathrm{d}\rho c}{\mathrm{d}u} = \pm \frac{1}{2}\frac{g_{\tau\tau}(S, \tau)}{g_\tau(S, \tau)}.$$

于是关系式 (5.4.3) 可重写成

$$p - p_0 = \mp\sqrt{-g_\tau(S_0, \tau_0)}(u - u_0) - \frac{1}{4}\frac{g_{\tau\tau}(S_0, \tau_0)}{g_\tau(S_0, \tau_0)}(u - u_0)^2,$$

$$\tau - \tau_0 = \pm\frac{1}{\sqrt{-g_\tau(S_0, \tau_0)}}(u - u_0) + \frac{1}{4}\frac{g_{\tau\tau}(S_0, \tau_0)}{g_\tau^2(S_0, \tau_0)}(u - u_0)^2, \qquad (5.4.4)$$

$$c - c_0 = \pm\left[\frac{1}{2\rho_0}\frac{g_{\tau\tau}(S_0, \tau_0)}{g_\tau(S_0, \tau_0)} + 1\right](u - u_0).$$

由于有关系式 $(D - u_0)^2 = -\tau_0^2\left(\dfrac{p - p_0}{\tau - \tau_0}\right)$, 所以写出冲击波速度的近似式

$$(D - u_0)^2 = -\tau_0^2\frac{\mp\sqrt{-g_\tau}(u - u_0) - \dfrac{1}{4}\dfrac{g_{\tau\tau}}{g_\tau}(u - u_0)^2}{\pm\dfrac{1}{\sqrt{-g_\tau}}(u - u_0) + \dfrac{1}{4}\dfrac{g_{\tau\tau}}{g_\tau}(u - u_0)^2}, \qquad (5.4.5)$$

其中 g_τ, $g_{\tau\tau}$ 均为初始点 S_0, τ_0 处的值. 对上式两边开方, 并展开分母, 取一阶近似得

$$D - u_0 = \mp\tau_0\sqrt{-g_\tau}\left[1 \pm \frac{1}{4}\frac{g_{\tau\tau}}{(-g_\tau)^{3/2}}(u - u_0)\right] = \mp c_0 - \frac{1}{4\rho_0}\frac{g_{\tau\tau}}{g_\tau}(u - u_0),$$

考虑到 $(c - c_0)$ 与 $(u - u_0)$ 数量级相当, 利用式 (5.4.4) 中的最后一个式子, 代入上式导得

$$D = \frac{1}{2}\left[(u \mp c) + (u_0 \mp c_0)\right], \tag{5.4.6}$$

即冲击波波速的一阶近似正好等于波前和波后声波运动速度的平均值.

5.4.3 多方气体弱冲击波关系式

对于多方气体, 等熵方程写成 $p = g(S, \tau) = A\rho^\gamma = A\tau^{-\gamma}$, 有

$$g_\tau = -\gamma A\tau^{-\gamma-1}, \quad g_{\tau\tau} = \gamma(\gamma+1)A\tau^{-\gamma-2},$$

$$\sqrt{-g_\tau(S_0, \tau_0)} = \rho_0 c_0, \quad \frac{g_{\tau\tau}(S_0, \tau_0)}{g_\tau(S_0, \tau_0)} = -(\gamma+1)\tau_0^{-1} = -(\gamma+1)\rho_0, \tag{5.4.7}$$

代入弱冲击波解的公式 (5.4.4) 和式 (5.4.5) 得

$$p - p_0 = \mp \rho_0 c_0(u - u_0) + \frac{\gamma+1}{4}\rho_0(u - u_0)^2,$$

$$\tau - \tau_0 = \pm \tau_0 \frac{u - u_0}{c_0} + \frac{\gamma+1}{4}\tau_0\left(\frac{u - u_0}{c_0}\right)^2,$$

$$c - c_0 = \mp \frac{\gamma-1}{2}(u - u_0), \tag{5.4.8}$$

$$D - u_0 = \mp c_0 + \frac{\gamma+1}{2}(u - u_0).$$

式 (5.4.8) 的第三式正好是黎曼不变量.

再例如, 当取一级近似时, 式 (5.4.8) 写成

$$D = \frac{1}{2}(u + c + c_0 + u_0),$$

$$p = p_0 + \rho_0 c_0(u - u_0), \tag{5.4.9}$$

$$\rho = \rho_0 + \rho_0 \frac{u - u_0}{c_0}.$$

式 (5.4.9) 的第二式与冲击波动量守恒方程当波速取 $D = c_0$ 时的形式完全相同.

反之, 从简单波的解 (以向前波为例)

$$c = c_0 + \frac{\gamma-1}{2}(u - u_0),$$

$$p = p_0\left[1 + \frac{\gamma-1}{2}\frac{(u - u_0)}{c_0}\right]^{\frac{2\gamma}{\gamma-1}},$$

$$\rho = \rho_0 \left[1 + \frac{\gamma - 1}{2} \frac{(u - u_0)}{c_0} \right]^{\frac{2}{\gamma - 1}},$$

取二阶近似也可导出弱冲击波的解, 并得到相同的结果.

可以从下面的计算结果比较两种处理方式的差异.

当 $(p - p_0)/p_0 = 1.5$ 时, 对 $\gamma = 1.4$ 的气体, 由冲击波关系式算得结果

$$\frac{u - u_0}{c_0} = 0.71, \quad \frac{c - c_0}{c_0} = 0.15, \quad \frac{D - u_0}{c_0} = 1.51.$$

黎曼不变量因此为

$$\frac{c - c_0}{c_0} - \frac{\gamma - 1}{2} \frac{u - u_0}{c_0} = 0.01.$$

由二阶近似的弱冲击波关系式算得结果为

$$\frac{u - u_0}{c_0} = 0.70, \quad \frac{c - c_0}{c_0} = 0.14, \quad \frac{D - u_0}{c_0} = 1.52.$$

黎曼不变量因此为

$$\frac{c - c_0}{c_0} - \frac{\gamma - 1}{2} \frac{u - u_0}{c_0} = 0.$$

5.4.4 凝聚介质弱冲击波关系式

将凝聚介质状态方程取为 $p = g(S, \tau) = A\rho^\gamma - \dfrac{\rho_0 c_0^2}{\gamma} = A\tau^{-\gamma} - \dfrac{\rho_0 c_0^2}{\gamma}$ 时, 有

$$g_\tau = -\gamma A \tau^{-\gamma - 1}, \quad g_{\tau\tau} = \gamma(\gamma + 1) A \tau^{-\gamma - 2},$$

$$\sqrt{-g_\tau(S_0, \tau_0)} = \rho_0 c_0, \quad \frac{g_{\tau\tau}(S_0, \tau_0)}{g_\tau(S_0, \tau_0)} = -(\gamma + 1)\tau_0^{-1} = -(\gamma + 1)\rho_0.$$

这些关系式与多方气体的相应公式 (5.4.7) 完全相同. 故这时也有类似的弱冲击波关系式, 取二阶近似时即为

$$p = p_0 + \rho_0 c_0 (u - u_0) + \frac{\gamma + 1}{4} \rho_0 (u - u_0)^2,$$

$$\rho = \rho_0 + \rho_0 \frac{u - u_0}{c_0} + \frac{3 - \gamma}{4} \rho_0 \left(\frac{u - u_0}{c_0} \right)^2, \tag{5.4.10}$$

$$D - u_0 = c_0 + \frac{\gamma + 1}{4} (u - u_0) + \frac{(\gamma + 1)^2}{8} \frac{(u - u_0)^2}{c_0},$$

式 (5.4.10) 最后一式还可以由原冲击波关系式

$$D - u_0 = \frac{\gamma+1}{4}(u - u_0) + c_0\sqrt{1 + \left(\frac{\gamma+1}{4}\frac{u-u_0}{c_0}\right)^2}$$

在 u_0 处展开并取二阶量得到.

对冲击波关系式和简单波关系式在 $u-u_0$ 处展开, 导出波前、后状态, 如压力, 变化的三阶量分别是: 从冲击波关系式导出为 $\Delta p = \dfrac{\gamma+1}{8}\dfrac{\rho_0}{c_0}(u-u_0)^3$, 从简单波关系式 $\dfrac{p}{p_*} = \dfrac{1}{\gamma}\left[\left(1 + \dfrac{\gamma-1}{2}\dfrac{u-u_0}{c_0}\right)^{\frac{2\gamma}{\gamma-1}} - 1\right]$ 导出为 $\Delta p = \dfrac{\gamma+1}{12}\dfrac{\rho_0}{c_0}(u-u_0)^3$, 两者的偏差为 $\dfrac{\gamma+1}{24}\dfrac{\rho_0}{c_0}(u-u_0)^3$.

D 还可表示成

$$D = u_0 + c_0 + \frac{1}{2}(u + c - u_0 - c_0) + \frac{1}{8}\frac{(u+c-u_0-c_0)^2}{c_0}, \tag{5.4.11}$$

当取一阶近似 $D = \dfrac{1}{2}(u+c+u_0+c_0)$ 时, 与式 (5.4.11) 的偏差是 $\dfrac{1}{8}\dfrac{(u+c-u_0-c_0)^2}{c_0}$.

综上所述, 由冲击波关系式取等熵近似时导出的弱冲击波关系式与简单波关系式的展开式相比, 两者重合到二阶量, 差别在三阶项上. 所以当取弱冲击波近似时, 弱冲击波解可用简单波解近似. 以压力 p 为例, 取弱冲击波关系式引起的三阶偏差量与冲击波强度 p 之比为

$$\frac{\Delta p}{p} = \frac{\gamma+1}{8}\frac{\rho_0}{c_0}(u-u_0)^3/[\rho_0(D-u_0)(u-u_0)].$$

对于凝聚介质, 当 $M \leqslant 1.5$, $\gamma = 4$ 时, 对应了 $p = 50\text{GPa}$ 和 $\rho_H/\rho_0 \sim 1.3$ 的情况, 忽略三阶量引起的误差小于 5%. 可见, 对凝聚介质中强度为 $p = 50\text{GPa}$ 的冲击波作弱冲击波近似, 误差仍不大.

5.5 冲击波问题求解举例

例 5.3 多方气体中冲击波从固壁上反射的问题.

问题 在 5.2 节例 5.1 中, 假定管道有限长, 在 $x = l$ 处有一固壁, 参见图 5.5.1(d), 活塞运动产生的冲击波到达固壁后将从固壁反射, 求波反射后的管内流场.

分析 原右行冲击波从固壁反射后为一束左行冲击波, 反射冲击波后的质点速度为固壁边界条件, 即 $u_2 = 0$. 以反射冲击波为界将管内流场分为两个部分, 波前是一次冲击波后的状态 u_1, p_1, ρ_1, c_1, 波后是二次冲击波加载区, 如图 5.5.1(a) 所示. 二次冲击波后的状态 u_2, p_2, ρ_2, c_2 仍利用多方气体的冲击波公式直接求解.

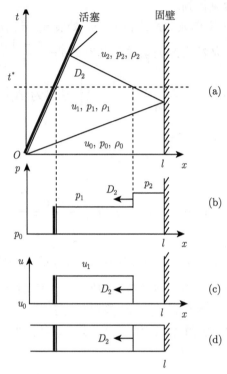

图 5.5.1   冲击波固壁反射问题分析

(a) x-t 图; (b) 压力分布图; (c) 质点速度分布图; (d) 管道中的反射冲击波

解 由例 5.1 已求得一次波后的状态 u_1, p_1, ρ_1, c_1, 又已知固壁边界条件, 亦即二次波后的质点速度 $u_2 = 0$, 由下列公式确定二次冲击波的马赫数 M_2, 从而确定二次冲击波速度 D_2.

$$\frac{u_2 - u_1}{c_1} = \frac{2}{\gamma + 1} \frac{M_2^2 - 1}{M_2}. \tag{5.5.1}$$

冲击波速度 D_2 从定义式 $M_2 = (D_2 - u_1)/c_1$ 求出: $D_2 = M_2 c_1 + u_1$, 一定有 $D_2 < 0$.

其他物理量, 如波后压力 p_2、密度 ρ_2 和声速 c_2, 分别由下列公式以 M_2 为参数求出.

$$\frac{p_2 - p_1}{p_1} = \frac{2\gamma}{\gamma + 1}(M_2^2 - 1),$$

$$\frac{\rho_2 - \rho_1}{\rho_1} = \frac{2(M_2^2 - 1)}{(\gamma - 1)M_2^2 + 2},$$

$$c_2^2 = \gamma \frac{p_2}{\rho_2}.$$

$$(5.5.2)$$

图 5.5.1(b) 和 (c) 中在 p-x 和 u-x 平面上给出了某时刻 t^* 流场分布的波形示意.

对于强反射情况, $\frac{p_2 - p_0}{p_1 - p_0}$ 约为 $\frac{3\gamma - 1}{\gamma - 1}$, 对于弱反射情况, $\frac{p_2 - p_0}{p_1 - p_0}$ 约为 2.

例 5.4 多方气体中冲击波从物质界面上反射的问题.

问题 在上述例 5.3 中, 假定在 $x = l$ 处不是固壁, 而是物质界面, 参见图 5.5.2(b). 界面的右边是另一种多方气体, 多方指数为 γ', 初始状态是 u_0', p_0', ρ_0', 且 $u_0' = 0$. 活塞运动产生的冲击波到达物质界面后与物质界面发生相互作用, 求冲击波与物质界面发生相互作用后管内流场.

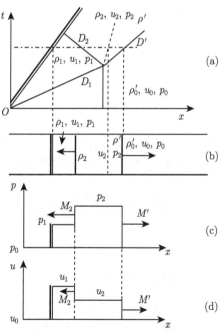

图 5.5.2 冲击波与物质界面相互作用分析

(a) x-t 图; (b) 管道中的冲击波; (c) 压力分布图; (d) 质点速度分布图

分析 原右行冲击波到达物质界面后, 与物质界面发生相互作用, 将向第二种介质中传入一束冲击波, 现称之为透射波, 向第一种介质中传入反射波. 透射波波前为第二种介质的未扰区状态 u_0', p_0', ρ_0', 初始声速 $c_0'^2 = \gamma p_0'/\rho_0'$, 透射波马赫数为 M', 其波后状态 u', p', ρ', c' 采用冲击波关系式求解; 反射波的波前为第一种介质中一次冲击波后状态 u_1, p_1, ρ_1, c_1, 假定反射波为冲击波, 马赫数为 M_2, 其波后状态 u_2, p_2, ρ_2, c_2 亦采用冲击波关系式求解. 反射波和透射波之间的状态是一个力学平衡态, 即 $u_2 = u'$, $p_2 = p'$, 这是波与界面相互作用的结果. 透射波和反射波的强度最终在这个力学平衡条件的约束下求得. 波系分析见图 5.5.2(a) 中 $x\text{-}t$ 平面图.

解 先求反射波后状态. 由例 5.1 已求得一次波后的状态 u_1, p_1, ρ_1, c_1, 反射波后的状态 u_2, p_2 由式 (5.5.1) 和式 (5.5.2) 计算. 但式中 M_2 尚不能确定.

再求透射波后状态. 由已知条件 $u_0', p_0', \rho_0', u_0' = 0$, 建立透射波后的状态 u', p' 的求解公式如下:

$$\frac{u' - u_0'}{c_0'} = \frac{2}{\gamma' + 1}\frac{M'^2 - 1}{M'}, \tag{5.5.3}$$

$$\frac{p' - p_0'}{p_0'} = \frac{2\gamma'}{\gamma' + 1}(M'^2 - 1). \tag{5.5.4}$$

但式中 M' 尚不能确定. 界面处力学平衡条件为

$$u_2 = u', \tag{5.5.5}$$

$$p_2 = p'. \tag{5.5.6}$$

式 (5.5.1) ~ 式 (5.5.6) 有 6 个方程, 未知数 6 个 $u_2, p_2, M_2, u', p', M'$, 可封闭求解.

流场其他状态, 如密度 ρ_2, ρ' 和声速 c_2, c' 等, 由下列关系式求解.

反射波后的介质 I 中, 密度 ρ_2 和声速 c_2 的求解公式为

$$\frac{\rho_2 - \rho_1}{\rho_1} = \frac{2(M_2^2 - 1)}{(\gamma - 1)M_2^2 + 2},$$
$$c_2^2 = \gamma\frac{p_2}{\rho_2}. \tag{5.5.7}$$

透射波后的介质 II 中, 密度 ρ' 和声速 c' 的求解公式为

$$\frac{\rho' - \rho_0'}{\rho_0'} = \frac{2(M'^2 - 1)}{(\gamma' - 1)M'^2 + 2},$$
$$c'^2 = \gamma'\frac{p'}{\rho'}. \tag{5.5.8}$$

冲击波速度 D_2, D' 分别从定义式 $M_2 = (D_2 - u_2)/c_1$, $M' = (D' - u_0')/c_0'$ 求出.

在相互作用区, 满足力学平衡条件式 (5.5.5) 和式 (5.5.6), 其他热力学状态如密度和声速可以不同. 这样, 在相互作用区仍存在一个物质间断, 这个间断将两种介质分开, 两边可以有不同的密度和声速, 但间断面本身以当地质点速度运动, 称之为接触间断.

图 5.5.2(c) 和 (d) 中给出了某时刻流场状态 p 和 u 的分布示意.

例 5.5 凝聚介质中冲击波从物质界面上反射的问题.

问题 在例 5.2 中, 如果飞片和靶板厚度有限, 或如果有多层靶结构, 如图 5.5.3(a) 所示, 波的传播会引起波与界面的相互作用, 如图 5.5.3(b) 和 (c) 所示. 假定在界面上反射冲击波, 试求解凝聚介质中冲击波与物质界面相互作用的问题.

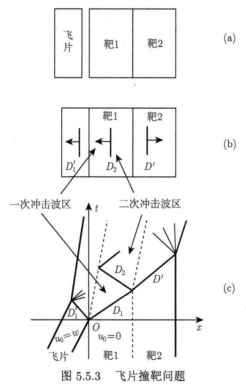

图 5.5.3 飞片撞靶问题

(a) 飞片撞击多层靶; (b) 飞片与靶中冲击波传播; (c) x-t 图

分析 假定两介质的界面位于 $x = 0$ 处, 如图 5.5.4 所示, 已知左边介质 (介质一) 的初始状态是 u_0, p_0, ρ_0, $u_0 = 0$, 右边是另一种凝聚介质 (介质二), 初始状态为 u_0', p_0', ρ_0', $u_0' = 0$. 初始有冲击波在介质一中传播, 波后质点速度为 u_1. 冲击波与物质界面作用后可能反射冲击波, 也可能反射稀疏波. 此处假定反射冲击波, 同时向介质二中传入一束透射冲击波; 另外, 冲击波到达靶板的后自由面将反射稀疏波. 波系结构参见图 5.5.4.

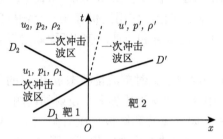

图 5.5.4　冲击波从介质界面上的反射

初始冲击波在介质一中造成的效应 u_1, p_1, ρ_1, c_1 用冲击波关系式求解, 此处可运用凝聚介质冲击绝热关系式 $D = c_0 + \lambda u$. 冲击波到达介质界面后, 与介质界面发生相互作用, 将向第二种介质中传入一束冲击波, 向第一种介质中传入反射波. 透射波波前为第二种介质的未扰区状态 u_0', ρ_0', c_0', 初始压力 $p_0' = 0$, 其波后状态 u', p', ρ', c' 采用冲击波关系式求解; 反射波的波前为第一种介质的一次冲击波后状态 u_1, p_1, ρ_1, c_1, 已假定反射波为冲击波, 其波后状态 u_2, p_2, ρ_2, c_2 亦采用冲击波关系式求解. 反射波和入射波之间的状态是一个力学平衡态, 即 $u_2 = u'$, $p_2 = p'$.

解　先求初始冲击波在介质一中造成的效应, 如例 5.2 中计算过程. 若已知波前状态 p_0, ρ_0, $u_0 = 0$ 和波后状态之一为 u_1, 则运用冲击波间断关系式 $p_1 = \rho_0 D_1 u_1$ 和凝聚介质冲击绝热关系式 $D_1 = c_{01} + \lambda_1 u_1$, 两式联立求出冲击波速度和波后压力 D_1, p_1, 由质量守恒方程 $\rho_0 D_1 = \rho_1 (D_1 - u_1)$ 求出波后密度 ρ_1, 进一步采用简化状态方程求解波后声速 $c_1^2 = \gamma_1 \dfrac{p_1}{\rho_1} + \dfrac{\rho_0 c_{01}^2}{\rho_1}$, 此处 γ_1 不是多方指数, 见式 (5.2.28).

再求冲击波与界面相互作用的结果. 在已求得一次波后的状态 u_1, p_1, ρ_1, c_1 的基础上, 反射波后的状态 u_2, p_2 由下式计算:

$$p_2 - p_1 = \rho_1 (D_2 - u_1)(u_2 - u_1), \tag{5.5.9}$$

$$D_2 - u_1 = -c_{01} + \lambda(u_2 - u_1). \tag{5.5.10}$$

式 (5.5.10) 已考虑左行冲击波的特点, 修正了 D-u 曲线的表现形式. 透射波后状态 u', p' 由下式计算:

$$p' = \rho_0' D' u', \tag{5.5.11}$$

$$D' = c_0' + \lambda' u'. \tag{5.5.12}$$

相互作用区力学平衡条件为

$$u_2 = u', \tag{5.5.13}$$

$$p_2 = p'. \tag{5.5.14}$$

由以上式 (5.5.9) ∼ 式 (5.5.14) 联立可封闭求出六个未知数 u_2, u', p_2, p', D_2, D'. 事实上, 以上六式联立可得出一个质点速度的二次方程

$$(\rho_1\lambda_1 - \rho_0'\lambda')u_2^2 - (\rho_1 c_{01} + 2\rho_1\lambda_1 u_1 + \rho_1'c_0')u_2$$
$$+(p_1 + \rho_1 c_{01}u_1 + \rho_1\lambda_1 u_1^2) = 0. \tag{5.5.15}$$

由此解出质点速度 u_2 或 u'. 然后回代求出其他参量 p_2 或 p', D_2 和 D'. 图 5.5.3 中碰撞面上一次波区和图 5.5.4 中相互作用区计算情况不同之处在于: 对前一种情况, 公式 (5.5.15) 中 p_1 取为 0, 对后一种情况, p_1 是靶 1 中一次冲击波后的状态. 波后密度 ρ_2 和 ρ' 分别由 $\rho_1(D_2 - u_1) = \rho_2(D_2 - u_2)$ 和 $\rho_0'D' = \rho'(D' - u')$ 求得. 同理, 相互作用区存在接触间断, 间断面以当地质点速度运动.

习 题 5

5.1 冲击波是指一种什么物理现象, 它在宏观和细观表现上有什么不同和联系?

5.2 请说说压缩波和冲击波的异同.

5.3 请说说 Hugoniot 线、Rayleigh 线和等熵线各自的意义, 它们有什么联系? 在 p-τ 平面上给出它们之间的相互关系.

5.4 请从冲击波的基本性质说明冲击波解的确定性.

5.5 p-τ 平面上冲击压缩线与等熵线存在怎样的相互关系, 试根据这个相互关系说明固体经冲击压缩并卸载到零压后, 密度有何变化? 请给出图示说明.

5.6 等熵压缩与绝热压缩的本质和效果有什么不同? 如何实现等熵压缩?

5.7 请在 p-τ 平面上作出二次冲击的 Hugoniot 曲线, 并结合曲线特征分析给出在相同压力下等熵压缩与一次冲击和二次冲击压缩效率的差异.

5.8 冲击波间断的熵增原因有哪些? 熵增在冲击波关系式中是如何体现的? 造成了什么后果?

5.9 请在 p-τ 平面上作出冲击波能量分配的图示, 并指明冲击波不可逆耗散能量的区域.

5.10 请从能量耗散角度说明, 在达到相同加载压力下, 斜波加载、多脉冲阶梯波加载和单脉冲方波加载三种方式所耗散的能量有什么不同. 如果三种加载路径达到相同的压缩度, 请问哪种加载方式需要的压力最大? 请辅以图示说明.

5.11 试证 Rayleigh 线上最大熵值点处的当地马赫数为 1.

5.12 压缩波和稀疏波在介质中的传播速度与介质的弹性波速度有什么关系? 冲击波的传播速度又有怎样的特点?

5.13 请写出多方气体中冲击波的三个基本关系式, 并推导相应的 p-u 关系式.

5.14　试推导多方气体中以冲击波马赫数为参量的冲击波关系式.

$$\frac{u - u_0}{c_0} = \frac{2}{\gamma + 1}\left(M - \frac{1}{M}\right) = \frac{2}{\gamma + 1}\frac{M^2 - 1}{M},$$

$$\frac{p - p_0}{p_0} = \frac{2\gamma}{\gamma + 1}(M^2 - 1),$$

$$\frac{\rho - \rho_0}{\rho_0} = \frac{2(M^2 - 1)}{(\gamma - 1)M^2 + 2}.$$

5.15　考察某种流体 (非完全气体) 中的正冲击波, 该流体的密度仅与压力有关, 服从如下关系 (其中 β 为正常数):

$$\rho\frac{\mathrm{d}p}{\mathrm{d}\rho} = \beta.$$

(1) 试证波前、后的马赫数 M_0, M_1 之间有如下关系:

$$M_0^2 - M_1^2 = \ln\frac{M_0^2}{M_1^2}.$$

(2) 以波前状态 M_0 和 β 为参量, 写出 $p_1 - p_0$ 和 $\dfrac{D - u_1}{D - u_0}$ 的表达式.

5.16　设冲击波马赫数为 M_0, 多方气体中冲击波关系式如下:

$$\frac{p - p_0}{p_0} = \frac{2\gamma}{\gamma + 1}(M_0^2 - 1), \quad \frac{u - u_0}{c_0} = \frac{2}{\gamma + 1}\left(M_0 - \frac{1}{M_0}\right).$$

若凝聚介质满足稠密气体状态方程 $p = c_0^2(\rho - \rho_0) + (\gamma - 1)\rho e$, 试导出与上述形式类似的冲击波关系式.

5.17　假定某材料密度为 ρ_0, 状态方程为 $p = c_0^2(\rho - \rho_0) + (\gamma - 1)\rho e$, 试推导声速表达式 $c(p, \rho)$.

5.18　试证: 一维管道中一束向右传播的冲击波撞到管道右端的固壁后将反射一束左行冲击波, 请比较入射波后和反射波后的压力变化.

5.19　相同 TNT 当量的炸药在自由场的水中和空气中爆炸, 如果以冲击波压力为毁伤准则, 则对同一种目标在相同距离上哪种情况的毁伤能力更大, 为什么?

5.20　初始时刻空气以定常流向右流过等截面通道, 某时刻通道的右端阀门突然关闭, 产生一束波向左端 (无限长) 传播. 假设流体初始状态为 $u_1 = 61\mathrm{m/s}$, $T_1 = 294\mathrm{K}$, $p_1 = 0.95 \times 10^5\mathrm{Pa}$, 试求波后压力 p_2.

5.21　有一束压力比为 4.5 的右行冲击波进入 $c_1 = 300\mathrm{m/s}$ 的多方气体中, 气体的多方指数为 γ. 若波前气体速度 u_1 分别为 $+300\mathrm{m/s}$, $0\mathrm{m/s}$, $-150\mathrm{m/s}$, $-600\mathrm{m/s}$, 试分别计算冲击波速度、波后气体速度以及波前后的右行扰动的传播速度.

5.22　有一个活塞在管内被突然加速到速度 u_p, 在原先静止的空气 (状态 1) 中形成了一束冲击波. 试求无量纲冲击波速度 D/c_1 与无量纲活塞速度 u_p/c_1 之间的函数关系. 当 u_p/c_1 趋于无限大和零时, 试确定这一关系式的极限形式.

5.23　有一根击波管长度为 3m, 两端封闭, 隔膜在正中间. 初始时刻, 隔膜两边的空气温度是 294K, 压力分别为 10^5Pa 和 3×10^5Pa. $t=0$ 时刻隔膜破裂, 试在 x-t 平面上画出波系, 直到原始波在两端都反射过一次. 计算这时各区中的压力和气体速度, 并给出各波的绝对速度.

5.24　如图所示, 有一无限长的刚性等截面圆形直管, 圆管截面直径为 $d = 20$cm, 管中有压力 $p_0 = 10^5$Pa, 密度 $\rho_0 = 1.25$kg/m^3 的空气以等速 $u = 200$m/s 向右运动. 某时刻突然有一闸门 N 放下切断气流, 求作用在闸板上的力 (闸板两侧的力均需考虑).

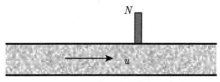
习题 5.24 图

5.25　如图所示, 在半无限长的刚性管道中充满压力 p_0, 密度 ρ_0 的均匀静止气体, 管道一端有活塞封闭. 某时刻气体中的活塞突然以恒速 $U_1 = 2c_0$ 向右运动 (c_0 是气体中初始声速), 运动一段时间以后突然减速为 $U_2 = 0.5c_0$, 继续向右运动.

(1) 请在 x-t 平面上画出活塞、波系和流体微团的迹线;

(2) 求减速后活塞面上的压力.

习题 5.25 图

5.26　一半无限长管中有初始温度和压力分别为 T_0 和 p_0 的静止空气, 多方指数为 γ. 左端有一个活塞瞬间向右加速到速度 u_0, 并在 l_0 的距离内保持此速度, 然后瞬间减速到零, 保持不动. 试在 x-t 平面上作出波系图, 并给出求解管内气体压力和速度分布的过程 (波发生相互作用之前). 要求写出分区求解的计算公式.

5.27　如图所示, 冲击波传播遇到不同物质的界面时会有什么结果? 请在 x-t 平面上作出界面处的波系结构. 若两种介质均为凝聚介质, 且满足冲击绝热关系式: $D = c_0 + \lambda u$, 其初始状态如图中所示 ($u_0 = 0$). 假定冲击波的波速为 D, 请给出波发生相互作用后界面状态 p, u 的求解过程 (可以一种情况为例说明).

习题 5.27 图

5.28　半无限管中初始有 $\rho_0 = 1.5$g/cm^3, $c_0 = 2000$m/s 的静止稠密气体, 状态方程为 $p = c_0^2(\rho - \rho_0) + (\gamma - 1)\rho e$, 假设式中 γ 取常数 3. 管道左端有一个活塞, $t = 0$ 时刻瞬间向右加速到速度 $u_0 = 100$m/s, 并在 $l = 1$m 距离内保持此速度; 然后瞬间减速到零, 并保持不动.

(1) 试在 x-t 平面上作出波系结构, 并说明各波的类型;

(2) 求冲击波的波后马赫数;

(3) 求活塞停止运动后活塞面上的流体密度.

5.29 有限厚度的平面飞片以速度 w 正撞击半无限厚平面靶板, 在靶板中产生一个冲击波, 飞片和靶板均为凝聚介质, 并已知材料参数, 且飞片和靶板原本都处于自由状态, 即不受任何载荷.

(1) 求撞击后碰撞面上的状态 p, u;

(2) 请问在靶板中离开撞击面一定距离的截面上, 加载波脉宽相对于撞击面上的脉宽有何变化, 为什么?

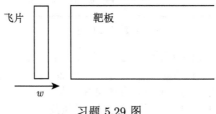

习题 5.29 图

5.30 在弱冲击波近似情况下, 冲击波关系式与简单波关系式是如何关联的?

5.31 在无限长的刚性管道中有一个单位截面质量为 M 的活塞, 活塞的左边是压力为 p_0, 密度为 ρ_0 的静止多方气体, 右边为真空. 现有一个速度为 D 的平面冲击波从左方入射, 在 $t = 0$ 时到达活塞, 使活塞开始运动. 试求解活塞的运动轨迹 (假定活塞为刚体, 反射冲击波很弱).

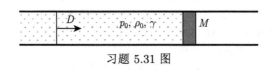

习题 5.31 图

5.32 有一道压力比为 2 的右行冲击波被压力比也是 2 的第二束右行冲击波追上. 第一束冲击波是向着参数为 294K 及 0.68×10^5Pa 的静止空气中传播. 试分别用弱冲击波的近似处理法和冲击波的精确方法, 计算 x-t 平面上两波相交点周围各区中的压力、温度、气体速度和各波的波速.

5.33 有一道压力比为 2 的右行冲击波与一束压力比为 4 的左行冲击波相穿越. 两束冲击波都向着参数为 294K 及 0.68×10^5Pa 的空气中传播. 试分别用弱冲击波的近似处理法和冲击波的精确方法, 求解 x-t 平面上波相交点周围各区中的压力、温度、气体速度和各波的波速.

5.34 一等截面直管, 右端封闭, 左端置有一活塞 M, 中间为静止气体, 气体区域初始长度为 l. $t = 0$ 时, 活塞 M 突然以恒速 U 向右运动, 并在 t_1 时刻突然停止. 假定活塞运动引起的冲击波为弱冲击波, 且 $t_1 = l/c_0$, c_0 是静止气体的初始声速.

(1) 请在 x-t 平面上给出 t_2 时刻 ($t_2 > t_1 > 0$) 以前的波系分析;

(2) 分析这时 x-t 平面上各区域流场的特征.

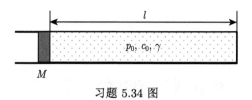

习题 5.34 图

第 6 章　波的相互作用

波的相互作用可概括为两类：波与波的相互作用和波与界面的相互作用. 这里波指冲击波、简单波 (压缩波和稀疏波), 界面有自由面、固壁、刚体、物质界面等几类.

本章先认识波相互作用的可能情况, 再认识波相互作用的可能结果, 然后学习波相互作用问题的分析方法 (p-u 图法), 最后对一般应用实例和黎曼问题 (初始间断的分解) 给出分析结果.

6.1　波相互作用的基本情况

6.1.1　波与波相互作用现象

1. 波的追赶

用 S 表示冲击波, R 表示稀疏波, 图 6.1.1 给出了同向传播两个波的可能情况, 即波的追赶问题.

冲击波追赶冲击波 (图 6.1.1(a))：冲击波 S_2 一定赶上冲击波 S_1. 因为冲击波相对于波前以超声速运动, 相对于波后以亚声速运动, 相对于两波之间的介质 m, S_2 的运动速度是超声速的, S_1 的运动速度是亚声速的, 所以 S_2 一定赶上 S_1. 两波相交后可能的结果有 $\vec{S_2}\vec{S_1} \Rightarrow \overset{\leftarrow}{R}J\vec{S}$, 如图 6.1.2 所示, 符号上方的箭头表示波的运动方向. 波相互作用的结果产生了新的区域 (3) 和 (4), 该区域以力学平衡为前提, 但不一定满足物理平衡, 即在新产生的力学平衡区域可能存在密度、温度等其他热力学参量的间断, 区域中可能存在一个接触间断面 J.

冲击波追赶稀疏波 (图 6.1.1(b))：冲击波 S 一定赶上稀疏波 R. 因为冲击波 S 相对于波前 m 以超声速运动, 稀疏波 R 以当地声速运动, 其波尾相对于波后 m 也以声速运动, 所以 S 一定赶上 R. 两波相交后可能的结果有 $\vec{S}\vec{R} \Rightarrow \vec{S}J\vec{R}$, 如图 6.1.3 所示. 区域中仍可能存在接触间断.

稀疏波追赶冲击波 (图 6.1.1(c))：稀疏波 R 一定赶上冲击波 S. 因为稀疏波 R 的波头相对于波前 m 以声速运动, 冲击波 S 相对于波后 m 以亚声速运动, 所以 R 一定赶上 S. 两波相交后可能的结果有 $\vec{R}\vec{S} \Rightarrow \overset{\leftarrow}{R}J\vec{S}$.

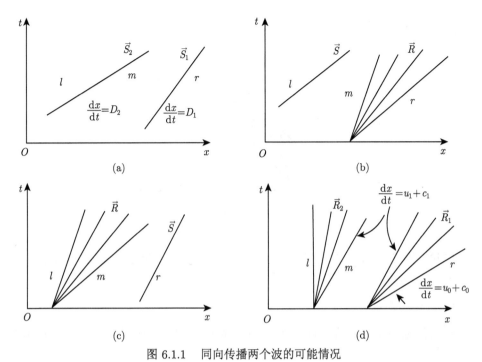

图 6.1.1　同向传播两个波的可能情况

(a) 冲击波追赶冲击波; (b) 冲击波追赶稀疏波; (c) 稀疏波追赶冲击波; (d) 稀疏波追赶稀疏波

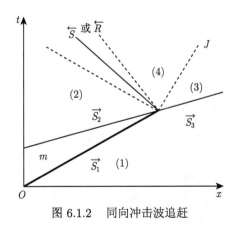

图 6.1.2　同向冲击波追赶

稀疏波追赶稀疏波 (图 6.1.1(d))：稀疏波 R_2 与稀疏波 R_1 将平行运动. 因为稀疏波以当地声速运动, 稀疏波 R_1 的波尾和稀疏波 R_2 的波头相对于两波之间的介质 m 都以声速运动, 所以一定有 $\vec{R}_2\vec{R}_1 \Rightarrow \vec{R}_2\vec{R}_1$.

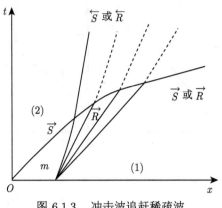

图 6.1.3　冲击波追赶稀疏波

结论　两个冲击波, 或一个冲击波与一个稀疏波, 永远不可能同一时刻、从同一点发出, 并向同一方向传播.

2. 波的迎面相交

波与波迎面相撞的情况有四种, 其中三种情况的图示如图 6.1.4 ∼ 图 6.1.6 所示. 定性结论有:

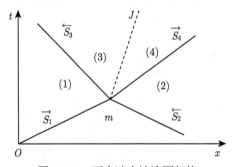

图 6.1.4　两个冲击波迎面相撞

冲击波与冲击波迎面相撞: 一定有 $\overrightarrow{S}\overleftarrow{S} \Rightarrow \overleftarrow{S}J\overrightarrow{S}$.
冲击波与稀疏波迎面相撞: 一定有 $\overrightarrow{S}\overleftarrow{R} \Rightarrow \overleftarrow{R}J\overrightarrow{S}$.
稀疏波与冲击波迎面相撞: 一定有 $\overrightarrow{R}\overleftarrow{S} \Rightarrow \overleftarrow{S}J\overrightarrow{R}$.
稀疏波与稀疏波迎面相撞: 一定有 $\overrightarrow{R}\overleftarrow{R} \Rightarrow \overleftarrow{R}J\overrightarrow{R}$.

结论　相向而行的两个冲击波, 或两个稀疏波, 或一个冲击波与一个稀疏波, 相交以后, 两波穿行而过.

图 6.1.7 是由于活塞运动引起的实际波系图示, 这些图示说明了波相互作用现象存在的现实情况.

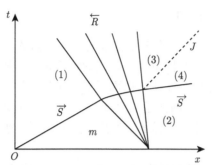

图 6.1.5 冲击波与稀疏波迎面相撞

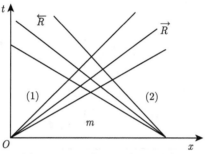

图 6.1.6 两束稀疏波迎面相撞

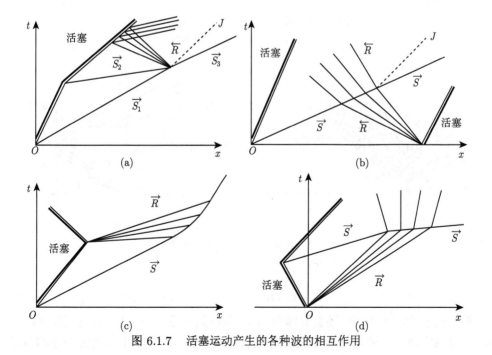

图 6.1.7 活塞运动产生的各种波的相互作用

6.1.2 波与界面相互作用现象

波与界面相互作用的情况有冲击波或简单波与固壁、自由面、刚体或物质界面等的相互作用. 其中, 波与固壁相互作用的特征是波从固壁反射, 固壁上 $u = 0$; 与自由面相互作用的特征是波从自由面反射, 自由面上 $p = 0$; 与刚体相互作用的特征是波推动刚体运动, 刚体运动速度 w 等于当地质点运动速度 u; 与物质界面发生相互作用的特征是波在界面上发生反射和透射, 界面处满足力学平衡条件 $u_1 = u_2, p_1 = p_2$.

图 6.1.8 给出了冲击波与界面相互作用几种情况的图示, 图 6.1.9 是稀疏波与界面相互作用的情况. 稀疏波与界面相互作用的求解过程参见第 4 章中例 4.2 ~ 例 4.4.

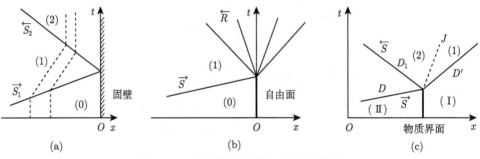

图 6.1.8 冲击波与界面相互作用的情况

(a) 固壁; (b) 自由面; (c) 物质界面

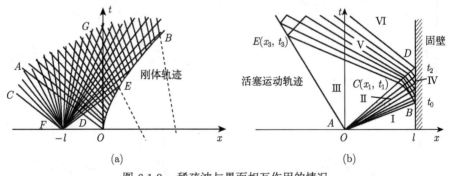

图 6.1.9 稀疏波与界面相互作用的情况

(a) 刚体; (b) 固壁

上面所作的分析和结论只是一些可能的现象, 并未包括所有的结果. 这些波 (或与界面) 相互作用后, 还会有哪些结果, 可以如何分析, 这是本章的主要内容.

直观地想, 流体动力学中波的产生机制是扰动, 即局部不平衡的力学和运动状态, 波的传播就是为了消除这种不平衡, 最终达到一种新的平衡. 波相互作用将产生新的波系, 也是为了这个目的. 区别于物理平衡和化学平衡等, 这种平衡从力学和运动学的角度, 以速度和力平衡为标志. 考虑到流体动力学所涉及的热力学状态参量 u, p, ρ, e 中, 质点速度 u 和压力 p 是反映运动状态和受力状态的参量, 所以, 建立以质点速度 u 和压力 p 为参量的分析方法来分析波的相互作用过程应该是最直接的. 下面给出的 *p-u* 曲线分析法即出于这种考虑, 将为分析波相互作用问题提供一种简便的图解方法, 对于定性判断波相互作用的结果十分有效.

6.2 *p-u* 曲线分析方法

6.2.1 冲击波 *p-u* 曲线分析方法

对冲击波建立以质点速度 u 和压力 p 为参量的关系式如下.

从冲击波的质量守恒和动量守恒关系式出发, 可作以下推导:

$$(u - u_0)^2 = [(D - u_0) - (D - u)]^2 = \left[(D - u_0) - (D - u_0)\frac{\rho_0}{\rho} \right]^2$$

$$= (D - u_0)^2 \left(1 - \frac{\rho_0}{\rho} \right)^2 = \frac{\rho}{\rho_0}\frac{p - p_0}{\rho - \rho_0} \left(\frac{\rho - \rho_0}{\rho} \right)^2$$

$$= (p - p_0)\frac{\rho - \rho_0}{\rho \rho_0} = (p - p_0)(\tau_0 - \tau),$$

其中已用到 Rayleigh 线方程 $(D - u_0)^2 = \tau_0^2 \dfrac{p - p_0}{\tau_0 - \tau} = \dfrac{\rho}{\rho_0}\dfrac{p - p_0}{\rho - \rho_0}$, 于是得到冲击波 Rayleigh 线方程的推广形式: $(u - u_0)^2 = (p - p_0)(\tau_0 - \tau)$, 该式可重新写为

$$u = u_0 \pm \sqrt{(p - p_0)(\tau_0 - \tau)}. \tag{6.2.1}$$

式 (6.2.1) 反映了以 u_0, p_0, τ_0 为波前的波后质点速度 u 与波后热力学状态 p 和 τ 的关系. 在 x-t 平面上, 以向右为 x 轴正向, 则对于右行冲击波, 波的右边是波前, 即 $u_0 = u_右$, 冲击波赋予质点速度向右的增量, 即 $\Delta u = u_左 - u_右 > 0$, 应有 $u_左 > u_右$ 或 $u > u_0$; 对于左行冲击波, 波的左边是波前, 即 $u_0 = u_左$, 冲击波赋予质点速度向左的增量, 即 $|\Delta u| = |u_右 - u_左| > 0$, 但 $\Delta u < 0$, 即 $u_右 - u_左 < 0$, 仍有 $u_左 > u_右$ 或 $u < u_0$. 所以, 式 (6.2.1) 中 "+" 号对应了右行冲击波, "−" 号对应了左行冲击波. 同时得出一个结论, 无论是向右行的冲击波还是向左行的冲击波, 总有 $u_左 > u_右$, 或者说冲击波阵面左边的质点速度总是大于冲击波阵面右边的质点速度.

对于给定介质, 状态方程是已知的, 可写出冲击波 Hugoniot 线的具体形式 $H(p, \tau)=0$, 由此解出 $\tau(p)$ 代入式 (6.2.1) 得到

$$u = u_0 \pm \varphi_0(p, p_0). \tag{6.2.2}$$

式 (6.2.2) 中符号 φ_0 表示一种函数关系, 其意义是式 (6.2.1) 中的根号项, 下标 0 表示波前量, 也就是说以 0 状态为参考点. 由 φ_0 的定义知 $\varphi_0 > 0$, 且 $p \to \infty$ 时, $\varphi_0 \to \infty$ 和 φ_0 的一阶导数 $\varphi_0' \to 0$.

先分析右行冲击波, 这时式 (6.2.2) 写成 $u = u_0 + \varphi_0(p, p_0)$. 若用符号 a, b 分别表示波前和波后, 则右行冲击波 $p\text{-}u$ 关系可写为

$$u_b = u_a + \varphi_a(p_b, p_a). \tag{6.2.3}$$

根据前面的分析知, 式 (6.2.3) 中,

$$u_b - u_a = \varphi_a(p_b, p_a) = \sqrt{(p_b - p_a)(\tau_a - \tau_b)} > 0,$$

$$\frac{\mathrm{d}u}{\mathrm{d}p} = \varphi_a'(p_b, p_a) = \frac{(\tau_a - \tau_b) - (p_b - p_a)\dfrac{\mathrm{d}\tau}{\mathrm{d}p}}{\sqrt{(p_b - p_a)(\tau_a - \tau_b)}},$$

因为 $\tau_a > \tau_b$, $p_b > p_a$ 和 $\dfrac{\partial \tau}{\partial p} < 0$, 所以 $\varphi_a'(p_b, p_a) > 0$, 因而有 $\dfrac{\mathrm{d}u}{\mathrm{d}p} > 0$.

于是, 以 a 为参考点, 在 $p\text{-}u$ 平面上可作出一条位于 a 状态的右边, 斜率为正的曲线 I_1, 如图 6.2.1 所示, b 状态位于此段曲线上. 曲线 I_1 对应了以 a 为波前, b 为波后的右行冲击波的所有可能状态. 可用 $b| \to a$ 简单表示, 或用符号 $\vec{S}$ 表示.

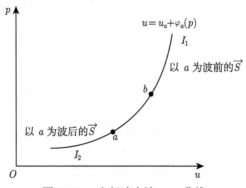

图 6.2.1　右行冲击波 $p\text{-}u$ 曲线

将式 (6.2.3) 下标符号 a, b 对换, 公式写成 $u_a = u_b + \varphi_b(p_a, p_b)$, 不影响公式的成立. 但公式的意义变成以 b 为波前, a 为波后的右行冲击波的 $p\text{-}u$ 关系. 同样,

由于

$$u_a - u_b = \varphi_b(p_a, p_b) = \sqrt{(p_a - p_b)(\tau_b - \tau_a)} > 0$$

和

$$\varphi_b'(p_a, p_b) = \frac{(\tau_b - \tau_a) - (p_a - p_b)\dfrac{\mathrm{d}\tau}{\mathrm{d}p}}{\sqrt{(p_a - p_b)(\tau_b - \tau_a)}},$$

此时, 因为 $\tau_b > \tau_a$, $p_b < p_a$ 和 $\dfrac{\partial \tau}{\partial p} < 0$, 所以 $\varphi_b'(p_a, p_b) > 0$, 有 $u_b < u_a$ 和 $\dfrac{\mathrm{d}u}{\mathrm{d}p} > 0$. 以 a 为参考点, 在 p-u 平面上可作出一条位于 a 状态的左边, 斜率为正的曲线 I_2, 如图 6.2.1 所示, 此时的 b 位于曲线 I_2 上. 曲线 I_2 是以 a 为波后的右行冲击波所有可能波前状态的连线. 可用 $a| \to b$ 简单表示, 仍用符号 $\vec{S}$ 表示.

至此, 以 a 为连接点, I_1, I_2 成为一条连续的曲线 I, 对应了右行冲击波的所有可能的 p, u 状态. 以 a 为参考点, 曲线的上半支 I_1 对应了以 a 为波前的所有波后状态, 曲线的下半支 I_2 对应了以 a 为波后的所有波前状态.

对于向左行的冲击波, 式 (6.2.3) 写成 p-u 关系式如下:

$$u_b = u_a - \varphi_a(p_b, p_a). \tag{6.2.4}$$

采用同样的方法进行分析, 可以得到另一条连续的曲线 J, 如图 6.2.2 所示. 曲线 J 对应了左行冲击波所有可能的 p, u 状态, 以 a 为参考点, 曲线的上半支 J_1 为以 a 为波前的所有波后状态, 曲线的下半支 J_2 为以 a 为波后的所有波前状态. 左行冲击波用符号 $\overleftarrow{S}$ 表示.

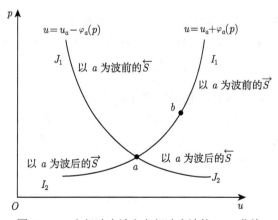

图 6.2.2 右行冲击波和左行冲击波的 p-u 曲线

图 6.2.2 将右行冲击波的 $p\text{-}u$ 曲线 I 和左行冲击波的 $p\text{-}u$ 曲线 J 作于一个图上, 图中两条曲线综合了冲击波的所有可能状态.

现在, 换一个角度来分析冲击波 $p\text{-}u$ 曲线. 已知无论是右行冲击波还是左行冲击波, 总有 $u_左 > u_右$, 若已知冲击波左边的状态 l, 其可能的右边状态在 $p\text{-}u$ 平面上位于 l 的左边, 如图 6.2.3(a) 所示. 于是, 以 l 为参考点, 斜率为负的上半支曲线对应了以 l 为波前的所有可能的左行波波后状态, 斜率为正的下半支曲线对应了以 l 为波后的所有可能的右行波波前状态. 若已知冲击波右边的状态 r, 其可能的左边状态应位于 r 的右边, 如图 6.2.3(b) 所示. 所以, 以 r 为参考点, 斜率为正的上半支曲线对应了以 r 为波前的所有可能的右行波波后状态, 斜率为负的下半支曲线对应了以 r 为波后的所有可能的左行波波前状态.

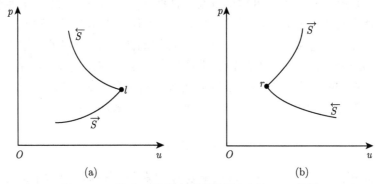

图 6.2.3　给定一边状态时可能的冲击波 $p\text{-}u$ 曲线

(a) 给定冲击波左边状态; (b) 给定冲击波右边状态

6.2.2　简单波 $p\text{-}u$ 曲线分析方法

对于等熵流动, 沿特征线满足黎曼不变量的关系式. 对于右行简单波, 跨越简单波区存在黎曼不变量 $-2\alpha = u - l(p)$ 为常数; 对于左行简单波有黎曼不变量 $2\beta = u + l(p)$ 为常数, 其中 $l(p) = \int \dfrac{\mathrm{d}p}{\rho c}$. 对于多方气体, $l(p) = \dfrac{2c}{\gamma - 1}$.

若用下标符号 a, b 区分跨越简单波区的波头和波尾, 则右行简单波波头和波尾的状态 u 和 p 可用 $-2\alpha = u_a - l(p_a) = u_b - l(p_b)$ 联系起来. 类似于冲击波 $p\text{-}u$ 关系式, 将上式写成 $u_b - u_a = l(p_b) - l(p_a)$ 或 $u_b = u_a + l(p_b) - l(p_a)$. 定义 $\psi_a(p_b, p_a) = l(p_b) - l(p_a)$, 则右行简单波 $p\text{-}u$ 关系式为

$$u_b = u_a + \psi_a(p_b, p_a), \tag{6.2.5}$$

其中, ψ_a 的下标 a 表示以 a 状态为参考点, 这里 a 暂时表示波前状态. 同理, 对

于左行简单波, 可建立波头 a 和波尾 b 状态 u 和 p 的联系如下:

$$u_b = u_a - \psi_a(p_b, p_a). \tag{6.2.6}$$

综合式 (6.2.5) 和式 (6.2.6), 简单波的 p-u 关系可统一写成 $u_b = u_a \pm \psi_a(p_b, p_a)$. 此式在形式上与冲击波 p-u 关系式 (6.2.2) 相似, 区别在于函数 φ 和 ψ 的内涵.

分析右行简单波 p-u 关系式 (6.2.5) 可知, 对于右行稀疏波, 因为 $p_b < p_a$ 和 $u_b < u_a$, 所以 $\psi_a(p_b, p_a) < 0$, 且

$$\frac{\mathrm{d}u}{\mathrm{d}p} = \psi_a'(p_b, p_a) = \frac{1}{\rho c} > 0.$$

因此, 在 p-u 平面上可作出一条以 a 为参考点, 斜率为正的曲线 i_1, 如图 6.2.4 中曲线的下半支所示, b 位于此段曲线上. 曲线 i_1 对应了以 a 为波头, b 为波尾的右行简单波的所有可能状态. 可用 $b||| \to a$ 简单表示, 或用符号 $\vec{R}$ 表示.

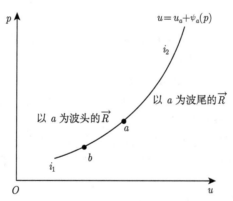

图 6.2.4   右行稀疏简单波 p-u 曲线

将式 (6.2.5) 下标符号 a, b 对换, 公式写成 $u_a = u_b + \psi_b(p_a, p_b)$, 不影响公式的成立. 但公式的意义变成以 b 为波头, a 为波尾的右行简单波的 p-u 关系.

作类似的分析可以得到以 a 为参考点, 斜率为正的曲线 i_2. b 在曲线 i_2 上, 位于 a 的右边, 如图 6.2.4 中曲线的上半支所示, 则曲线 i_2 对应了以 a 为波尾, b 为波头的右行简单波的所有可能状态. 用 $a||| \to b$ 简单表示, 或用符号 $\vec{R}$ 表示.

至此, 以 a 为连接点, i_1, i_2 成为一条连续的曲线 i, 对应了右行稀疏简单波的所有可能 p, u 状态.

同样可分析左行稀疏简单波的 p-u 关系式, 并在 p-u 平面上得到一条斜率为负的曲线 j, 如图 6.2.5 所示. 以 a 为参考点, 曲线 j 的上半支 j_2 对应了以 a 为波尾的所有波头状态, 曲线的下半支 j_1 对应了以 a 为波头的所有波尾状态. 于是曲

线 j 对应了左行稀疏简单波的所有可能 p, u 状态. 左行简单波可用符号 $\overleftarrow{R}$ 表示, 或用 $b \leftarrow |||a, a \leftarrow |||b$ 示之.

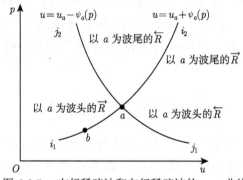

图 6.2.5　右行稀疏波和左行稀疏波的 p-u 曲线

由于右行稀疏简单波赋予质点速度向左的增量, 左行稀疏简单波赋予质点速度向右的增量, 所以无论是向右行的稀疏简单波还是向左行的稀疏简单波, 总有 $u_{左} < u_{右}$. 综合上面稀疏简单波的 p-u 曲线, 若已知稀疏简单波区左边的状态 l, 其可能的右边状态在 p-u 平面上都位于 l 的右边. 如图 6.2.6(a) 所示, 以 l 为参考点, 斜率为负的下半支曲线对应了以 l 为波头的所有可能的波尾状态 (左行波), 斜率为正的上半支曲线对应了以 l 为波尾的所有可能的波头状态 (右行波). 依此类推, 若已知稀疏简单波右边的状态 r, 其可能的左边状态都位于 r 的左边, 如图 6.2.6(b) 所示.

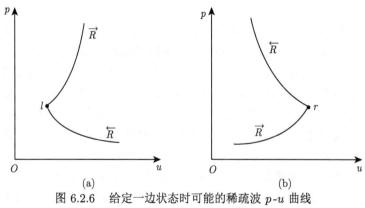

图 6.2.6　给定一边状态时可能的稀疏波 p-u 曲线

(a) 给定稀疏波左边状态; (b) 给定稀疏波右边状态

6.2.3 冲击波 p-u 曲线与简单波 p-u 曲线的联系

以波前 (头) 状态为参考点, 可以将冲击波 p-u 曲线与简单波 p-u 曲线联系起来. 对于右行波, 波的右边 r 是波前 (头), 即参考点是 r; 对于左行波, 波的左边 l 是波前 (头), 即参考点是 l; 在 p-u 平面上分别作出曲线 L_r, L_l, 如图 6.2.7 和图 6.2.8 所示.

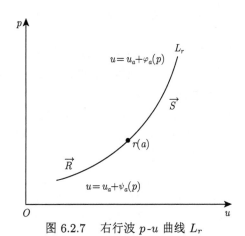

图 6.2.7   右行波 p-u 曲线 L_r

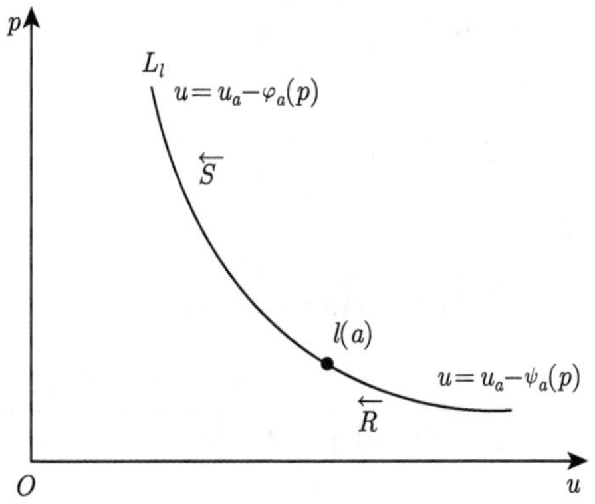

图 6.2.8   左行波 p-u 曲线 L_l

图 6.2.7 说明, 对于右行波, 冲击波和简单波的 p-u 曲线 L_r 的斜率都为正. 以 r 为参考点, 曲线的下半支对应了以 r 为波头的稀疏简单波所有可能的波尾状态, 曲线的上半支对应了以 r 为波前的可能冲击波波后状态. 图 6.2.8 说明, 对于左行波, 冲击波和简单波的 p-u 曲线 L_l 的斜率都为负. 以 l 为参考点, 曲线的下半支对应了以 l 为波头的稀疏简单波所有可能的波尾状态, 曲线的上半支对应了以 l 为波前的冲击波后所有可能状态. 以后, 为了方便起见, 将波头和波前统称为波前, 波尾和波后统称为波后.

曲线 L_r, L_l 的数学表达式可分别写为

$$
L_r : \begin{cases} u = u_r + \varphi_r(p) & (p > p_r, \vec{S}), \\ u = u_r + \psi_r(p) & (p < p_r, \vec{R}), \end{cases}
$$

$$
L_l : \begin{cases} u = u_l - \varphi_l(p) & (p > p_l, \overleftarrow{S}), \\ u = u_l - \psi_l(p) & (p < p_l, \overleftarrow{R}). \end{cases}
\tag{6.2.7}
$$

下标 r 和 l 分别表示右行波和左行波. 可以证明, 在参考点 l 或 r 处, 即在波的初始点处, 不妨用符号 a 表示初始点, 以便统一, 冲击波的 $p\text{-}u$ 曲线和简单波的 $p\text{-}u$ 曲线连续光滑过渡, 且二次相切.

根据函数 φ_a 和 ψ_a 的定义, 分别求冲击波 $p\text{-}u$ 曲线和简单波 $p\text{-}u$ 曲线在初始点处的一阶导数和二阶导数, 它们与 φ_a 和 ψ_a 的一阶导数和二阶导数相关. φ_a 和 ψ_a 的一阶导数和二阶导数分别是

$$
\psi_a'(p) = \frac{1}{\rho c} = \sqrt{-\left[\frac{\partial \tau(p)}{\partial p}\right]_S} = \sqrt{-\frac{\partial \tau_S(p)}{\partial p}},
$$

$$
\psi_a''(p) = -\frac{1}{2}\frac{\partial^2 \tau_S(p)}{\partial p^2}\left[-\frac{\partial \tau_S(p)}{\partial p}\right]^{-\frac{1}{2}},
$$

$$
\varphi_a'(p) = \frac{1}{2}\left[\sqrt{\frac{\tau_a - \tau_H(p)}{p - p_a}} - \frac{\mathrm{d}\tau_H(p)}{\mathrm{d}p}\sqrt{\frac{p - p_a}{\tau_a - \tau_H(p)}}\right],
\tag{6.2.8}
$$

$$
\varphi_a''(p) = -\frac{1}{4}\sqrt{\frac{p - p_a}{\tau_a - \tau_H(p)}}\left\{2\frac{\mathrm{d}^2\tau_H(p)}{\mathrm{d}p^2}\right.
$$

$$
\left. + \frac{1}{\tau_a - \tau_H(p)}\left[\frac{\tau_a - \tau_H(p)}{p - p_a} + \frac{\mathrm{d}\tau_H(p)}{\mathrm{d}p}\right]^2\right\}.
$$

函数 φ_a 源于冲击波过程, 函数 ψ_a 源于等熵过程, 式 (6.2.8) 中已用下标 H 表示冲击波过程, 下标 S 表示等熵过程. 在初始点处, 等熵线与冲击绝热线二次相切, 所以有

$$
\left.\frac{\tau_a - \tau_H(p)}{p - p_a}\right|_{\substack{p \to p_a \\ \tau_H \to \tau_S}} \to -\frac{\mathrm{d}\tau_H(p)}{\mathrm{d}p} \to -\frac{\partial \tau_S(p)}{\partial p},
$$

$$
\left.-\frac{\mathrm{d}^2\tau_H(p)}{\mathrm{d}p^2}\right|_{\substack{p \to p_a \\ \tau_H \to \tau_S}} \to -\frac{\partial^2 \tau_S(p)}{\partial p^2}.
$$

将上式代入式 (6.2.8), 式 (6.2.8) 中的第三和第四式在初始点 a 处重新写为

$$\varphi'_a(p) = \sqrt{-\frac{\partial \tau_S(p)}{\partial p}} = \psi'_a(p),$$

$$\varphi''_a(p) = -\frac{1}{2}\frac{\partial^2 \tau_S(p)}{\partial p^2}\left[-\frac{\partial \tau_S(p)}{\partial p}\right]^{-\frac{1}{2}} = \psi''_a(p),$$

即 φ_a 和 ψ_a 的一阶导数和二阶导数在初始点处对应相等, 或冲击波的 p-u 曲线和简单波的 p-u 曲线在初始点处光滑过渡, 且二次相切. 因此, 曲线 L_r, L_l 成为光滑连续的曲线, 分别称为右行波和左行波的 p-u 曲线.

6.2.4 p-u 曲线分析方法的应用

为了运用 p-u 曲线进行分析, 现将波相互作用问题重新提法列出如下.

波相互作用以前有左、右两个波在分别运动, 两个波的关系可以是相向而行, 也可以是追赶关系. 它们将空间分为三个区域, 右边波的右边为 r 区域, 左边波的左边为 l 区域, 两波之间为 m 区域, 如图 6.2.9(a) 所示.

图 6.2.9   波相互作用问题的简化图示

(a) 波相互作用以前; (b) 波相互作用以后

问题   两个波相遇发生相互作用后, 将产生怎样的新的波系.

分析   两波在某时刻相遇时, 意味着相互作用的开始. 根据已有的结论：两个冲击波, 或一个冲击波与一个稀疏波, 永远不可能在同一时刻, 从同一点发出, 并向同一方向传播. 相互作用的后果不能违背这个基本原则, 即不可能从相互作用点发出两个同向而行的波, 所以只可能产生两个反向传播的波 (即一个左行波和一个右行波), 或只产生一个波, 后者是一种退化情况. 新产生的左行波和右行波分别以原来的 l 和 r 区域为波前, 两波的波后建立起一种新的力学平衡, 产生新的平衡区域 m^*. 但 m^* 中不一定满足物理平衡, 即可能存在密度、温度等其他热力学参量的间断, 所以在 m^* 中可能存在一个间断面 J. 图 6.2.9 给出了波相互作用前后波系传播的示意. 这时, 问题的提法简化表示为已知波相互作用以前的状态为 l(左边波)$+m+$(右边波)r, 求相互作用以后新产生的左行波、右行波的性质和 m^* 中的状态.

解   以两个冲击波迎面相撞的情况为例, 说明 p-u 曲线分析方法的应用.

　　两个冲击波迎面相撞问题中, 左边波和右边波分别是 $\vec{S}_{左}$ 和 $\overleftarrow{S}_{右}$, 如图 6.2.10(a) 所示为 x-t 平面上波系结构. m 是两波的波前状态, 为已知状态, l 和 r 分别是 $\vec{S}_{左}$ 和 $\overleftarrow{S}_{右}$ 的波后状态.

　　对于给定介质, 无论给定冲击波 $\vec{S}_{左}$ 和 $\overleftarrow{S}_{右}$ 的强度, 还是给定区域 l 和 r 的状态, 在波相互作用以前的所有状态都是可确定求解的. 在 p-u 平面上, 如图 6.2.10(b) 所示, 以 m 为波前的左行冲击波 $\overleftarrow{S}_{右}$ 的 p-u 曲线 $L_{l右}$ 位于状态 m 的左边, 斜率为负, 波后状态 r 为 $L_{l右}$ 上的一点. 以 m 为波前的右行冲击波的 p-u 曲线 $L_{r左}$ 位于 m 的右边, 斜率为正, 波后状态 l 位于 $L_{r左}$ 上. 波相互作用新产生的左行波以 l 为波前, 右行波以 r 为波前. 对于左行波, 所有可能的波后状态 $m_{左}^*$ 位于从 l 发出的, 斜率为负的 p-u 曲线 L_l' 上. 右行波所有可能的波后状态 $m_{右}^*$ 位于从 r 发出的, 斜率为正的 p-u 曲线 L_r' 上. 要使两波的波后达到一个共同的平衡状态, L_l' 和 L_r' 必须交于一点, 此点便是所求的平衡态 m^*. 本问题中两条 p-u 曲线 L_l' 和 L_r' 只可能交于各自的上半支, 没有另外的交点. 因为 p-u 曲线的上半支对应冲击波后的状态, 因此可以判断, 两个迎面相撞的冲击波相互作用后产生了一个左行的冲击波和一个右行的冲击波, 即前面曾提到过的结论: 相向而行的两个冲击波相交以后, 两波穿行而过. 而且相互作用的结果是唯一确定的, 用符号表示为 $\vec{S}_{左}\overleftarrow{S}_{右} \Rightarrow \overleftarrow{S}J\vec{S}$ 或 $l + m + r \to \overleftarrow{S} + m^* + \vec{S}$.

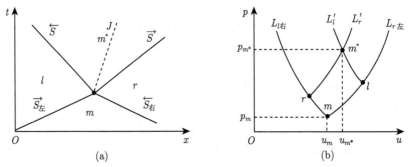

图 6.2.10　　两个冲击波迎面相撞的情况

(a) x-t 图; (b) p-u 图

　　由此, 通过 p-u 曲线分析方法确定了新产生的波系, 接下来就可以运用相应的波 (冲击波和简单波) 的关系式、介质状态方程和平衡关系式来定量求解各自波的强度和 m^* 状态. 本问题中已确定新产生了两个冲击波, 各冲击波有三个间断关系式和一个状态方程, 共 8 个关系式; 待定参量为新生成各波的强度 $D_{左}$, $D_{右}$ 和 m^* 的状态 p_{m^*}, u_{m^*}, $e_{左^*}$, $\rho_{左^*}$, $e_{右^*}$, $\rho_{右^*}$, 共 8 个未知量, 可封闭求解. 此处, 在平衡区 m^* 已运用了力学平衡关系式 $p_{m^*} = p_{左^*} = p_{右^*}$ 和 $u_{m^*} = u_{左^*} = u_{右^*}$, 减少了未知量的个数.

6.3　波与波相互作用分析

6.3.1　冲击波–冲击波

1. 两个冲击波迎面相撞

两个冲击波迎面相撞的问题在 6.2 节已作了分析.

2. 两个冲击波的追赶

如图 6.3.1 所示, 在两个冲击波追赶的问题中, 波相互作用以前的左边波和右边波都是右行冲击波 $\vec{S}_左$ 和 $\vec{S}_右$. 其中 r 是右边波的波前, m 是右边波的波后和左边波的波前, l 是左边波的波后. 两个波追上以后至少合成一个右行冲击波, 可能产生的左行波的性质要通过分析波相互作用的效果后才能确定. 新产生的左行波和右行波之间是新的力学平衡区 m^*, 它是以 r 为波前的右行冲击波和以 l 为波前的左行波的波后.

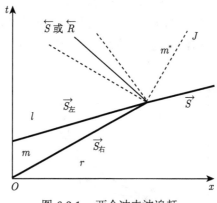

图 6.3.1　两个冲击波追赶

在 p-u 平面上, 以 r 为波前可作出一条冲击波 p-u 曲线 $L_{r右}$, 如图 6.3.2 所示, 状态 m 和 m^* 都位于 $L_{r右}$ 上. 状态 l 位于以 m 为波前的右行冲击波的 p-u 曲线 $L_{r左}$ 上. m^* 是以 l 为波前的左行波的 p-u 曲线 L_l 与 $L_{r右}$ 的交点. 相互作用后新产生的左行波是冲击波还是稀疏波, 取决于 $L_{r左}$ 与 $L_{r右}$ 的相对方位. 如果 $L_{r右}$ 位于 $L_{r左}$ 的上方, 反射的左行波将是冲击波, 如图 6.3.2(a) 所示, 用符号 $\vec{S}_左\vec{S}_右 \Rightarrow \overset{\leftarrow}{S}J\vec{S}$ 表示, 或表示成 $l+m+r \to \overset{\leftarrow}{S}+m^*+\vec{S}$. 如果 $L_{r右}$ 位于 $L_{r左}$ 的下方, 反射的左行波将是稀疏波, 如图 6.3.2(b) 所示, 用符号 $\vec{S}_左\vec{S}_右 \Rightarrow \overset{\leftarrow}{R}J\vec{S}$ 表示, 或表示成 $l+m+r \to \overset{\leftarrow}{R}+m^*+\vec{S}$. m^* 中可能有接触间断 J, 见图 6.3.1 中所示.

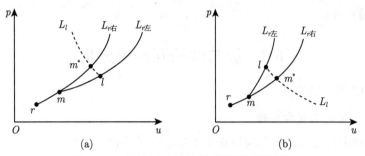

图 6.3.2   两个冲击波追赶的两种可能结果

$L_{r左}$ 与 $L_{r右}$ 的相对方位与波的强度和介质的物性都有关. 以多方气体为例, 当介质的多方指数 $\gamma \leqslant 5/3$ 时, $L_{r右}$ 总位于 $L_{r左}$ 的下方, 因此反射的左行波一定是稀疏波. 当多方指数 $\gamma > 5/3$ 时, $L_{r左}$ 与 $L_{r右}$ 的相对方位并非单调变化, 如图 6.3.3 所示. 在初始左边冲击波不太强时, $L_{r右}$ 位于 $L_{r左}$ 的上方, 在图中 K 点以下, 反射的左行波将是冲击波; $L_{r左}$ 与 $L_{r右}$ 在 K 点处相交, 这时状态 l 和 m^* 重合, 不产生反射左行波, 即两波合二为一, 但在 l 和 m^* 之间仍可能存在接触间断 J, 波相互作用的结果是 $\vec{S}_左\vec{S}_右 \Rightarrow J\vec{S}$, 或表示成 $l + m + r \to l + m^* + \vec{S}$. 在 $p_l > p_K$ 之后 $L_{r右}$ 位于 $L_{r左}$ 的下方, 反射的左行波将是稀疏波.

由此, 多方气体的冲击波追赶问题就可能有多种结果, 如表 6.3.1 所列.

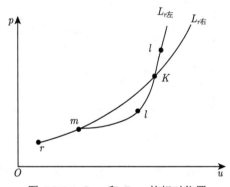

图 6.3.3 $L_{r右}$ 和 $L_{r左}$ 的相对位置

表 6.3.1 $\vec{S}_左\vec{S}_右$ 波相互作用的结果

γ 取值	几种可能情况		
$\gamma \leqslant \dfrac{5}{3}$		$\overleftarrow{R}J\vec{S}$	
$\gamma > \dfrac{5}{3}$	$p_l < p_K$	$p_l = p_K$	$p_l > p_K$
	$\overleftarrow{S}J\vec{S}$	$J\vec{S}$	$\overleftarrow{R}J\vec{S}$

在具体问题中, 介质是给定的 (即 γ 是已知的), 波相互作用以前的状态是确定的, 因此一定对应了上述某一种情形, 问题的解是确定的. 有关更详细的分析可参考李维新的著作《一维不定常流与冲击波》(2003).

6.3.2 冲击波–稀疏波

1. 冲击波与稀疏波迎面相撞

类似于两个冲击波迎面相撞问题, 以左边波和右边波分别是冲击波 $\vec{S}_{左}$ 和稀疏波 $\overleftarrow{R}_{右}$ 的情况为例, 如图 6.3.4(a) 中 x-t 图所示.

图中, m 是两波的波前状态, l 和 r 是 $\vec{S}_{左}$ 和 $\overleftarrow{R}_{右}$ 的波后状态, 在波相互作用前的所有状态都是已知的. 在 p-u 平面上, 作出以 m 为波前的左行稀疏波 $\overleftarrow{R}_{右}$ 的 p-u 曲线 L_l 和右行冲击波 $\vec{S}_{左}$ 的 p-u 曲线 L_r, 状态 r 和 l 分别位于 L_l 和 L_r 上, 如图 6.3.4(b) 所示. 波相互作用后产生的左行波以 l 为波前, 右行波以 r 为波前. 在 p-u 平面上, 波后状态 $m^*_{左}$ 位于曲线 $L'_{l平}$, 右行波波后状态 $m^*_{右}$ 将位于曲线 $L'_{r平}$. $m^*_{左}$ 和 $m^*_{右}$ 重合即表示两波的波后达到一个共同的平衡态 m^*. 本问题中交点位于 L'_l 的稀疏波分支和 L'_r 的冲击波分支上, 所以判断: 两个波相互作用后产生了一个左行的稀疏波和一个右行的冲击波. 与我们曾提到过的结论一致: 相向而行的一个冲击波与一个稀疏波相交以后, 两波穿行而过, 用符号表示为 $\vec{S}_{左}\overleftarrow{R}_{右} \Rightarrow \overleftarrow{R}J\vec{S}$ 或 $l+m+r \to \overleftarrow{R}+m^*+\vec{S}$.

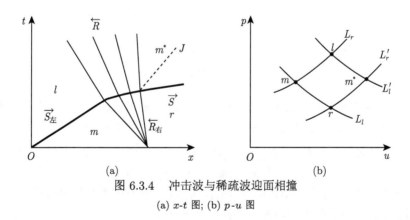

图 6.3.4　冲击波与稀疏波迎面相撞

(a) x-t 图; (b) p-u 图

2. 冲击波追赶稀疏波

在冲击波追赶稀疏波的问题中, 波相互作用以前的左边波和右边波都是右行波, 一个是 $\vec{S}_{左}$, 一个是 $\overrightarrow{R}_{右}$, 如图 6.3.5(a) 所示. 其中 r 是右边波的波前, m 是右边波的波后和左边波的波前, l 是左边波的波后. 波相互作用后产生的左行波和右行波之间是新的力学平衡区 m^*, 它是以 r 为波前的右行波和以 l 为波前的反射左行波的波后. 在 $p\text{-}u$ 平面上, 以 r 为波前可作出 $p\text{-}u$ 曲线 $L_{r右}$, 状态 m 和 m^* 都位于 $L_{r右}$ 上, 状态 l 位于以 m 为波前的右行冲击波的 $p\text{-}u$ 曲线 $L_{r左}$ 上. m^* 是以 l 为波前的左行波的 $p\text{-}u$ 曲线 L_l 与 $L_{r右}$ 的交点, 如图 6.3.5(b) 所示.

在本问题中, 新产生的波系不仅与 $L_{r左}$ 和 $L_{r右}$ 的相对方位有关, 还与 r 和 l 的相对方位有关. 如果 $L_{r右}$ 位于 $L_{r左}$ 的上方, 反射的左行波将是压缩波, 对应了图 6.3.5(b) 中两条曲线的交点 m_2^*. 同时, 如果 L_l 与 $L_{r右}$ 的交点 m_2^* 位于 r 的上方 (如图中 r_3 情况), 则透射的右行波亦为冲击波, 波相互作用的结果是 $\overleftarrow{S}_左\overrightarrow{R}_右 \Rightarrow \overleftarrow{S}J\overrightarrow{S}$; 反之, 如果 L_l 与 $L_{r右}$ 的交点 m_2^* 位于 r 的下方 (如图中 r_4 情况), 则透射的右行波将为稀疏波, 波相互作用的结果是 $\overleftarrow{S}_左\overrightarrow{R}_右 \Rightarrow \overleftarrow{S}J\overrightarrow{R}$; 如果 L_l 与 $L_{r右}$ 的交点 m^* 与 r 重合, 则不产生透射的右行波, 波相互作用的结果是 $\overleftarrow{S}_左\overrightarrow{R}_右 \Rightarrow \overleftarrow{S}J$, 这时 r 和 m^* 在力学上是平衡的, 但它们之间可能存在一个接触间断 J. 这里, 用 $\overleftarrow{S}$ 表示压缩波.

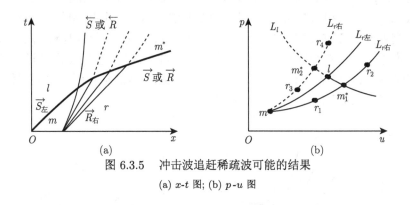

图 6.3.5   冲击波追赶稀疏波可能的结果

(a) $x\text{-}t$ 图; (b) $p\text{-}u$ 图

如果 $L_{r右}$ 位于 $L_{r左}$ 的下方, 反射的左行波将是稀疏波, 对应了图 6.3.5(b) 中右下方两实线交点 m_1^*. 根据 r 和 l 的相对方位, 透射的右行波也存在三种可能的结果, 用符号表示分别是 $\overleftarrow{S}_左\overrightarrow{R}_右 \Rightarrow \overleftarrow{R}J\overrightarrow{S}$, $\overleftarrow{S}_左\overrightarrow{R}_右 \Rightarrow \overleftarrow{R}J\overrightarrow{R}$ 和 $\overleftarrow{S}_左\overrightarrow{R}_右 \Rightarrow \overleftarrow{R}J$.

$L_{r左}$ 与 $L_{r右}$ 的相对方位与波的强度和介质的物性有关, r 和 l 的相对方位与初始波的相对强度有关, 如图 6.3.6 所示, 类似于冲击波相追赶的情况. 对于多方气体, 冲击波追赶稀疏波的多种可能结果列入表 6.3.2 中.

用同样的思路可以分析稀疏波追赶冲击波的问题, 波系图如图 6.3.7 所示, 多种可能的结果列入表 6.3.3 中.

在 $p\text{-}u$ 平面上作出表 6.3.3 所列情况的 $p\text{-}u$ 曲线, 如图 6.3.8 所示.

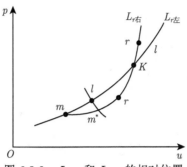

图 6.3.6 $L_{r右}$ 和 $L_{r左}$ 的相对位置

表 6.3.2 $\vec{S}_{左}\vec{R}_{右}$ 波相互作用结果

γ 取值		几种可能情况		
		m^* 高于 r	m^* 低于 r	m^* 与 r 重合
$\gamma > \dfrac{5}{3}$		$\overleftarrow{S}J\vec{S}$	$\overleftarrow{S}J\vec{R}$	$\overleftarrow{S}J$
$\gamma \leqslant \dfrac{5}{3}$	$p_l < p_K$	$\overleftarrow{R}J\vec{S}$	$\overleftarrow{R}J\vec{R}$	$\overleftarrow{R}J$
	$p_l = p_K$	$J\vec{S}$	$J\vec{R}$	J
	$p_l > p_K$	$\overleftarrow{S}J\vec{S}$	$\overleftarrow{S}J\vec{R}$	$\overleftarrow{S}J$

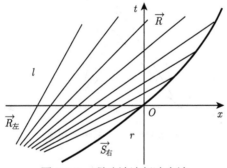

图 6.3.7 稀疏波追赶冲击波

表 6.3.3 $\vec{R}_{左}\vec{S}_{右}$ 波相互作用结果

γ 取值		几种可能情况		
		m^* 高于 r	m^* 低于 r	m^* 与 r 重合
$\gamma > \dfrac{5}{3}$		$\overleftarrow{S}J\vec{S}$	$\overleftarrow{S}J\vec{R}$	$\overleftarrow{S}J$
$\gamma \leqslant \dfrac{5}{3}$	$p_l > p_K$	$\overleftarrow{R}J\vec{S}$	$\overleftarrow{R}J\vec{R}$	$\overleftarrow{R}J$
	$p_l = p_K$	$J\vec{S}$	$J\vec{R}$	J
	$p_l < p_K$	$\overleftarrow{S}J\vec{S}$	$\overleftarrow{S}J\vec{R}$	$\overleftarrow{S}J$

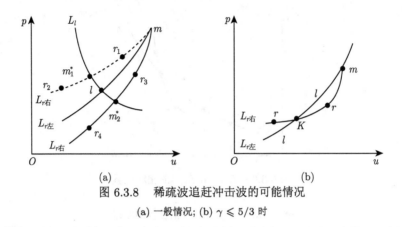

(a)   (b)

图 6.3.8   稀疏波追赶冲击波的可能情况

(a) 一般情况; (b) $\gamma \leqslant 5/3$ 时

6.3.3   稀疏波–稀疏波

稀疏波与稀疏波不存在追赶的问题, 图 6.3.9 中所示的两波相撞后也是穿行而过, 这一点可以从相应的 p-u 曲线 (图 6.3.10) 分析得到.

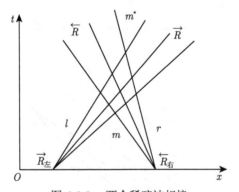

图 6.3.9   两个稀疏波相撞

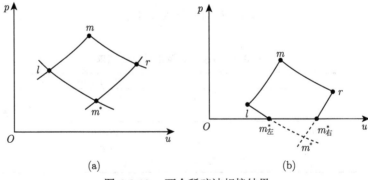

(a)   (b)

图 6.3.10   两个稀疏波相撞结果

(a) 不完全稀疏; (b) 完全稀疏

类似于两个冲击波迎面相撞的情况, 这时左边波和右边波分别是 $\vec{R}_{左}$ 和 $\overleftarrow{R}_{右}$. m 是两波的波前状态, l 和 r 也是可确定的. 所不同的是, 在 p-u 平面上, 波相互作用后的平衡态 m^* 位于分别从 l 和 r 发出的两条 p-u 曲线的下半支, 如图 6.3.10(a) 所示. 因此判断: 两个迎面相撞的稀疏波相互作用后产生了一个左行的稀疏波和一个右行的稀疏波, 即相向而行的两个稀疏波相交后穿行而过, 用符号表示为 $\vec{R}_{左}\overleftarrow{R}_{右} \Rightarrow \overleftarrow{R}J\vec{R}$ 或 $l + m + r \to \overleftarrow{R} + m^* + \vec{R}$.

新出现的问题是, 如果交点 m^* 跨越到 $p < 0$ 的区域, 将出现声速 $c < 0$, 对于多方气体, 这违背了介质状态方程的基本假设. 这时, 对于左行稀疏波, 最大程度的稀疏只能达到 $p = 0$, 其状态点 $m^*_{左}$ 为从 l 发出的左行波 p-u 曲线与 u 轴的交点. 右行波最大程度的稀疏状态 $m^*_{右}$ 为从 r 发出的右行波的 p-u 曲线与 u 轴的交点, 如图 6.3.10(b) 所示. $m^*_{左}$ 和 $m^*_{右}$ 处的质点速度为逃逸速度, 且 $u_{m^*_{左}} < u_{m^*_{右}}$, $m^*_{左}$ 和 $m^*_{右}$ 点之间为真空区, 压力和声速、密度都为零. 这对应了完全稀疏的情形, 用符号表示为 $\vec{R}_{左}\overleftarrow{R}_{右} \Rightarrow \overleftarrow{R}V\vec{R}$, 或 $l + m + r \to \overleftarrow{R} + V + \vec{R}$, 其中符号 V 表示真空区.

对于凝聚介质, $p < 0$ 时介质承受拉应力, 仍可以有力学平衡态存在. 在负压 p 超过介质的拉伸强度时, 介质才发生断裂破坏. 这是凝聚介质层裂破坏的机制之一. 图 6.3.11 给出了飞片撞靶引起的介质中发生层裂的物理过程分析. 由图可见, 稀疏波的相互作用是层裂发生的原因.

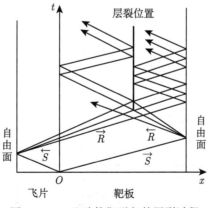

图 6.3.11 飞片撞靶引起的层裂过程

一个具体例子是, 指数衰减型或三角波形的平面冲击波在介质中传播至自由面时, 为了保持自由面 $p = 0$ 的边界条件, 冲击波从自由面将反射稀疏波, 反射的稀疏波与尚未反射的冲击波波后叠加, 在自由面附近的介质中产生拉伸应力. 当拉伸应力超过介质材料的抗拉强度极限时, 材料内将形成裂纹, 严重时会造成完全破裂, 称为层裂. 由于很多材料的抗拉强度低于压缩强度, 在压缩状态下不一定会破坏, 但是在拉伸情况下往往会出现损伤甚至破裂, 图 6.3.12 给出了爆炸产生的三角波形冲击波在自由面发生反射的过程.

设入射波波宽为 λ, 波头强度为 σ_0, 向右传播, 见图 6.3.12(a) 所示; 在自由面形成左行的反射稀疏波, 当反射稀疏波波头进入介质 $\lambda/4$ 距离时, 与入射冲击波波后 $\lambda/2$ 宽度处的波形发生叠加, 产生拉应力 $\sigma_0/2$ (图 6.3.12(b)); 当反射稀疏波进入介质 $\lambda/2$ 距离时, 恰好与入射波波尾叠加, 叠加后拉应力为 σ_0 (图 6.3.12(c)); 图 6.3.12(d) 和 (e) 是波传播的后续过程. 介质内是否产生和在何处产生裂纹或者出现层裂, 与入射波、反射波在不同位置处叠加后所产生的拉应力大小及材料抗拉强度有关. 若入射波、反射波叠加后的拉应力超过材料抗拉强度, 则在此应力叠加处将产生裂纹. 例如, 假定入射三角波波头应力强度 σ_0 等于材料抗拉强度 σ_b, 则在距自由面 $\lambda/2$ 处入射波、反射波叠加后所产生的拉应力大于材料抗拉强度 σ_b, 将产生裂片厚度为 $\lambda/2$ 的层裂片. 当入射波波头强度 σ_0 等于 2 倍材料抗拉强度 σ_b 时, 将会发生两次层裂, 第一次层裂发生在距离自由面 $\lambda/4$ 处, 层裂片厚度为 $\lambda/4$; 第一次层裂后马上产生一个新的自由面, 入射波的剩余部分在新自由面上发生反射, 第二次层裂出现在距原自由面 $\lambda/2$ 处, 层裂片厚度仍为 $\lambda/4$. 当入射波波头强度是材料抗拉强度的 n 倍时, 则会发生 n 次层裂, 每次层裂片厚度相同.

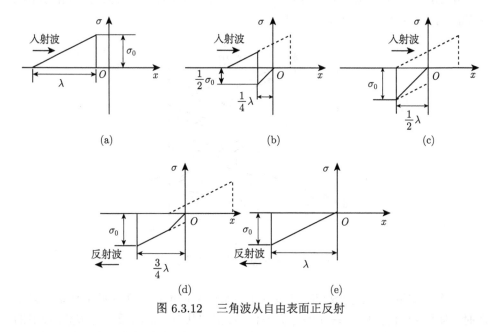

图 6.3.12　三角波从自由表面正反射

例 6.1　碎甲弹的作用原理.

问题　碎甲弹的作用原理是炸药爆炸直接作用于装甲外表面, 造成坦克内部

产生次生破片而毁伤目标. 假定在应力–时间平面上爆炸波峰值压力为 σ_0, 波宽 λ; 坦克装甲为有限厚度均质平板, 装甲材料声速为 c, 拉伸强度为 σ_b, 且 $\sigma_b = 0.6|\sigma_0|$; 材料破坏遵循瞬时拉应力判据. 试求出装甲板中出现首次次生破片的厚度.

解　爆炸冲击波简化为前沿陡峭的三角波, 在自由面反射形成稀疏波, 如图 6.3.13 所示. 反射后稀疏波的峰值拉应力为 $-\sigma_0$. 当反射波的峰值拉应力 $-\sigma_0$ 与当地压应力 σ_1 的差大于等于拉伸强度 σ_b 时发生层裂, 即图中对应 σ_1 位置处发生层裂.

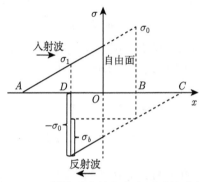

图 6.3.13　　爆炸冲击波在自由面反射示意图

按照材料破坏遵循瞬时拉应力判据, $\sigma_b = -0.6\sigma_0$, $\sigma_1 = 0.4\sigma_0$, 则根据图中几何关系对应有: $\overline{AD} = 0.4\overline{AB} = 0.4\lambda$, $\overline{BD} = 0.6\overline{AB} = 0.6\lambda$, 而 OD 与 OB 关于自由面对称, 则 $\overline{OD} = \overline{BD}/2 = 0.3\lambda$. 介质材料声速为 c, 介质中首次出现破坏的位置离自由面的距离为 $0.3\lambda c$. 即首次次生破片的厚度为 $0.3\lambda c$.

需要重申的是: ① 上述图解分析给出了波系的定性结果, 定量的状态值仍要借助解析方法求解; ② 图解给出的状态点是跨越波区的波前、波后状态, 在波区中的状态, 如简单波区的状态分布, 仍然需要借助解析方法求解.

6.4　黎曼问题分析

在分析波相互作用结果的基础上, 可以将所得结论应用于具体问题. 典型的问题有活塞问题、爆轰波问题和初始间断的分解问题. 活塞运动的结果就是形成了波的传播, 并造成波的相互作用; 爆轰波除了带有化学反应区以外, 与一般的冲击波情况类似. 因此, 前面的分析基本上可以直接应用于这些情况. 初始间断的分解问题又称为黎曼问题, 是本节的主要内容.

所谓初始间断是指, 介质中原本存在力学或 (和) 运动不平衡, 即存在强间断, 间断的两边 $p_左 \neq p_右$ 或/和 $u_左 \neq u_右$, 它们是造成新的波系传播的原因. 这种不平衡一旦被打破, 将产生一系列新的波系, 初始间断被分解, 系统将趋于一种新的平衡. 新生成的平衡状态完全可以由问题的初始条件确定, 这就是所谓的黎曼问题. 一个简单的例子是击波管问题.

一维管道中, 在 $x = 0$ 处的左边是高压气体, 右边是低压气体, 高压气体和低压气体初始时刻都处于静止状态, 两者之间有薄膜隔离. $t = 0$ 时刻, 薄膜破裂, 界面处高压气体和低压气体开始发生相对运动. 运动是由于在高压气体中传入了一束稀疏波, 在低压气体中传入了一束冲击波引起的, 如图 6.4.1(a) 中波系图所示. 这时, 问题可表述为间断初始状态 l (气体压力 p_l) $+ r$ (气体压力 p_r), 且 $p_l > p_r$, $u_l = u_r = 0$, 间断分解后状态为 $l + r \to \overleftarrow{R} + m^* + \vec{S}$, 求 m^* 的状态 p_{m*} 和 u_{m*}.

根据所分析的波系和波前状态, m^* 状态 p_{m*} 和 u_{m*} 可以用公式求解. 分别写出左行稀疏波和右行冲击波的 p-u 关系式如下:

$$
\begin{aligned}
u_{m*} &= u_l - \psi_l(p_{m*}), \\
u_{m*} &= u_r + \varphi_r(p_{m*}),
\end{aligned}
\tag{6.4.1}
$$

式中已运用了界面力学平衡方程. 式 (6.4.1) 两个方程求解两个未知数, 求解过程封闭. 其他状态量可利用波的其他关系式和状态方程求得.

在 p-u 平面上, 以 r 为波前可作出一条右行冲击波 p-u 曲线 L_r, 以 l 为波前作出左行稀疏波 p-u 曲线 L_l, L_l 和 L_r 的交点就是 m^*, 如图 6.4.1(b) 所示. 式 (6.4.1) 和图 6.4.1(b) 都表明, m^* 的压力 p_{m*} 和质速 u_{m*} 是唯一确定的, 但在 m^* 中可能存在物理间断 J, 即密度或其他热力学参量的间断. 因此, 初始间断分解后的结果还可以用符号表示为 $l + r \to \overleftarrow{R} + m^* + \vec{S}$ 或 $l + r \to \overleftarrow{R}J\vec{S}$. 如果初始间断是 $p_l < p_r$, $u_l = u_r = 0$, 则间断分解后的结果是 $l + r \to \overleftarrow{S}J\vec{R}$.

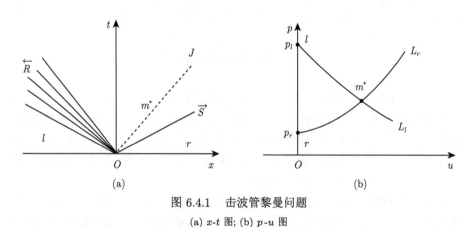

图 6.4.1   击波管黎曼问题

(a) x-t 图; (b) p-u 图

初始间断的分解问题具有广泛的应用背景. 上面给出的是初始压力的间断, 即击波管问题, 另一个典型情况是初始速度的间断, 如飞片撞靶问题, 参见图 5.2.11, 这时初始 $u_l > u_r$, $p_l = p_r = 0$. 相应的 $x\text{-}t$ 平面上波系图和 $p\text{-}u$ 曲线图如图 6.4.2 所示. 由图可见, 飞片撞靶一定形成两个冲击波, 分别传入间断两边的介质中, 用符号表示为 $l + r \to \overleftarrow{S}J\overrightarrow{S}$.

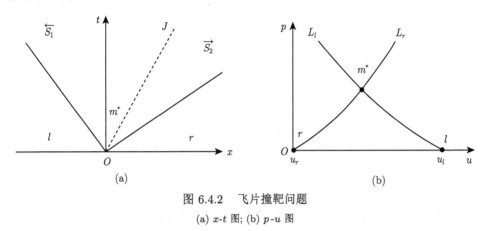

图 6.4.2　飞片撞靶问题

(a) $x\text{-}t$ 图; (b) $p\text{-}u$ 图

事实上, 对于任意的初始状态 l 和 r, 上述问题都是可解的. 初始间断实际上与 6.3 节中两个波相互作用时刻的图像相同, 间断分解后的新状态 m^* 完全由 l 和 r 的初始情况决定. 在 $p\text{-}u$ 平面上 l 和 r 的相对位置不同, 可以得到间断分解后的不同波系结构, m^* 由这些波相对应的 $p\text{-}u$ 曲线的交点给出. 下面我们总结出所有可能存在的初始间断的分解情况.

以 r 为参考点作右行波的 $p\text{-}u$ 曲线 L_r, 新状态 m^* 位于以 l 为波前的左行波 $p\text{-}u$ 曲线 L_l 与 L_r 的交点上. 如果交点位于 r 的上方, 即交于上半支 $L_{r\pm}$, 则初始间断分解产生的右行波为冲击波. 这时, 若 l 位于 $L_{r\pm}$ 的上方, 产生的左行波为稀疏波, 新的波系为 $l + r \to \overleftarrow{R}J\overrightarrow{S}$ 或表示成 $l + r \to \overleftarrow{R} + m_1^* + \overrightarrow{S}$; 若 l 位于 $L_{r\pm}$ 的下方, 产生的左行波为冲击波, 新的波系为 $l + r \to \overleftarrow{S}J\overrightarrow{S}$ 或表示为 $l + r \to \overleftarrow{S} + m_2^* + \overrightarrow{S}$. 这两种情况分别对应了图 6.4.3 中区域 (1) 和区域 (2) 的情形, 新状态分别为图中的 m_1^* 和 m_2^* 点. 若 l 正好位于曲线 $L_{r\pm}$ 上, 将不产生左行波, 间断分解的结果是 $l + r \to J\overrightarrow{S}$ 或表示成 $l + r \to m_{r\pm}^* + \overrightarrow{S}$.

反之, 如果 L_l 与 L_r 的交点位于 r 的下方, 即交于下半支 $L_{r\mp}$, 则产生的右行波为稀疏波; 这时, 作类似的分析知, 新的波系有 $l + r \to \overleftarrow{S}J\overrightarrow{R}$ 或表示为 $l + r \to \overleftarrow{S} + m_3^* + \overrightarrow{R}$, $l + r \to \overleftarrow{R}J\overrightarrow{R}$ 或表示为 $l + r \to \overleftarrow{R} + m_4^* + \overrightarrow{R}$. 这分别对应了图 6.4.3 中区域 (3) 和区域 (4) 的情形, 新状态为图中的 m_3^* 和 m_4^* 点. 若 l 正好位于曲线 $L_{r\mp}$ 上, 间断分解的结果是 $l + r \to J\overrightarrow{R}$ 或表示成 $l + r \to m_{r\mp}^* + \overrightarrow{R}$.

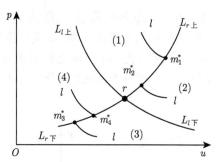

图 6.4.3　相对于状态 r 的所有可能左行波的 $p\text{-}u$ 曲线 L_l

如果 L_l 通过 r 点, 则不产生右行波. 根据 l 是位于 L_r 的下方还是上方, 分别有结果 $l_{\text{下}} + r \to \overleftarrow{S}J$ 和 $l_{\text{上}} + r \to \overleftarrow{R}J$, 也可以表示成 $l_{\text{下}} + r \to \overleftarrow{S} + r$ 和 $l_{\text{上}} + r \to \overleftarrow{R} + r$.

这样, 将 $p\text{-}u$ 平面分为四个区域 (1), (2), (3), (4), 如图 6.4.3 所示, 它们分别被四条曲线 $L_{r\text{上}}$, $L_{r\text{下}}$, $L_{l\text{上}}$, $L_{l\text{下}}$ 分割而成. 以 r 为参考点, 当 l 位于四个不同区域中或位于四条不同边界上时, 初始间断的分解结果是不同的. 我们可以进一步用数学表达式来表示各种情况.

根据 $p\text{-}u$ 曲线的定义, 四条边界曲线的数学表示分别为

$$
\begin{aligned}
&L_{r\text{上}} : u_{m_{r\text{上}}*} = u_l = u_r + \varphi_r(p_l) && (l + r \to m_{r\text{上}}^* + \vec{S}),\\
&L_{r\text{下}} : u_{m_{r\text{下}}*} = u_l = u_r + \psi_r(p_l) && (l + r \to m_{r\text{下}}^* + \vec{R}),\\
&L_{l\text{上}} : u_{m*} = u_r = u_{l\text{上}} - \psi_{l\text{上}}(p_r) && (l + r \to \overleftarrow{R} + m^*),\\
&L_{l\text{下}} : u_{m*} = u_r = u_{l\text{下}} - \varphi_{l\text{下}}(p_r) && (l + r \to \overleftarrow{S} + m^*).
\end{aligned}
\tag{6.4.2}
$$

式 (6.4.2) 中右边括号里是相应的间断分解结果. 对于四个区域, 可用质点速度的差值 $u_l - u_r$ 作为判据来分析.

区域 (1) 位于 $L_{r\text{上}}$ 与 $L_{l\text{上}}$ 之间, 左边界 $u_l > u_{l\text{上}}$, 右边界 $u_l < u_{m_{r\text{上}}^*}$, 从公式 (6.4.2) 的第一式和第三式比较得到, 区域 (1) 的条件是 $\psi_l(p_r) < u_l - u_r < \varphi_r(p_l)$, 结果为 $l + r \to \overleftarrow{R} + m_1^* + \vec{S}$.

区域 (2) 位于 $L_{r\text{上}}$ 与 $L_{l\text{下}}$ 之间, 左边界 $u_l > u_{l\text{下}}$, 右边界 $u_l > u_{m_{r\text{上}}^*}$, 从公式 (6.4.2) 的第一式和第四式比较得到, 区域 (2) 的条件为 $u_l - u_r > \varphi_r(p_l)$, $u_l - u_r > \varphi_l(p_r)$, 结果为 $l + r \to \overleftarrow{S} + m_2^* + \vec{S}$.

同理得到, 区域 (3) 的条件为 $\psi_r(p_l) < u_l - u_r < \varphi_l(p_r)$, 结果为 $l + r \to \overleftarrow{S} + m_3^* + \vec{R}$.

与区域 (2) 的条件相反, 区域 (4) 位于 $L_{r下}$ 与 $L_{l上}$ 之间, 区域 (4) 的条件为 $u_l - u_r < \psi_r(p_l), u_l - u_r < \psi_l(p_r)$, 结果为 $l + r \to \overleftarrow{R} + m_4^* + \vec{R}$.

区域 (4) 是两个稀疏波的情况, 图 6.4.4 给出了这种情况的波系图. 对不完全稀疏情况, 初始间断分解的结果产生了平衡区 m^*, 如图 6.4.5 所示; 对于完全稀疏情况, 回忆 6.3 节中稀疏波与稀疏波相互作用的情形, 由于气体不可能有 $p < 0$ 的情况, 因此最大的稀疏程度为 $p = 0$, 这时

$$
\begin{aligned}
L_{r下} &: u_{m_r^*} = u_r + \psi_r(p_l) = u_r + \psi_r(0), \\
L_{l上} &: u_{m_l^*} = u_l - \psi_l(p_r) = u_l - \psi_l(0).
\end{aligned}
\tag{6.4.3}
$$

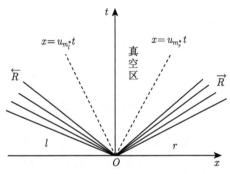

图 6.4.4　初始间断分解为两个稀疏波

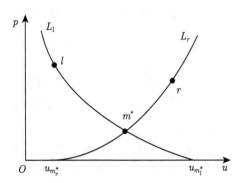

图 6.4.5　初始间断 $p_l > p_r$ 情况的 p-u 曲线

当 $u_{m_l^*} < u_{m_r^*}$, 即 $u_l - u_r < \psi_r(0) + \psi_l(0)$ 时, l 和 r 的波后状态不能交于一点, 两者之间出现真空区, 如图 6.4.6 所示. 综合参考区域 (4) 的条件, 得到下面两种情况:

$$
\psi_r(0) + \psi_l(0) < u_l - u_r < \psi_r(p_l), \ \psi_r(0) + \psi_l(0) < u_l - u_r < \psi_l(p_r) \text{ 时},
\tag{6.4.4}
$$
$$
l + r = \overleftarrow{R} + m_4^* + \vec{R}.
$$

$$u_l - u_r < \psi_r(p_l), u_l - u_r < \psi_l(p_r), \text{ 且 } u_l - u_r < \psi_r(0) + \psi_l(0) \text{ 时,} \tag{6.4.5}$$

$$l + r = \overleftarrow{R} + V + \vec{R}.$$

其中符号 V 表示真空区, 区域的边界以各自的逃逸速度运动, 如图 6.4.4 中虚线所示.

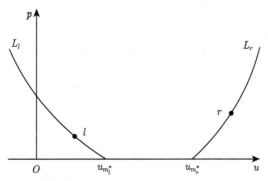

图 6.4.6   初始间断分解形成两个稀疏波和真空区

上面得出了初始间断分解的所有可能情况, 认识了各自的条件, 在 $x\text{-}t$ 平面上作出这些情况的波系结构, 如图 6.4.7 所示. 实际中比较常见的情形有:

(a) $p_l = p_r$ 和 $u_l \neq u_r$, 结果对应区域 (2) 和 (4) 的情况;

(b) $p_l \neq p_r$ 和 $u_l = u_r$, 结果对应区域 (1) 和 (3) 的情况.

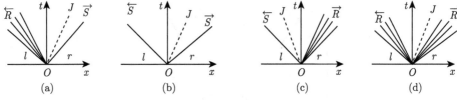

图 6.4.7   可能存在的初始间断的分解情况 (波系结构)

(a) 区域 (1); (b) 区域 (2); (c) 区域 (3); (d) 区域 (4)

6.5   波与界面相互作用分析

运用 $p\text{-}u$ 曲线法分析波与界面相互作用问题, 可以类似于对波的相互作用问题分析, 将其中的右边波用界面代替, 于是波与界面相互作用的问题提法如下.

波与界面相互作用以前的图像是, 一个右行波和一个界面将空间划分为三个区域. 界面的右边 r 区域是一种介质 (介质 I), 界面的另一边 m 区域是另一种介

质 (介质 Ⅱ), 均为未受波作用的区域; 右行波的左边 l 区域, 为以 m 为波前的右行波波后状态. 在 x-t 平面上, 如图 6.5.1(a)、图 6.5.2(a)、图 6.5.3(a)、图 6.5.4(a) 所示, 为波与界面相互作用的波系结构, 其中右行波首先在介质 Ⅱ 中传播, 到达界面后在界面上发生反射和透射. 求波与界面发生相互作用后将产生怎样的新的波系.

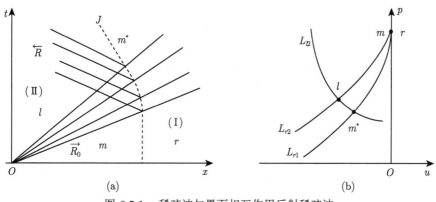

图 6.5.1   稀疏波与界面相互作用反射稀疏波

(a) x-t 图, (b) p-u 图

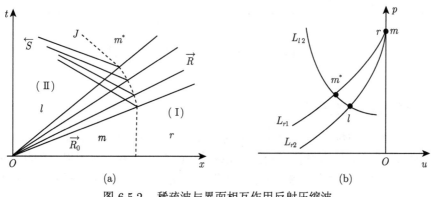

图 6.5.2   稀疏波与界面相互作用反射压缩波

(a) x-t 图; (b) p-u 图

界面可以是物质间断, 可以是固壁或自由面、刚体等, 不同的界面将有不同的界面力学平衡条件. 固壁上 $u = 0$, 自由面上 $p = 0$, 刚体运动速度 w 等于当地质点运动速度 u, 物质界面处力学平衡条件为 $u_1 = u_2$, $p_1 = p_2$. 这里先考虑波与物质界面相互作用的情况.

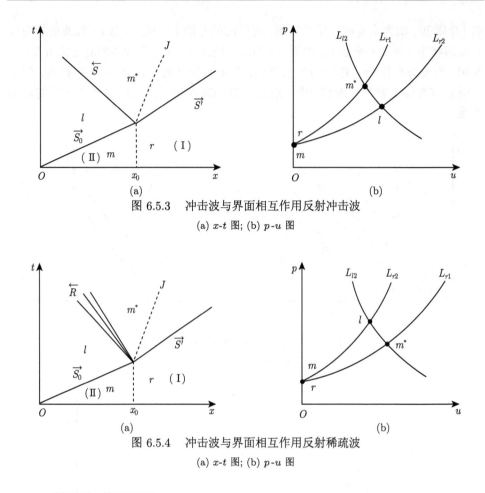

图 6.5.3　冲击波与界面相互作用反射冲击波

(a) x-t 图; (b) p-u 图

图 6.5.4　冲击波与界面相互作用反射稀疏波

(a) x-t 图; (b) p-u 图

6.5.1　稀疏波–物质界面

分析稀疏波与物质界面相互作用的问题, 可以将问题的提法简化表示为波相互作用以前的状态是 l(右行稀疏波)$+m+$(界面 J)r, 波相互作用以后的状态是反射左行波 $+m^*+$ 透射右行波, 求相互作用之后左行波、右行波的性质和 m^* 中的状态.

初始右行稀疏波在介质 II 中传播, 波前为 m, 波后为 l, 对应的 p-u 曲线为 L_{r2}, 如图 6.5.1(b) 所示. m 和 r 初始处于同一力学平衡态. 两者之间有一个物理间断面 J, 即除压力、质点速度连续以外, 密度和其他热力学参量存在间断. 稀疏波与物质界面相互作用后产生的左行波和右行波分别以原来的 l 和 r 为波前, 两波的波后达到新的力学平衡, 产生平衡区 m^*, 在 m^* 中仍存在间断面 J, 但已赋予了当地质点速度.

透射右行波将在介质 I 中传播, 对应的 p-u 曲线为 L_{r1}. 因为介质 I 和介质 II

是两种不同的介质, L_{r1} 和 L_{r2} 一般不重合, 如图 6.5.1(b) 所示. 左行波将在介质 II 中传播, 对应有 p-u 曲线 L_{l2}. 两波波后的平衡态 m^* 为 L_{l2} 和 L_{r1} 的交点. 由图 6.5.1(b) 推知, 因为 l 位于曲线 L_{r2} 的下半支, 所以交点 m^* 一定位于 L_{r1} 的下半支, 因此透射波一定是稀疏波. 反射波的性质取决于 L_{r1} 和 L_{r2} 的相对方位. 如果 L_{r2} 位于 L_{r1} 的上方, 反射的左行波将是稀疏波; 如果 L_{r2} 位于 L_{r1} 的下方, 反射的左行波将是压缩波. 在 x-t 平面上分别作出相互作用的波系结构, 如图 6.5.1(a) 和图 6.5.2(a) 所示, 相应的状态如图 6.5.1(b) 和图 6.5.2(b) 所示.

从 p-u 曲线的原始定义分析, L_{r1} 和 L_{r2} 的相对方位与 p-u 曲线的斜率走势相关. 对于简单波, p-u 曲线的斜率可表示为

$$\frac{\mathrm{d}p}{\mathrm{d}u} = \rho_0 c_0, \tag{6.5.1}$$

上式中下标 0 表示波前, $\rho_0 c_0$ 称为声阻抗. 若声阻抗值大, 则 p-u 曲线的斜率大; 反之, 则 p-u 曲线的斜率小. 本问题中, 初始稀疏波的波前是 m, 透射稀疏波的波前是 r, 若介质 II 的声阻抗 $\rho_{m2} c_{m2}$ 大于介质 I 的声阻抗 $\rho_{r1} c_{r1}$, 则 L_{r2} 走势更陡, 说明 L_{r2} 位于 L_{r1} 的下方, 反射的左行波将是压缩波; 反之, 反射的左行波将是稀疏波. 用符号 $J_<$ 表示界面是从低声阻抗介质到高声阻抗介质, $J_>$ 表示界面是从高声阻抗介质到低声阻抗介质, 则稀疏波与物质界面相互作用的结果可表示为 $\vec{R} J_< \Rightarrow \overleftarrow{R} J \vec{R}$ 或 $l + m + r \rightarrow \overleftarrow{R} + m^* + \vec{R}$, $\vec{R} J_> \Rightarrow \overleftarrow{S} J \vec{R}$ 或 $l + m + r \rightarrow \overleftarrow{S} + m^* + \vec{R}$.

声阻抗成为判断新产生的波系性质的依据. 对于多方气体, 第 4 章例 4.2 表明只需比较两种介质的声速就可以得到同样的结论, 即

$$c_{m2} < c_{r1}, \quad \vec{R} J_< \Rightarrow \overleftarrow{R} J \vec{R}, \quad c_{m2} > c_{r1}, \quad \vec{R} J_> \Rightarrow \overleftarrow{S} J \vec{R}$$

道理是相同的. 由此, 通过 p-u 曲线分析法确定了新产生的波系, 与波的相互作用问题一样, 接下来仍需要运用相关的波的关系式进行定量求解, 求解过程是封闭的.

6.5.2 冲击波 — 物质界面

分析冲击波与物质界面相互作用的问题, 问题的提法为波相互作用以前的情况是 l(右行冲击波)$+m+$(界面 J)r. 波相互作用以后的情况是反射左行波 $+m^*+$ 透射右行波, 求相互作用后产生的左行波、右行波的性质和 m^* 中的状态.

与 6.4 节不同的是, 这里 l 是以 m 为波前的冲击波波后状态, 如图 6.5.3(a) 所示. 在 p-u 平面上对应有右行冲击波 p-u 曲线 L_{r2}, 如图 6.5.3(b) 所示. m 和 r 初始处于同一力学平衡态, 两者之间有一个物理间断面 J. 冲击波与物质界面相互作用后产生的左行波和右行波的波后为新的平衡区 m^*.

透射的右行波以 r 为波前, 对应有 p-u 曲线 L_{r1}, 两个右行波在不同的介质中传播, 因此 L_{r1} 和 L_{r2} 一般不重合. 对于反射左行波有 p-u 曲线 L_{l2}. 波相互作用后的平衡态为 L_{l2} 与 L_{r1} 的交点 m^*, 如图 6.5.3(b) 所示. 由 p-u 图推知, 因为 l 位于曲线 L_{r2} 的上半支, L_{l2} 和 L_{r1} 的交点也一定位于 L_{r1} 的上半支, 因此透射波一定是冲击波. 反射波的性质取决于 L_{r1} 和 L_{r2} 的相对方位. 如果 L_{r2} 位于 L_{r1} 的下方, 反射的左行波将是冲击波; 如果 L_{r2} 位于 L_{r1} 的上方, 反射的左行波将是稀疏波. 在 x-t 平面上分别作出相互作用的波系结构, 如图 6.5.3(a) 和图 6.5.4(a) 所示, 对应的状态如图 6.5.3(b) 和图 6.5.4(b) 所示.

类似于 6.4 节的分析, L_{r1} 和 L_{r2} 的相对方位与 p-u 曲线的斜率相关. 由于冲击波 p-u 曲线是波后状态点的连线, 如图 6.5.5 所示, 因此利用冲击波关系式, 该连线的斜率可表示为

$$\frac{\Delta p}{\Delta u} = \frac{p - p_0}{u - u_0} = \frac{p - p_0}{\sqrt{(p - p_0)(\tau_0 - \tau)}} = \sqrt{\frac{p - p_0}{\tau_0 - \tau}} = |\rho_0(D - u_0)|. \tag{6.5.2}$$

式 (6.5.2) 中下标 0 表示波前, $\rho_0(D - u_0)$ 称为波阻抗, $u_0 = 0$ 时波阻抗的表达式为 $\rho_0 D$. 在这里, 波阻抗成为判断新产生的波系性质的依据. 波阻抗值大, 表示 p-u 曲线的斜率大; 反之, 表示 p-u 曲线的斜率小. 本问题中, 若介质 II 的波阻抗 $\rho_{m2}D_{m2}$ 小于介质 I 的波阻抗 $\rho_{r1}D_{r1}$, 说明 L_{r2} 位于 L_{r1} 的下方, 反射的左行波将是冲击波; 反之, 反射的左行波将是稀疏波. 用符号 $J_<$ 表示界面是从低波阻抗介质到高波阻抗介质, $J_>$ 表示界面从高波阻抗介质到低波阻抗介质, 则冲击波与物质界面相互作用的结果可表示成 $\vec{S}J_< \Rightarrow \overleftarrow{S}J\vec{S}$ 或 $l + m + r \to \overleftarrow{S} + m^* + \vec{S}$, $\vec{S}J_> \Rightarrow \overleftarrow{R}J\vec{S}$ 或 $l + m + r \to \overleftarrow{R} + m^* + \vec{S}$.

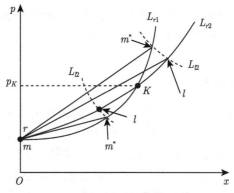

图 6.5.5   冲击波与界面作用反射分析

从前面稀疏波和冲击波与界面相互作用的结果, 可以得到一个共性的结论: 波

与物质界面相互作用后, 透射的是同类波; 当遇 $J_<$ 界面时, 反射的是同类波, 当遇 $J_>$ 界面时, 反射的是异类波.

对于冲击波和稀疏波 (或简单波), $J_>$ 和 $J_<$ 的判据有所不同. 前者用波阻抗判断, 后者用声阻抗判断. 声阻抗只与波前状态相关, 在已知波前状态 (如 r 和 m) 的情况下, 声阻抗是可求得的. 因此, 通过声阻抗很容易判别波与界面相互作用的结果. 但波阻抗中参量 D 与波的强度有关, 需与波后状态一起联立求解才能获得. 例如, 对于凝聚介质, 波阻抗 $\rho_0 D$ 可写成 $\rho_0(c_0 + \lambda u)$, u 事先无法确知, D 也只能是待求的. 因此, 用波阻抗判别界面情况有不便之处. 为此, 还须进一步考察冲击波与界面相互作用的判据.

6.5.3 冲击波与界面相互作用问题的进一步分析

1. 冲击波与物质界面相互作用

从前面的分析知, 反射波的性质取决于 L_{r2} 和 L_{r1} 的相对方位. 另外, 从冲击波性质知, 等熵线与冲击绝热线在初始点处二阶相切. 由此可推出冲击波的 p-u 曲线与简单波的 p-u 曲线在初始点处二阶相切. 因此, 冲击波不太强时, 即在初始点附近, 冲击波的 p-u 曲线的斜率与简单波的 p-u 曲线斜率差别很小, 所以有

$$\left.\frac{\Delta p}{\Delta u}\right|_{\text{冲击波}} = \frac{p - p_0}{u - u_0} \to \left.\frac{\mathrm{d}p}{\mathrm{d}u}\right|_{\substack{p \to p_0 \\ u \to u_0}} = \rho_0 c_0. \tag{6.5.3}$$

这时, 可以用声阻抗来判断界面的特征, 即 $\rho_{m2} c_{m2} < \rho_{r1} c_{r1}$ 时为 $J_<$ 界面, $\rho_{m2} c_{m2} > \rho_{r1} c_{r1}$ 时为 $J_>$ 界面. 结论仍然是 $\vec{S} J_< \Rightarrow \overleftarrow{S} J \vec{S}$ 和 $\vec{S} J_> \Rightarrow \overleftarrow{R} J \vec{S}$.

另外, L_{r2}, L_{r1} 相对方位的变化与波的强度和介质的物性都有关. 如图 6.5.5 所示, L_{r2} 与 L_{r1} 的相对方位可能并非单调变化, 因此当波比较强时, 用声阻抗作为判据是不可靠的. 为了结合声阻抗的判断来最终获得界面特征的判断, 需要考察 L_{r2} 与 L_{r1} 的相对方位的变化趋势. 例如, 假定初始 L_{r2} 在 L_{r1} 的下方, 有 $(u_1/u_2)_0 < 1$, 初始用声阻抗判断界面类型是 $J_<$. 随着压力的增加, 可能的变化趋势如下.

情形 1 $(u_1/u_2)_\infty < 1$, $(u_1/u_2)_\infty < (u_1/u_2)_0 < 1$, 即最终 L_{r2} 仍在 L_{r1} 的下方, 而且差距越来越大, 说明比值 (u_1/u_2) 的变化率 $(u_1/u_2)' < 0$, 如图 6.5.6(a) 所示. 其中撇号 "'" 表示对 p 求导数. 界面情况与初始用声阻抗判断的结果相同, 相互作用的结果为 $\vec{S} J_< \Rightarrow \overleftarrow{S} J \vec{S}$. 这里 ∞ 表示 p 趋于无穷.

情形 2 $(u_1/u_2)_\infty < 1$, $(u_1/u_2)_0 < (u_1/u_2)_\infty < 1$, 即最终 L_{r2} 仍在 L_{r1} 的下方, 但差距越来越小, 说明 (u_1/u_2) 的变化率 $(u_1/u_2)' > 0$, 如图 6.5.6(b) 所示. 界面情况仍与初始用声阻抗判断的结果相同, 结果为 $\vec{S} J_< \Rightarrow \overleftarrow{S} J \vec{S}$.

情形 3　$(u_1/u_2)_\infty > 1$, 即最终 L_{r2} 位于 L_{r1} 的上方, 中间经历 $p = p_K$ 处 L_{r2} 和 L_{r1} 交于点 K. 在 K 点以下, L_{r2} 在 L_{r1} 的下方; 在 K 点以上, L_{r2} 位于 L_{r1} 的上方. 且 u_1 与 u_2 的比值越来越大, 说明 (u_1/u_2) 的变化率 $(u_1/u_2)' > 0$, 如图 6.5.6(c) 所示. 这时界面情况不能采用初始声阻抗判断的情形, 相互作用的结果有

$$p < p_K, \text{有,} \vec{S}J_< \Rightarrow \overleftarrow{S}J\vec{S},$$

$$p = p_K, \text{有,} \vec{S}J_< \Rightarrow J\vec{S}, \qquad (6.5.4)$$

$$p > p_K, \text{有,} \vec{S}J_< \Rightarrow \overleftarrow{R}J\vec{S}.$$

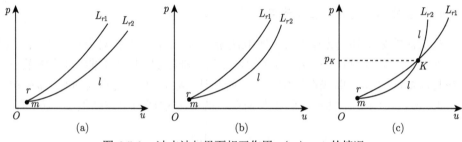

图 6.5.6　冲击波与界面相互作用 $g(p_0) < 1$ 的情况

(a) $g(\infty) < 1$, $g'(p) < 0$; (b) $g(\infty) < 1$, $g'(p) > 0$; (c) $g(\infty) > 1$, $g'(p) > 0$

同样也可以分析初始 L_{r2} 在 L_{r1} 的上方, 即初始 $(u_1/u_2)_0 > 1$ 的情况.

这个变化趋势将基于具体介质, 这里不妨以多方气体为研究对象, 来考察 L_{r2} 与 L_{r1} 相对方位的变化趋势, 下面提供一种研究方法和思路.

根据冲击波 p-u 曲线的定义, 令波前为静止态, 波后有 $u_r(p) = \varphi_r(p) \triangleq u_1$ (介质 I 中) 和 $u_m(p) = \varphi_m(p) \triangleq u_2$ (介质 II 中). 再定义

$$g(p) = \frac{\varphi_r(p)}{\varphi_m(p)} = \frac{u_1}{u_2} = \sqrt{\frac{\rho_{02}}{\rho_{01}} \cdot \frac{(\gamma_2 + 1)p + (\gamma_2 - 1)p_0}{(\gamma_1 + 1)p + (\gamma_1 - 1)p_0}}. \qquad (6.5.5)$$

$g(p)$ 反映了 L_{r2} 和 L_{r1} 上波后质点速度 u 的差别. 在初始点附近有 $g(p_0) = \frac{\varphi_r(p_0)}{\varphi_m(p_0)} = \frac{\rho_{02}c_{02}}{\rho_{01}c_{01}}$; 当压力 p 趋向于无穷时, $g(\infty) = \frac{\varphi_r(\infty)}{\varphi_m(\infty)} = \frac{\rho_{02}c_{02}}{\eta_2} \frac{\eta_1}{\rho_{01}c_{01}}$, 其中 $\eta_i = \sqrt{\gamma_i/(\gamma_i + 1)}$, 下标 i 取 1 和 2; 中间状态为 $0 < p < \infty$.

运用多方气体的 Hugoniot 关系, $g(p)$ 对 p 的导数可求出为

$$g'(p) = \frac{1}{g(p)} \frac{\rho_{02}}{\rho_{01}} \frac{(\gamma_1 - \gamma_2)p_0}{[(\gamma_1 + 1)p + (\gamma_1 - 1)p_0]^2}. \qquad (6.5.6)$$

上式说明 $g(p)$ 对 p 的导数 $g'(p)$ 的符号与差值 $(\gamma_1 - \gamma_2)$ 的符号相关. $g'(p)$ 反映了 L_{r2} 与 L_{r1} 相对方位的变化趋势, $g'(p) > 0$ 说明随着压力 p 的增加, L_{r2} 与 L_{r1} 上 u 的差值越来越小; 反之, 越来越大.

对于 $g(p_0) < 1$ 的情况, 即 $\rho_{02}c_{02} < \rho_{01}c_{01}$, 或初始用声阻抗判断表明界面类型是 $J_<$ 的情况, 可能的情形有

$$g(p_0) < 1 \rightarrow \begin{cases} g(\infty) < 1 \Leftrightarrow \begin{cases} g'(p) < 0, & \text{情形 1,} \\ g'(p) > 0, & \text{情形 2,} \end{cases} \\ g(\infty) > 1 \Leftrightarrow \begin{cases} g'(p) > 0, & \text{情形 3,} \\ g'(p) < 0, & \text{情形 4 (不可能).} \end{cases} \end{cases} \tag{6.5.7}$$

式 (6.5.7) 分析的前三种情形分别对应了图 6.5.6(a)、图 6.5.6(b) 和图 6.5.6(c) 的情况.

情形 1 和情形 2 都满足关系式 $\rho_{02}c_{02} < \rho_{01}c_{01}$ 和 $\dfrac{\rho_{02}c_{02}}{\eta_2} < \dfrac{\rho_{01}c_{01}}{\eta_1}$, 即当压力 p 从 0 变化到 ∞ 时, 始终有 $g(p) < 1$ 或 $(u_1/u_2) < 1$, 相互作用的结果为 $\vec{S}J_< \Rightarrow \overleftarrow{S}J\vec{S}$.

情形 3 和情形 4 都满足关系式 $\rho_{02}c_{02} < \rho_{01}c_{01}$ 和 $\dfrac{\rho_{02}c_{02}}{\eta_2} > \dfrac{\rho_{01}c_{01}}{\eta_1}$, 即当压力 p 从 0 变化到 ∞ 时, L_{r2} 和 L_{r1} 的方位发生了变化. 由于 $\rho_{02}c_{02} < \rho_{01}c_{01}$ 和 $\dfrac{\rho_{02}c_{02}}{\eta_2} > \dfrac{\rho_{01}c_{01}}{\eta_1}$, 有 $\eta_2 < \eta_1$, 即 $\gamma_1 > \gamma_2$, 对照式 (6.5.6) 只能有 $g'(p) > 0$. 于是, 情形 4 是不可能存在的, 情形 3 如图 6.5.6(c) 所示, 其结果见式 (6.5.4) 所列.

对于 $g(p_0) > 1$ 的情况, 即 $\rho_{02}c_{02} > \rho_{01}c_{01}$, 初始用声阻抗判断为 $J_>$, 可能的情形有

$$g(p_0) > 1 \rightarrow \begin{cases} g(\infty) > 1 \Leftrightarrow \begin{cases} g'(p) > 0, & \text{情形 5,} \\ g'(p) < 0, & \text{情形 6,} \end{cases} \\ g(\infty) < 1 \Leftrightarrow \begin{cases} g'(p) > 0, & \text{情形 7 (不可能),} \\ g'(p) < 0, & \text{情形 8.} \end{cases} \end{cases} \tag{6.5.8}$$

情形 5 和情形 6 都满足关系式 $\rho_{02}c_{02} > \rho_{01}c_{01}$ 和 $\dfrac{\rho_{02}c_{02}}{\eta_2} > \dfrac{\rho_{01}c_{01}}{\eta_1}$, 即当压力 p 从 0 变化到 ∞ 时, 始终有 $g(p) > 1$ 或 $(u_1/u_2) > 1$. L_{r2} 始终位于 L_{r1} 的上方, 见图 6.5.7(a) 和 (b) 所示. 相互作用的结果为 $\vec{S}J_> \Rightarrow \overleftarrow{R}J\vec{S}$.

情形 7 和情形 8 都满足关系式 $\rho_{02}c_{02} > \rho_{01}c_{01}$ 和 $\dfrac{\rho_{02}c_{02}}{\eta_2} < \dfrac{\rho_{01}c_{01}}{\eta_1}$, 即当压力 p 从 0 变化到 ∞ 时, L_{r2} 和 L_{r1} 的方位发生了变化, 且导出 $\gamma_1 < \gamma_2$, 对照式

(6.5.6) 只能有 $g'(p) < 0$. 因此情形 7 不可能存在. 情形 8 见图 6.5.7(c) 所示, 冲击波与界面相互作用的结果如下:

$$若\ p > p_K,\ 有\ \vec{S}J_> \Rightarrow \overleftarrow{S}J\vec{S},$$

$$若\ p = p_K,\ 有\ \vec{S}J_> \Rightarrow J\vec{S}, \tag{6.5.9}$$

$$若\ p < p_K,\ 有\ \vec{S}J_> \Rightarrow \overleftarrow{R}J\vec{S}.$$

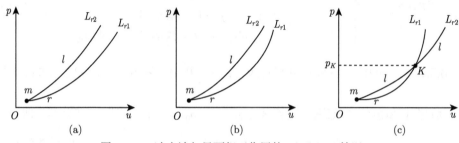

图 6.5.7　冲击波与界面相互作用的 $g(p_0) > 1$ 情况

(a) $g(\infty) > 1$, $g'(p) > 0$; (b) $g(\infty) > 1$, $g'(p) < 0$; (c) $g(\infty) < 1$, $g'(p) < 0$

　　至此, 就得到了冲击波与物质界面相互作用结果的分析. 对于多方气体, 原则上可以根据声阻抗和多方指数的综合考虑来判断相互作用的可能结果, 但式 (6.5.5) 和式 (6.5.6) 表明, 波后的状态如压力 p 仍是一个影响着最终结果的待求参数, 所以这里只是提供了一种研究问题的方法, 如跟踪 (u_1/u_2) 的变化趋势, 遇到具体情况仍需具体分析. 对于凝聚介质, 因为存在形如 $D = c_0 + \lambda u$ 的冲击绝热线, 可以将冲击波参数联系起来, 所以也可以将质点速度 u 作为一个参考量来分析 L_{r2} 和 L_{r1} 的相对方位的变化趋势.

2. 波在固壁上反射

　　在第 5 章中已分析过冲击波在固壁反射的问题, 在此只给出 $x\text{-}t$ 平面上的波系 (图 6.5.8(a)) 和相应的 $p\text{-}u$ 图 (图 6.5.8(b)) 说明. 图 (a) 中虚线为质点轨迹, 图 (b) 中 m 为波前状态, r 为固壁, l 是入射冲击波的波后, 在 $p\text{-}u$ 平面上, l 位于右行冲击波 $p\text{-}u$ 曲线 L_r 上. 反射冲击波后介质的运动被固壁阻止住, 质点速度等于零, 压力因反射冲击波而再次提高, 最终固壁处介质的状态 m^* 为由 l 发出的左行冲击波 $p\text{-}u$ 曲线 L_l 与 p 轴的交点.

　　图 6.5.9 给出了稀疏波从固壁反射的情况示意, 图 6.5.9(a) 和 (b) 分别是波系结构图和 $p\text{-}u$ 图, 说明稀疏波从固壁反射后仍为稀疏波. 这两个例子都说明波遇固壁后反射同类波.

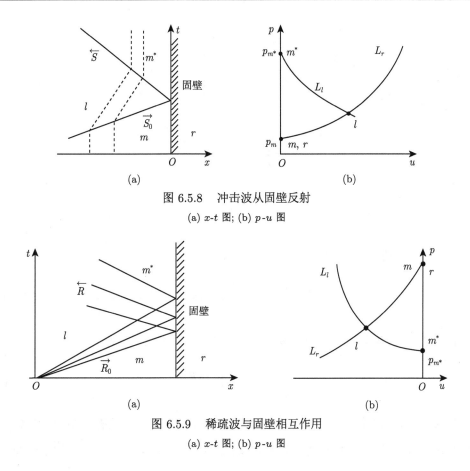

图 6.5.8 冲击波从固壁反射

(a) x-t 图; (b) p-u 图

图 6.5.9 稀疏波与固壁相互作用

(a) x-t 图; (b) p-u 图

3. 冲击波与自由面相互作用

图 6.5.10 给出了 x-t 平面上冲击波与自由面相互作用的波系和相应的 p-u 平面上状态示意, 可见冲击波在自由面反射稀疏波. 图中 m 为波前状态, r 为真空区, l 是入射冲击波的波后, l 状态位于由 m 发出的右行冲击波 p-u 曲线 L_r 上. 反射稀疏波后介质中的压力与真空环境平衡, 但质点速度增加了. 介质自由面状态 m^* 为左行稀疏波 p-u 曲线 L_l 与 u 轴的交点, 对应质点速度为 u_f.

事实上, 波遇自由面后将反射异类波, 这个结论和波遇固壁反射同类波的结论, 都可以从物质界面的极端情况导出. 固壁相当于声阻抗无穷大的介质, 自由面相当于声阻抗为零的介质. 遇固壁一定是 $J_<$ 界面, 所以反射同类波; 遇自由面一定是 $J_>$ 界面, 所以反射异类波.

对冲击波与自由面相互作用过程进行定量分析如下.

入射冲击波为右行波, 波前状态为 $p_0 = 0$, $u_0 = 0$, ρ_0, c_0, 波后状态为 p_1, u_1, ρ_1, c_1. 后者是反射稀疏波的波前状态, 反射稀疏波是左行波. 在反射稀疏波区, 状

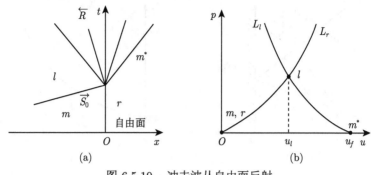

图 6.5.10   冲击波从自由面反射

(a) x-t 图; (b) p-u 图

态 p, u, ρ, c 满足以下关系式:

$$\int_{u_1}^{u} \mathrm{d}u + \int_{p_1}^{p} \frac{\mathrm{d}p}{\rho c} = 0 \text{ 或 } u - u_1 + \int_{p_1}^{p} \frac{\mathrm{d}p}{\rho c} = 0. \tag{6.5.10}$$

式中 $p < p_1$, 波尾处 $p = 0$, $u = u_f$. 由式 (6.5.10) 可求出 u_f 为

$$u_f = u_1 + \int_{0}^{p_1} \frac{\mathrm{d}p}{\rho c}, \tag{6.5.11}$$

式中 u_1 是入射冲击波后的质点速度. 对于弱冲击波, 即波后状态与初始状态相差不大时, 冲击波过程可以用等熵过程近似, 这时 u_1 可表示为 $u_1 = \int_{0}^{p_1} \frac{\mathrm{d}p}{\rho c}$. 将此式代入式 (6.5.11) 得

$$u_f = 2u_1. \tag{6.5.12}$$

这就是著名的二倍自由面速度原理.

二倍自由面速度原理还可以利用间断关系式导出.

仍假定入射冲击波是弱冲击波, 过右行弱冲击波, 动量方程可写成 $p_1 = \rho D u_1 \approx \rho c u_1$, 此处已应用了对冲击波速度进行声速近似. 对于反射的左行稀疏波, 跨波头波尾的状态也可运用动量方程写成 $-p_1 = -\rho c(u_f - u_1)$. 此两式联立求解也可得到 $u_f = 2u_1$.

二倍自由面速度原理虽然是从近似假定推导而来的, 但对于金属介质, 在 40GPa 的压力以下都是适用的, 其误差小于 2%. 对于铁, 在 150GPa 的情况下二倍自由面速度原理仍近似成立. 因此, 这个原理对凝聚介质的意义很大. 在高温高压动态实验中, 经常利用二倍自由面速度原理进行实验设计. 详情可参考谭华的著作《实验冲击波物理》(2018).

进一步考察自由面上其他状态量可以发现, 若运用状态方程将式 (6.5.10) 中积分式展开, 对于多方气体可写成下面的形式:

$$u_f = u_1 + \frac{2}{\gamma - 1}(c_1 - c_f). \tag{6.5.13}$$

由气体物性的假定知, 因自由面处压力为零, 应有 $c_0 = 0$ 和 $c_f = 0$.

对于凝聚介质, 取简化状态方程时, 也有上述形式的公式成立. 但这时等熵方程为 $p = A(S)\rho^{\gamma} - \dfrac{\rho_0 c_0^2}{\gamma}$, 声速为 $c^2 = \gamma A(S)\rho^{\gamma-1} = \dfrac{\gamma p}{\rho} + \dfrac{\rho_0 c_0^2}{\rho}$. 自由面处 $p = 0$, 所以 $c_f = \sqrt{\dfrac{\rho_0}{\rho_f}}c_0$, 又因为 $p_0 = 0$ 时 $c_0 > 0$, 因此 $c_f > 0$. 再从等熵关系 $\dfrac{\rho_f}{\rho_1} = \left(\dfrac{c_f}{c_1}\right)^{\frac{2}{\gamma-1}}$ 解出 $\rho_f = \rho_1 \left(\dfrac{\rho_0 c_0^2}{\gamma p_1 + \rho_0 c_0^2}\right)^{\frac{1}{\gamma}} < \rho_0$, 说明自由面上凝聚介质的密度下降了. 这一点也可以通过对 p-τ 平面上 H 线和 S 线的分析得到.

如图 6.5.11 所示, 在 p-τ 平面上, 从 Hugoniot 线 (H 线) 和等熵线 (S 线) 的相互关系知, 冲击波将介质从 $p = p_0$ 和 $\tau = \tau_0$ 压缩到 H 线上 p_1 和 τ_1, 稀疏波则沿等熵线再将介质卸载到 $p_f = 0$ 和 τ_f. 由于 S 线比 H 线平缓, 一定有 $\tau_f > \tau_0$, 即 $\rho_f < \rho_0$. 而且, p_1 越大, 卸载到 τ_f 越大, 即入射波强度越大, 卸载波强度越大, 如图 6.5.11 中等熵线 S_2 对应的卸载过程. 图 6.5.12 用 p-x 分布图的变化展示了冲击波从自由面反射的过程.

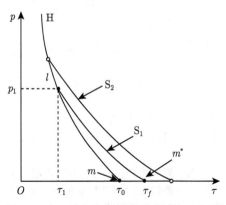

图 6.5.11　冲击波从自由面反射的 p-τ 图

与气体不同, 凝聚介质不可能出现 $\rho_f \to 0$ 的情况, 当 ρ_f 小到一定程度, 说明出现了拉伸大变形, 材料会发生断裂破坏, 产生新的自由面, 这就是本章前面提到的层裂现象. 这也是二倍自由面速度原理对于凝聚介质冲击波分析的重要意义所在. 对凝聚介质的分析进一步说明了二倍速度原理的近似性. 事实上, 只有取 $c_0 = c_f$ 时, 方可导出二倍速度原理 $u_f = 2u_1$. 真实的结果应该是, 因 $\rho_f < \rho_0$ 和 $c_f > c_0$, 所以 $u_f > 2u_1$, 但误差较小. 如铅材料中, 在 p_1 约为 40GPa 时, $c_0/c_f \approx 0.99$, 可以认为 $c_0 \approx c_f$.

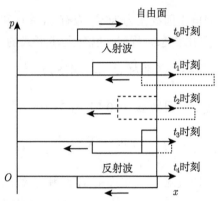

图 6.5.12   冲击波从自由面反射过程中压力分布示意图

$(t_4 > t_3 > t_2 > t_1 > t_0)$

在 $p\text{-}u$ 平面上, 冲击波 $p\text{-}u$ 曲线在初始点附近与简单波 $p\text{-}u$ 曲线二次相切, 因此在曲线的初始段, 两者非常接近. 冲击波不太强时, 冲击波 $p\text{-}u$ 曲线 L_r 可近似用简单波 $p\text{-}u$ 曲线代替. 而反射稀疏波沿左行简单波 $p\text{-}u$ 曲线 L_l 从 l 卸载到 m^* (对应 u_f), 于是 L_r 与 L_l 近似为镜像对称关系, 如图 6.5.10 (b) 所示, 从而得到 $u_f = 2u_1$ 的结果. 在实际应用中, 常运用 $p\text{-}u$ 曲线的这种对称关系来分析弱冲击波自由面反射卸载问题, 对凝聚介质的分析更是如此.

习　题　6

6.1　波与波相互作用有哪些情况和结果, 为什么?

6.2　试分析两个稀疏波相交后可能造成什么结果, 对于气体和固体介质有何不同? 并请作图予以说明.

6.3　$p\text{-}u$ 曲线的本质是什么? 简单波的 $p\text{-}u$ 曲线与冲击波的 $p\text{-}u$ 曲线有何联系和差别?

6.4　利用 $p\text{-}u$ 图说明, 在分析波的相互作用时, 如何确定最后的平衡状态.

6.5　请从热力学状态量的变化特征分析跨冲击波和压缩波的异同.

6.6　波与物质界面相互作用有哪些情况和结果, 在 $p\text{-}u$ 平面上作图示之.

6.7　材料的声阻抗和波阻抗是怎样定义的? 对于判断波与界面的相互作用有何作用和结论?

6.8　以右行波为例, 试画出以 (p_0, u_0) 为初始状态的简单波的 $p\text{-}u$ 曲线和冲击波的 $p\text{-}u$ 曲线, 并说明它们的区别与联系.

6.9　多方气体中稀疏波追赶冲击波的相互作用结果可能有以下情形:

当波不太强时,

$$\gamma \geqslant 5/3, \quad \vec{R}\vec{S} \to \overleftarrow{S}J\vec{S} \text{ 和 } \overleftarrow{S}J\vec{R},$$

$$\gamma < 5/3, \quad \vec{R}\vec{S} \to \overleftarrow{R}J\vec{S} \text{ 和 } \overleftarrow{R}J\vec{R}.$$

当波比较强时,

$$\text{冲击波强时,} \quad \vec{R}\vec{S} \to \overleftarrow{S}J\vec{S},$$

$$\text{稀疏波强时,} \quad \vec{R}\vec{S} \to \overleftarrow{S}J\vec{R}.$$

试在 p-u 平面上作出波相互作用结果的图示.

6.10　两个平面正冲击波在一维管道中一前一后传播, 管道内充满多方气体, 试问最终可能发生什么情况? 请通过 x-t 图和 p-u 图, 举例说明在波相互作用后可能引起的波系结构和物理状态.

6.11　两个相向而行的稀疏波在静止多方气体中作一维平面传播, 多方气体的初始压力、声速分别为 $p_0 = 3\text{MPa}$ 和 $c_0 = 300\text{m/s}$, 比热比为 $\gamma = 3$. 假定初始时刻两波相距 3m 远.

(1) 请在 x-t 平面上给出它们的波形结构, 并求两波开始发生相互作用的时刻;

(2) 试推导相互作用区边界上质点速度的时间变化规律;

(3) 如果右边波的波后质点速度为 $u_r = 200\text{m/s}$, 左边波的波后质点速度为 $u_l = -100\text{m/s}$, 试求两波相互作用后的压力, 并在 p-u 平面上给出该区域状态点的示意.

6.12　流场中若存在状态量的初始间断, 该初始间断分解后流场将达到新的平衡 (黎曼问题), 试运用流场压力–质点速度 (p-u) 图, 结合相应的公式, 说明新的流场状态是唯一确定的.

6.13　如图所示, 在无限长的刚性管道中充满均匀静止气体, 在 $t = 0$ 时刻气体中的活塞突然以恒速 u^* 向右运动.

(1) 请在 x-t 平面上表示出活塞运动引起的气体运动特征, 并求出活塞左右表面上的压力;

(2) 请问 u^* 达到何值时, 活塞的左表面会出现真空?

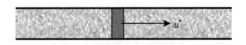

习题 6.13 图

6.14　一等截面直管, 两端各置有一活塞 M_1 和 M_2, 中间为静止空气. 某时刻活塞 M_1 突然向右运动, 因此在静止气体中产生一向右传播的冲击波. 已知冲击波速度 $D = 408\text{m/s}$. 当冲击波到达活塞 M_2 时, M_2 突然以速度 U 向右运动, U 为常数. 静止气体的参数为 $c_0 = 340\text{m/s}$, $p_0 = 10^5\text{Pa}$, $\gamma = 1.4$. 试问:

(1) U 分别为 0m/s、80m/s、204m/s 时, 初始冲击波在活塞 M_2 处反射为何种波, 为什么?

(2) $U = 204\text{m/s}$ 时, 求活塞 M_2 上的表面压力.

6.15　有一根极长的管道, 一端封闭. 闭口端与隔膜之间距离为 2m, 充满可燃混合气体, 膜的另一边是真空. 可燃混合气体被引爆, 当燃烧完成时, 气体密度为 0.005g/cm^3, 压力为 5 个大气压, 膜恰好在这一瞬间破碎. 假定可燃气体为多方气体, 多方指数 $\gamma = 3$.

(1) 请在 x-t 平面上作出波系结构, 并给出第一束波到达固壁时刻管内的压力分布示意图;

(2) 试求闭口端在 0.01s 时的压力.

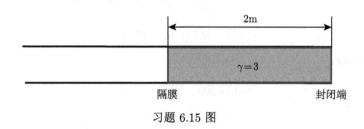

习题 6.15 图

6.16　在一个半无限长的刚性管道中, 左端为固壁, 距离左端面 $l_0 = 5$m 处有一薄膜, 其间为真空, 薄膜右侧为 $p_0 = 0.2$MPa, $\rho_0 = 1$kg/m^3, 多方指数 $\gamma = 1.4$ 的多方气体. $t = 0$ 时刻薄膜破裂, 试画出气体飞散及其与固壁作用的 x-t 平面波系结构图和 p-u 图; 求气体到达固壁的时刻, 以及此瞬时作用在固壁上的压力.

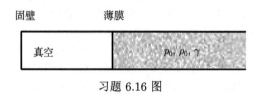

习题 6.16 图

6.17　如图所示, 一半无限长管道右侧为一薄膜, 薄膜外为真空环境, 管内有初始状态为 $\rho_0 = 0.0129$g/cm^3, $p_0 = 10^6$Pa, $\gamma = 3$ 的静止多方气体. 一冲击波以速度 $D = 2000$m/s 沿管道向右传播, 到达薄膜处时薄膜破裂, 气体开始向外飞散.

(1) 请说明反射波的性质, 并求反射波后的质点速度.

(2) 当反射后的质点速度为 $2c_0$ 时, 求入射冲击波速度 D. (冲击波可采用弱冲击波近似.)

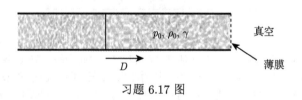

习题 6.17 图

6.18　一无限长管道, 在 $x=0$ 处有一薄膜隔开, 薄膜左侧为 $p_0 = 10^6$Pa, $\rho_0 = 0.012$g/cm^3, $\gamma = 3$ 的高压气体, 右侧为真空. $t = 0$ 时薄膜破裂, $t = 3$ms 时刻在右侧管道中 $x = 1$m 处突然插入一个阀门, 截断气流. 假定飞散过程 γ 不变, 请计算这时阀门上所受的瞬时压力 p.

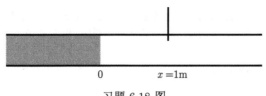

习题 6.18 图

6.19　如图所示, 无限长的刚性等截面直管中间有一隔板. 初始时刻, 隔板右边为 $\gamma=1$ 的多方气体, 压力为 p_0, 密度为 ρ_0, 质点速度 $u_0=0$; 隔板左边为真空. $t=0$ 时刻突然抽掉隔板, 求 $t>0$ 后隔板截面处气体的运动速度和压力. 请给出波系结构分析和 $t>0$ 某时刻压力分布图示.

提示：先分析 $\gamma=1$ 的多方气体在等截面管内作非定常、等熵运动的特性.

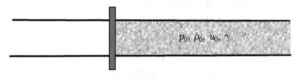

$p_0,\ \rho_0,\ u_0,\ \gamma$

习题 6.19 图

6.20　对于强击波在等压敞口端的反射问题, 试分析入射冲击波前后的速度改变量与反射稀疏波前后的速度改变量之间的关系.

6.21　试从凝聚介质和气体的材料本构特性出发, 比较冲击波在两类材料中传播经自由面反射后可能有什么不同的结果?

6.22　什么是对称碰撞? 试给出在对称碰撞下波后质点速度 u_H 与飞片速度 w 之间的关系.

6.23　介质中传播的一维正冲击波到达介质自由面时会引起自由面速度的倍增, 即所谓二倍自由面速度原理. 试推导此情形下的自由面速度公式, 并在压力–质点速度 $(p\text{-}u)$ 平面上给出图示说明.

6.24　试分析强冲击动载作用下凝聚介质中发生层裂现象的原因. 请基于对称碰撞原理设计一个层裂强度测试实验, 给出实验装置和测试方案, 以及材料层裂强度的计算公式.

6.25　炸药装药直接放在一块有限厚度均质钢甲的上表面并爆炸, 爆炸结束后在钢甲的下表面将形成层裂破坏现象, 如图所示, 试分析出现这种现象的原因.

提示：可以通过图示来说明和表现破坏过程.

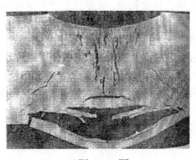

习题 6.25 图

6.26 如图所示的两个杆 A, B 发生高速共轴撞击 $(u_1 > u_2)$, 试确定撞击面上的压力. 如果杆 A 的长度为 L, 杆 B 为无限长, 当两杆为相同材料时, 求在杆 B 中传入的冲击波形状 (包括波幅和波宽).

提示：可采用弱冲击波近似.

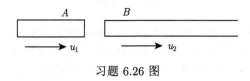

习题 6.26 图

6.27 飞片以速度 w 撞击靶板, 假设飞片和靶板为同种材料, 密度为 ρ_0, 冲击波速度与质点速度的关系为 $D = c_0 + \lambda u$, 求撞击瞬间碰撞界面上的质点速度和压力; 若飞片厚 3mm, 靶厚 9mm, 材料拉伸强度为 σ_b, 且材料破坏遵循瞬时拉应力判据, 试预测使靶板内部可能发生动态破坏的撞击条件和位置.

6.28 分离式霍普金森 (Hopkinson) 杆是测量材料高应变率力学性质的一个典型装置. 实验中被测材料试件放在入射杆和透射杆之间, 如图所示. 忽略试件的惯性, 假设在入射杆上某位置处测量到入射波和反射波, 并在透射杆中测量到透射波. 怎样利用这些信息确定试件中轴向应力 σ_x 和应变 ε_x 的关系?

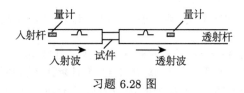

习题 6.28 图

6.29 有限厚度的平面金属飞板以速度 w 撞击同种材料的静止靶板, 飞板与靶板的厚度比为 1/4. 假定材料密度为 ρ_0, 状态方程为 $p = c_0^2(\rho - \rho_0) + (\gamma - 1)\rho e$, 且 D-u 曲线已知.

(1) 请给出撞击面上的质点速度和压力公式;

(2) 假定平面飞板厚度为 l, 求当波阵面传播到靶板中 $2l$ 位置时加载波的时间脉宽.

6.30 有一平面复合靶板由金属铝 Al 和有机玻璃 PMMA 组成, 如图所示, 情形一中, 半无限厚金属铝飞片以速度 w 撞击复合靶板; 情形二中半无限厚金属铝飞片与复合靶板合二为一, 飞片中有一平面冲击波传播, 波后质点速度为 w. 在 $t = 0$ 时刻, 情形一中飞片撞上复合靶板, 情形二中飞片内冲击波到达靶板界面, 均实现对靶板的加载.

(1) 请写出上述两种情形下加载界面 $(x = 0)$ 处的速度和压力与加载速度 w 之间的关系;

(2) 给出相应的波系结构和 p-u 状态示意图;

(3) 在不考虑靶板后自由面波反射的情况下, 试比较上述两种情形下在复合靶板内部 Al 与 PMMA 界面处引起的压力大小.

提示：$\rho_{Al} = 2.78 \text{g/cm}^3$, $\rho_{PMMA} = 1.18 \text{g/cm}^3$, 两种材料都具有冲击绝热线 $D = c_0 + \lambda u$.

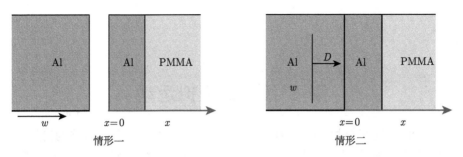

习题 6.30 图

6.31　速度为 w 的有机玻璃 (PMMA) 飞片撞击组合靶板 A/PMMA (如图所示), 假定飞片半无限厚, 第一层靶板的材料为 A, 底座为半无限厚的有机玻璃. 碰撞界面位于 $x = 0$ 处, 初始时刻组合靶板静止, 不考虑边侧效应, 请在 x-t 平面上作图给出撞击引起的波在第一层靶板 A 中传播一个来回的波系结构 (要求注明各波的类型), 在压力–质点速度 $(p$-$u)$ 平面上标示不同波区的状态; 并比较当 A 分别为 Cu 和 Al 的两种情况下, 在靶板中 A-PMMA 界面处压力的大小.

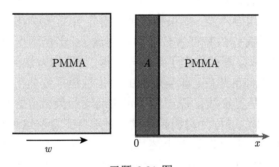

习题 6.31 图

提示: D-u 曲线 (m/s): Al, $D = 5250 + 1.39u$; Cu, $D = 3940 + 1.49u$; PMMA, $D = 2740 + 1.35u$; 密度: $\rho_{Al} = 2.78 \text{g/cm}^3$, $\rho_{Cu} = 8.93 \text{g/cm}^3$, $\rho_{PMMA} = 1.18 \text{g/cm}^3$.

第 7 章　自模拟运动

某一事物在发展过程中, 某时刻的现象与初始时刻的现象相似称为自相似, 又称为自模拟. 在流体动力学中, 不少问题涉及自相似特征, 因此发展了自模拟运动的求解方法. 利用自模拟求解方法, 一方面, 在复杂的流体动力学方程组面前, 一些特殊问题的求解可以得到简化; 另一方面, 对一些问题本质 (物理特性) 的研究可以更加充分, 这是一般数值方法难以比拟的. 中心稀疏波和冲击波都是自模拟运动的典型, 自模拟运动的实际应用有强点爆炸、球形散心爆轰和收聚爆轰等. 因此, 自模拟运动一直是一维不定常流体动力学的一个内容.

事实上, 自模拟运动引出了一种新的解析求解思路, 即无量纲化求解思路, 自模拟运动的理论基础就是量纲理论. 在特征线理论中已经导得, 对于等熵流动, 沿特征线物理量的某种组合不变. 如果把特征线看作自变量, 则原来沿时间、空间分布的物理量就可以只看作沿特征线分布的物理量了, 于是两个自变量 (x, t) 组合成了一个自变量, 偏微分方程化成了常微分方程, 特征线方法的意义就在于此. 自模拟运动也是一种类似的思路, 即当运动的变化过程只依赖于自变量的某种组合时 (这种组合不一定是特征线), 原一维不定常运动的偏微分方程组将化成常微分方程组, 求解得以简化, 过程为自模拟运动. 对于自变量的这种组合如何选, 基于何种原则, 在什么情况下可以达到上述目的, 并获得自模拟运动的解等问题的分析, 需要以量纲理论作为基础. 在原子弹研究初期, 大量爆炸流动问题的计算需求与计算手段的严重不足形成尖锐的对比, 使得自模拟运动求解方法的应用非常普遍, 20 世纪 50 年代初发表的相关论文很多; 后来在长杆弹侵彻动力学过程的解析分析 (如球形空腔膨胀模型的求解) 中, 这种无量纲化解析求解方法得到了拓展应用.

在流体动力学中量纲分析方法显示出独特的作用. 本章从量纲分析入手, 先理解量纲理论的基本原理和应用, 再将它应用到自模拟运动问题的分析中, 进一步求解自模拟运动; 重点介绍自模拟运动的基本概念、理论基础和求解思路, 并介绍两个自模拟运动的典型实例, 即强点爆炸和收聚冲击波的求解思路. 鉴于自模拟运动求解过程的数学性较强, 本书主要突出自模拟运动的物理现象、求解思路和定性结果, 关于自模拟运动问题的详细讨论可参考李维新的著作《一维不定常流与冲击波》(2003). 对自模拟运动的更多应用可以参考有关专著.

7.1 量 纲 分 析

7.1.1 引言

在实际应用中, 人们经常会不自觉地用到量纲分析的思想, 如由量纲判断一个规律的合理性, 一个物理量的可信性等. 实际上, 在运用量纲分析思想的过程中, 前人已对量纲分析总结出了相关的理论, 并基于这些理论指导实际应用. 正如钱学森先生曾指出的: "由于爆炸力学要处理的问题远比经典的固体力学或流体力学复杂, 似乎不宜一下子想从力学基本原理出发, 构筑爆炸力学理论. 近期还是靠小尺寸模型实验, 但要用比较严格的量纲分析从实验结果总结出经验规律. 这也是过去半个多世纪行之有效的方法." 按照基于量纲理论的相似原理来设计模拟试验, 对实际过程开展模拟研究的方法具有广泛的应用, 一个典型例子是飞行器研制过程中开展的风洞试验.

量纲分析方法还可用于复杂问题的理论分析. 当遇到十分复杂的问题, 涉及因素众多, 无从下手分析时, 常常可以首先从量纲入手, 找出主要规律, 分析问题的根本所在, 建立众多因素之间的联系, 这是量纲分析的主要意义所在. 例如, 在复杂的运动现象中, 许多因素影响着运动过程, 把所有起作用的因素叫做主定量, 用量纲分析的方法, 从繁多的主定量中挑选出主要者, 并弄清它们如何组合起来发挥作用, 选取这个组合作为原方程的自变量, 使自变量数目减少, 可以降低方程的阶, 使问题得以简化. 对一维不定常运动, 运用这种思路可以把偏微分方程化成常微分方程, 使问题得以解析求解. 有时通过量纲分析, 甚至无需求解方程组, 就能得到问题的实质性结果.

量纲的概念最早可以追溯到 1882 年, Fourier 指出某一变量的单位变换之后, 该变量以及与之相关的变量的数值都会发生变化, 从而将几何学中的量纲概念推广到物理学范畴.1883 年 Reynolds 运用量纲分析的原则, 给出了区分层流和湍流的参数——雷诺数. 同时期的 Rayleigh 也在多个领域运用量纲分析取得进展, 在流体动力学稳定及流动阻力方面做出了杰出的贡献. 流体力学领域还有 Mach 数、Prandtl 数等无量纲数. 量纲分析将影响物理现象的多个影响因素综合成一个参数组合, 并据此作为判断这一物理现象的阈值, 逐渐发展成为一种相对独立的方法论.

量纲分析的方法具有物理上直观、数学上简单的优势, 因此很有实用价值. 当然, 在进行量纲分析时, 对所研究对象的物理实质应比较了解, 又清楚其特性, 才能找到合理的主定量, 并从中找出主要因素, 通过组合这些主要因素来反映事情的本质, 这样的量纲分析才有真正的价值. 同时也应该认识到, 量纲分析的能力是有限的, 其结果有可能无实际意义, 但能从中找到一些规律, 对建立理论模型仍有其独特之处.

7.1.2　基本概念

我们首先认识一些与量纲理论有关的概念.

物理现象涉及的所有量可分为两类: 有量纲量和无量纲量.

有量纲量是指其数值依赖于所选取的度量单位制的量, 如时间、长度、质量, 同一长度因为所用单位制不同具有不同的数值, 如 0.1m=10cm.

无量纲量是指其数值不依赖于度量单位制的量, 如角度、功能之比等.

可以把量纲理解为反映事物属性的单位. 反映物理现象的量有距离、速度、时间、质量、密度、能量、压力等, 以及角度、比值、常数等. 其中距离有长度量纲, 时间有时间量纲, 速度量纲为长度与时间的量纲之比等. 可见, 量纲反映了这些物理量的属性. 而这些量的数值依赖于对属性描述所选取的单位制. 例如, 长度单位有 km, m, dm, cm, mm 等, 时间单位有 h, min, s, ms, μs 等.

同一长度因为所用单位制不同具有不同的数值, 说明距离这个量的值与度量它的单位制有关. 角度和比值无量纲可言, 故不随单位制而变.

由于物理量之间的相互关系, 量纲之间也存在着联系. 或者说当某些量 (如前述的长度 l 和时间 t) 的量纲明确以后, 其他量 (如速度 u) 的量纲可以由这些量导出, 因为 l, t 和 u 在物理上存在关系 $u \sim l/t$, 因此速度量纲就是长度量纲与时间量纲的比值. 这些相互联系取决于把哪些物理量定义为基本量, 其余量则由这些基本量的相互关系导出. 因此, 如果这些基本量的量纲已定, 余下量的量纲则由它们之间的关系写出. 如在上面的例子中, 定义距离和时间为基本量, 则速度量纲=长度量纲/时间量纲, 这种表达式称为导出量纲. 度量这些基本量的度量单位称为基本单位, 如 m, s; 其余量的单位称为导出单位, 如 m/s. 基本单位可根据研究的需要而定, 但它们必须是相互独立的. 如上述已选长度和时间作为基本量, 则速度只能是导出量. 对于我们关心的热、力、电等物理现象, 常用五个量作为基本量: 长度, 时间, 温度, 质量, 电流, 其量纲用符号表示, 分别为 L, T, θ, M, I. 流体动力学常用的有三个基本量: 长度, 时间和质量, 对应量纲为 L, T, M.

这样, 度量单位成为定义量纲的前提, 定义量纲为: 导出度量单位经由基本度量单位表示的表达式. 量纲的表示符号以方括号为特征, 例如 $[l] = L$, $[m] = M$, $[t] = T$, 或 [距离]=L, [质量]=M, [时间]=T.

量纲公式导出量的度量单位对于基本量的度量单位的依赖关系写成公式形式, 就是量纲公式. 显然, 量纲与所选取的基本量有关, 其表达形式也与基本单位制的选取有关. 在 CGS 单位制中, 一般形式是 $L^{\alpha} M^{\beta} T^{\gamma}$. 由此推理, 无量纲量的量纲为 1.

有量纲量的单位可以由一些物理量之间的关系联系起来, 如 $u \sim l/t$, u 的单

位由 l 和 t 的单位之比组成, 其量纲公式表示为 [速度]=[距离/时间]=[距离]/[时间]=L/T. 如果一个量的量纲公式, 不能由其他一些量的量纲公式组合成幂次单项式表示出来, 则说这些量具有独立量纲, 或量纲无关. 例如, 可以证明 l, u, E (能量) 三个量是量纲无关的. 若 l, u, E 量纲相关, 则总有无量纲量 π 存在, 使

$$[\pi] = \left[\frac{E^\alpha}{l^\beta u^\gamma} \right] = \frac{[E^\alpha]}{[l^\beta] \cdot [u^\gamma]} = 1,$$

即

$$\frac{(\mathrm{ML}^{-2}\mathrm{T}^{-2})^\alpha}{\mathrm{L}^\beta (\mathrm{L}/\mathrm{T})^\gamma} = 1.$$

为使上式成立, 要求如下:

量纲 M 的幂指数, $\alpha = 0$;

量纲 L 的幂指数, $2\alpha - \beta - \gamma = 0$;

量纲 T 的幂指数, $-2\alpha + \gamma = 0$.

只有当 $\alpha = \beta = \gamma = 0$ 时上述三个方程才成立. 所以 E, l, u 三个量的量纲无法发生联系, 它们是量纲无关的.

反之, 如果一个量的量纲公式可以由其他一些量的量纲公式组合成幂次单项式表示出来, 则说这些量的量纲相关. 如 u 和 l, t, 因为 $[u] = [l/t] = [l]/[t] = \mathrm{L/T}$.

独立量纲量的数目不可能超过基本单位的个数, 如力学量中 (不考虑温度) 具有独立量纲的量不超过三个, 这是 π 定理的内容之一.

7.1.3 π 定理

作为一种朴素的方法论, Fourier 将 "量纲" 从几何学推广到物理学时就指明了 π 定理的实质, 但未形成完整的理论, 并且由于时代的限制, 当时并没有得到广泛重视. 1914 年 Buckingham 提出: 每一个物理规律都可以用几个零量纲幂次的量 (称之为 π) 来描述, 这就形成了模型实验和当今普遍应用的数值模拟所遵循的原则. Bridgman 于 1922 年将 Buckingham 的提法正式定名为 π 定理.

π 定理是我们运用量纲分析求解实际问题的理论依据, 其内容是: 设有一物理规律, 它表现为 $n+1$ 个有量纲量 $a, a_1, a_2, \cdots, a_n$ 之间的某一函数关系, $a = f(a_1, a_2, \cdots, a_k, a_{k+1}, \cdots, a_n)$, 其中 $a_1, a_2, \cdots, a_n$ 称为主定量. 这个规律可以理解为某物理量 a 的变化取决于 n 个因素 $a_1, a_2, \cdots, a_n$ 的影响. 如果其中有 k 个量 $a_1, a_2, \cdots, a_n$ ($k \leqslant n$) 具有独立量纲, 那么其余量的量纲可由这 k 个量的量纲的相应组合来表示, 即

$$a = \pi a_1^{\alpha_1} a_2^{\alpha_2} \cdots a_k^{\alpha_k},$$

$$a_{k+1} = \pi_1 a_1^{\beta_1} a_2^{\beta_2} \cdots a_k^{\beta_k},$$

$$\cdots \cdots$$

$$a_n = \pi_{n-k} a_1^{\gamma_1} \cdots a_k^{\gamma_k},$$

其中, π_i 是无量纲量. 于是原物理规律 $a = f(a_1, a_2, \cdots, a_k, a_{k+1}, \cdots, a_n)$ 可写为

$$a = \pi a_1^{\alpha_1} \cdots a_k^{\alpha_k} = f(a_1, \cdots, a_k, a_1^{\beta_1} \cdots a_k^{\beta_k} \pi_1, \cdots, a_1^{\gamma_1} \cdots a_k^{\gamma_k} \pi_{n-k})$$

或

$$\pi = \Phi(a_1, \cdots, a_k, \pi_1, \cdots, \pi_{n-k}). \tag{7.1.1}$$

因为式 (7.1.1) 中 $\pi, \pi_1, \cdots, \pi_{n-k}$ 是无量纲量, 故与单位制的选取无关.

如果在函数 Φ 中, 有量纲量 a_1 发生任意变化, 例如由于单位制变化引起了 a_1 数值的改变, 而其他量保持不变时, Φ 会发生变化, 那么公式 (7.1.1) 左边 π 也会改变. 这是不可能的, 因为 π 作为无量纲量, 不随单位制的变化而变化, 所以只能是 π 与 a_1 无关. 同理可证: π 与 $a_1, a_2, \cdots, a_k$ 都无关. 于是新的关系式为

$$\pi = \Phi(\pi_1, \cdots, \pi_{n-k}). \tag{7.1.2}$$

以上结果表明: 任何一个由 $n+1$ 个有量纲量表述的与单位制选取无关的关系式, 都可以化成由这 $n+1$ 个量组合而成的无量纲量之间的关系式. 并且, 如果这 $n+1$ 个量中有 $k(k \leqslant n)$ 个量具有独立量纲, 则该关系式就化成了 $n+1-k$ 个无量纲量: $\pi, \pi_1, \pi_2, \cdots, \pi_{n-k}$ 之间的关系式, 其中 π_i 为无量纲组合.

由此可知, 研究任何一个具有很多主定量的问题, 可以通过量纲分析将主定量进行组合, 构成问题的新自变量, 并使自变量数目减少. 例如自模拟运动, 自变量减少后, 两个自变量的偏微分方程便可化成常微分方程. 又如, 主定量较少时, 若 $n = k$, 则 $\pi = \text{const}$, 原解可写成 $a = c \cdot a_1^{\alpha_1} a_2^{\alpha_2} \cdots a_k^{\alpha_k}$ 的单项形式, 问题简化成只需确定一个常数 c.

例 7.1 自由落体运动分析.

问题 质量为 m 的物体, 从 h 高度下落, 求下落高度与时间的关系.

解 自由落体运动的主定量有高度 h, 重力加速度 g, 时间 t, 物体质量 m, 4 个量之间可能的联系可以表示成 $h = f(g, t, m)$, g, t, m 三者量纲无关, 所以 $n = k = 3$, 于是有

$$\pi = \left[\frac{h}{g^\alpha t^\beta m^\gamma} \right] = c.$$

解出 $\alpha = 1$, $\beta = 2$ 和 $\gamma = 0$, 得到规律: $h = cgt^2$, 其中 c 表示常数. 说明这个自由落体规律与下落物体的质量无关.

我们熟知的物理规律是 $h = \dfrac{1}{2}gt^2$, 所以 $c = 1/2$.

由此可见, 在研究一个问题时, 可以先应用量纲分析的方法对其性质进行初步判定, 然后根据其特点找出最合适最方便的方法求解或验证.

例 7.2 求强点爆炸产生的冲击波运动.

问题 $t = 0$ 时, $r = 0$ 处有半径为 $r = r_0$ 的球对称装药瞬时爆炸, 爆炸释放总能量为 E_0, 向周围空气传播出一个强冲击波, 波前介质状态为 p_0, ρ_0 和 $u_0 = 0$. 求冲击波位置的变化规律 $r = R(t)$.

分析 主定量有 t, ρ_0, p_0, r_0, E_0, γ (空气多方指数); 待定参量为冲击波的位置 $r = R(t)$.

当 r 大到一定程度时, $r \gg r_0$, 可忽略 r_0, 以点爆炸处理; 因爆炸产生的冲击波后压力远大于波前压力 ($p \gg p_0$), 可忽略 p_0, 作强爆炸处理.

问题成为寻找 $R(t)$ 与 t, E_0, ρ_0, γ 四个量之间的关系, 即求函数关系 $R(t) = f(t, E_0, \rho_0, \gamma)$.

解 确定三个基本量纲: T, L, M, 各主定量的量纲分别为 $[t] = \text{T}$, $[E_0] = \text{ML}^2\text{T}^{-2}$, $[\rho_0] = \text{ML}^{-3}$, 这三个量的量纲无关, $[\gamma] = 1$. 所以 $n = k = 3$, 将 $R(t) = f(t, E_0, \rho_0, \gamma)$ 转化成无量纲组合的形式时, 除 γ 之外, 将不存在由主定量的无量纲组合构成的自变量, 因此有

$$\pi = \frac{R(t)}{t^{\alpha_1}\rho_0^{\alpha_2}E_0^{\alpha_3}} = c(\gamma),$$

可求出 $\alpha_1 = 2/5$, $\alpha_2 = -1/5$, $\alpha_3 = 1/5$. 于是得到

$$R(t) = c(\gamma)(E_0/\rho_0)^{1/5}t^{2/5}. \tag{7.1.3}$$

在 7.4 节将看到常数项 $c(\gamma)$ 可由冲击波运动的能量守恒方程求出, 或由实验测试的数据确定. 对式 (7.1.3) 求导得到冲击波速度的表达式为

$$D = \frac{\mathrm{d}R}{\mathrm{d}t} = \frac{2}{5}\frac{R}{t}. \tag{7.1.4}$$

由量纲分析得到的这个预测结果与实际测量结果吻合得相当好. 但当离爆点很近时, r_0 不可以忽略; 当距离太远时, p_0 不可以忽略, 上述公式不再成立.

对式 (7.1.3) 两端取对数得到

$$\lg(R(t)) = \lg[c(\gamma)] + \frac{1}{5}\lg\left(\frac{E_0}{\rho_0}\right) + \frac{2}{5}\lg(t), \tag{7.1.5}$$

式 (7.1.5) 表明, 强爆炸情况下冲击波到达位置的对数与到达时间的对数之间成线性关系. 1950 年, 英国科学家 G.Taylor 根据 1945 年 Mack 拍摄的美国新墨西哥州第一颗原子弹爆炸火球的高速摄影照片, 如图 7.1.1 所示, 提取出冲击波传播位置与到达时间之间的关系, 如图 7.1.2 所示, 拟合得到

$$\frac{5}{2}\lg[R(t)] - \lg(t) = 11.915. \tag{7.1.6}$$

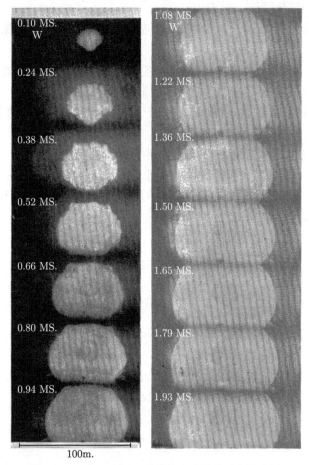

图 7.1.1   第一颗原子弹爆炸火球的高速摄影照片

对于 $\gamma = 1.4$ 的空气, 式 (7.1.5) 中的流场参数 $c(\gamma) = 1.033$, 其推导详见 7.4 节. 结合式 (7.1.6) 和式 (7.1.5) 有

$$\frac{1}{2}\lg\left(\frac{E_0}{\rho_0}\right) = 11.915 - \frac{5}{2}\lg(1.033) = 11.880. \tag{7.1.7}$$

取空气密度 $\rho_0 = 1.25 \text{kg/m}^3$, 计算得到爆炸能量 $E_0 \approx 7.19 \times 10^{13}$ J, 合 1.68 万吨 TNT 当量. 理论预测结果与试验测试几乎一致.

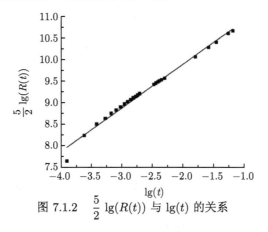

图 7.1.2 $\dfrac{5}{2} \lg(R(t))$ 与 $\lg(t)$ 的关系

7.1.4 相似现象

1. 相似现象概述

1) 射流破甲

由聚能装药射流破甲的定常不可压缩流体力学理论导出的基本规律是: 射流穿深 L 与射孔时间 t、射流长度 l 和速度 u、弹靶的密度 ρ_1 和 ρ_2 相关. 一般关系式为

$$L = f(t, l, u, \rho_1, \rho_2),$$

该规律的无量纲形式是 $\dfrac{L}{l} = f\left(\dfrac{l}{ut}, \dfrac{\rho_1}{\rho_2}\right)$, 说明射流穿孔深度与射流长度成比例, 也与时间成比例. 当两个聚能装药产生的射流满足 $\dfrac{l}{ut} = \dfrac{l'}{u't'}, \dfrac{\rho_1}{\rho_2} = \dfrac{\rho_1'}{\rho_2'}$ 时, 穿深效果将遵循 $\dfrac{L}{l} = \dfrac{L'}{l'}$ 的规律, 说明两个现象之间存在几何上的比例关系, 这是一种相似关系.

2) 风洞试验

风洞试验就是利用流动的相似关系, 通过实验室中的模拟试验推测真实的流动现象, 为实际设计提供依据, 这是现代飞机、导弹、火箭等研制定型的必要手段. 如图 7.1.3 所示为风洞试验示意, (a) 表示真实工况, (b) 为模拟试验. 其中真实飞机的特征长度、飞行迎角、飞行速度、大气密度和黏性、空气中声速分别用 $l_1, \alpha_1, u_1, \rho_1, \mu_1, c_1$ 表示; 对应模型飞机的相应参数分别为 $l_2, \alpha_2, u_2, \rho_2, \mu_2, c_2$. 用 χ 表示任意状态量, 则有物理规律的一般表达式为

$$\chi = f(l, \alpha, u, \rho, \mu, c).$$

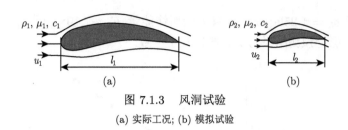

图 7.1.3   风洞试验

(a) 实际工况; (b) 模拟试验

若 χ 为飞机受力 F, 取 ρ, u, l 为基本物理量，可以得到无量纲关系

$$\pi_F = \phi(\alpha, Re, M)$$

其中, 无量纲力为 $\pi_F = \dfrac{F}{\dfrac{1}{2}\rho u^2 A}$, 雷诺数 $Re = \dfrac{\rho u l}{\mu}$, 马赫数 $M = \dfrac{u}{c}$, A 为飞机

迎风面积. 在流体力学中 π_F 的物理意义是阻力系数或升力系数.

由相似性理论知, 只要模型试验与实际飞行过程的上述无量纲量 α, Re 和 M 的数值对应相等, 就可以保证无量纲力 π_F 相同. 但事实上, 除非等尺寸试验, 以上参数很难同时都相同. 因此实际应用中还需要抓住主要变量的影响.

例如, 对于低速不可压缩流动 $(M < 0.3)$, 往往不需要考虑马赫数的影响, 只需关注雷诺数是否相等; 而高速问题时必须考虑马赫数的影响, 需要综合考虑 Re 和 M, 可以采用改变气体参数的方法, 使得两者尽量在自洽范围内. 比如, 某飞机在海平面标准大气情况下飞行速度 $u_1 = 20\text{m/s}$, 用 1/5 缩比模型在风洞内进行试验. 若风洞试验段来流的压力、密度和温度与海平面标准大气情况相同, 由雷诺数相等的条件可计算出模型试验所需的风速为 $u_2 = u_1 l_1/l_2 = 100\text{m/s}$. 若模型试验测得阻力为 $F_2 = 50\text{N}$, 由两者无量纲力相等可求得实际飞行中飞机的阻力为 $F_1 = F_2 u_1^2 A_1/(u_2^2 A_2) = 50\text{N}$. 这里两者的马赫数并不相同, 但都小于 0.3, 分别为 $M_1 = 20/340 \approx 0.06$, $M_2 = 100/340 \approx 0.29$. 又比如研究飞机升力问题时, 可以忽略雷诺数的影响, 同样是 1/5 缩尺模型, 如果飞机速度 $u_1 = 400\text{m/s}$, 由马赫数相同条件有 $u_2 = 400\text{m/s}$. 如果试验测得升力为 $F_2 = 400\text{N}$, 则实际升力为 $F_1 = F_2 A_1/A_2 = 10000\text{N}$.

2. 相似和模拟

相似的概念可以指两事件相似 (或现象相似)、几何相似 (如相似三角形) 等. 如果根据一个现象的给定特征量, 通过简单换算就能得到另一个现象的特征量, 则这两个现象相似. 这里, 相似性是对现象而言, 或对规律而言.

自然界存在着这种相似性, 给许多研究带来方便. 若两者之间存在现象相似或几何相似的性质, 可以通过实验室的试验来模拟真实情况. 对于一个实际现象,可能太大或太小, 难以进行实际研究, 可以通过实验室里的工作进行模型研究, 再将研究的结果推广到实际现象, 这就是模拟. 模拟即再现原事物. 当今先进的研究方法之一数值模拟方法、仿真技术, 也是利用相似现象实现对真实事件的模拟研究.

3. 相似性分析的理论依据

根据量纲分析的方法可以设计模拟过程.

假定实际现象为 $a = f(a_1, \cdots, a_k, \cdots, a_n)$, 模拟现象为 $a' = f(a_1', \cdots, a_k' \cdots, a_n')$, 已假定两现象 a, a' 是相似的, 则两者应有相同的函数关系 f. 若主定量中有 k 个量是量纲独立的, 作无量纲化处理后, 两现象分别有关系式

$$\pi = \Phi(\pi_1, \cdots, \pi_{n-k}),$$

$$\pi' = \Phi(\pi_1', \cdots, \pi_{n-k}'),$$

上式中因 π_i, π_i' 与量纲无关, 所以不依赖模型而变化. 从 $a_i' \to a_i$, 数值可以发生变化, 但由相似性定义知应有 $\pi_i = \pi_i'$. 比如, 尺度变化可以引起实际结构与模型之间的差别, 但 π_i, π_i' 不因尺度变化而变化, 所以, 两种情况下无量纲量的值是对应相等的, 于是 $\pi = \pi'$.

由于对主定量 $a_1, \cdots, a_n$ 进行无量纲化处理得到的自变量 π_i 是已知的, 只要选定模型的主定量 $a_1', \cdots, a_n'$, 使 $\pi_i' = \pi_i$, 就可利用 $\pi = \dfrac{a}{a_1^{\alpha_1} a_2^{\alpha_2} \cdots a_k^{\alpha_k}}, \pi' = \dfrac{a'}{a_1'^{\alpha_1} \cdots a_k'^{\alpha_k}}$ 和 $\pi = \pi'$, 由模型的结果 π', 导出实际的结果 π, 得到

$$a = a' \left(\frac{a_1}{a_1'}\right)^{\alpha_1} \left(\frac{a_2}{a_2'}\right)^{\alpha_2} \cdots \left(\frac{a_k}{a_k'}\right)^{\alpha_k}.$$

于是, 根据模型现象的特征量 a', 经过简单换算就得到了实际现象的特征量 a, 由模型的规律导出了实际的规律. 当然, 其前提是: 两相似现象的所有主定量的无量纲组合的数值相等.

反之, 可以说, 由同一规律控制的两个物理现象, 如果彼此间只是主定量的数值不相等 (这种数值不同引起的现象变化, 就像单位制不同所造成的变化一样), 而所有主定量的无量纲组合相等, 则这两个现象相似.

由此得出两现象相似的充要条件是: 两现象所有主定量的无量纲组合的数值彼此相等.

当某现象如 $u(r, t)$ 的无量纲组合 $\pi = \dfrac{u}{A} = V(\xi)$ 不随时间变化, 即从时刻 t_1 到时刻 t_2, 总有 $\xi_1 = \xi_2$ 和 $V(\xi_1) = V(\xi_2)$ 时, 说明该现象在不同时刻具有相似性, 这是一种自我相似性或自相似, 这就是自模拟运动. 简言之, 自相似就是某一事物

在发展过程中, 某时刻的现象与初始时刻的现象相似. 这时, 由初始某时刻 t_1 的 u_1, A_1 可导出以后某时刻 t_2 的 u_2, A_2, 且 $u_2 = u_1 \dfrac{A_2}{A_1}$. 这里 A_i 由主定量的组合给出, 如 $A = A(t) \sim a_1^{\alpha_1} a_2^{\alpha_2} \cdots a_k^{\alpha_k}$.

这种自相似问题可以通过运用自模拟方法使问题的求解得以简化. 不同于两现象的相似问题, 对自模拟运动求解的目的不在于模拟, 而在于求解, 即要求得无量纲函数 $V(\xi)$, 从而得到参数分布规律 $u(r, t) = AV(\xi)$, 这正是自模拟运动求解的特点.

7.2 自模拟运动概述

7.2.1 基本概念

如果流场参量 $u(r, t)$, $p(r, t)$ 等, 均可写成 $u(r, t) = A(t)V(r)$ 的形式, 则不同时刻参量 u, p 的空间分布不变, 只有幅值以 $A(t)$ 的规律变化, 这便是一种自相似现象, 图 7.2.1 给出了这种情况的图示. 一般情况下, 若流场参量可表示为

$$u(r,t) = A(t)V\left(\frac{r}{R(t)}\right), \tag{7.2.1}$$

则沿 $r/R(t) = $ 常数, u 的空间分布不变, 只有幅值相应变化. 令 $\xi = \dfrac{r}{R(t)}$, 将式 (7.2.1) 写成 $u(r,t) = A(t)V(\xi)$, 则 $V(\xi) = u(r,t)/A(t)$ 是一个无量纲函数.

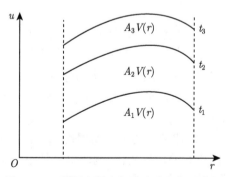

图 7.2.1   流场参数空间分布自相似示意图

若存在一个以无量纲量 ξ 为自变量的无量纲函数 $V(\xi)$, 使 $u(r,t) = A(t)V(\xi)$, 且 $V(\xi)$ 是一个不随时间变化的普适函数, 则流场速度分布具有自相似性. 运动过程中物理量都具有上述相似性质时, 称为自模拟运动. 这时, 物理量随时间改变, 但其空间分布具有广义的相似性.

图 7.2.2 是流场参数具有广义自相似分布的示意图. 这时, 在任何时刻 t, 将 u 的幅值改变 $A(t)$ 倍, 空间坐标 r 改变 $R(t)$ 倍, 得到一个不随时间变化的函数 $V(\xi) = u(r,t)/A(t)$.

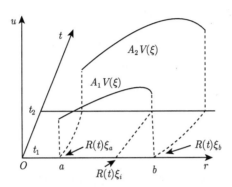

图 7.2.2 流场参数广义自相似分布示意图

中心稀疏波是具有广义自相似分布性质的一个典型例子. 中心稀疏波的参数分布遵循 $u(r,t) = \dfrac{2c_0}{\gamma+1}\left(\dfrac{r}{c_0 t}-1\right)$, 若取 $R = c_0 t$, $\xi = \dfrac{r}{c_0 t}$, 则参数分布可写成 $u(\xi) = \dfrac{2c_0}{\gamma+1}(\xi-1)$, 对照式 (7.2.1), 这里 $A = \dfrac{2c_0}{\gamma+1} = \text{const}$. 这是一个更为简单的自模拟运动: 随着时间的变化, 速度的幅值不变化, 运动区域正比于 $c_0 t$ 扩大, 速度的空间分布呈自相似性.

从此例可见, 自模拟运动中 $R(t), A(t)$ 可由初始边界条件确定. 一般地, 一些情况下 $R(t), A(t)$ 可由量纲分析定出, 另一些情况下可在求解过程中定出. 无论怎样, 问题将化为求由一个自变量表示的 $V(\xi)$ 函数问题. 于是, 一维不定常流体动力学偏微分方程组化为了常微分方程组, 许多情况下可得到解析解.

7.2.2 自模拟运动的条件

我们所讨论的问题, 通常是在一定的初、边值条件下求解, 自变量为 r 和 t, 初、边值条件以及有关常数是问题的主定量, 待定量可以写成主定量的函数. 假定在所讨论的问题中, 主定量有 r, t 和量纲独立的常量 a, b, 以及一些无量纲常数 $\alpha_1, \cdots, \alpha_n$, 待定量如 u, 表示成 $u = u(r,t,a,b,\alpha_1,\cdots,\alpha_n)$. 为了使物理量 p, ρ, u 等 (它们含有质量量纲 M, 长度量纲 L 和时间量纲 T) 能与主定量的量纲发生关系, 主定量中一定要有包含量纲 M, L, T 的量. 主定量中有量纲量为 r, t 和 a, b, 其中自变量 r, t 不含质量量纲, 因此有质量量纲的量只能产生于 a, b 中. 不妨设

a, b 有如下量纲:

$$[a] = \mathrm{ML}^k\mathrm{T}^s,$$
$$[b] = \mathrm{L}^m\mathrm{T}^n, \tag{7.2.2}$$

于是主定量中有量纲量 r, t, a, b 可组成一个无量纲组合

$$\xi = r/(b^{\frac{1}{m}}t^\alpha), \quad \alpha = -n/m. \tag{7.2.3}$$

这相当于在式 (7.2.1) 中取 $R(t) = b^{\frac{1}{m}}t^\alpha$.

利用 π 定理可组成待定量的无量纲组合如下:

$$\pi_u = u/(r/t) \triangleq V(\xi),$$
$$\pi_p = p/[a/(r^{k+1}t^{s+2})] \triangleq P(\xi), \tag{7.2.4}$$
$$\pi_\rho = \rho/[a/(r^{k+3}t^s)] \triangleq G(\xi),$$

式 (7.2.4) 中 $V(\xi), P(\xi)$ 和 $G(\xi)$ 分别为 u, p 和 ρ 对应的无量纲函数, 是自变量 ξ 和无量纲常数 $\alpha_1, \alpha_2, \cdots, \alpha_n$ 的函数, 流场的解因此为

$$u = \frac{r}{t}V(\xi),$$
$$p = \frac{a}{r^{k+1}t^{s+2}}P(\xi), \tag{7.2.5}$$
$$\rho = \frac{a}{r^{k+3}t^s}G(\xi).$$

这是自模拟解的一般形式, 或者说, 满足这种类型解的运动是自模拟运动. ξ 有时也称为自模拟变量.

对于一维不定常流动, 自模拟运动可定义如下: 若全部待定量无量纲化后只依赖于一个无量纲自变量 $\xi = r/(b^{\frac{1}{m}}t^\alpha)$ (其中 $[b] = \mathrm{L}^m\mathrm{T}^n$), 则称运动是自模拟的.

自模拟运动要求存在一个无量纲自变量 $\xi = r/(b^{\frac{1}{m}}t^\alpha)$, 根据 π 定理, 无量纲主定量的个数为 $(n-k)$, 本问题中 $k = 3$, 因此要求有量纲主定量的个数为 $n = 4$, 由此导出自模拟运动的充分条件为: 问题的主定量中除 r, t 外, 还含有不多于两个量纲独立的常数, 如 a, b.

对于理想流体的一维不定常流动, 基本控制方程组 (2.3.71) 可写成如下形式:

$$\begin{cases} \dfrac{\partial \rho}{\partial t} + \dfrac{\partial \rho u}{\partial r} + \dfrac{N\rho u}{r} = 0, \\[2mm] \dfrac{\partial u}{\partial t} + u\dfrac{\partial u}{\partial r} + \dfrac{1}{\rho}\dfrac{\partial p}{\partial r} = 0, \\[2mm] \dfrac{\partial}{\partial t}\left(\dfrac{p}{\rho^\gamma}\right) + u\dfrac{\partial}{\partial r}\left(\dfrac{p}{\rho^\gamma}\right) = 0, \end{cases} \tag{7.2.6}$$

式中, 能量守恒方程已基于等熵过程, 通过运用等熵关系式 $p = A(S)\rho^\gamma$ 进行了转换, $N = 0, 1, 2$ 分别对应平面对称、柱对称和球对称三种情况. 从式 (7.2.6) 可以看出, 除了 r, t 为自变量以外, 不含其他有量纲常数, 所以只要在初、边值条件中不出现两个以上的量纲独立的有量纲常量, 则运动是自模拟的.

7.2.3 自模拟运动举例

1. 空中点爆炸

按照 7.1 节例 7.2 的描述, 点爆炸问题为 $t = 0$ 时刻炸药装药发生瞬时爆炸, 爆炸释放总能量为 E_0, 向周围传播出一个强冲击波, 波前介质状态为 $p_0, \rho_0, u_0 = 0$. 问题的自变量为 r, t, 已知的初、边值定解条件有 ρ_0, p_0, E_0 和多方指数 γ. 各主定常量的量纲分别为 $[\rho_0] = \mathrm{M}/\mathrm{L}^3$, $[E_0] = \mathrm{ML}^2/\mathrm{T}^2$, $[p_0] = \mathrm{M}/(\mathrm{L} \cdot \mathrm{T}^2)$, 且它们量纲无关. 主定量中除了无量纲量 γ 以外, 有量纲量有 5 个: r, t, ρ_0, p_0, E_0, 按照 π 定理, 可以再组成 $(5-3)$ 个无量纲组合, 即全部无量纲量组合如下:

$$\gamma, \xi = \frac{\rho_0^{1/5} r}{E_0^{1/5} t^{2/5}}, \quad \eta = \frac{p_0^{5/6} t}{E_0^{1/3} \rho_0^{1/2}}.$$

上面三个无量纲量, γ 是常数, ξ 不为零, 因为 ρ_0 和 E_0 不可能取零, 只有当 $p_0 \to 0$ 时, η 不存在, 才可能只有一个无量纲自变量 ξ. 当作强爆炸处理时, 有 $p \gg p_0$, 可取 $p_0 \to 0$, 这时剩下两个有量纲常量 ρ_0 和 E_0, 且 ρ_0, E_0 量纲无关, 根据定义知, 运动是自模拟的. 若 ρ_0, E_0, p_0 三个都不能忽略, 如在离爆点比较远时, $p \gg p_0$ 不成立, 则运动是非自模拟的.

2. 活塞常速运动引起中心稀疏波 (一维平面问题)

在活塞运动引起中心稀疏波传播的问题中, 主定量有 $\rho_0, p_0, U, u_0 = 0$, 自变量 r, t, 多方指数 γ, 其中 U 是活塞运动速度, 且存在量纲公式 $[U^2] = [p_0] / [\rho_0]$, 说明主定量中虽然有三个有量纲常量 ρ_0, p_0, U, 但由于三者量纲相关, 即量纲独立的常量只有两个, 所以根据定义知, 运动是自模拟的.

于是, 可选取自模拟变量为 $\xi = \dfrac{r}{Ut}$, 选择量纲独立的常量为 ρ_0, U, 对待求物理量作无量纲化处理:

$$
\begin{aligned}
u &= UV(\xi), \\
p &= \rho_0 U^2 P(\xi), \\
\rho &= \rho_0 G(\xi).
\end{aligned}
\tag{7.2.7}
$$

将自变量 (r, t) 变换到自模拟变量 ξ, 则有

$$\frac{\partial}{\partial t} = \frac{\mathrm{d}}{\mathrm{d}\xi}\frac{\partial \xi}{\partial t} = -\frac{r}{Ut^2}\frac{\mathrm{d}}{\mathrm{d}\xi},$$

$$\frac{\partial}{\partial r} = \frac{\mathrm{d}}{\mathrm{d}\xi}\frac{\partial \xi}{\partial r} = \frac{1}{Ut}\frac{\mathrm{d}}{\mathrm{d}\xi},$$

$$\frac{\mathrm{d}}{\mathrm{d}t} = \frac{\partial}{\partial t} + u\frac{\partial}{\partial r} = \frac{V - \xi}{t}\frac{\mathrm{d}}{\mathrm{d}\xi}.$$

同时将待求量无量纲化, 代入控制方程组 (7.2.6) 中, 方程组 (7.2.6) 的前两式可写成无量纲形式为

$$(V - \xi)\frac{\mathrm{d}G}{\mathrm{d}\xi} = -G\frac{\mathrm{d}V}{\mathrm{d}\xi},$$

$$(V - \xi)\,G\frac{\mathrm{d}V}{\mathrm{d}\xi} = -\frac{\mathrm{d}P}{\mathrm{d}\xi}. \tag{7.2.8}$$

定义 $a(\xi)$ 为无量纲声速, 则声速可表示成 $c = Ua(\xi)$, 运用 $\mathrm{d}p = c^2\mathrm{d}\rho = [Ua\,(\xi)]^2\,\mathrm{d}\rho$ 消去一个变量 ρ, 方程 (7.2.8) 的第二式变为

$$(V - \xi)\,G\frac{\mathrm{d}V}{\mathrm{d}\xi} = -a^2\frac{\mathrm{d}G}{\mathrm{d}\xi}. \tag{7.2.9}$$

方程 (7.2.8) 的第一式与式 (7.2.9) 联立消去 $\dfrac{\mathrm{d}V}{\mathrm{d}\xi}$ 得

$$\left[(V - \xi)^2 - a^2\right]\frac{\mathrm{d}G}{\mathrm{d}\xi} = 0. \tag{7.2.10}$$

因为 $\dfrac{\mathrm{d}G}{\mathrm{d}\xi}$ 不恒等于零, 所以上式只有取 $V - \xi = \pm a$ 或 $V \mp a = \xi$ 时才成立. 将 $V - \xi = \pm a$ 代入式 (7.2.8) 的第二式得到 $\pm aG\mathrm{d}V = -\mathrm{d}P$ 或 $\mathrm{d}V = \mp\dfrac{\mathrm{d}P}{aG}$. 由此, 完整地写出该中心稀疏波的自模拟解为

$$V \mp a = \xi, \quad \mathrm{d}V \pm \frac{\mathrm{d}P}{aG} = 0. \tag{7.2.11}$$

回代等式 $V \mp a = \xi$, 用有量纲量表示即为 $u \mp c = \dfrac{r}{t}$, 这正好分别对应特征线 C_- 和 C_+ 的方程. 将 $\mathrm{d}V \pm \dfrac{\mathrm{d}P}{aG} = 0$ 中的无量纲变量回代成有量纲的表达为 $\mathrm{d}u \pm \dfrac{\mathrm{d}p}{\rho c} = 0$, 该式与对应特征线 C_+ 和 C_- 的特征方程完全一致. 可见运用自模拟

解得到的结果与之前用特征线方法得到的简单波解的公式 $\dfrac{r}{t} = u \mp c,\ \mathrm{d}u \pm \dfrac{\mathrm{d}p}{\rho c} = 0$ 是一致的. 此处上面的符号对应左行简单波情况, 下面的符号对应右行简单波.

本例中如果主定量的 $U = bt^n$ $(n \neq 0)$, 则 b 成为一个有量纲的主定量, 且与 ρ_0, p_0 量纲独立, 这时量纲独立的常量超过 2 个, 不能构成自模拟运动.

以上过程体现了自模拟运动的求解过程, 现归纳出一般步骤如下:

(a) 构造无量纲形式的表达方式, 将待定量、主定量和已知初、边值条件无量纲化;

(b) 所有量化成无量纲形式代入原偏微分方程组, 建立常微分方程组;

(c) 所有初、边值条件化为无量纲形式, 求解常微分方程组;

(d) 整理结果, 还原无量纲变量, 得到一般形式的解.

7.3 自模拟运动的常微分方程组

7.3.1 方程的推导

已知自模拟运动解的一般形式为 $u(r,t) = A(t)V(\xi)$, 这里 u 可以代表 u, p, ρ 等参量, 主定量有 $r,\ t,\ a,\ b$ (其中 $[b] = \mathrm{L}^m\mathrm{T}^n$, $[a] = \mathrm{ML}^k\mathrm{T}^s$). 将自模拟变量 ξ 表示为

$$\xi = r/(b^{\frac{1}{m}}t^\alpha) = r/R(t), \tag{7.3.1}$$

取 $\dot{R}(t), \rho_*(t)$ 为基本尺度, 使物理量 u, ρ, p 无量纲化, 得到

$$u = \dot{R}(t)V(\xi),\ \rho = \rho_*(t)G(\xi),\ p = \rho_*(t)\dot{R}^2(t)P(\xi), \tag{7.3.2}$$

这里 V, G, P 是待求的无量纲函数, $R(t), \rho_*(t)$ 和 $\dot{R}(t)$ 的形式取决于主定量 a, b, 暂未确定. 这种取法与式 (7.2.5) 的取法在本质上是一致的, 但形式不同. 因无量纲形式不同, 无量纲函数的结果也会不同, 但还原后的结果应该是一样的.

将物理量的无量纲化变换式 (7.3.2) 代入理想流体一维运动基本方程组 (7.2.6) 中, 将自变量 (r,t) 转变为自模拟变量 ξ, 将对自变量 (r,t) 的偏导数转变为对 ξ 的全导数, 例如对密度 ρ 有

$$\begin{aligned}
\frac{\partial\rho}{\partial t} &= \frac{\mathrm{d}\rho_*}{\mathrm{d}t}\cdot G + \rho_*\frac{\mathrm{d}G}{\mathrm{d}\xi}\frac{\mathrm{d}\xi}{\mathrm{d}t} = \frac{\mathrm{d}\rho_*}{\mathrm{d}t}G - \rho_*G'\frac{r}{R^2(t)}\dot{R}(t),\\
\frac{\partial\rho}{\partial r} &= \rho_*\frac{\mathrm{d}G}{\mathrm{d}\xi}\frac{\mathrm{d}\xi}{\mathrm{d}r} = \rho_*G'/R,
\end{aligned} \tag{7.3.3}$$

式中 $G' = \dfrac{\mathrm{d}G}{\mathrm{d}\xi}$，将 p 和 u 的类似变换都代入原偏微分方程组中得

$$\frac{\dot{\rho}_*}{\rho_*} + \frac{\dot{R}}{R}\left[V' + (V - \xi)(\ln G)' + N\frac{V}{\xi}\right] = 0,$$

$$\frac{R\ddot{R}}{\dot{R}^2}V + (V - \xi)V' + \frac{P'}{G} = 0, \tag{7.3.4}$$

$$\frac{R}{\dot{R}}\frac{\mathrm{d}}{\mathrm{d}t}(\ln \rho_*^{1-\gamma}\dot{R}^2) + (V - \xi)(\ln PG^{-\gamma})' = 0,$$

式中 $N = 0$ 为一维平面问题, $N = 1, 2$ 分别为一维柱对称和球对称问题.

基于主定量 r, t, a, b, 可写出

$$R(t) = b^{\frac{1}{m}}t^{\alpha} = Bt^{\alpha}, \tag{7.3.5}$$

故 $R(t)$ 是可解出的, 且

$$\dot{R} = \alpha Bt^{\alpha-1} = \alpha\frac{R}{t},$$

$$\ddot{R} = \alpha(\alpha - 1)\frac{R}{t^2}. \tag{7.3.6}$$

ρ_* 也可以由主定量的已知条件确定, 从 ρ_* 的量纲分析知

$$[\rho_*] = \left[\frac{a}{r^{k+3}t^s}\right] = \left[\frac{a}{R^{k+3}t^s}\right] = \left[\frac{a}{B^{k+3}t^{\alpha(k+3)+s}}\right] = \left[\frac{a}{B^{k+3}}\right]\mathrm{T}^{-\alpha(k+3)-s}.$$

可写出 ρ_* 如下:

$$\rho_*(t) = At^{\beta}, \tag{7.3.7}$$

式 (7.3.7) 中 $\beta = -\alpha(k + 3) - s$ 是无量纲常数, A 是常系数, 其量纲为

$$[A] = \left[\frac{a}{B^{k+3}}\right] = \mathrm{ML}^{-3}\mathrm{T}^{-\beta}.$$

于是

$$\dot{\rho}_* = \beta At^{\beta-1} = \beta\frac{\rho_*}{t}. \tag{7.3.8}$$

由此, 式 (7.3.2) 中各相关系数有以下规律

$$\dot{R} \sim t^{\alpha-1},$$

$$\rho_* \sim t^{\beta}, \tag{7.3.9}$$

$$\rho_*\dot{R}^2 \sim t^{\beta+2(\alpha-1)}.$$

利用式 (7.3.5) ～ 式 (7.3.9) 消去式 (7.3.4) 中对 t 的导数项得

$$\beta + \alpha\left[V' + (V - \xi)(\ln G)' + N\frac{V}{\xi}\right] = 0,$$

$$\frac{\alpha - 1}{\alpha}V + (V - \xi)V' + \frac{P'}{G} = 0, \tag{7.3.10}$$

$$\frac{(1 - \gamma)\beta}{\alpha} + 2\frac{\alpha - 1}{\alpha} + (V - \xi)(\ln PG^{-\gamma})' = 0.$$

式 (7.3.10) 就是求解三个无量纲函数 $V(\xi)$, $G(\xi)$ 和 $P(\xi)$ 的常微分方程组, 但包含了 2 个常数 α, β. 在多数问题中, ρ_0 是一个主定量, 且是常数, 故可取 $\rho_*(t) = \rho_0 = \mathrm{const}$, 则有 $\beta = 0$, 这样只需确定一个常数 α 即可. 常数 α 称为自模拟指数.

一旦确定了 α, 就可以对常微分方程组 (7.3.10) 进行求解, 求解时初、边值条件也要化成无量纲形式. 求解包含间断的问题时, 边界条件若是间断, 或者间断参与了过程运算, 间断关系式也须化为相应的无量纲形式参与运算. 由求解的结果将得到无量纲函数 $V(\xi), G(\xi)$ 和 $P(\xi)$.

7.3.2 方程的求解

1. 两类自模拟解

由于主定量中的有量纲常数 a, b 不同, 自模拟解的形式会不一样, 性质也会不同. 参数 α 和 β 的不同情况决定了自模拟解的类型.

像上面分析过的问题, 当运动的主定量中除 r, t 外, 量纲独立的有量纲常数不超过两个时, 运动将是自模拟的. 对于流体动力学问题, 主定量中至少应有一个包含质量量纲的量, 设为 a, 则 a 是唯一具有质量量纲的量. 这时可以通过量纲分析定出 β, 然后只剩下 α 能否事先确定的问题. 根据 α 是已知还是待求, 定义了两类自模拟解.

第一类自模拟解: 根据量纲分析或守恒定律能事先确定自模拟指数 α 的自模拟运动.

在这种情况下, 有独立量纲的主定量常数永远有两个, 由这两个量构成了前面所设的 a, b, 从而从量纲分析可定出 α 和 β.

如强点爆炸问题, 主定量为 ρ_0, E_0. 取 $\rho_0 = a, b = E_0/\rho_0, \xi = r/[(E_0/\rho_0)^{1/5}t^{2/5}]$, 则 $\alpha = 2/5$, $\beta = 0$. 又如活塞常速运动问题, 取独立量纲量为 ρ_0, U, 可取 $a = \rho_0$, $b = U$, 于是 $\xi = r/(Ut)$, 得出 $\alpha = 1$, $\beta = 0$. 这时, 问题归结为在初、边值条件下对常微分方程组 (7.3.10) 的积分求解.

第二类自模拟解: 自模拟指数 α 无法事先由量纲分析得出的自模拟运动.

　　这时只出现一个量纲独立的有量纲常数, 并且一定含有质量量纲 (比如为 a), 第二个量纲独立的量不以常量出现, 因此无法事先求出 α. 但运动是自模拟的, 所以一定存在某个自模拟变量 $\xi = r/(Bt^\alpha)$, 这时 α 不由初、边值条件决定, 需从方程求解过程中满足某种相关条件来确定. 例如 α 由运动过程中的边界条件来确定. 求解这类问题本身就需要先解常微分方程组 (7.3.10). 球面冲击波收聚运动就是这一类问题的典型例子. 这时 ρ_0, p_0 是初态, 因冲击波收聚运动过程中波后压力 p 不断增加, p_0 相对于波后可忽略, 只剩下一个含有质量量纲的常数 ρ_0, 运动是自模拟的, 但无法简单求解.

　　2. 初、边值条件无量纲化

　　需要将初、边值条件无量纲化, 写出对应自模拟变量 ξ 的无量纲函数 V, G, P 等在边界处的表达式. 例如, 如果初、边值条件中有间断关系, 可将间断面作为一个边界, 考虑到间断面或波阵面一定对应某个 ξ_1, 则 $r_1 = \xi_1 R(t)$ 反映了波阵面的运动轨迹, 间断面或波阵面上状态可写为

$$u_1 = \dot{R}(t)V(\xi_1),$$

$$p_1 = \rho_*(t)\dot{R}^2(t)P(\xi_1),$$

$$\rho_1 = \rho_*(t)G(\xi_1),$$

$$D_1 = \dot{R}(t)H(\xi_1),$$

上式中 u_1, p_1, ρ_1, D_1 满足间断或冲击波关系式, 将它们代入这些关系式中可得到由无量纲函数 V, G, P 表达的相应关系式.

　　3. 几个特殊积分 (不同情况下成立)

　　方程组 (7.3.10) 的求解常常比较复杂, 为此, 可以利用在不同条件下成立的几种特殊积分关系, 从积分式解出 V, G, P 的代数关系, 以减少方程的个数, 使求解过程简化. 在不同的条件下, 有下列几个积分代数式成立, 它们都是由常微分方程组的变换和增删得来的.

　　当取式 (7.2.5) 作无量纲化时, 可分别写出绝热积分、能量积分和冲量积分如下.

　　1) 绝热积分

　　当 $(k-N+2)\alpha + s \neq 0$, 但 $[(\gamma-1)k + 3\gamma - 1 - \lambda(k-N+2)]\alpha + [(\gamma-\lambda-1)s - 2] = 0$ 时, 有积分

$$\frac{P(\alpha-V)^\lambda}{G^{\gamma-\lambda}}\xi^{\frac{2-(\gamma-\lambda-1)s}{\alpha}} = \text{const},$$

其中 $\lambda = \dfrac{[(\gamma-1)k+3\gamma-1]\alpha+(\gamma-1)s-2}{(k-N+2)\alpha+s}$;

当 $(k-N+2)\alpha+s=0$ 时, 有积分

$$G(\alpha-V)\xi^{\frac{s}{\alpha}} = \mathrm{const};$$

当 $[(\gamma-1)k+3\gamma-1]\alpha+[(\gamma-1)s-2]=0$ 时, 有积分

$$\frac{P}{G^\gamma}\xi^{\frac{2-(\gamma-1)s}{\alpha}} = \mathrm{const}.$$

2) 能量积分

当 $\dfrac{s+2}{k-N}+\alpha = 0(k-N\neq 0)$ 时, 有积分

$$\xi^{N-k}\left[PV+(V-\alpha)\left(\frac{GV^2}{2}+\frac{P}{\gamma-1}\right)\right] = \mathrm{const}.$$

3) 冲量积分

当 $N=0$, $(k+1)\alpha-(s+1)=0$, $k\neq -1$ 时, 有积分

$$\xi^{-1-k}[P+(V-\alpha)GV] = \mathrm{const},$$

式中, $\xi = \dfrac{r}{b^{\frac{1}{m}}t^\alpha}$, $\alpha = -\dfrac{n}{m}$, γ 为多方指数, $N=0,1,2$ 分别对应平面对称、柱对称和球对称问题. 关于几个特殊积分的详细推导请参考周毓麟著作《一维非定常流体力学》(1990).

在求解常微分方程组时, 为了简便, 可以先判断这些条件是否成立, 找出无量纲函数 V, Z, G 之间的相应代数关系式, 使方程组的求解化成一个一个的积分代数式.

下面两节将就两个典型具体问题给出较完整的求解过程.

7.4 强点爆炸问题的自模拟解

7.4.1 问题的提出

$t=0$ 时刻, 装药半径为 r_0 的炸药装药在空气中爆炸, 释放出能量 E_0, 在周围介质中产生强冲击波传播. 介质的未扰状态为 ρ_0, p_0 和 $u_0=0$, 多方指数 γ, 求爆炸引起的流场变化. 自变量为 r, t, 待求量有 D, u, p, ρ.

忽略初始装药半径和波前压力 p_0 后, 主定量常量为 E_0, ρ_0, γ, 运动是自模拟的. 取 $[a] = [\rho_0]$, $[b] = [E_0/\rho_0]$, 建立自模拟变量

$$\xi = \left(\frac{\rho_0}{E_0}\right)^{1/5}\frac{r}{t^{2/5}} = \frac{r}{R(t)}, \tag{7.4.1}$$

其中 $R(t) = \left(\dfrac{E_0}{\rho_0}\right)^{1/5}t^{2/5}$. 所以 $\alpha = 2/5$ 为已知, 这对应了第一类自模拟解. 进一步求出

$$\dot{R}(t) = \left(\frac{E_0}{\rho_0}\right)^{1/5}t^{2/5}\frac{2}{5}/t = \frac{2}{5}R/t = \frac{2}{5}\frac{1}{\xi}\frac{r}{t}. \tag{7.4.2}$$

拟定流场结构如图 7.4.1 所示. 图中下标 0 表示波前参量, 为初始条件; 下标 1 表示波阵面上的参数, 为边界条件; 无下标的符号表示波后流场中参数, 为待求量.

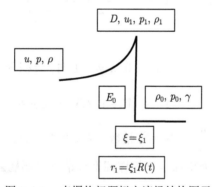

图 7.4.1　点爆炸问题拟定流场结构图示

7.4.2　冲击波运动规律

以自模拟变量 $\xi = \dfrac{r}{R(t)}$ 表示的规律表征了波后流场中任何一点的规律, 波阵面只不过对应了流场中某一特定的位置, 比如 r_1 是流场的一个边界; 波阵面的位置应为 $r_1 = \xi_1 R(t)$, 对应了特定的 $\xi = \xi_1$(边界条件). 回忆 7.1.3 节由量纲分析得到的冲击波运动规律知, 在波阵面上有

$$\xi_1 = \frac{r_1}{(E_0/\rho_0)^{\frac{1}{5}}t^{\frac{2}{5}}} = c(\gamma). \tag{7.4.3}$$

对于自模拟运动, 某一特征位置的 ξ 不随时间而变化, 所以 ξ_1 只是 γ 的函数 $\xi_1(\gamma)$, γ 是该问题的唯一无量纲主定量.

冲击波速度为

$$D = \frac{\mathrm{d}r_1}{\mathrm{d}t} = \xi_1 \dot{R}(t) = \frac{2}{5}\xi_1 \left(\frac{E_0}{\rho_0}\right)^{\frac{1}{5}} t^{-\frac{3}{5}} = \frac{2}{5}\xi_1^{\frac{5}{2}} \left(\frac{E_0}{\rho_0}\right)^{\frac{1}{2}} r_1^{-\frac{3}{2}} = \frac{2}{5}\frac{r_1}{t}. \quad (7.4.4)$$

波阵面上的参数 (运用强冲击波参数) 为

$$p_1 = \frac{2}{\gamma+1}\rho_0 D^2 = \frac{8}{25(\gamma+1)}\xi_1^5 E_0 r_1^{-3} = \frac{2}{(\gamma+1)}\rho_0 \left(\frac{2}{5}\frac{r_1}{t}\right)^2,$$

$$\rho_1 = \rho_0 \frac{\gamma+1}{\gamma-1}, \quad\quad\quad\quad\quad\quad\quad\quad\quad\quad\quad\quad\quad\quad (7.4.5)$$

$$u_1 = \frac{2}{\gamma+1}D = \frac{4}{5(\gamma+1)}\xi_1^{\frac{5}{2}} \left(\frac{E_0}{\rho_0}\right)^{\frac{1}{2}} r_1^{-\frac{3}{2}} = \frac{2}{\gamma+1}\frac{r_1}{t}\frac{2}{5}.$$

由式 (7.4.5) 可见, 冲击波状态与冲击波轨迹之间有下列规律:

$$p_1 \sim E_0/r_1^3,$$
$$D^2 \sim u^2 \sim E_0/\rho_0 r_1^3, \quad\quad\quad\quad (7.4.6)$$

其中 $r_1 \sim (E_0/\rho_0)^{\frac{1}{5}} t^{\frac{2}{5}}$. 运用式 (7.4.6), 可以从测得的波传播规律求出两次爆炸的当量之比. 例如, 当两次试验中测得相同压力 p 对应的冲击波阵面位置分别是 r_{11} 和 r_{12} 时, 由式 (7.4.6) 的第一式知 $r_{12}/r_{11} = (E_{02}/E_{01})^{\frac{1}{3}}$, 从而推算出两次爆炸当量之比. 如果已知模型试验的当量, 就可推估实际爆炸试验的当量.

上述公式中 ξ_1 对应了冲击波阵面上 ξ 的特定值, 对于给定介质, ξ_1 是一个定值, 本节后面将给出 ξ_1 的典型值.

7.4.3 流场内的解

求以 ξ_1 或 r_1 为边界的流场分布 ($0 < \xi < \xi_1$ 或 $0 < r < r_1$), 波阵面上冲击波参数为边界条件. 一般情况下对流场参数可作如下无量纲化处理:

$$u = \dot{R}(t)V(\xi) = \frac{2}{5}\frac{1}{\xi}\frac{r}{t}V(\xi) = \frac{2}{5}\frac{R}{t}V(\xi),$$

$$\rho = \rho_*(t)G(\xi) = \rho_0 G(\xi), \quad\quad\quad\quad (7.4.7)$$

$$p = \rho_*(t)\dot{R}^2(t)P(\xi).$$

考虑到 V, P, G 以冲击波为边界, 为了使 $V(\xi)$ 的表达形式在边界上尽可能简单, 现重新取无量纲组合如下: $u = u_1 V(\xi)$, $p = p_1 P(\xi)$, $\rho = \rho_1 G(\xi)$, 使得当

$\xi = \xi_1$ 时所有无量纲变量的值为 1, 即 $V(\xi_1) = 1$, $G(\xi_1) = 1$, $P(\xi_1) = 1$, 于是利用式 (7.4.5) 有

$$u = u_1 V(\xi) = \frac{2}{\gamma + 1} \frac{r}{t} \frac{2}{5} V(\xi),$$

$$\rho = \frac{\gamma + 1}{\gamma - 1} \rho_0 G(\xi), \tag{7.4.8}$$

$$p = \frac{2}{\gamma + 1} \rho_0 \left(\frac{2}{5} \frac{r}{t} \right)^2 P(\xi).$$

此处由于利用冲击波阵面上的参数进行了无量纲化, 使式 (7.4.8) 中引入了以 γ 为因子的系数. 对应某时刻的流场, 显然有 $\xi = \xi_1 \dfrac{r}{r_1}$.

作自变量的变换, 使 $\dfrac{\partial}{\partial r} = \dfrac{\mathrm{d}}{\mathrm{d}\xi} \dfrac{\partial \xi}{\partial r}, \dfrac{\partial}{\partial t} = \dfrac{\mathrm{d}}{\mathrm{d}\xi} \dfrac{\partial \xi}{\partial t}$, 将无量纲化的物理量代入球对称方程组 (7.2.6) 中 (取 $N = 2$), 写出 V, P, G 的常微分方程如下:

$$\left(V - \frac{\gamma + 1}{2} \right) \frac{\mathrm{d}V}{\mathrm{d}\ln\xi} + \frac{\gamma - 1}{2} \frac{1}{G} \frac{\mathrm{d}P}{\mathrm{d}\ln\xi} = \frac{5(\gamma + 1) - 4V}{4} V - (\gamma - 1) \frac{P}{G},$$

$$\left(V - \frac{\gamma + 1}{2} \right) \frac{\mathrm{d}G}{\mathrm{d}\ln\xi} + \frac{\mathrm{d}V}{\mathrm{d}\ln\xi} = -3V, \tag{7.4.9}$$

$$\frac{\mathrm{d}}{\mathrm{d}\ln\xi} \left(\ln \frac{P}{G^\gamma} \right) = \frac{5(\gamma + 1) - 4V}{2V - (\gamma + 1)}.$$

求解过程可以运用下述能量积分. 根据能量守恒, 以 r 为半径的球内 $(r < r_1)$ 能量保持恒定. 在 Δt 时间内通过球面出去的能量为 $\Delta t \cdot 4\pi r^2 \rho u \left(e + \dfrac{u^2}{2} \right) + \Delta t \cdot 4\pi r^2 p u$, 由于球体积增加而新增加的能量为 $\Delta t \cdot \dot{r} \cdot 4\pi r^2 \rho \left(e + \dfrac{u^2}{2} \right)$, 使两者相等可得

$$(u - \dot{r}) \left(\frac{p}{\gamma - 1} + \rho \frac{u^2}{2} \right) + pu = 0. \tag{7.4.10}$$

此处已运用了 $e = \dfrac{1}{\gamma - 1} p / \rho$. 对应某个位置 r, $\xi = \mathrm{const}$, r 与 ξ 的关系为

$$r = \xi R(t),$$

$$\dot{r} = \xi \dot{R}(t). \tag{7.4.11}$$

因为 $R(t) = \left(\dfrac{E_0}{\rho_0}\right)^{\frac{1}{5}} t^{2/5}$ 和式 (7.4.2), 所以 $\dot{r} = \dfrac{2}{5}\dfrac{r}{t}$. 将无量纲化变换式 (7.4.8)

代入式 (7.4.10), 并参考 $\dot{r} = \dfrac{2}{5}\dfrac{r}{t} = \dfrac{u}{V}\dfrac{\gamma+1}{2}$, 得 $\left(V - \dfrac{\gamma+1}{2}\right)(P + GV^2) + (\gamma -$

$1)PV = 0$, 或写为

$$\frac{P}{G} = \frac{(\gamma + 1 - 2V)\,V^2}{2\gamma V - (\gamma + 1)}. \tag{7.4.12}$$

这就建立了联系 P, G, V 的一个代数式. 实际上, 它是常微分方程组的一个
积分, 通过它消去一个变量代入原方程组 (7.4.9) 中, 使三个常微分方程变成两个,
又从余下的两个方程中再消去一个变量, 便可直接积分求解. 比如先消去 P, 再消
去 G, 只剩下 $\dfrac{\mathrm{d}V}{\mathrm{d}\ln\xi} = f(V)$, 可积分求出 $V = V(\xi)$, 然后逐次回代得出所有解.

从 $\dfrac{\mathrm{d}V}{\mathrm{d}\ln\xi} = f(V)$ 可首先解出

$$\left(\frac{\xi_1}{\xi}\right)^5 = V^2 \left[\frac{5(\gamma+1) - 2(3\gamma-1)V}{7 - \gamma}\right]^{n_1} \left(\frac{2\gamma V - \gamma - 1}{\gamma - 1}\right)^{n_2}. \tag{7.4.13}$$

再从 $\dfrac{\mathrm{d}\ln G}{\mathrm{d}\xi} = \varphi(V)$ 解出

$$G = \left(\frac{2\gamma V - \gamma - 1}{\gamma - 1}\right)^{n_3} \left[\frac{5(\gamma+1) - 2(3\gamma-1)V}{7 - \gamma}\right]^{n_4} \left(\frac{\gamma + 1 - 2V}{\gamma - 1}\right)^{n_5}. \tag{7.4.14}$$

在求得 V, G 的基础上, 运用能量积分式 (7.4.12) 求得 P 如下:

$$P = GV^2 \frac{\gamma + 1 - 2V}{2\gamma V - \gamma - 1}. \tag{7.4.15}$$

式 (7.4.13) $\sim$ 式 (7.4.15) 中

$$n_1 = \frac{13\gamma^2 - 7\gamma + 12}{(3\gamma - 1)(2\gamma + 1)},$$

$$n_2 = -\frac{5(\gamma - 1)}{2\gamma + 1},$$

$$n_3 = \frac{3}{2\gamma + 1},$$

$$n_4 = \frac{13\gamma^2 - 7\gamma + 2}{(2 - \gamma)(3\gamma - 1)(2\gamma + 1)},$$

$$n_5 = \frac{1}{\gamma - 2}.$$

这样 V, G, P 就表示成了已知参量和 ξ 的函数. ξ_1 可由能量守恒求出

$$E_0 = \int_0^{r_1} \left(\rho \frac{u^2}{2} + \frac{p}{\gamma - 1} \right) 4\pi r^2 \mathrm{d}r, \tag{7.4.16}$$

式 (7.4.16) 化成无量纲形式为

$$\xi_1^5 \frac{32\pi}{25(\gamma^2 - 1)} \int_0^{\xi_1} (\xi^4 G V^2 + \xi^9 P) \mathrm{d}\xi = 1. \tag{7.4.17}$$

当 $\gamma = 1.4$ 时, 由此解出 $\xi_1 = 1.033$. 对应的 $r_1 = \xi_1 \left(\dfrac{E_0}{\rho_0} \right)^{\frac{1}{5}} t^{\frac{2}{5}}$ 即为冲击波阵面的轨迹.

另外, 李维新著作《一维不定常流与冲击波》(2003) 中还给出了 ξ_1 的近似计算公式

$$\xi_1 = \left[\frac{75}{16\pi} \frac{(\gamma + 1)(\gamma^2 - 1)}{3\gamma - 1} \right]^{\frac{1}{5}}. \tag{7.4.18}$$

至此自模拟运动所有解完全求出.

7.4.4　波后流场分布情况

无量纲函数 V, G, P 在波阵面上取值为 1, 波后流场由于膨胀过程而卸载, 爆心处为流场的对称中心, 是流场的另一个边界. 下面先定性分析爆心附近解的渐近性质, 再得到流场分布的直观图像.

对式 (7.4.13) 分析知, 爆心附近解 V 的渐近性质为: 当 $r \to 0$ 时, $\xi \to 0$, 注意到 $n_2 < 0$, 可推知这时 $V \to \left(\dfrac{\gamma + 1}{2\gamma} \right)$, 所以 $u \to \dfrac{2}{5\gamma} \dfrac{r}{t}$.

由式 (7.4.14), 若在 $r = 0$ 处有 $V = \left(\dfrac{\gamma + 1}{2\gamma} \right)$, 则 $G = 0$, 所以爆心处密度 ρ 为零.

由 $r \to 0$, $u \sim \dfrac{r}{t}$ 知, 这时 $\dfrac{\partial u}{\partial t} + u \dfrac{\partial u}{\partial r} \to 0$, 利用动量方程有 $\dfrac{\partial p}{\partial r} \to 0$, 即 $\xi \to 0$ 时压力 p 趋于常数.

另外, 因为 $T \sim \dfrac{p}{\rho}$, 而 $\xi \to 0$ 时压力 p 趋于常数, 密度 ρ 为零, 所以爆心处温度趋向于无穷大.

总的结论是：$r \to 0$ 时, u 线性趋向于零, ρ 迅速趋向于零, p 趋向于一个常数, T 趋向于无穷大. 流场参数分布图像如图 7.4.2 所示.

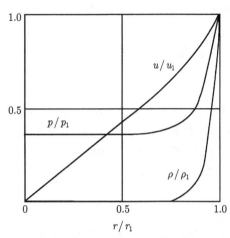

图 7.4.2 强点爆炸波后流场参数分布

7.4.5 自模拟解的适用范围

从式 (7.4.5) 知 $p_1 \sim r_1^{-3}$, 冲击波压力随波的传播迅速下降, 当压力从 p_1 下降到 p_0 的量级时, 波前压力不再能忽略, 自模拟解不再适用.

从冲击波 H 线的渐近线知, 严格地讲, $p \gg \dfrac{\gamma+1}{\gamma-1} p_0$ 时才满足强冲击波条件, 这时有 $\dfrac{\rho_1}{\rho_0} = \dfrac{\gamma+1}{\gamma-1}$. 当 $p_* = \dfrac{\gamma+1}{\gamma-1} p_0$ 时, 将 ξ_1 的近似式 (7.4.18) 代入式 (7.4.5) 得到 p_1 的一个近似估计为 $p_1 = \dfrac{3}{2\pi} \dfrac{\gamma^2-1}{3\gamma-1} \dfrac{E_0}{r_1^3}$, 所以 $p_* = \dfrac{\gamma+1}{\gamma-1} p_0$ 时, 有

$$r_* = \left(\frac{3}{2\pi} \frac{\gamma^2-1}{3\gamma-1} \right)^{\frac{1}{3}} \left(\frac{E_0}{p_0} \right)^{\frac{1}{3}}.$$

当 $r_1 > r_*$ 时, 必须使用非自模拟解.

例如, 爆炸能量为 $E_0 = 10^{14}$J (相当于 2~3 万吨 TNT 当量) 时, 对于 $\gamma = 1.4$, 解出 $(E_0/p_0)^{1/3} = 1000$m, $p_1 = 6p_0$, 对应的冲击波位置为 $r_* = 288$m.

当冲击波衰减到 $p_1 = p_0 = 10^5$Pa, 即衰减到环境压力时, 求出 $r_*' = \sqrt[3]{6} r_* = 525$m.

7.5　球面冲击波的收聚运动

球面冲击波收聚运动的解是第二类自模拟解的一个典型例子. 球面冲击波的收聚运动指波从中心反射之前的情况, 即收聚过程. 由于自模拟指数 α 事先未知, 对这类解的求解过程变得较为复杂, 更多时候是用数值方法求解.

7.5.1　问题的提出

设有一球对称强冲击波, 在初始状态为 ρ_0, p_0 的介质中向对称中心传播. 可以设想, 就像一个球面活塞向中心推进引起了收聚冲击波, 并且, 随着波阵面的收聚, 波的作用范围由大向小收缩, 波阵面上的能量密度将不断集聚提高, 越接近中心, 冲击波强度越大. 这种几何收聚效应及其导致的结果, 与 7.4 节点源爆炸散心传播的情况正好相反.

想象一个球面活塞向中心推进引起了收聚冲击波向中心传播, 情形参见图 7.5.1, 图中 D 表示冲击波阵面, C_- 表示波后特征线. 边界条件的影响, 如活塞的运动, 通过 C_- 特征线带给波阵面, 活塞上在 $t > t_0$ 时刻以后发出的 C_- 特征线与冲击波阵面 D 不再有交点, 说明后面的边界条件无助于 D 的发展. 因此, 外边界条件的影响在一定时间以后对冲击波的传播将不再起作用. 另外, 因为是强冲击波, 冲击波前的状态 p_0 可以忽略. 因此, 问题的主定量可定为 ρ_0, r, t 和介质性质如 γ. 对于多方气体, γ 为多方指数, 凝聚介质取简化状态方程时也有相应的 γ.

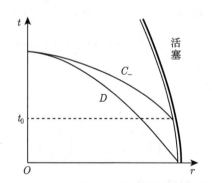

图 7.5.1　球面活塞运动引起的收聚冲击波传播

ρ_0, r, t 三个量是量纲独立的, 由这三个主定量无法构成一个无量纲自变量. 如果有量纲主定量只有这三个, 那么按照量纲分析理论可以推出 $\dfrac{u}{r/t} = c(\gamma)$ 等. 显然, 这个规律与常识相违. 事实上, 这里还有一个冲击波强度随其半径 $R(t)$ 的减少而增加的事实. 因此, 冲击波的半径 $R(t)$(或位置) 应是一个主定量, 不幸的是它是一个变量. 这样, 问题的主定量为 ρ_0, r, t, $R(t)$, γ, 可组成一个无量纲自变量 $\xi = r/R(t)$, γ 为材料参数.

由于主定量中除自变量外并非都为常数, 故无法事先确定 $R(t)$ 的具体形式, 即无法事先知道自模拟指数 α 的值. 但仍可设 $R(t) = A(-t)^{\alpha}$(这时 $-\infty < t < 0$). 假定冲击波到达中心 $r = 0$ 时为 $t = 0$ 时刻, 则 $-\infty < t < 0$ 指冲击波到达中心之前的过程, 流场为以冲击波阵面为一个边界向外边界延伸的区域. 于是定义

$$\xi = \frac{r}{R(t)} = \frac{r}{A(-t)^{\alpha}}, \quad R \leqslant r < \infty, \ 1 \leqslant \xi < \infty, \tag{7.5.1}$$

这个无量纲自变量的构成说明它不直接由已知的初、边值条件确定, 或者说自模拟解的形式不只依赖于初、边值条件的运动特征, 但 A 的数值与这些条件是有关的, 它取决于介质的整体运动.

7.5.2 控制方程组及定解条件

1. 控制方程组

利用声速定义式 $c^2 = \left(\dfrac{\mathrm{d}p}{\mathrm{d}\rho}\right)_S = \gamma p/\rho$, 从式 (7.2.6) 中取 $N = 2$ 知, 多方气体一维球面不定常绝热运动的控制方程组写为

$$\begin{aligned}
&\frac{\partial \ln \rho}{\partial t} + u \frac{\partial \ln \rho}{\partial r} + \frac{\partial u}{\partial r} + \frac{2u}{r} = 0, \\
&\frac{\partial u}{\partial t} + u \frac{\partial u}{\partial r} + \frac{c^2}{\gamma} \frac{\partial \ln \rho}{\partial r} + \frac{1}{\gamma} \frac{\partial c^2}{\partial r} = 0, \\
&\frac{\partial}{\partial t} \ln c^2 \rho^{1-\gamma} + u \frac{\partial}{\partial r} \ln c^2 \rho^{1-\gamma} = 0.
\end{aligned} \tag{7.5.2}$$

式中已利用声速定义式 $c^2 = \left(\dfrac{\mathrm{d}p}{\mathrm{d}\rho}\right)_S = \gamma p/\rho$, 将 p 转化为用 ρ 和 c^2 表示了.

将待求物理量 u, p, ρ 和 c^2 进行无量纲化, 表示成下面的形式:

$$\begin{aligned}
u &= \frac{r}{t} V(\xi), \\
\rho &= \rho_0 G(\xi), \\
p &= \rho_0 \frac{r^2}{t^2} P(\xi), \\
c^2 &= \frac{r^2}{t^2} Z(\xi),
\end{aligned} \tag{7.5.3}$$

其中 $c^2 = \gamma p/\rho$, 所以 $Z = \gamma P/G$. 作变换, 将自变量 r, t 转换成自模拟变量 ξ, 使 $\dfrac{\partial}{\partial t}, \dfrac{\partial}{\partial r}$ 等偏导数表示成对 ξ 的全导数 $\dfrac{\mathrm{d}}{\mathrm{d}\xi}$, 有

$$\frac{\partial}{\partial t} = \frac{\mathrm{d}}{\mathrm{d}\xi}\frac{\partial \xi}{\partial t},$$

$$\frac{\partial}{\partial r} = \frac{\mathrm{d}}{\mathrm{d}\xi}\frac{\partial \xi}{\partial r},$$

$$\frac{\partial \xi}{\partial r} = \frac{1}{R} = \frac{\xi}{r}, \tag{7.5.4}$$

$$\frac{\partial \xi}{\partial t} = -\alpha\frac{\xi}{t}.$$

将式 (7.5.4) 用于各物理量的偏微分表达式, 得

$$\begin{aligned}
\frac{\partial u}{\partial t} &= -\frac{r}{t^2}V(\xi) + \frac{r}{t}V'\frac{\partial \xi}{\partial t} = -\frac{r}{t^2}V(\xi) - \alpha\frac{r}{t}\frac{\xi}{t}V' \\
&= \frac{r}{t^2}(-V - \alpha\xi V') = \frac{r}{t^2}V\left(-1 - \alpha\frac{\mathrm{d}\ln V}{\mathrm{d}\ln\xi}\right),
\end{aligned}$$

$$\frac{\partial u}{\partial r} = \frac{1}{t}V(\xi) + \frac{r}{t}V'(\xi)\frac{1}{R} = \frac{V}{t}\left(1 + \frac{\mathrm{d}\ln V}{\mathrm{d}\ln\xi}\right),$$

$$\frac{\partial \ln\rho}{\partial t} = \frac{\partial \ln\rho_0}{\partial t} + \frac{\partial \ln G}{\partial t} = \frac{\partial \ln G}{\partial t} = -\frac{\mathrm{d}\ln G}{\mathrm{d}\xi}\cdot\alpha\frac{\xi}{t} = -\frac{\alpha}{t}\frac{\mathrm{d}\ln G}{\mathrm{d}\ln\xi},$$

$$\frac{\partial \ln\rho}{\partial r} = \frac{\partial \ln G}{\partial r} = \frac{\mathrm{d}\ln G}{\mathrm{d}\xi}\cdot\frac{1}{R} = \frac{1}{r}\frac{\mathrm{d}\ln G}{\mathrm{d}\ln\xi},$$

$$\frac{\partial c^2}{\partial t} = -\frac{2r^2}{t^3}Z - \frac{r^2}{t^2}Z'\left(\alpha\frac{\xi}{t}\right) = \frac{r^2}{t^3}Z\left(-2 - \alpha\frac{\mathrm{d}\ln Z}{\mathrm{d}\ln\xi}\right),$$

$$\frac{\partial c^2}{\partial r} = -\frac{2r}{t^2}Z + \frac{r^2}{t^2}Z'\left(\frac{\xi}{r}\right) = \frac{r}{t^2}Z\left(2 + \frac{\mathrm{d}\ln Z}{\mathrm{d}\ln\xi}\right).$$

将上述变换关系代入式 (7.5.2) 的第一个方程, 得到质量守恒方程

$$-\frac{\alpha}{t}\frac{\mathrm{d}\ln G}{\mathrm{d}\ln\xi} + \frac{r}{t}V(\xi)\frac{\mathrm{d}\ln G}{r\mathrm{d}\ln\xi} + \frac{V}{t}\left(1 + \frac{\mathrm{d}\ln V}{\mathrm{d}\ln\xi}\right) + \frac{2}{r}\frac{r}{t}V = 0,$$

整理后成为

$$\frac{\mathrm{d}V}{\mathrm{d}\ln\xi} + (V - \alpha)\frac{\mathrm{d}\ln G}{\mathrm{d}\ln\xi} = -3V. \tag{7.5.5}$$

进一步将变换关系代入式 (7.5.2) 的第二个方程得

$$\frac{r}{t^2}V\left(-1-\alpha\frac{\mathrm{d}\ln V}{\mathrm{d}\ln\xi}\right)+\frac{r}{t}V\cdot\frac{V}{t}\left(1+\frac{\mathrm{d}\ln V}{\mathrm{d}\ln\xi}\right)$$

$$+\frac{r^2}{\gamma t^2}Z\frac{\mathrm{d}\ln G}{r\mathrm{d}\ln\xi}+\frac{1}{\gamma}\frac{r}{t^2}Z\left(2+\frac{\mathrm{d}\ln Z}{\mathrm{d}\ln\xi}\right)=0,$$

整理后有

$$(V-\alpha)\frac{\mathrm{d}V}{\mathrm{d}\ln\xi}+\frac{Z}{\gamma}\frac{\mathrm{d}\ln G}{\mathrm{d}\ln\xi}+\frac{1}{\gamma}\frac{\mathrm{d}Z}{\mathrm{d}\ln\xi}=-\frac{2Z}{\gamma}-V(V-1). \tag{7.5.6}$$

式 (7.5.2) 的第三个方程变化如下:

$$\frac{\partial}{\partial t}\ln c^2+\frac{\partial}{\partial t}\ln\rho^{1-\gamma}+u\frac{\partial}{\partial r}\ln c^2+u\frac{\partial}{\partial r}\ln\rho^{1-\gamma}=0,$$

$$\frac{1}{t}\left(-2-\alpha\frac{\mathrm{d}\ln Z}{\mathrm{d}\ln\xi}\right)-(1-\gamma)\frac{\alpha}{t}\frac{\mathrm{d}\ln G}{\mathrm{d}\ln\xi}+\frac{V}{t}\left(2+\frac{\mathrm{d}\ln Z}{\mathrm{d}\ln\xi}\right)+\frac{V}{t}(1-\gamma)\frac{\mathrm{d}\ln G}{\mathrm{d}\ln\xi}=0.$$

整理得

$$(\gamma-1)Z\frac{\mathrm{d}\ln G}{\mathrm{d}\ln\xi}-\frac{\mathrm{d}Z}{\mathrm{d}\ln\xi}=2\left(\frac{V-1}{V-\alpha}\right)Z. \tag{7.5.7}$$

式 (7.5.5) $\sim$ 式 (7.5.7) 构成了三个无量纲函数 $V(\xi)$, $Z(\xi)$, $G(\xi)$ 的常微分方程组, 自变量 ξ 的取值范围为 $1<\xi<\infty$.

2. 边界条件

在冲击波阵面上满足强冲击波条件, 即当 $\xi=\xi_1=1$ 或 $r=r_1=R(t)$ 时, 冲击波速度为

$$D=\dot{R}(t)=\frac{\mathrm{d}R}{\mathrm{d}t}=\alpha\frac{R}{t}. \tag{7.5.8}$$

波阵面上物理量为

$$u_1=\frac{2}{\gamma+1}D,$$

$$\rho_1=\rho_0\frac{\gamma+1}{\gamma-1},$$

$$p_1=\frac{2}{\gamma+1}\rho_0 D^2, \tag{7.5.9}$$

$$c_1^2=\frac{2\gamma(\gamma-1)}{(\gamma+1)^2}D^2=\frac{\gamma p_1}{\rho_1}.$$

将式 (7.5.8) 和式 (7.5.9) 代入式 (7.5.3) 得到无量纲函数的一个边界条件:

$$V(1) = \frac{2}{\gamma+1}\alpha,$$

$$G(1) = \frac{\gamma+1}{\gamma-1},$$ 　　　　(7.5.10)

$$Z(1) = \frac{2\gamma(\gamma-1)}{(\gamma+1)^2}\alpha^2.$$

　　$t = 0$ 时刻冲击波将收聚到中心, 波阵面将处于 $R(t) \to 0$ 的位置, 则 $\xi = \dfrac{r}{R(t)} = \dfrac{r}{A(-t)^\alpha} \to \infty$ 是 ξ 的另一个边界. 在任何有限 r 处, ρ, u, c 等应该是有限的, 所以由 $u = \dfrac{r}{t}V(\xi)$ 和 $c^2 = \dfrac{r^2}{t^2}Z(\xi)$ 知, 无量纲函数的另一个边界条件为 $t = 0$ 时, $\xi \to \infty$, $V = Z = 0$, 即

$$V(\infty) = Z(\infty) = 0.$$ 　　　　(7.5.11)

这样, 式 (7.5.5) $\sim$ 式 (7.5.7) 中, 只要 α 确定就可以对自变量从 $\xi = 1 \to \infty$ 进行求解了. 但并非自模拟指数 α 的任何取值都能保证边界条件式 (7.5.11) 成立, 只有当 α 取合适的值时, 式 (7.5.5) $\sim$ 式 (7.5.7) 才有单值解, 并满足边界条件. 因此, 如何确定 α 是求解过程的一个内容.

7.5.3　方程组的求解

　　把式 (7.5.5) $\sim$ 式 (7.5.7) 写成矩阵形式

$$\begin{bmatrix} A_1 & B_1 & C_1 \\ A_2 & B_2 & C_2 \\ A_3 & B_3 & C_3 \end{bmatrix} \begin{bmatrix} x \\ y \\ z \end{bmatrix} = \begin{bmatrix} D_1 \\ D_2 \\ D_3 \end{bmatrix},$$ 　　　　(7.5.12)

这里 A, B, C 为系数, D 为非齐次项, 对照式 (7.5.5) $\sim$ 式 (7.5.7) 知, A, B, C, D 都是无量纲函数 V, Z 的函数, 与 G 无关; x, y, z 为待求变量, 它们与无量纲函数有如下对应关系:

$$x = \frac{\mathrm{d}V}{\mathrm{d}\ln\xi},$$

$$y = \frac{\mathrm{d}\ln G}{\mathrm{d}\ln\xi},$$

$$z = \frac{\mathrm{d}Z}{\mathrm{d}\ln\xi}.$$

用雅可比法则求解矩阵 (7.5.12) 得到解的表达式:

$$x = \frac{\mathrm{d}V}{\mathrm{d}\ln\xi} = \frac{\varDelta_1}{\varDelta},$$

$$y = \frac{\mathrm{d}\ln G}{\mathrm{d}\ln\xi} = \frac{\varDelta_2}{\varDelta}, \tag{7.5.13}$$

$$z = \frac{\mathrm{d}Z}{\mathrm{d}\ln\xi} = \frac{\varDelta_3}{\varDelta}.$$

根据原方程组 (7.5.12) 写出式 (7.5.13) 中各行列式的值分别为

$$\varDelta = \begin{vmatrix} 1 & V-\alpha & 0 \\ V-\alpha & \dfrac{Z}{\gamma} & \dfrac{1}{\gamma} \\ 0 & (\gamma-1)Z & -1 \end{vmatrix} = -Z + (V-\alpha)^2, \tag{7.5.14}$$

$$\varDelta_1 = 3ZV + \frac{2}{\gamma}Z(\alpha-1) - V(V-1)(V-\alpha),$$

$$\varDelta_3 = Z\left\{\frac{2}{\gamma}Z\left(\frac{\alpha-1}{V-\alpha}+\gamma\right) - (\gamma-1)V[2V-(3\alpha-1)] - 2(V-\alpha)^2\left(\frac{V-1}{V-\alpha}\right)\right\}.$$

所有行列式中只含有无量纲变量 V 和 Z, 利用式 (7.5.13) 的第一、三个式子解出

$$\frac{\mathrm{d}Z}{\mathrm{d}V} = \frac{\varDelta_3(Z,V)}{\varDelta_1(Z,V)} \tag{7.5.15}$$

在理论上, 从方程 (7.5.15) 解出 $Z = Z(V)$, 代入式 (7.5.13) 的第一式消去 Z, 求积分, 即可得 $V = V(\xi)$; 回代到 $Z = Z(V)$ 中可解出 $Z(\xi)$; 将 $V(\xi)$ 和 $Z(\xi)$ 代入式 (7.5.13) 的第二式, 可积分求出 $G(\xi)$. 于是就得到了所有的解.

这样, 整个求解过程的第一步是求 $\mathrm{d}Z/\mathrm{d}V$, 这里又隐含了求 α 的问题.

首先, 因为 Z, V 满足 $\xi=1$ 时的强冲击波条件 (式 (7.5.10)) 和无穷远处等于零的边界条件 (式 (7.5.11)), 所以在 Z-V 平面上 (图 7.5.2), r 从 R 到 ∞ 变化, 对应 ξ 从 1 到 ∞ 变化的过程, 式 (7.5.15) 所描述的 Z-V 积分曲线 $Z(V)$ 第一要经过图 7.5.2 中的 A 点, 第二要经过原点, 积分曲线的路径应是从 A 到 O (点). 为了使解具有物理意义, 解必须是单值的, 即自变量 ξ 的一个值只对应唯一的一组 V 和 Z 值. 故随着自变量 ξ 的变化, 函数 $V(\xi)$ 和 $Z(\xi)$ 单调变化, 所以可写出反函数 $\xi = \xi(V)$, $\xi = \xi(Z)$. 即在 $1 < \xi < \infty$ 或 $0 < \ln\xi < \infty$ 范围内, $\mathrm{d}\ln\xi/\mathrm{d}V$ 和 $\mathrm{d}\ln\xi/\mathrm{d}Z$ 不应等于零. 于是确定积分曲线走势如图 7.5.2 中 A 到 O 所示.

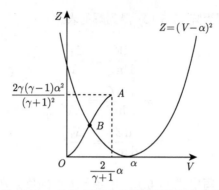

图 7.5.2　Z-V 平面上自模拟解的积分曲线

其次, 行列式 $\Delta = 0$ (式 (7.5.14)) 对应了 Z, V 平面上的一条抛物线 $Z = (V - \alpha)^2$, 令在 A 点处的 $V(1) = V_1$ 和 $Z(1) = Z_1$ 表示成 $V_1 = \dfrac{2}{\gamma + 1}\alpha, Z_1 = \dfrac{2\gamma}{(\gamma + 1)^2}(\gamma - 1)\alpha^2$, 因为对于一般介质 $\gamma > 1$, 所以存在下列相互关系:

$$Z_1 = \frac{2\gamma}{(\gamma + 1)^2}(\gamma - 1)\alpha^2 > \left(\frac{1 - \gamma}{\gamma + 1}\alpha\right)^2 = \left(\frac{2}{\gamma + 1}\alpha - \alpha\right)^2 = (V_1 - \alpha)^2 .$$

上面右边表达式是抛物线在对应 V_1 时 Z 的取值, 说明 A 点在抛物线的上方. 所以从 A 点到 O 点积分曲线将与此抛物线有一个交点, 假定为 B 点.

交点 B 上 $\Delta = 0$, 只有同时 $\Delta_1 = \Delta_3 = 0$ 才能使 $\dfrac{\mathrm{d}V}{\mathrm{d}\ln\xi}$ 和 $\dfrac{\mathrm{d}Z}{\mathrm{d}\ln\xi}$ 有意义, 所以 B 点是方程的奇点. 因此, 所选择的 α 值必须满足此奇点性质才能使解有效, 这样的积分曲线 ABO 才是所求的真实解.

另外, 因为 $\alpha > \dfrac{2}{\gamma + 1}\alpha$, 抛物线的极值点 $V = \alpha$, $Z = 0$ 位于 A 点 $V_1 = \dfrac{2}{\gamma + 1}\alpha$ 的右边, 所以交点 B 处于抛物线的左分支上.

下面的任务就是找到 α 的合适值使上述分析成立. 并非 α 的任意一个取值都可以满足上面的分析. 以使 A 点到 O 点的积分曲线与抛物线交于奇点 B 作为条件, 来求方程 (7.5.15) 的解析解比较困难, 只能采用数值解法. 此处采用试算法, 通过反复试算来确定 α 的值. 首先拟定一个 α 值, 对式 (7.5.15) 进行数值积分求 V, Z, 考察积分曲线是否通过 B 点, 如果不通过则修改 α, 再重复积分过程, 直至达到目的.

通过奇点性质分析得到 α 的近似公式有

$$\text{爆轰波：} \alpha = \frac{3(\gamma+1)}{3(\gamma+1)+N\gamma},$$

$$\text{冲击波：} \alpha = \frac{[(N+1)\gamma(\gamma+2)-(6\gamma-4)]+2N\gamma\sqrt{2\gamma}}{[(N+1)\gamma+2]^2-8\gamma}, \tag{7.5.16}$$

式中, $N=1$ 为柱对称情况, $N=2$ 为球对称情况.

这些都是半经验的公式, 运用不同的途径还可以导出不同的表达形式, 通常运用这些近似公式的计算结果作为 α 的第一次试算值. α 的典型值列于表 7.5.1 中.

表 7.5.1 自模拟指数 α 的一些典型值

N	γ	α		
		精确解	式 (7.5.16) 第一式	式 (7.5.16) 第二式
1	1.4	0.834	0.837	0.828
	3	—	0.800	0.767
2	1.4	0.717	0.720	0.707
	3	0.638	0.667	0.625

7.5.4 自模拟解

确定 α 之后将得到包括冲击波半径 R、速度 D 及波阵面上压力 p_1 等物理量随时间变化规律的自模拟解. 对于 $N=2$, $\gamma=1.4$ 的情况, 有

$$R \sim |t|^\alpha \sim |t|^{0.717},$$

$$D \sim |t|^{\alpha-1} \sim R^{\frac{\alpha-1}{\alpha}} \sim |t|^{-0.283} \sim R^{-0.395}, \tag{7.5.17}$$

$$p_1 \sim |t|^{2(\alpha-1)} \sim R^{\frac{2(\alpha-1)}{\alpha}} \sim |t|^{-0.566} \sim R^{-0.79}.$$

当 $t \to 0$, $R \to 0$ 时压力 p_1 趋向于无穷大, 波阵面上密度为 $\rho_1 = \rho_0 \dfrac{\gamma+1}{\gamma-1}$.

按照 7.5.3 节的计算思路求得自模拟运动的无量纲解 $V(\xi), G(\xi), Z(\xi)$ 后, 还原变量可给出给定时刻参量 u, ρ, c_2, p 的空间分布, 对于压力 p 和速度 u 有如图 7.5.3 所示的分布规律. 图 7.5.3 引自李维新著作《一维不定常流与冲击波》(2003).

在冲击波聚焦时刻 $t=0$, 各物理量的分布可根据 $V(\xi), G(\xi), Z(\xi)$ 在 $\xi=\infty$ 处展开, 求渐近解获得. 若采用量纲分析, 则有如下过程.

对于速度分布, 当 $t=0$ 时, 主定量只有 r, A, 而 $[A]=\mathrm{LT}^{-\alpha}$, 所以 $[u]=\left[A^{\frac{1}{\alpha}}r^{1-\frac{1}{\alpha}}\right]=\mathrm{LT}^{-1}$, 这时速度分布为 $u \sim A^{\frac{1}{\alpha}}r^{1-\frac{1}{\alpha}}$. 声速 c 与速度 u 量纲相同, 因此有相同的规律, 即 $c \sim A^{\frac{1}{\alpha}}r^{1-\frac{1}{\alpha}}$.

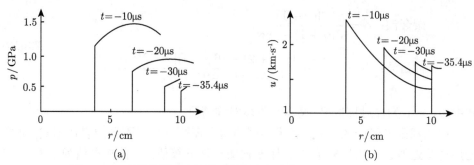

图 7.5.3　球面收聚冲击波波后流场空间分布 ($\gamma = 1.4$, $\alpha = 0.717$)

(a) 压力分布; (b) 速度分布

作类似的分析知, 压力分布为 $p = \dfrac{1}{\gamma}\rho c^2 \sim \rho_0 u^2 \sim \rho_0 A^{\frac{2}{\alpha}} r^{2(1-\frac{1}{\alpha})}$.

关于密度分布, 当 $t = 0$ 时, 流场中 r 不为 0 的任意位置处均对应 $\xi = \infty$, 故极限密度为 $\rho = \rho_0 G(\infty)$, 说明 $t = 0$ 时刻, 密度沿 r 的分布为常数, 处于不同位置 r 处的质点都得到了相同的压缩效果.

$\gamma = 1.4$ 时, $G(\infty) = 21.6$, 所以 $\rho = \rho_0 G(\infty) = 21.6\rho_0$, 它远大于冲击波的压缩效果 $\rho_1 = 6\rho_0$, 这是向心收聚运动的等熵压缩结果.

在冲击波到达中心之前, r 很大时 (如活塞上) 也有 $\rho \to \rho_0 G(\infty) = \text{const.}$ 冲击波到达中心之后, 将反射一个冲击波, 反射波传入已被压缩过的介质向外运动. 已知 $t = 0$ 时刻, $r = 0$ 处 $u \to \infty$, $p \to \infty$, 这相当于能量集中于一点, 而 $\rho = \rho(r, 0) = \rho_0 G(\infty) = \text{const}$, 所以冲击波到达中心之后的情况相当于一瞬间在一均匀介质中的一点处发生强爆炸, 继而引起强冲击波向外传播. 这个过程与 7.4 节的强点爆炸过程类似, 反射波引起的流体运动过程应是自模拟的, 说明反射冲击波也是自模拟的, 而且自模拟指数不变, 冲击波的运动规律仍为 $R \sim t^\alpha$, 反射后介质密度再次剧增. 计算表明, $\gamma = 1.4$ 的气体中, 二次反射的自模拟运动冲击波后密度为 $\rho_2 = 137.5\rho_0$, 即 ρ_2/ρ_1 约大于 6, 说明反射波是强冲击波.

7.5.5　自模拟运动段的依赖区

在 r-t 平面上, 如图 7.5.4 所示, $\xi = r/A(-t)^\alpha$ 代表一族通过原点的曲线, 原点是多值点, 一个 ξ 对应一条 ξ 为定值的曲线. Z, V 平面上积分曲线 ABO 上每一点都对应了一个 ξ 值, 冲击波阵面上为 $\xi = 1$, $t = 0$ 时对应 $\xi = \infty$, 积分曲线的奇点 B 对应了某一个 ξ_0 值, 方程为 $r = \xi_0 A(-t)^\alpha = \xi_0 R(t)$, 在图 7.5.4 中是一条 $\xi = \xi_0$ 的曲线, 且因为 $\xi_0 > 1$, 所以沿 ξ_0 有

$$\frac{\mathrm{d}r}{\mathrm{d}t} = \xi_0 \dot{R}(t) = \xi_0 D > D. \tag{7.5.18}$$

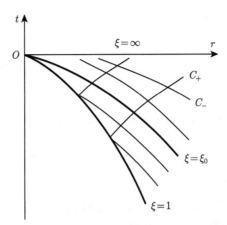

图 7.5.4 收聚冲击波自模拟运动的依赖区分析

进一步分析知, 在冲击波阵面后是等熵压缩区, 同族特征线 (C_-) 不相交. 因为 $c^2 = \dfrac{r^2}{t^2}Z$, 所以 $c = \pm\dfrac{r}{t}\sqrt{Z}$, 同时由于 $t < 0$, $c > 0$, 因此只有 $c = -\dfrac{r}{t}\sqrt{Z}$. 于是 $r\text{-}t$ 平面上每一点的 C_- 特征线方程写为

$$\frac{\mathrm{d}r}{\mathrm{d}t} = u - c = \frac{r}{t}V + \frac{r}{t}\sqrt{Z} = \frac{R}{t}\xi(V + \sqrt{Z}). \tag{7.5.19}$$

对于 $\xi = \xi_0$ 有

$$\frac{\mathrm{d}r}{\mathrm{d}t} = \frac{R}{t}\xi_0\left(V + \sqrt{Z}\right). \tag{7.5.20}$$

由于 ξ_0 是对应奇点 B 的 ξ, 所以奇点上的状态满足抛物线方程, 即

$$Z(\xi_0) = [V(\xi_0) - \alpha]^2.$$

又因为奇点处于抛物线的左半支, 应有

$$\sqrt{Z(\xi_0)} = \alpha - V(\xi_0) > 0, \tag{7.5.21}$$

将式 (7.5.21) 代入式 (7.5.20), 得到对应 $\xi = \xi_0$ 的 C_- 特征线方程为

$$\frac{\mathrm{d}r}{\mathrm{d}t} = \frac{R}{t}\xi_0\alpha = \xi_0 D. \tag{7.5.22}$$

式 (7.5.22) 与曲线方程 (7.5.18) $\dfrac{\mathrm{d}r}{\mathrm{d}t} = \xi_0\dot{R}(t) = \xi_0 D$ 比较表明, 在 $r\text{-}t$ 平面上对应 ξ_0 的曲线与该处的特征线完全重合, 说明 ξ_0 曲线或者是 C_- 特征线的包络,

或者是与该族特征线中的一条重合, 即它本身就是一条特征线. 由于其任意性和
流场连续性, 只能是后一种情况. 从对连续流场的分析知, 同族特征线不相交, 所
以在 $\xi > \xi_0$ 以后的 C_- 特征线不可能跨过 ξ_0 特征线. 又因为任何影响只能由特
征线带入流场或沿特征线传播, 故在 $\xi > \xi_0$ 以后的状态不可能影响到 $\xi < \xi_0$ 区
域的状态. 亦即在冲击波阵面上, 不可能受到 $\xi > \xi_0$ 那边区域的状态的影响, 这
与开始讲的 $t > t_0$ 以后不受边界条件影响的特征是一致的.

结论   在冲击波到达中心之前能够赶上冲击波的 C_- 特征线均在 ξ_0 曲线之
下方, 故称 ξ_0 曲线是自模拟运动影响区的边界, 在坐标大于 $r_0 = \xi_0 R(t)$ 的任何 r
位置上的运动状态均影响不到冲击波的运动. 这是第二类自模拟解特有的性质.

本节所指出的自模拟解的性质: 积分曲线通过奇点, 并由此确定自模拟指数
α, 以及 r-t 平面上 ξ_0 曲线是一条特征线, 并且是影响区的边界等, 这些是所有第
二类自模拟解共有的性质.

最后, A 由定义式 $\dot{R}(t) = \alpha A(-t)^{\alpha-1}$ 和初、边值条件定出. 例如, 若 t_0 时刻,
初始冲击波强度 D_0 给定, 由于 $D = \dot{R}(t)$, A 即可从下式求得

$$D_0 = \alpha A(-t_0)^{\alpha-1},$$
$$A = \frac{D_0}{\alpha(-t_0)^{\alpha-1}}. \tag{7.5.23}$$

习 题 7

7.1 什么是量纲? 量纲公式与什么有关?

7.2 什么叫量纲相关? 请举例说明. 有量纲量与无量纲量有何根本区别?

7.3 什么是 π 定理? 谈谈你对量纲分析方法的理解.

7.4 量纲分析的基本原理是什么? 如何运用?

7.5 已知单摆的初始方位角为 α, 绳长为 l, 小球的质量为 m, 重力加速度为 g, 请给出单
摆运动周期 T 的主定量, 并用量纲分析理论给出 T 的表达式.

7.6 如何理解相似性, 在实际工作中有哪些具体应用?

7.7 如果两个物理现象是相似的, 请问它们的主定量之间应满足怎样的条件? 自模拟运动
与这种相似性的概念有什么联系?

7.8 试运用量纲理论分析两个三角形之间的相似性与自模拟运动的相似性有什么异同.
请分别给出相应相似性满足的条件.

7.9 一维非定常流体力学中自模拟运动的含义是什么? 请给出自模拟运动满足的无量纲
表达式.

7.10 分析在什么情况下活塞运动引起的简单波存在自模拟解.

7.11 运用特征线方法, 可以将一维非定常流体力学的偏微分方程组转变成常微分方程组;
利用自模拟运动的概念, 也可达到同样的目的, 试分析两种方法的异同.

7.12 怎样区分两类自模拟运动? 举例说明两类自模拟解各有什么特点.

7.13　炸药在空气中爆炸引起的冲击波传播规律与装药半径 r_0 和炸药总释能 E_0 及介质初始状态 p_0, ρ_0, γ 有关.

(1) 请运用量纲分析理论写出用无量纲形式表示的冲击波速度随时间 t 变化的关系式.

(2) 在什么情况下这种空中爆炸可以作为自模拟运动处理?

(3) 请在 $p\text{-}t$ 平面上作出空气中爆炸冲击波典型波形的示意图.

7.14　已知一维管流的特征流速 u_c 与流体的密度 ρ、黏性 μ 和管径 d 有关, 试用量纲分析方法建立 u_c 的表达形式.

提示: 流体中剪切应力表达式为 $\Sigma = \mu \dfrac{\partial u}{\partial y}$.

7.15　一无限长圆柱体突然以等速 u 在静止空气中膨胀, 其半径随时间的变化呈线性关系 $r_c = ut$, 静止空气参数为 p_0, ρ_0, γ. 试证明由此产生的圆柱形波阵面以等速 D 传播, 并分析此过程是否是自模拟运动过程.

7.16　理解强点爆炸的提法, 分析如下问题: 有一球形爆炸冲击波在静止空气中传播, 爆炸发生后 0.01s 时, 波阵面的速度是 $D=2040\text{m/s}$. 静止空气为多方气体, 其状态为压力 $p_1 = 10^5\text{Pa}$, 声速 $c_1 = 340\text{m/s}$. 不计初始装药半径, 求爆炸的初始能量.

提示: 当冲击波波后压力 $p_2 \geqslant \dfrac{\gamma+1}{\gamma-1}p_1$ 时, 可认为 $p_2 \gg p_1$. 对于空气, $\gamma = 1.4$, 冲击波波阵面上自模拟变量 $\xi_1 = 1.033$.

7.17　给出自模拟运动的求解思路, 结合你的工作实际或认识, 试分析一个自模拟运动的例子. 参考问题: 动能杆穿甲或射流破甲过程分析.

参考分析: Forrestal M J, Tzou D Y. 1997. A spherical cavity-expansion penetration model for concrete target. Int. J. Solids Structures, 34(31-32): 4127-4146.

7.18　收聚冲击波自模拟解存在的条件是什么?

参 考 文 献

北京理工学院八系. 1979. 爆炸及其作用. 北京: 国防工业出版社.

戴莱 J W, 哈里曼 D R F. 1981. 流体动力学. 郭子中, 陈玉璞等译. 北京: 人民教育出版社.

柯朗 R, 弗里德里克斯 K O. 1986. 超声速流与冲击波. 李维新, 徐华生, 管楚淦译. 北京: 科学出版社.

李维新. 2003. 一维不定常流与冲击波. 北京: 国防工业出版社.

李永池, 张永亮, 高光发. 2019. 波动力学. 合肥: 中国科学技术大学出版社.

吕洪生, 曾新吾. 1999. 连续介质力学. 长沙: 国防科技大学出版社.

宁建国, 王成, 马天宝. 2010. 爆炸与冲击动力学. 北京: 国防工业出版社.

时爱民等. 1988. 气体动力学基础. 北京: 科学出版社.

谈庆明. 2005. 量纲分析. 合肥: 中国科学技术大学出版社.

谭华. 2018. 实验冲击波物理. 北京: 国防工业出版社.

汤普森 P A. 1986. 可压缩流体动力学. 田安久等译. 北京: 科学出版社.

汤文辉. 2011. 冲击波物理. 北京: 科学出版社.

汤文辉, 张若棋. 2008. 物态方程理论及计算概论. 2 版. 北京: 高等教育出版社.

王继海. 1994. 二维非定常流和激波. 北京: 科学出版社.

夏皮罗 A H. 1977. 可压缩流体的动力学与热力学. 陆志芳, 潘杰元, 钱翼稷译. 北京: 科学出版社.

泽尔道维奇 A B, 莱依捷尔 U P. 1980. 激波和高温流体动力学现象物理学. 张树材译. 北京: 科学出版社.

张也影. 1999. 流体力学. 2 版. 北京: 高等教育出版社.

周毓麟. 1990. 一维非定常流体力学. 北京: 科学出版社.

Achenbach J D. 1992. 弹性固体中波的传播. 徐植信, 洪锦如译. 上海: 同济大学出版社.

Finnemore E J, Franzini J B. 2002. Fluid Mechanics with Engineering Applications. 10th ed. New York: McGraw-Hill.

Kolsky H. 1963. Stress Wave in Solid. New York: Dover Publications Inc.

Meyer M A. 1994. Dynamic Behavior of Materials. New York: John Wiley & Sons Inc.

Pozrikidis C. 2017. Fluid Dynamics: Theory, Computation, and Numerical Simulation. New York: Springer Nature.

Ramamurthi K. 2021. Modeling Explosions and Blast Waves. New York: Springer Nature.

Rayleigh L. 1945. The Theory of Sound. Vols I and II. New York: Dover Publications Inc.

Taylor G. 1950. The formation of a blastic wave by a very intense explosion. Proceedings of the Roval Society of London. Series A, 201(1065): 159-174.